科学出版社“十三五”普通高等教育本科规划教材

实变函数与泛函分析

曹怀信　张建华　陈峥立　郭志华　编

U0805969

科学出版社

北京

内 容 简 介

本书包括集合论基础、$\mathbf{R}^n$中的点集理论、测度理论、可测函数、勒贝格积分论、空间理论、巴拿赫空间上的有界线性算子理论、非线性算子等内容.

本书内容深入浅出、层次分明，理论体系严谨、逻辑推导详尽，既可作为高等师范院校实变函数与泛函分析教材，也可作为工程技术人员及其他感兴趣读者的参考资料.

图书在版编目(CIP)数据

实变函数与泛函分析/曹怀信等编. —北京：科学出版社，2017.8

科学出版社“十三五”普通高等教育本科规划教材

ISBN 978-7-03-053867-3

Ⅰ.①实… Ⅱ.①曹… Ⅲ.①实变函数-高等学校-教材②泛函分析-高等学校-教材 Ⅳ.①O17

中国版本图书馆 CIP 数据核字(2017) 第 146522 号

责任编辑：王胡权／责任校对：彭 涛

责任印制：张 伟／封面设计：陈 敬

科学出版社 出版

北京东黄城根北街 16 号

邮政编码：100717

http://www.sciencep.com

中煤（北京）印务有限公司印刷

科学出版社发行 各地新华书店经销

*

2017年8月第 一 版 开本：720×1000 1/16

2025年7月第六次印刷 印张：22 1/2

字数：454 000

定价：69.00元

(如有印装质量问题，我社负责调换)

前　言

数是表达各种量的基本数学工具, 函数是表述与研究各种数量关系的基本数学工具. 简单的量 (如人的体重) 可用一个数表示. 要把与同一对象有关的多个量 (如职工的工资情况) 同时表示出来就要用到多个数, 即一组数. 这便促使人们开始研究由所有 n 元数组 (n 维向量) 构成的集合 $\mathbf{R}^n$ 并在其中定义运算、内积、长度等概念, 形成了 n 维欧氏空间理论. 为了将同一范围内的多个对象的多个量 (如某厂的职工工资情况) 同时表达出来, 就需要用到多个数组. 这就产生了矩阵的概念, 它是线性代数研究的主要对象之一.

一元函数用来研究简单变量 (如圆盘的半径与面积) 之间的关系; 多个变量与一个变量 (如长方体的长、宽、高与体积) 之间的关系要用多元函数来表示. 要表述与研究多个变量与多个变量之间的关系 (如平面坐标变换) 就要使用映射或算子的概念了.

研究各种数量关系是数学学科的基本目标. 因而, 函数及其推广就成为整个分析数学研究的主要对象. 数学分析的主要研究对象是连续函数, 复变函数论研究的是解析函数, 实变函数的研究对象是比连续函数更广泛的一类函数——可测函数. 推广黎曼积分、建立勒贝格积分是实变函数论课程的中心任务.

函数的微分与积分是数学分析的核心内容. 一元函数的定积分与多元函数的重积分统称为黎曼积分, 简称为 R-积分, 它在几何学、物理学及其他学科中有着广泛而有效的应用. 然而, R-积分也有许多的不足. 首先, 从使用范围上讲, R-积分基本上只适用于连续函数, 间断点太多的函数没有 R-积分 (即不是 R-可积的). 其次, R-积分与极限的关系不够协调 (极限与积分交换次序要求一致收敛性). 另外, R-积分并不是微分的理想的逆运算. 所以, 建立对函数要求更低、使用范围更广、运算更灵活的新的积分理论就显得十分必要了. 勒贝格积分理论应运而生, 它是实变函数论的中心内容.

黎曼积分的核心思想是分割、求和、取极限. 分割是指将函数的定义域分成有限个可以度量 (有长度、面积、体积) 的小部分; 求和是指在每个小部分上任取一点并求出函数在该点的函数值, 再乘以小部分的度量, 然后求和 (称为黎曼和); 取极限是指求出当小部分的最大直径趋于 0 时黎曼和的极限. 可见, 分割是建立黎曼积分的基础. 因此, 要推广黎曼积分, 就要从推广分割的方式入手. 为了使得新积分适用更多的函数, 需要将函数的定义域分成一些小部分, 使得函数在每个小部分上的函数值变化不大, 还要求这些小部分具有某种 “度量”, 称为 “测度”, 它是长度、面积、体积概念的自然推广; 有测度的点集称为 "可测集". 其次, 还要放松对被积函数的连续性质的要求, 但有某种 "可度量性". 这种函数就是所谓的 "可测函数". 由于新积分的积分域为一般的可测集且函数的可测性要用有关点集的可测性来刻画, 所以, 集合特别是 $\mathbf{R}^n$ 中的点集理论, 将是整个实变函数论的基础. 这就决定了实变函数论课程的主要内容为: 集合理论、点集理论、测度理论、可测函数理论及勒贝格积分理论.

在集合理论部分, 我们认为集合就是若干事物的全体, 关于集合的公理化定义, 参见文献 [1]. 在回顾集合的基本运算 (交、并、差、余) 的基础上, 将交与并的运算推广到任意多个集合, 介绍集合的乘积运算, 并引入一列集合的上极限、下极限与极限. 为了比较两个无限集合的元素的多少, 将引入集合的 "基数" 这一概念, 它提供了比较两个无限集合的有力工具. 在 $\mathbf{R}^n$ 中的点集理论部分, 我们回顾并扩大数学分析中已经学过的开集、闭集的概念, 引入完备集、紧集、F_σ 型集、G_δ 型集及博雷尔集等重要集类, 并建立开集的构造定理. 在可测集与测度理论部分, 先介绍勒贝格外测度, 进而定义并研究可测集及其测度理论, 建立可测集的构造定理. 在可测函数理论一章中, 首先引入 "简单函数" 的概念 (分部常值函数), 利用简单函数列的极限引入可测函数的概念, 研究它们的一系列重要性质, 讨论可测函数与连续函数的关系 (鲁金定理); 引入可测函数列的 "几乎处处收敛性" 与 "依测度收敛性", 建立若干重要的 "关系定理", 包括里斯定理与叶果洛夫定理. 引入勒贝格积分的传统方法有两种: "上下积分法"[2,3] 与 "简单函数法"[4,5]. 前一种方法的优点是与黎曼积分作类比, 能体现实变函数论与数学分析的联系, 但其缺点是: 通常的数学分析教材并没有应用上下积分定义黎曼积分; 后一种方法的优点是体现了简单函数的逼近作用, 其缺点是: 步骤太多, 相同形式的定理多次出现. 两种方法的共同不足是: 没有很好地应用勒贝格测度引入并研究勒贝格积分的性质. 为了克服这些不足, 我们提出一种定义勒贝格积分的新方法——下方图形法. 首先, 对于可测集 $E \subset \mathbf{R}^n$ 上的非负可测函数 f, 证明函数 f 的下方图形 $G(f,E)$ 是 $\mathbf{R}^{n+1}$ 中的勒贝格可测集; 然后, 定义函数 f 的勒贝格积分为 $G(f,E)$ 的勒贝格测度; 利用测度的性质, 证明这种新的定义与传统定义是等价的. 这种新定义不仅使得勒贝格积分具有非常明显的几何意义, 而且使得莱维渐升列定理、关于积分域的可数可加性定理等重要结论都成为测度与极限换序定理的直接推论.

勒贝格测度理论与勒贝格积分理论的诞生, 不仅克服了黎曼积分在使用范围与运算灵活性等方面的不足, 而且也为泛函分析、傅里叶分析、概率论等数学分支奠定了理论基础. 时至今日, 实变函数论的思想与方法已渗透到数学的许多分支, 它与傅里叶变换、遍历理论、积分方程理论、积分变换理论之间有着紧密的联系. 基数提供了比较两个无穷集合的重要工具, 以此为工具, 可以证明: 自然数与有理数其实是 "一样多的", 但远远 "少于" 无理数. 测度论给出了点集的定量描述, 从此出发研究数学分析中的许多基本概念, 得到了极为深刻的结果. 例如, 可以证明: 闭区间上的有界函数黎曼可积的充分必要条件是其间断点之集测度为零. 除此以外, 实变函数论还用于微分方程定性理论、动力系统、解析函数的边值问题等诸多方面.

由此可见, 实变函数论有着广泛而深刻的应用, 的确是数学学科的一个重要分支, 它在各数学分支的应用成了近代数学的一个特征. 因此, 凡是想了解近代数学的人, 都应当认真学习与掌握实变函数论这门课程. 数学分析以极限为工具研究连续函数, 复变函数论以积分为工具研究解析函数, 实变函数论则是以集合论为基础研究可测函数. 因此, 要学好实变函数论, 就要充分灵活地运用集合论的方法与技巧. 实变函数论, 就像平面几何学一样, 属于一门理论数学 (纯粹数学), 理论证明多, 计算问题少. 而且, 许多问题的证明都是构造性的, 并没有现成的公式、例题或模式可以套用. 这正是学好本课程的困难之所在.

泛函分析是研究无穷维线性空间及其上的泛函与算子的一门分析数学. 它是现代数学中的一个较新的重要分支. 泛函分析的基本概念与方法起源于经典数理过程中的一些变分问题、边值问题, 概括了经典数学分析与函数论中的某些重要概念、问题与结果. 量子力学、现代工程技术与现代力学的深刻影响, 使得这门新兴学科迅速发展. 从 20 世纪中叶开始, 偏微分方程理论、概率论、计算数学, 由于运用了泛函分析的方法与结果得到大发展. 它综合运用分析、代数、几何与拓扑的方法与观点, 研究分析数学、现代物理、现代工程技术中出现的许多重要理论问题, 有着广泛而有效的应用. 现在, 泛函分析的概念与方法已经渗透到现代纯粹数学与应用数学、理论物理及现代工程技术理论的许多分支, 例如, 微分方程、概率论、逼近论、抽象调和分析、计算数学、量子力学、统计物理、现代控制论与系统论、最优化理论与大范围微分几何、量子信息与量子计算等.

泛函分析大体可分为三大部分: 一是空间理论, 包括距离空间、赋范线性空间、希尔伯特空间及一般的拓扑线性空间理论; 二是算子理论, 包括线性算子理论与非线性算子理论; 三是算子代数, 包括巴拿赫代数、C*-代数、冯 · 诺依曼 (von Neumann) 代数等. 由于泛函分析内容之丰富, 不可能用一本专门的书将全部内容都写出来. 最近几年, 国内已有许多供本科生与研究生使用的泛函分析教材. 但在写法上大都是以传统的公理体系为基础的推理与演绎. 为了使学生了解问题的来源与背景, 养成研究性学习的良好习惯, 并培养学生分析问题与解决问题的能力, 我们力求从一些问题中提炼出泛函分析的基本概念与问题, 在讨论有关概念的属性时, 先说明要解决什么问题, 在问题的分析当中逐步引入适当的概念, 再加上适当的条件, 最后给出合理的叙述, 证明便蕴涵在分析之中了. 这样或许能使读者不仅学到泛函分析的基本理论, 而且更重要的是领悟到研究问题与解决问题的方法与技巧.

除了采用研究性、分析式教学法之外, 考虑到篇幅的限制, 我们削减了 “希尔伯特空间上算子理论” 与 “算子谱论” 的内容, 增添了 “非线性算子” 一章. 旨在使读者了解一些具有广泛应用的非线性泛函分析的简单概念、方法与结论, 同时又能看到微积分中关于函数的一些概念如何推广到一般的抽象函数乃至非线性算子. 为了便于读者阅读英文文献, 我们在有关重要数学名词后面加上了该名词的英文.

在本书的编写过程中, 我们力图进行以下几个方面的尝试. 第一, 利用 “分析式讲解法”. 该方法强调: 先提出要讨论的问题, 经过分析, 引入适当的概念 (定义), 以确定所研究的对象范围; 在分析过程中, 增加适当假设 (条件), 以获得需要的结论; 最后, 再将所得到的结论用定理或命题形式表述出来. 第二, 利用 “下方图形法” 定义非负可测函数的勒贝格积分. 第三, 讨论了平面图形的面积与测度的关系、黎曼重积分及广义积分 (无穷积分、瑕积分) 与勒贝格积分的关系. 第四, 精选例题与习题. 在概念与定理之后, 选配适量例题, 以说明有关概念与定理的使用方法. 每小节之后安排适量习题, 易、中、难习题分级设置, 较难习题分成几个步骤给出, 各章后选配适量综合练习题.

本书是在陕西师范大学 211 重点建设项目的资助下完成的, 并得到了陕西师范大学数学与信息科学学院领导与教师的大力支持. 本书的成功出版, 也归功于科学出版社同志们的辛勤工作. 在此深表谢意.

由于编者水平所限, 疏漏与不妥之处在所难免. 还望读者多提宝贵意见.

编 者

2017 年 3 月

目录

第 1 章 集合论基础

集合理论是现代数学的重要基础, 集合论技巧与极限理论相结合, 形成了实变函数论的重要基础与鲜明特征. 集合论是 19 世纪 70 年代由德国数学家康托尔 (Cantor) 创立的, 它建立在一种无限观——“实无限” 的基础上. 所谓 “实无限”, 就是把 “无限” 作为一个已经完成了的观念实体来看待. 例如, 在集合论中, 用 $\mathbf{N}=\{n:$ n 是自然数$\}$表示全体自然数的集合就是如此. 需要指出的是, 在此之前的几千年数学发展史中, 占主导地位的是另一种无限观, 即古希腊哲学家亚里士多德所主张的 “潜无限” 观念. 所谓 “潜无限”, 就是把 “无限” 作为一个不断发展着的、永远无法完成的过程来看待. 例如, 把自然数看成一个不断延伸的无穷无尽的序列

$$0,1,2,3,\cdots,n,\cdots$$

就是如此.

集合论的产生是数学观念和数学方法上的一次革命性变革. 由于它在解释旧的数学理论和发展新的数学理论方面都极为重要, 因而逐渐为许多数学家所接受. 然而, 在康托尔创立集合论不久, 他自己就发现了问题, 这就是 1899 年的 “康托尔悖论”, 亦称 “最大基数悖论”. 与此同时, 历史上还有其他集合悖论, 最著名的是 1901 年的 “罗素 (Russell) 悖论”[1].

本章介绍集合论的基本概念、基本方法与基本理论, 为以后各章的讨论打好基础.

1.1 集合及其运算

1.1.1 集合的概念

什么是集合呢? 集合 (Set) 是现代数学的一个最基本概念, 它的严格定义需要用公理系统给出, 参见文献 [1]. 集合论创始人康托尔给出了集合的一个朴素的概念: 集合就是 “我们察觉到的或在我们思维中的一些确定的不同事物的全体, 这些事物称为集合的元素”. 简单地说, 集合是指 “**若干确定事物的全体**”. 这种说法, 只是对集合这一概念的描述, 并不是严格的数学定义. 因为 “全体” 并不比 “集合” 更好理解. 本书只需采用这种描述性的说法, 把若干确定事物的全体称为一个**集合**, 这些事物称为这个集合的**元素**(Element). 例如, 全体自然数组成一集合; 区间 $[a,b]$ 上的全体连续函数组成一个集合; 某教室里的学生组成一个集合; 等等.

集合简称**集**，通常用大写字母 A, B, C, D 等表示，而用小写字母 x, y, a, b 等表示集合的元素. 若 x 是集 A 的元素，则记为 $x \in A$，读作 "x**属于**A"; 若 x 不是集 A 的元素，则记为 $x \notin A$，读作 "x**不属于**A".

若集 A 的每一元素都是集 B 的元素，则称 A 是 B 的**子集**(Subset)，记为 $A \subset B$，读作 "A**包含于**B" 或 "B**包含**A". 若 A 是 B 的子集，而 B 中至少有一个元素不属于 A，则称 A 是 B 的**真子集**(Proper subset).

若 $A \subset B$ 且 $B \subset A$，即 A 与 B 所含的元素完全相同，则称 A**等于**(Equals to)B，记为 $A = B$.

为了运算的方便，引进 "空集" 的概念. 把不含任何元素的集合称为**空集**(Empty set)，记为 $\varnothing$. 引进空集也是因为有时人们事先对于满足某种性质的元素是否存在并不了解，而需要谈论这种元素之集. 例如，方程 $x^2 + 1 = 0$ 的全体实根之集就是空集. 显然，空集是任意集合的子集.

1.1.2　集合的表示

通常表示集合有两种方法: 列举法和描述法.

1. *列举法*

就是指将集合中的全部元素按照一定的规律排列出来，并用括号{}把它们括起来. 例如，由 -1 及 1 组成的集合 S 可表示为 $S = \{-1, 1\}$. 列举法只适用于集合中只有有限个元素，或者集合中的元素可按某种方式排成有规律的序列. 例如，全体自然数之集 $\mathbf{N}$ 可表为

$$\mathbf{N} = \{0, 1, 2, 3, \cdots, n, \cdots\};$$

全体整数之集 $\mathbf{Z}$ 可表为

$$\mathbf{Z} = \{0, -1, 1, -2, 2, \cdots, -n, n, \cdots\},$$

也可表示为

$$\mathbf{Z} = \{\cdots, -n, \cdots, -2, -1, 0, 1, 2, \cdots, n, \cdots\};$$

全体正整数之集 $\mathbf{Z}^+$ 可表为

$$\mathbf{Z}^+ = \{1, 2, 3, \cdots, n, \cdots\}.$$

2. *描述法*

就是指出集合中的元素的特征即元素所具有的性质. 例如，设 $P(x)$ 是一个关于 x 的命题，则把使得命题 $P(x)$ 成立的一切 x 之集 S 表示为 $S = \{x : P(x)\}$，或

$S=\{x|P(x)\}$, 将集 E 中使得命题 $P(x)$ 成立的一切 x 之集表示为 $\{x\in E:P(x)\}$, 简记为 $E[P]$.

例如, 当 $P(x)$ 表示 $x^2=1$ 时, $\{x:P(x)\}=\{x:x^2=1\}=\{-1,1\}$; 当 $P(x)$ 表示 $f(x)>a$ 时, $\{x:P(x)\}$ 就是使得 $f(x)>a$ 的一切 x 之集, 而 $E[P]$ 表示集合 E 中满足 $f(x)>a$ 的一切 x 之集, 记为 $E[f>a]$, 即

$$E[f>a]=\{x:x\in E \text{且} f(x)>a\}.$$

类似地, 可定义

$$E[a\leqslant f<b]=\{x:x\in E\text{且}a\leqslant f(x)<b\},$$
$$E[\lim_{n\to\infty}f_n=f]=\{x:x\in E\text{且}\lim_{n\to\infty}f_n(x)=f(x)\},$$
$$E[f\in G]=\{x:x\in E\text{且}f(x)\in G\}.$$

特别地, 全体有理数之集 $\mathbf{Q}$ 可以表示为

$$\mathbf{Q}=\left\{\frac{m}{n}:m\in\mathbf{Z},n\in\mathbf{Z}^+,(m,n)=1\right\};$$

坐标平面上的所有点之集 $\mathbf{R}^2$ 可表示为

$$\mathbf{R}^2=\{(x,y):x,y\in\mathbf{R}\};$$

所有复数之集 $\mathbf{C}$ 可表示为

$$\mathbf{C}=\{x+\mathrm{i}y:x,y\in\mathbf{R}\}.$$

当 $a\leqslant b$ 时, 规定

$$[a,b]=\{x\in\mathbf{R}|a\leqslant x\leqslant b\},\quad (a,b)=\{x\in\mathbf{R}|a<x<b\},$$

$$(a,+\infty)=\{x\in\mathbf{R}|a<x<+\infty\},\quad (-\infty,a]=\{x\in\mathbf{R}|-\infty<x\leqslant a\}.$$

1.1.3 集合的运算

1. 交

集 A 与集 B 的一切公共元素之集, 称为 A 与 B 的**交集**(Intersection), 记为 $A\bigcap B$, 即

$$A\bigcap B=\left\{x:x\in A\text{且}x\in B\right\}.$$

有限多个集 $A_1,A_2,\cdots,A_n$ 的交集是指集

$$\bigcap_{k=1}^{n}A_k=\{x:x\in A_k(k=1,2,\cdots,n)\}.$$

一列集 $A_1, A_2, \cdots, A_n, \cdots$ 的交集定义为

$$\bigcap_{n=1}^{\infty} A_n = \left\{x : x \in A_n (\forall n \in \mathbf{Z}^+)\right\}.$$

类似地, 可以定义任意多个集 $A_\alpha (\alpha \in I)$ 的交集

$$\bigcap_{\alpha \in I} A_\alpha = \{x : x \in A_\alpha (\forall \alpha \in I)\},$$

其中 I 称为**指标集**(Index set).

显然, $\bigcap\limits_{\alpha \in I} A_\alpha$ 是包含在所有 $A_\alpha (\alpha \in I)$ 之中的最大集合. 所以, 可称其为集族 $\{A_\alpha\}_{\alpha \in I}$ 的**下确界**, 记为 $\inf\{A_\alpha\}_{\alpha \in I}$. 于是

$$\inf\{A_\alpha\}_{\alpha \in I} = \bigcap_{\alpha \in I} A_\alpha, \quad \bigcap_{n=1}^{\infty} A_n = \inf\{A_n\}_{n \in \mathbf{Z}^+} = \inf_{n \geqslant 1} A_n.$$

例 1.1.1 设 $A = \{1, 2, 3, 4\}, B = \{3, 4, 5\}$, 则 $A \bigcap B = \{3, 4\}$.

例 1.1.2 设 $A_i = \left\{x : 0 \leqslant x < 1 + \dfrac{1}{i}\right\} (i = 1, 2, 3, \cdots)$, 则

$$\bigcap_{i=1}^{n} A_i = \left\{x : 0 \leqslant x < 1 + \frac{1}{n}\right\} = \left[0, 1 + \frac{1}{n}\right),$$

$$\bigcap_{i=1}^{\infty} A_i = \{x : 0 \leqslant x \leqslant 1\} = [0, 1].$$

例 1.1.3 $(0, 1] \bigcap (1, 2) = \varnothing$.

一般地, 若两个集合的交集是空集, 则称这两个集是**不相交的**(Disjoint).

2. 并

把集 A 与集 B 的所有元素放在一起组成一个集合 (相同的元素只取一次), 称为 A 与 B 的**并集**(Union), 记为 $A \bigcup B$, 即

$$A \bigcup B = \left\{x : x \in A \quad 或 \quad x \in B\right\}.$$

有限多个集 $A_1, A_2, \cdots, A_n$ 的并集定义为

$$\bigcup_{k=1}^{n} A_k = \{x : \exists k \in \{1, 2, \cdots, n\} 使得 x \in A_k\},$$

一列集 $A_1, A_2, \cdots, A_n, \cdots$ 的并集定义为

$$\bigcup_{n=1}^{\infty} A_n = \left\{x : \exists n \in \mathbf{Z}^+ 使得 x \in A_n\right\}.$$

类似地, 可以定义任意多个集 $A_\alpha(\alpha \in I)$ 的并集为

$$\bigcup_{\alpha\in I} A_\alpha = \left\{x : \exists\alpha \in I\text{使得}x \in A_\alpha\right\}.$$

显然, $\bigcup\limits_{\alpha\in I} A_\alpha$ 是包含了所有 $A_\alpha(\alpha \in I)$ 的最小集合. 因此, 可称其为集族 $\{A_\alpha\}_{\alpha\in I}$ 的**上确界**, 记为 $\sup\{A_\alpha\}_{\alpha\in I}$, 或 $\sup\limits_{\alpha\in I} A_\alpha$. 于是

$$\sup\{A_\alpha\}_{\alpha\in I} = \bigcup_{\alpha\in I} A_\alpha, \quad \bigcup_{i=1}^{\infty} A_i = \sup\{A_n\}_{n\in\mathbf{Z}^+} = \sup_{n\geqslant 1} A_n.$$

例 1.1.4 设 $A_x = \{(x, y) : y \in \mathbf{R}\}\,(x \in \mathbf{R})$, 则 $\bigcup\limits_{x\in\mathbf{R}} A_x = \mathbf{R}^2$.

例 1.1.5 设 $A_i = \{x : i-1 < x \leqslant i\}(i = 1, 2, 3, \cdots)$, 则

$$\bigcup_{i=1}^{n} A_i = \{x : 0 < x \leqslant n\} = (0, n], \quad \bigcup_{i=1}^{\infty} A_i = \{x : 0 < x < +\infty\} = (0, +\infty).$$

不难证明: 集合的交与并运算具有下列性质.

定理 1.1.1 设 $A, B, A_k(k \in I), B_k(k \in I)$ 为任意集合, 则以下结论成立:

(1) 结合律:

$$A\bigcup(B\bigcup C) = (A\bigcup B)\bigcup C, \quad A\bigcap(B\bigcap C) = (A\bigcap B)\bigcap C;$$

(2) 交换律:

$$A\bigcup B = B\bigcup A, \quad A\bigcap B = B\bigcap A;$$

(3) 分配律:

$$A\bigcap\left(\bigcup_{k\in I} B_k\right) = \bigcup_{k\in I}(A\bigcap B_k), \quad A\bigcup\left(\bigcap_{k\in I} B_k\right) = \bigcap_{k\in I}(A\bigcup B_k);$$

(4) $A\bigcap A = A, A\bigcup A = A$;

(5) 当 $A \subset B$ 时, $A\bigcup B = B, A\bigcap B = A$;

(6) 当 $A_k \subset B_k\,(\forall k \in I)$ 时, $\bigcap\limits_{k\in I} A_k \subset \bigcap\limits_{k\in I} B_k, \bigcup\limits_{k\in I} A_k \subset \bigcup\limits_{k\in I} B_k$.

3. *差*

对任意两个集合 A 与 B, 属于 A 而不属于 B 的一切元素之集称为 A 与 B 的**差集**(Differenceset), 记为 $A\backslash B$, 即

$$A\backslash B = \left\{x : x \in A\text{且}x \notin B\right\}.$$

例 1.1.6 设 $A = \{1, 2, 3, 4\}, B = \{3, 4, 5\}$, 则 $A\backslash B = \{1, 2\}, B\backslash A = \{5\}$.

例 1.1.7　设 $A=\{x:f(x)\geqslant c\}$, $B=\{x:f(x)>c\}$, 则

$$A\backslash B=\{x:f(x)=c\}.$$

注意　(1) 定义差集 $A\backslash B$ 时并不要求 $A\supset B$.

(2) $(A\bigcup B)\backslash B=A\backslash B$; 一般并不等于 A. 可以验证:

$$(A\bigcup B)\backslash B=A\Leftrightarrow A\bigcap B=\varnothing.$$

(3) $(A\backslash B)\bigcup B=A\bigcup B$; 一般并不等于 A. 可以验证:

$$(A\backslash B)\bigcup B=A\Leftrightarrow B\subset A.$$

4. 余

如果在讨论某一问题时, 所涉及的元素都属于同一集合 U, 则称 U 为**全集**或**万有集**(Universal set), 也称为**基本集**. 这时, 我们称 $U\backslash A$ 为 U 的子集 A 关于 U 的**余集**或**补集**(Complement), 或简称 A 的余集, 记为 A^c, 即 $A^c=U\backslash A$.

定理 1.1.2　设 U 为全集, $A,B\subset U$, 则

(1) $U^c=\varnothing$, $\varnothing^c=U$;

(2) 若 $A\subset B$, 则 $A^c\supset B^c$;

(3) $A\bigcup A^c=U, A\bigcap A^c=\varnothing$;

(4) $A\backslash B=A\bigcap B^c$;

(5) $(A^c)^c=A$.

证明　这些性质都是明显的, 我们只证 (4). 任取 $x\in A\backslash B$, 则 $x\in A$ 且 $x\notin B$. 因此 $x\in A$ 且 $x\in B^c$, 从而 $x\in A\bigcap B^c$. 另一方面, 任取 $x\in A\bigcap B^c$, 则 $x\in A$ 且 $x\in B^c$, 即 $x\in A$ 且 $x\notin B$, 从而 $x\in A\backslash B$. 故 $A\backslash B=A\bigcap B^c$. 证毕.

定理 1.1.3 (对偶原理)　并集的余集等于余集的交集; 交集的余集等于余集的并集, 即

$$\left(\bigcup_{a\in I}A_a\right)^c=\bigcap_{a\in I}A_a^c,\quad \left(\bigcap_{a\in I}A_a\right)^c=\bigcup_{a\in I}A_a^c.$$

证明　先证第一个等式. 设 $x\in\left(\bigcup\limits_{a\in I}A_a\right)^c$, 则 $x\notin\bigcup\limits_{a\in I}A_a$, 亦即对任意 $a\in I$, 有 $x\notin A_a$. 从而 $x\in A_a^c(\forall a\in I)$. 于是 $x\in\bigcap\limits_{a\in I}A_a^c$. 另一方面, 任取 $x\in\bigcap\limits_{a\in I}A_a^c$, 则 $x\in A_a^c(\forall a\in I)$, 亦即 $x\notin A_a(\forall a\in I)$, 从而 $x\notin\bigcup\limits_{a\in I}A_a$, 于是 $x\in\left(\bigcup\limits_{a\in I}A_a\right)^c$. 第一个等式得证.

至于第二个等式, 只要在第一个等式中以 A_a^c 代替 A_a, 再在两端取余即可得到. 证毕.

对偶原理以后常要用到, 它提供了交并转化的工具.

5. 乘积

对于有限个集合 $A_k(k=1,2,\cdots,n)$, 定义它们的**乘积**(Product) 为

$$\prod_{k=1}^{n} A_k \equiv A_1 \times A_2 \times \cdots \times A_n = \{(x_1,x_2,\cdots,x_n): x_k \in A_k(k=1,2,\cdots,n)\}.$$

当 $A_1=A_2=\cdots=A_n=A$ 时, 将 $\prod_{k=1}^{n} A_k$ 记为 A^n. 例如, $\mathbf{R}^n$ 就是 n 个 $\mathbf{R}$ 的乘积, $\mathbf{R}^{p+q}=\mathbf{R}^p \times \mathbf{R}^q$, 这里元素 $(x_1,x_2,\cdots,x_{p+q})$ 与

$$((x_1,x_2,\cdots,x_p),(x_{p+1},x_{p+2},\cdots,x_{p+q}))$$

等同.

一般地, 对于集族 $\{A_i\}_{i\in I}$, 定义它们的乘积为

$$\prod_{i\in I} A_i = \{(x_i)_{i\in I}: x_i \in A_i(\forall i \in I)\},$$

其中的元素 $(x_i)_{i\in I}$ 可视为满足条件 $f(i) \in A_i(\forall i \in I)$ 的映射 $f: I \to \bigcup_{i\in I} A_i$. 当指标集 $I=\mathbf{Z}^+$ 时, 将 $\prod_{i\in I} A_i$ 记为 $\prod_{i=1}^{\infty} A_i$, 并将其元素用**序列**(Sequence) 表示, 即

$$\prod_{i=1}^{\infty} A_i = \{(x_1,x_2,\cdots,x_n,\cdots): x_i \in A_i(\forall i \in \mathbf{Z}^+)\}.$$

当 $A_n=A(n=1,2,\cdots)$ 时, 将 $\prod_{i=1}^{\infty} A_i$ 记为 A^∞, 其中的元素就是 A 中的序列. 例如, $\mathbf{R}^\infty$ 就是全体实数列之集.

6. 极限

对于实数列 $\{a_n\}$, 其上、下极限分别定义为

$$\overline{\lim_{n\to\infty}}\, a_n = \inf_{n\geqslant 1} \sup_{m\geqslant n} a_m, \quad \underline{\lim_{n\to\infty}}\, a_n = \sup_{n\geqslant 1} \inf_{m\geqslant n} a_m.$$

显然

$$\inf_{n\geqslant 1} a_n \leqslant \underline{\lim_{n\to\infty}}\, a_n \leqslant \overline{\lim_{n\to\infty}}\, a_n \leqslant \sup_{n\geqslant 1} a_n.$$

进一步, $\lim_{n\to\infty} a_n$ 存在当且仅当 $\underline{\lim_{n\to\infty}}\, a_n = \overline{\lim_{n\to\infty}}\, a_n$.

作为类比, 对于集合列 $\{A_n\}$, 我们可以定义它的**上极限**(Upper limit) 与**下极限**(Lower limit) 为

$$\overline{\lim_{n\to\infty}}\, A_n = \inf_{n\geqslant 1} \sup_{m\geqslant n} A_m = \bigcap_{n=1}^{\infty} \bigcup_{m=n}^{\infty} A_m, \quad \underline{\lim_{n\to\infty}}\, A_n = \sup_{n\geqslant 1} \inf_{m\geqslant n} A_m = \bigcup_{n=1}^{\infty} \bigcap_{m=n}^{\infty} A_m.$$

显然

$$\bigcap_{n=1}^{\infty} A_n \subset \varliminf_{n\to\infty} A_n \subset \varlimsup_{n\to\infty} A_n \subset \bigcup_{n=1}^{\infty} A_n.$$

如果 $\varliminf\limits_{n\to\infty} A_n = \varlimsup\limits_{n\to\infty} A_n$, 那么称集列 $\{A_n\}$ 是**收敛的**(Convergent), 且称它的上极限 (等于下极限) 为这个集列的**极限**(Limit), 记为 $\lim\limits_{n\to\infty} A_n$.

下面, 我们分析一下集列的上、下极限中的元素有什么特征.

设 $x \in \varlimsup\limits_{n\to\infty} A_n$, 则 $x \in \bigcap\limits_{n=1}^{\infty}\bigcup\limits_{m=n}^{\infty} A_m$, 从而 $x \in \bigcup\limits_{m=n}^{\infty} A_m\,(n=1,2,\cdots)$. 因为 $x \in \bigcup\limits_{n=1}^{\infty} A_n$, 所以存在 n_1 使 $x \in A_{n_1}$. 又因为 $x \in \bigcup\limits_{m=n_1+1}^{\infty} A_m$, 所以存在 $n_2 > n_1$ 使 $x \in A_{n_2}$. 如此下去, 可得无穷多个 $A_{n_1}, A_{n_2}, \cdots (n_1 < n_2 < \cdots)$, 它们都含有 x. 于是, x 属于无穷多个 A_n.

反之, 设 x 属于无穷多个 A_n, 则存在 $A_{n_1}, A_{n_2}, \cdots (n_1 < n_2 < \cdots)$ 使得 $x \in A_{n_k}$ 对 $k = 1, 2, \cdots$ 成立. 从而

$$x \in \bigcup_{m=n}^{\infty} A_m\,(n=1,2,\cdots),$$

于是 $x \in \bigcap\limits_{n=1}^{\infty}\bigcup\limits_{m=n}^{\infty} A_m$. 所以, $x \in \varlimsup\limits_{n\to\infty} A_n$. 故

$$x \in \varlimsup_{n\to\infty} A_n \textbf{当且仅当} x \textbf{属于无穷多个} A_n.$$

类似可得

$$x \in \varliminf_{n\to\infty} A_n \textbf{当且仅当} x \textbf{属于从某项以后的一切} A_n.$$

由此可得以下定理.

定理 1.1.4　对任意集列 $\{A_n\}$ 都有

(1) $\varlimsup\limits_{n\to\infty} A_n = \{x : x\text{属于无限个}A_n\}$;

(2) $\varliminf\limits_{n\to\infty} A_n = \{x : \exists N\text{使得}x \in A_n(\forall n > N)\}$.

例 1.1.8　设 $A_{2k-1} = A, A_{2k} = B(k = 1, 2, \cdots)$, 则

$$\varliminf_{n\to\infty} A_n = A\bigcap B, \quad \varlimsup_{n\to\infty} A_n = A\bigcup B.$$

因此, 集列 $\{A_n\}$ 收敛当且仅当 $A = B$.

例 1.1.9　设 $A_n = \left[0, 1 + \dfrac{1}{n}\right]\,(n = 1, 2, \cdots)$, 则 $\varliminf\limits_{n\to\infty} A_n = \varlimsup\limits_{n\to\infty} A_n = [0, 1]$.

下面的定理说明集列的上下极限与相应的特征函数列的上下极限紧密相关. 对任意集 $A \subset U$, 称 U 上定义的函数

$$\chi_A(x) = \begin{cases} 1, & x \in A, \\ 0, & x \notin A \end{cases}$$

为集合 A 的**特征函数**(Characteristic function). 例如, 狄利克雷 (Dirichlet) 函数

$$D(x)=\chi_Q(x)=\begin{cases}1, & x\in\mathbf{Q},\\ 0, & x\notin\mathbf{Q}.\end{cases}$$

定理 1.1.5 设 $A_n\subset U(n=1,2,\cdots)$, 则

(1) $\overline{\lim\limits_{n\to\infty}}\chi_{A_n}(x)=\chi_{\overline{\lim\limits_{n\to\infty}}A_n}(x)(\forall x\in U)$;

(2) $\underline{\lim\limits_{n\to\infty}}\chi_{A_n}(x)=\chi_{\underline{\lim\limits_{n\to\infty}}A_n}(x)(\forall x\in U)$;

(3) 集列 $\{A_n\}$ 收敛当且仅当特征函数列 $\{\chi_{A_n}(x)\}$ 在 U 上处处收敛; 此时有

$$\lim_{n\to\infty}\chi_{A_n}(x)=\chi_{\lim\limits_{n\to\infty}A_n}(x)(\forall x\in U).$$

证明 (1) 任取 $x_0\in U$. 若 $x_0\in\overline{\lim\limits_{n\to\infty}}A_n$, 则 $\chi_{\overline{\lim\limits_{n\to\infty}}A_n}(x_0)=1$, 而此时 x_0 属于无穷多个 A_n, 故有无穷个 n 使 $\chi_{A_n}(x_0)=1$. 从而, 也有 $\overline{\lim\limits_{n\to\infty}}\chi_{A_n}(x_0)=1$. 若 $x_0\notin\overline{\lim\limits_{n\to\infty}}A_n$, 则 x_0 最多只属于有限个 A_n, 从而数列 $\{\chi_{A_n}(x_0)\}$ 中最多只有有限项为 1, 其余全为零, 从而可知 $\overline{\lim\limits_{n\to\infty}}\chi_{A_n}(x_0)=0=\chi_{\overline{\lim\limits_{n\to\infty}}A_n}(x_0)$. 于是 (1) 得证.

(2) 类似于 (1) .

(3) 由 (1) 与 (2) 可知. 证毕.

定理 1.1.6 (1) 如果 $\{A_n\}$ 是渐张集列, 即 $A_n\subset A_{n+1}(\forall n\geqslant 1)$, 那么 $\{A_n\}$ 收敛且

$$\lim_{n\to\infty}A_n=\bigcup_{n=1}^{\infty}A_n;$$

(2) 如果 $\{A_n\}$ 是渐缩集列, 即 $A_n\supset A_{n+1}(\forall n\geqslant 1)$, 那么 $\{A_n\}$ 收敛且

$$\lim_{n\to\infty}A_n=\bigcap_{n=1}^{\infty}A_n.$$

证明 留作习题.

下面的例题给出了函数列的收敛点集与不收敛点集的结构.

例 1.1.10 设 $f,f_n(n=1,2,\cdots)$ 都是定义在集合 E 上的函数, 则集 E 中一切使 $\{f_n(x)\}$ 收敛于 $f(x)$ 的点 x 所构成的集合 C 及 E 中一切使 $\{f_n(x)\}$ 不收敛于 $f(x)$ 的点 x 所构成的集合 D 可分别表示为

$$C=\bigcap_{k=1}^{\infty}\bigcup_{N=1}^{\infty}\bigcap_{n=N}^{\infty}E_n^k=\bigcap_{k=1}^{\infty}\underline{\lim_{n\to\infty}}E_n^k,\quad D=\bigcup_{k=1}^{\infty}\bigcap_{N=1}^{\infty}\bigcup_{n=N}^{\infty}E_n(k^{-1})=\bigcup_{k=1}^{\infty}\overline{\lim_{n\to\infty}}E_n(k^{-1}),$$

其中 $E_n^k=E[|f_n-f|<k^{-1}]$, $E_n(k^{-1})=E[|f_n-f|\geqslant k^{-1}]$.

证明　显然 $D=E\backslash C, E_n(k^{-1})=E\backslash E_n^k$. 所以, 只需证明 C 的表达式. 设 $x\in C$, 则 $\lim\limits_{n\to\infty}f_n(x)=f(x)$. 从而, 对于任何正整数 k, 存在正整数 N 使得当 $n\geqslant N$ 时, 有 $|f_n(x)-f(x)|<k^{-1}$. 这就是说 $x\in E_n^k(\forall n\geqslant N)$. 因而

$$x\in \varliminf_{n\to\infty} E_n^k\,(k=1,2,\cdots).$$

从而 $x\in\bigcap\limits_{k=1}^{\infty}\varliminf\limits_{n\to\infty}E_n^k$, 故 $C\subset\bigcap\limits_{k=1}^{\infty}\varliminf\limits_{n\to\infty}E_n^k$. 另一方面, 若 $x\in\bigcap\limits_{k=1}^{\infty}\varliminf\limits_{n\to\infty}E_n^k$, 则对任意的正整数 k, 有 $x\in\varliminf\limits_{n\to\infty}E_n^k$. 故由下极限的定义知, 存在正整数 N 使得 $n\geqslant N$ 时, 有 $x\in E_n^k$, 即 $|f_n(x)-f(x)|<k^{-1}$. 因而 $\lim\limits_{n\to\infty}f_n(x)=f(x)$, 所以 $x\in C$. 可见, $C\supset\bigcap\limits_{k=1}^{\infty}\varliminf\limits_{n\to\infty}E_n^k$. 因此, 关于 C 的表达式成立. 证毕.

应当指出的是, 证明集合等式时, 不一定都要用互相包含的方法. 有时, 利用集合的运算性质会使证明更简便, 参见下面的例子.

例 1.1.11　证明: $(A\bigcup B)\backslash B=A\backslash B$.

证明　应用集合的运算性质可知

$$(A\bigcup B)\backslash B=(A\bigcup B)\bigcap B^c=(A\bigcap B^c)\bigcup(B\bigcap B^c)=A\bigcap B^c=A\backslash B.$$

证毕.

例 1.1.12　证明：$A\backslash(B\bigcup C)=(A\backslash B)\bigcap(A\backslash C)$.

证明　应用集合的运算性质可知

$$\begin{aligned}A\backslash(B\bigcup C)=&A\bigcap(B\bigcup C)^c=A\bigcap(B^c\bigcap C^c)\\=&(A\bigcap B^c)\bigcap(A\bigcap C^c)=(A\backslash B)\bigcap(A\backslash C).\end{aligned}$$

证毕.

习　题　1.1

1. 证明下列集合等式.

(1) $A\bigcap(B\backslash C)=(A\bigcap B)\backslash(A\bigcap C)$;

(2) $(A\bigcup B)\backslash C=(A\backslash C)\bigcup(B\backslash C)$;

(3) $A\backslash(B\backslash C)=(A\backslash B)\bigcup(A\bigcap C)$.

2. 证明下列命题.

(1) $(A\backslash B)\bigcup B=A$ 的充分必要条件是: $B\subset A$;

(2) $(A\bigcup B)\backslash B=A$ 的充分必要条件是: $A\bigcap B=\varnothing$;

(3) $(A\backslash B)\bigcup B=(A\bigcup B)\backslash B$ 的充分必要条件是: $B=\varnothing$.

3. 证明定理 1.1.6.

4. 设 f 是定义于集合 E 上的实值函数, c 为任意实数, 证明:

(1) $E[f>c]=\bigcup\limits_{n=1}^{\infty}E\left[f\geqslant c+\dfrac{1}{n}\right]$; (2) $E[f\leqslant c]=\bigcap\limits_{n=1}^{\infty}E\left[f<c+\dfrac{1}{n}\right]$;

(3) 若 $\lim\limits_{n\to\infty}f_n(x)=f(x)(\forall x\in E)$, 则对任意实数 c 有

$$E[f\geqslant c]=\bigcap_{k=1}^{\infty}\bigcup_{N=1}^{\infty}\bigcap_{n=N}^{\infty}E\left[f_n>c-\frac{1}{k}\right]=\bigcap_{k=1}^{\infty}\varliminf_{n\to\infty}E\left[f_n>c-\frac{1}{k}\right].$$

5. 证明集列极限的下列性质.

(1) $\left(\varlimsup\limits_{n\to\infty}A_n\right)^c=\varliminf\limits_{n\to\infty}A_n^c$; (2) $\left(\varliminf\limits_{n\to\infty}A_n\right)^c=\varlimsup\limits_{n\to\infty}A_n^c$;

(3) $\varliminf\limits_{n\to\infty}(E\backslash A_n)=E\backslash\varlimsup\limits_{n\to\infty}A_n$; (4) $\varlimsup\limits_{n\to\infty}(E\backslash A_n)=E\backslash\varliminf\limits_{n\to\infty}A_n$.

6. 证明: 对任意集列 $\{A_n\},\{B_n\}$, 都有

(1) $\varlimsup\limits_{n\to\infty}(A_n\bigcup B_n)=\varlimsup\limits_{n\to\infty}A_n\bigcup\varlimsup\limits_{n\to\infty}B_n$;

(2) $\varliminf\limits_{n\to\infty}(A_n\bigcup B_n)\supset\varliminf\limits_{n\to\infty}A_n\bigcup\varliminf\limits_{n\to\infty}B_n$;

(3) $\varliminf\limits_{n\to\infty}(A_n\bigcap B_n)=\varliminf\limits_{n\to\infty}A_n\bigcap\varliminf\limits_{n\to\infty}B_n$;

(4) $\varlimsup\limits_{n\to\infty}(A_n\bigcap B_n)\subset\varlimsup\limits_{n\to\infty}A_n\bigcap\varlimsup\limits_{n\to\infty}B_n$;

(5) $\varlimsup\limits_{n\to\infty}(A_n\backslash B_n)\subset\varlimsup\limits_{n\to\infty}A_n\backslash\varliminf\limits_{n\to\infty}B_n$;

(6) $\varliminf\limits_{n\to\infty}(A_n\backslash B_n)=\varliminf\limits_{n\to\infty}A_n\backslash\varlimsup\limits_{n\to\infty}B_n$.

7. 证明: 如果 $\{A_n\},\{B_n\}$ 都收敛, 则 $\{A_n\bigcup B_n\},\{A_n\bigcap B_n\},\{A_n\backslash B_n\}$ 都收敛且

(1) $\lim\limits_{n\to\infty}(A_n\bigcup B_n)=\lim\limits_{n\to\infty}A_n\bigcup\lim\limits_{n\to\infty}B_n$;

(2) $\lim\limits_{n\to\infty}(A_n\bigcap B_n)=\lim\limits_{n\to\infty}A_n\bigcap\lim\limits_{n\to\infty}B_n$;

(3) $\lim\limits_{n\to\infty}(A_n\backslash B_n)=\lim\limits_{n\to\infty}A_n\backslash\lim\limits_{n\to\infty}B_n$.

8. 证明: $\bigcap\limits_{\alpha\in I}A_\alpha$ 是包含在所有 $A_\alpha(\alpha\in I)$ 之中的最大集合; $\bigcup\limits_{\alpha\in I}A_\alpha$ 是包含了所有 $A_\alpha(\alpha\in I)$ 的最小集合.

9. 证明: 对任一集列 $\{A_n\}$, 有 $\bigcap\limits_{n=1}^{\infty}A_n=\lim\limits_{n\to\infty}\bigcap\limits_{k=1}^{n}A_k$, $\bigcup\limits_{n=1}^{\infty}A_n=\lim\limits_{n\to\infty}\bigcup\limits_{k=1}^{n}A_k$.

1.2 集合的基数

本节的主要目的是讨论集合中元素个数的多少问题. 空集的元素个数是 0, 有限集元素的个数是一个自然数. 为了比较两个有限集元素的多少, 有两个办法: 一是把两个集的元素数一数, 然后加以比较; 另一个办法是用元素对应的方法. 若集 A 与集 B 的元素之间可以建立一一对应关系, 那么, 集 A 与集 B 的元素个数就应该相等; 若集 A 可以与 B 的一个真子集建立一一对应关系, 但集 A 与集 B 的元素之间不存在一一对应关系, 那么, 集 A 的元素就应当少于集 B 的元素.

怎样比较两个无限集的元素的“多少”呢? 显然, 不能用一个一个去数的办法. 于是, 我们自然想到了用**一一对应**的办法.

1.2.1　对等性

为了建立集合基数的概念, 我们首先引入集合之间的**对等性**(Equipolence).

定义 1.2.1　设 φ: $A \to B$ 是一个映射 (Mapping, Map). 若 φ 既是单射 (Injection) 又是满射 (Surjection), 则称它是**双射**(Bijection), 也称它是一个**一一对应**(One to one correspondence).

定义 1.2.2　若存在一一对应 φ: $A \to B$, 则称 A 与 B**对等**(Equipolent), 记为 $A \sim B$.

定义 1.2.3　对于给定映射 φ: $A \to B$, 当 $X \subset A, Y \subset B$ 时, 记

$$\varphi(X) = \{\varphi(x) : x \in X\}, \quad \varphi^{-1}(Y) = \{x \in A : \varphi(x) \in Y\},$$

分别称为 X 在映射 φ 下的**象**(Image) 与 Y 在映射 φ 下的**原象**(Inverse image).

例 1.2.1　设 $\varphi(n) = 2n$, 则得到一一对应 $\varphi : \mathbf{N} \to 2\mathbf{N}$, 其中

$$2\mathbf{N} = \{0, 2, 4, \cdots, 2n, \cdots\}$$

表示所有非负偶数之集, 从而 $\mathbf{N} \sim 2\mathbf{N}$. 类似可得 $\mathbf{Z} \sim 2\mathbf{Z}$.

例 1.2.2　设 $A = \{x : 0 < x < 1\}$, $B = \{y : 0 < y < \infty\}$, $\varphi(x) = \dfrac{x}{1-x}$, 则得到 A 到 B 上的一一对应 φ, 从而 $A \sim B$.

例 1.2.3　如果集合 S 可以表示为

$$S = \{e_1, e_2, \cdots, e_n, \cdots\}, \quad \text{其中} e_i \neq e_j (i \neq j),$$

那么 S 必与自然数集 $\mathbf{N}$ 对等.

证明　定义 $\varphi(e_n) = n - 1$, 则 φ: $S \to \mathbf{N}$ 为一一对应, 从而 $S \sim \mathbf{N}$. 证毕.

例 1.2.4　由例 1.2.3 可知: $\mathbf{Z} \sim \mathbf{N}$, 因为 $\mathbf{Z} = \{0, -1, 1, -2, 2, \cdots, -n, n, \cdots\}$.

根据定义容易验证: 集合之间的对等关系 “$\sim$” 具有下列性质.

定理 1.2.1　对任意集合 A, B, C, D, 有

(1) 反身性: $A \sim A$;

(2) 对称性: $A \sim B \Leftrightarrow B \sim A$;

(3) 传递性: $A \sim B \sim C \Rightarrow A \sim C$;

(4) 保并性: 若 $A \sim B$, $C \sim D$ 且 $A \bigcap C = \varnothing$, $B \bigcap D = \varnothing$, 则

$$A \bigcup C \sim B \bigcup D.$$

1.2.2 基数的概念

定义 1.2.4 设 A 与 B 为任意两个集合.

(1) 若 $A\sim B$, 则称 A 与 B**具有相同的基数**(Cardinality, Cardinal number), 记为 $\overline{\overline{A}}=\overline{\overline{B}}$;

(2) 若 A 不与 B 对等, 但存在 B 的某个真子集 B_0 使得 $A\sim B_0$, 则称 A 的**基数小于**B**的基数**, 记为 $\overline{\overline{A}}<\overline{\overline{B}}$;

(3) $\overline{\overline{A}}\leqslant\overline{\overline{B}}$ 指 $\overline{\overline{A}}=\overline{\overline{B}}$ 或 $\overline{\overline{A}}<\overline{\overline{B}}$; $\overline{\overline{A}}\geqslant\overline{\overline{B}}$ 指 $\overline{\overline{A}}=\overline{\overline{B}}$ 或 $\overline{\overline{A}}>\overline{\overline{B}}$;

(4) 若 A 是有限集且恰好有 n 个元素 (n 是某个自然数), 则称 A 的**基数**为 n, 记为 $\overline{\overline{A}}=n$;

(5) 若 $A\sim\mathbf{N}$, 则称 A 的**基数为**$\aleph_0$, 记为 $\overline{\overline{A}}=\aleph_0$; 有时, 记 $a=\aleph_0$;

(6) 若 $A\sim\mathbf{R}$, 则称 A 的**基数为**$\aleph$, 记为 $\overline{\overline{A}}=\aleph$; 有时, 记 $c=\aleph$.

例 1.2.5 由定义 1.2.4 (4) 可知: $\overline{\overline{\{a,b,c\}}}=3$, 空集的基数为 0.

例 1.2.6 由例 1.2.1 及例 1.2.4 可知: $\mathbf{N}\sim 2\mathbf{N}$, $\mathbf{Z}\sim 2\mathbf{Z}$, $\mathbf{Z}\sim\mathbf{N}$. 从而, 由定义 1.2.4(1) 知: 这些集合具有相同的基数. 再根据定义 1.2.4 (5) 可知: 它们的基数都是 $\aleph_0$, 即 a. 由例 1.2.2 及定义 1.2.4 (1) 可知: $\overline{\overline{(0,1)}}=\overline{\overline{(0,\infty)}}$.

例 1.2.7 定义 $\varphi(x)=\tan\dfrac{\pi x}{2}$, 则

$$\varphi:(-1,1)\to\mathbf{R}=(-\infty,\infty)$$

为一一对应, 从而 $(-1,1)\sim\mathbf{R}$. 于是, 由定义 1.2.4(1) 及 (6) 可知

$$\overline{\overline{(-1,1)}}=\overline{\overline{\mathbf{R}}}=\aleph=c.$$

由以上两个例子可以看出, 无限集可以与它的某个真子集对等, 这个性质是无限集的特征性质, 有限集不具有这种性质.

由定义 1.2.4 可见: 基数反映了相互对等的集合的**共同属性**. 两个对等的有限集, 它们的这种共同属性就是**元素个数相同**, 它们的基数就是一个自然数. 两个对等的无限集, 它们的这种共同属性就是**相互对等**, 可以认为它们具有同样多的元素. 因此, 我们可以说: 基数是自然数概念的自然拓广.

1.2.3 基数的比较

下面的两个定理给出了比较基数大小的有力工具.

定理 1.2.2 设 A,B 为两个非空集合, 则以下等价:

(1) $\overline{\overline{A}}\leqslant\overline{\overline{B}}$;

(2) 存在单射 $f:A\to B$;

(3) 存在 $B_0\subset B$ 使得 $A\sim B_0$.

证明　(1) ⇒ (2)：设 $\overline{\overline{A}} \leqslant \overline{\overline{B}}$. 若 $\overline{\overline{A}} = \overline{\overline{B}}$, 则由定义 1.2.4(1) 知: 存在双射 $f: A \to B$, 从而 $f: A \to B$ 为单射. 如果 $\overline{\overline{A}} < \overline{\overline{B}}$, 则由定义 1.2.4(2) 知: 存在 $B_0 \subset B$ 及双射 $f: A \to B_0$. 显然, $f: A \to B$ 为单射.

(2) ⇒ (3): 设存在单射 $f: A \to B$, 令 $B_0 = f(A)$, 则 $A \sim B_0$.

(3) ⇒ (1): 设存在 $B_0 \subset B$ 使得 $A \sim B_0$. 若 $\overline{\overline{A}} \neq \overline{\overline{B}}$, 则由定义 1.2.4(2) 知 $\overline{\overline{A}} < \overline{\overline{B}}$. 故总有 $\overline{\overline{A}} \leqslant \overline{\overline{B}}$ 成立. 证毕.

根据定理 1.2.2 可得以下推论.

推论 1.2.1　(1) 若 A 为有限集, 则 $\overline{\overline{A}} < \overline{\overline{\mathbf{N}}} = a = \aleph_0$;

(2) 若 $A \subset B$, 则 $\overline{\overline{A}} \leqslant \overline{\overline{B}}$;

(3) $a = \aleph_0 = \overline{\overline{\mathbf{N}}} \leqslant \overline{\overline{\mathbf{R}}} = \aleph = c$.

定理 1.2.3 (伯恩斯坦 (Bernstein) 定理)　$\overline{\overline{X}} \leqslant \overline{\overline{Y}} \leqslant \overline{\overline{X}}$ 当且仅当 $\overline{\overline{X}} = \overline{\overline{Y}}$.

证明　充分性显然, 下证必要性. 设 $\overline{\overline{X}} \leqslant \overline{\overline{Y}} \leqslant \overline{\overline{X}}$, 则由定理 1.2.2 知: 存在单射 $f: X \to Y$ 及 $g: Y \to X$. 令

$$M = \{E : E \subset X, E \bigcap g(Y \backslash f(E)) = \varnothing\}.$$

显然 $\varnothing \in M$, 所以 $M \neq \varnothing$. 记 $A = \bigcup\limits_{E \in M} E$, 下证 $A \in M$. 显然 $A \subset X$ 且 $\forall E \in M$, 有 $A \supset E$, 从而 $f(A) \supset f(E)$. 因此

$$\begin{aligned} A \bigcap g(Y \backslash f(A)) &= \left(\bigcup_{E \in M} E \right) \bigcap g(Y \backslash f(A)) \\ &= \bigcup_{E \in M} (E \bigcap g(Y \backslash f(A))) \\ &\subset \bigcup_{E \in M} (E \bigcap g(Y \backslash f(E))). \end{aligned}$$

因为

$$E \bigcap g(Y \backslash f(E)) = \varnothing (\forall E \in M),$$

所以 $A \bigcap g(Y \backslash f(A)) = \varnothing$. 于是 $A \in M$. 以下证明

$$A \bigcup g(Y \backslash f(A)) = X. \tag{1.2.1}$$

假设式 (1.2.1) 不成立, 则存在 $x_0 \in X \backslash (A \bigcup g(Y \backslash f(A)))$. 因此

$$\begin{aligned} &(A \bigcup \{x_0\}) \bigcap g(Y \backslash f(A \bigcup \{x_0\})) \subset (A \bigcup \{x_0\}) \bigcap g(Y \backslash f(A)) \\ &= (A \bigcap g(Y \backslash f(A))) \bigcup (\{x_0\} \bigcap g(Y \backslash f(A))) \\ &= \varnothing. \end{aligned}$$

所以 $A\bigcup\{x_0\}\in M$, 从而 $A\bigcup\{x_0\}\subset A$. 这与 $x_0\notin A$ 矛盾. 于是式 (1.2.1) 成立.
因为 $f:X\to Y$ 及 $g:Y\to X$ 都是单射, 所以

$$A\sim f(A),\quad g(Y\backslash f(A))\sim Y\backslash f(A).$$

最后, 根据定理 1.2.1(4) 知

$$X=A\bigcup g(Y\backslash f(A))\sim f(A)\bigcup(Y\backslash f(A))=Y.$$

故 $\overline{\overline{X}}=\overline{\overline{Y}}$, 证毕.

由定理 1.2.2 及伯恩斯坦定理可得以下推论, 它说明了基数比较的合理性.

推论 1.2.2 对任意集合 A,B,C, 有

(1) $\overline{\overline{A}}\leqslant\overline{\overline{A}}$;

(2) $\overline{\overline{A}}\leqslant\overline{\overline{B}}$ 且 $\overline{\overline{A}}\geqslant\overline{\overline{B}}\Rightarrow\overline{\overline{A}}=\overline{\overline{B}}$;

(3) $\overline{\overline{A}}\leqslant\overline{\overline{B}}\leqslant\overline{\overline{C}}\Rightarrow\overline{\overline{A}}\leqslant\overline{\overline{C}}$;

(4) $\overline{\overline{A}}<\overline{\overline{B}}$ 与 $\overline{\overline{A}}>\overline{\overline{B}}$ 不能同时成立.

推论 1.2.3 若 A 对等于 B 的一个子集, B 又对等于 A 的一个子集, 则 A 对等于 B.

例 1.2.8 证明: 集 $A=\{x:0<x<1\}$ 与集 $B=\{(x,y):0<x<1,0<y<1\}$ 对等.

证明 任取 $(x,y)\in B$, 设

$$x=0.a_1a_2a_3\cdots,\quad y=0.b_1b_2b_3\cdots$$

为实数 x,y 的正规 (即存在无穷个 $a_i,b_j\neq 0$) 无穷十进小数表示, 并令

$$f(x,y)=0.a_1b_1a_2b_2\cdots,$$

则得到单射 $f:B\to A$. 因此, 由定理 1.2.2 知: $\overline{\overline{B}}\leqslant\overline{\overline{A}}$. 若令

$$B_1=\{(x,y):0<x<1,y=0.5\},$$

则 $A\sim B_1\subset B$. 从而由定理 1.2.2 知: $\overline{\overline{A}}\leqslant\overline{\overline{B}}$. 最后, 根据伯恩斯坦定理知 $\overline{\overline{A}}=\overline{\overline{B}}$ 即 $A\sim B$. 证毕.

习　题　1.2

1. 建立区间 $(0,1)$ 与 $[0,1]$ 之间的一一对应.

2. 建立区间 $[a,b]$ 与 $[c,d]$ 及 (a,b) 与 (c,d) 之间的一一对应, 其中

$$-\infty < a < b < \infty, \quad -\infty < c < d < \infty.$$

3. 建立区间 (a,b) 与 $[c,d]$ 之间的一一对应, 其中

$$-\infty < a < b < \infty, \quad -\infty < c < d < \infty.$$

4. 试问: 是否存在连续函数, 把区间 $[0,1]$ 一一映射为区间 $(0,1)$? 是否存在连续函数, 把区间 $[0,1]$ 一一映射为 $[1,2]\bigcup[3,4]$?

5. 证明: $(0,1)\sim(0,1)\times(0,1)\sim\mathbf{R}^2$ 且 $\overline{\overline{\mathbf{R}^2}}=\aleph$.

6. 证明: $A=\{(x,y):x^2+y^2\leqslant 1\}$ 与 $B=\{(x,y):x^2+y^2<1\}$ 对等并求它们的基数.

7. 证明: 直线上任意两个区间都是对等的且具有基数 $\aleph$.

1.3 可数集合

本节讨论一类特殊的无限集——可数集.

定义 1.3.1 若集合 E 与自然数集 $\mathbf{N}$ 对等, 则称 E 为**可数集**(Countable set). 否则, 称 E 为**不可数集**(Uncountable set).

例 1.3.1 由例 1.2.6 可知: $\mathbf{N}\sim 2\mathbf{N}$, $\mathbf{Z}\sim 2\mathbf{Z}$, $\mathbf{Z}\sim\mathbf{N}$, 从而 $\mathbf{N}$, $2\mathbf{N}$, $\mathbf{Z}$, $2\mathbf{Z}$ 都是可数集. 但是, 任何有限集都不可数.

由定义 1.3.1 可得以下定理, 它给出了判断可数集的有用工具.

定理 1.3.1 以下等价:

(1) S 是可数集;

(2) $\overline{\overline{S}}=\aleph_0$;

(3) S 的元素可用正整数编号, 即它可以表示为

$$S=\{e_1,e_2,\cdots,e_n,\cdots\}, \quad \text{其中} e_i\neq e_j (i\neq j).$$

由定理 1.3.1 可知: 可数集其实就是元素可以一一排列出来的集合. 所以, 可数集有时也称为**可列集**(Enumerable set).

定理 1.3.2 任意无限集 A 都包含可数子集且 $\overline{\overline{A}}\geqslant\aleph_0$; 可数集 B 的任一无限子集 B_0 是可数集.

证明 设 A 为无限集, 取 $a_1\in A$. 因为 $A\backslash\{a_1\}:=A_1$ 不空, 所以可取 $a_2\in A_1$. 又因为 $A_1\backslash\{a_2\}:=A_2$ 不空, 可取 $a_3\in A_2$. 一般地, 取出

$$a_1,a_2,\cdots,a_n\in A$$

之后, 集合 $A\setminus\{a_1,a_2,\cdots,a_n\}:=A_n$ 还是非空的, 故可取其中的任一元素 a_{n+1}. 这样, 就得到 A 的一个可数子集 $A_0=\{a_1,a_2,\cdots,a_n,\cdots\}$. 最后, 由推论 1.2.1 知 $\overline{\overline{A}}\geqslant\overline{\overline{A_0}}=\aleph_0$. 再由已证结论知: $\aleph_0=\overline{\overline{B}}\geqslant\overline{\overline{B_0}}\geqslant\aleph_0$, 从而由伯恩斯坦定理知: $\overline{\overline{B_0}}=\aleph_0$, 因而, B_0 是可数集. 证毕.

这个定理表明: 可数基数 (即可数集的基数)$\aleph_0$ 是无穷基数 (即无穷集的基数) 中的最小者.

下面给出可数集合的一系列运算性质.

定理 1.3.3 可数集与有限集之并为可数集.

证明 设 A 为可数集, B 为非空有限集, 下证 $A\bigcup B$ 为可数集. 由于 $A\bigcup B=A\bigcup(B\setminus A)$ 且 $B\setminus A$ 还是有限集, 则可以假设 A 与 B 不相交, 且设它们可表示为

$$A=\{a_1,a_2,\cdots,a_n,\cdots\}(a_i\neq a_j(i\neq j)),\tag{1.3.1}$$

$$B=\{b_1,b_2,\cdots,b_m\}(b_i\neq b_j(i\neq j)).\tag{1.3.2}$$

于是, 根据式 (1.3.1) 及 (1.3.2) 知: $A\bigcup B$ 可以表示为

$$A\bigcup B=\{b_1,b_2,\cdots,b_m,a_1,a_2,\cdots,a_n,\cdots\}.$$

因此, 由定理 1.3.1 知 $A\bigcup B$ 为可数集. 证毕.

定理 1.3.4 有限个可数集之并为可数集.

证明 显然, 只需证明: 两个可数集 A 与 B 之并为可数集. 当 $B\setminus A$ 是有限集时, 由定理 1.3.3 知: $A\bigcup B=A\bigcup(B\setminus A)$ 可数. 当 $B\setminus A$ 是无限集时, 由定理 1.3.2 知: $B\setminus A$ 是可数集且与 A 不相交. 设

$$A=\{a_1,a_2,\cdots,a_n,\cdots\}(a_i\neq a_j(i\neq j)),$$

$$B\setminus A=\{b_1,b_2,\cdots,b_m,\cdots\}(b_i\neq b_j(i\neq j)),\tag{1.3.3}$$

则 $A\bigcup B=A\bigcup(B\setminus A)$ 可以表示为

$$A\bigcup B=\{a_1,b_1,a_2,b_2,\cdots,a_n,b_n,\cdots\},$$

于是, 由定理 1.3.1 知: $A\bigcup B$ 是可数集, 证毕.

引理 1.3.1 集合 $\mathbf{N}^2=\{(m,n):m,n\in\mathbf{N}\}$ 为可数集.

证明 应用

$$\mathbf{N}^2=\{(0,0),(0,1),(1,0),(0,2),(1,1),(2,0),(0,3),(1,2),(2,1),(3,0),\cdots\}.$$

证毕.

推论 1.3.1 有限个可数集 $A_k(k=1,2,\cdots,n)$ 之积 $A_1\times A_2\times\cdots\times A_n$ 为可数集. 特别地, $\mathbf{N}^n,\mathbf{Z}^n$ 都是可数集.

证明　显然, 只需证明 $n=2$ 的情况. 设 A_1, A_2 可数, 则存在双射

$$f_k : A_k \to \mathbf{N}(k=1,2).$$

定义 $f(x_1,x_2)=(f_1(x_1), f_2(x_2))$, 则得到双射 $f: A_1\times A_2\to \mathbf{N}^2$. 从而, 由引理 1.3.1 知: $A_1\times A_2$ 可数. 证毕.

推论 1.3.2　全体有理数之集 $\mathbf{Q}$ 是可数集.

证明　因为 $\mathbf{Q}$ 是无限集, 所以 $\overline{\overline{\mathbf{Q}}}\geqslant \aleph_0$. 将 $\mathbf{Q}$ 可表示为

$$\mathbf{Q}=\left\{\frac{m}{n}: m\in \mathbf{Z}, n\in \mathbf{Z}^+, (m,n)=1\right\},$$

其中 $(m,n)=1$ 表示m 与 n 互素. 对任一 $\dfrac{m}{n}\in \mathbf{Q}$, 定义 $f\left(\dfrac{m}{n}\right)=(m,n)$, 则得到单射 $f:\mathbf{Q}\to \mathbf{Z}\times\mathbf{Z}^+$. 由推论 1.3.1 知: $\mathbf{Z}\times\mathbf{Z}^+$ 可数, 从而由定理 1.2.2 知

$$\aleph_0\leqslant \overline{\overline{\mathbf{Q}}}\leqslant \overline{\overline{\mathbf{Z}\times\mathbf{Z}^+}}=\aleph_0.$$

因此, 根据伯恩斯坦定理知: $\overline{\overline{\mathbf{Q}}}=\aleph_0$, 即 $\mathbf{Q}$ 是可数集, 证毕.

定理 1.3.5　若 $A_i\,(i=1,2,\cdots)$ 是可数集, 则 $\bigcup\limits_{i=1}^{\infty} A_i$ 是可数集.

证明　(1) 先设 $A_i\bigcap A_j=\varnothing(i\neq j)$. 由于 $A_i\,(i=1,2,\cdots)$ 是可数集, 所以它们可表示为

$$A_i=\{a_{i1},a_{i2},a_{i3},\cdots,a_{ij},\cdots\}\quad (i=1,2,\cdots).$$

定义 $f(a_{ij})=(i,j)$, 则得到一个双射 $f:\bigcup\limits_{i=1}^{\infty}A_i\to \mathbf{Z}^+\times\mathbf{Z}^+$. 从而, 由推论 1.3.1 可知: $\bigcup\limits_{i=1}^{\infty}A_i$ 是可数集.

(2) 一般情况: 令

$$B_n=A_n\times \mathbf{N}^n=\{(x,k_1,k_2,\cdots,k_n): x\in A_n, k_1,k_2,\cdots,k_n\in \mathbf{N}\},$$

则 B_n 是可数集 (推论 1.3.1) 且 $B_i\bigcap B_j=\varnothing(i\neq j)$, 从而由情况 (1) 知 $\bigcup\limits_{i=1}^{\infty}B_i$ 是可数集. 对任一 $x\in\bigcup\limits_{i=1}^{\infty}A_i$, 令 $n(x)=\min\{i\in\mathbf{Z}^+: x\in A_i\}$, 则 $A_{n(x)}$ 是 $A_1,A_2,\cdots,A_n,\cdots$ 中第一个包含 x 的集合, 它由 x 唯一确定. 令

$$f(x)=(x,1,2,\cdots,n(x)),$$

则 $f:\bigcup\limits_{i=1}^{\infty}A_i\to\bigcup\limits_{i=1}^{\infty}B_i$ 为单射. 因此, $\overline{\overline{\bigcup\limits_{i=1}^{\infty}A_i}}\leqslant\overline{\overline{\bigcup\limits_{i=1}^{\infty}B_i}}=\aleph_0$. 又因为 $\overline{\overline{\bigcup\limits_{i=1}^{\infty}A_i}}\geqslant\overline{\overline{A_1}}=\aleph_0$, 所以由伯恩斯坦定理知 $\overline{\overline{\bigcup\limits_{i=1}^{\infty}A_i}}=\aleph_0$. 故 $\bigcup\limits_{i=1}^{\infty}A_i$ 为可数集. 证毕.

注 1.3.1 定理 1.3.5 的情况 (2) 也可用以下方法证明: 令

$$B_1 = A_1, \quad B_n = A_n \backslash \bigcup_{i=1}^{n-1} A_i (n = 2, 3, \cdots),$$

则 $B_i \bigcap B_j = \varnothing (i \neq j)$ 且 $\bigcup\limits_{i=1}^{\infty} A_i = \bigcup\limits_{i=1}^{\infty} B_i$. 由于 B_n 是可数集 A_n 的子集, 从而 B_n 最多是可数集 (即有限或可数)(定理 1.3.2). 因此, $\overline{\overline{B_n}} \leqslant \aleph_0 (n = 1, 2, \cdots)$, 记

$$I = \{n : \overline{\overline{B_n}} < \aleph_0\}, \quad J = \{n : \overline{\overline{B_n}} = \aleph_0\}.$$

如果 $I = \varnothing$, 则由已证结论知: $\bigcup\limits_{i=1}^{\infty} A_i = \bigcup\limits_{i=1}^{\infty} B_i$ 可数. 设 $I \neq \varnothing$, 由于 J 为有限集或可数集, 所以由定理 1.3.4 及已证结论知: $\bigcup\limits_{n \in J} B_n$ 是可数. 显然, $\bigcup\limits_{n \in I} B_n$ 是有限或可数个互不相交的有限集之并, 所以它最多是可数集 (本节习题第 5 题). 再由定理 1.3.3 与定理 1.3.4 知

$$\bigcup_{i=1}^{\infty} A_i = \bigcup_{i=1}^{\infty} B_i = \left(\bigcup_{n \in I} B_n\right) \bigcup \left(\bigcup_{n \in J} B_n\right)$$

为可数集.

例 1.3.2 平面上所有以有理点 (即坐标都是有理数的点) 为圆心、以正有理数为半径的圆周 (称为有理圆周) 之集 M 是可数集.

证明 若以 (r_1, r_2) 表示圆心, 以 r_3 表示半径, 则每个有理圆周可唯一地表示为 $O(r_1, r_2, r_3)$. 因此, 所有有理圆周之集 M 可表示为

$$M = \{O(r_1, r_2, r_3) : r_1, r_2 \in \mathbf{Q}, r_3 \in \mathbf{Q}^+\},$$

其中 $\mathbf{Q}^+$ 表示全体正有理数之集. 于是, 可定义 $f : M \to \mathbf{Q} \times \mathbf{Q} \times \mathbf{Q}^+$ 为

$$f(O(r_1, r_2, r_3)) = (r_1, r_2, r_3).$$

显然, f 是一一对应. 根据推论 1.3.2 及推论 1.3.1 知: $\mathbf{Q} \times \mathbf{Q} \times \mathbf{Q}^+$ 是可数集, 从而 M 是可数集. 证毕.

例 1.3.3 由直线上的某些互不相交的区间构成的任一集 E 最多是可数集.

证明 对任一 $I \in E$, 取有理数 $x_I \in I$, 并令 $f(I) = x_I$, 则得到一个单射 $f : E \to \mathbf{Q}$. 从而, 由定理 1.2.2 及推论 1.3.2 知: $\overline{\overline{E}} \leqslant \overline{\overline{\mathbf{Q}}} = \aleph_0$, 因此 E 最多是可数集. 证毕.

例 1.3.4 证明: 自然数集 $\mathbf{N}$ 的所有有限子集之集 $F(\mathbf{N})$ 为可数集.

证明 由于 $\mathbf{N} \sim \{\{0\}, \{1\}, \{2\}, \cdots\} \subset F(\mathbf{N})$, 所以 $\overline{\overline{F(\mathbf{N})}} \geqslant a$. 显然, 自然数集 $\mathbf{N}$ 的任一 n 元素子集 A 都可唯一地表示为

$$A = \{x_1, x_2, \cdots, x_n\},$$

其中 $x_1 < x_2 < \cdots < x_n$. 定义

$$f(A) = 2^{-x_1} + 2^{-x_2} + \cdots + 2^{-x_n}, \quad f(\varnothing) = 0,$$

则得到一个单射 $f : F(\mathbf{N}) \to \mathbf{Q}$. 因此, 由定理 1.2.2 知

$$\overline{\overline{F(\mathbf{N})}} \leqslant \overline{\overline{\mathbf{Q}}} = a.$$

最后, 根据伯恩斯坦定理知 $\overline{\overline{F(\mathbf{N})}} = a$, 故 $F(\mathbf{N})$ 为可数集. 证毕.

习　题　1.3

1. 证明: 平面上顶点坐标为有理点的一切三角形之集 M 是可数集.

2. 证明: 平面上某些两两不交的闭圆盘之集 M 最多是可数集.

3. 证明: (1) 任何可数集都可表示成两个不交的可数集之并;

(2) 任何无限集都可表示成可数个两两不交的无限集之并.

4. 证明: 可数个互不相交的非空有限集之并是可数集.

5. 证明: 有限或可数个互不相交的有限集之并最多是可数集.

6. 证明: 直线上的单调函数的不连续点之集至多是可数集.

7. 证明: 若存在某正数 d 使得平面点集 E 中任意两个不同的点之间的距离都大于 d, 则 E 至多是可数集.

1.4　基数为 c 的集合

由可数集的定义可知: 可数集必是无限集. 所以, 任一有限集都是不可数集. 一个自然的问题是: 无限集都是可数集吗? 换言之, 是不是有比可数基数 a 更大的无限基数呢? 答案是肯定的.

定理 1.4.1　若 A 是任一集合, $P(A)$ 是 A 的一切子集之集, 则有 $\overline{\overline{A}} < \overline{\overline{P(A)}}$.

证明　记 $M = \{\{a\} : a \in A\}$, 则 $A \sim M \subset P(A)$. 从而, $\overline{\overline{A}} \leqslant \overline{\overline{P(A)}}$. 所以, 只要证 A 与 $P(A)$ 不能对等就够了. 假设 $A \sim P(A)$, 则存在一一对应 $f : A \to P(A)$. 对任一 $a \in A$, 有 $f(a) \in P(A)$. 从而, 元素 a 与集合 $f(a)$ 只能有两种关系: $a \in f(a)$ 或 $a \notin f(a)$. 令 $A^* = \{a \in A : a \notin f(a)\}$. 因为 $A^* \in P(A)$, 所以存在 $a^* \in A$ 使得 $f(a^*) = A^*$. 若 $a^* \in A^*$, 则由 A^* 的定义知: $a^* \notin A^*$, 矛盾. 若 $a^* \notin A^*$, 则由 A^* 的定义知: $a^* \in A^*$, 矛盾. 因此, A 不能与 $P(A)$ 对等, 从而 $\overline{\overline{A}} < \overline{\overline{P(A)}}$. 证毕.

由定理 1.4.1 可知: **没有最大基数**. 集合 $P(A)$ 称为集 A 的**幂集**(Power set). 对于由 n 个元素组成的有限集 A 来说, $\overline{\overline{A}} = n$, 它的幂集 $P(A)$ 中恰好有 C_n^0 个空集, C_n^1 个单元素集, C_n^2 个 2 元素集, $\cdots, \mathrm{C}_n^n$ 个 n 元素集, 因而 $P(A)$ 共有

$$\mathrm{C}_n^0 + \mathrm{C}_n^1 + \mathrm{C}_n^2 + \cdots + \mathrm{C}_n^n = 2^n$$

个元素. 所以 $\overline{\overline{P(A)}} = 2^{\overline{\overline{A}}}$. 受此启发, 一般地, 若 $\overline{\overline{A}} = \mu$, 则记 $\overline{\overline{P(A)}} = 2^{\mu}$. 定理 1.4.1 表明: $\mu < 2^{\mu}$, 例如, $a < 2^a$, $c < 2^c$.

为了研究基数 2^a 与基数 c 之间的关系, 先给出下面的定理.

定理 1.4.2 若 A 是有限集或可数集, B 是任意无限集, 则 $\overline{\overline{B\bigcup A}} = \overline{\overline{B}}$; 又若 B 是不可数的无限集, 则 $\overline{\overline{B\backslash A}} = \overline{\overline{B}}$.

证明 在 B 中取可数子集 $B_1 = \{b_1, b_2, \cdots, b_n, \cdots\}$, 则由定理 1.3.3 及定理 1.3.4 知: $B_1 \bigcup A$ 可数, 从而 $B_1 \sim B_1 \bigcup A$. 当 $B \bigcap A = \varnothing$ 时, 必有

$$(B\backslash B_1)\bigcap(B_1\bigcap A) = \varnothing.$$

从而, 由定理 1.2.1(4) 知

$$B = (B\backslash B_1)\bigcup B_1 \sim (B\backslash B_1)\bigcup(B_1\bigcup A) = B\bigcup A.$$

因此 $\overline{\overline{B\bigcup A}} = \overline{\overline{B}}$. 当 $B\bigcap A \neq \varnothing$ 时, 由等式 $B\bigcup A = B\bigcup(A\backslash B)$ 及已证结论知 $\overline{\overline{B\bigcup A}} = \overline{\overline{B}}$. 设 B 是不可数的无限集, 则 $B\backslash(A\bigcap B)$ 是无限集且 $A\bigcap B$ 是有限或可数集. 因此, 由已证结论知

$$\overline{\overline{B\backslash A}} = \overline{\overline{B\backslash(A\bigcap B)}} = \overline{\overline{(B\backslash(A\bigcap B))\bigcup(A\bigcap B)}} = \overline{\overline{B}}.$$

从而 $\overline{\overline{B\backslash A}} = \overline{\overline{B}}$. 证毕.

推论 1.4.1 $a < c = 2^a$ 且 $\overline{\overline{\mathbf{R}\backslash\mathbf{Q}}} = c$. 从而, 实数集 $\mathbf{R}$ 与无理数集 $\mathbf{R}\backslash\mathbf{Q}$ 都是不可数集.

证明 由于 $\overline{\overline{\mathbf{N}}} = a$, 所以 $\overline{\overline{P(\mathbf{N})}} = 2^a$. 用 $P_\infty(\mathbf{N})$ 表示 $\mathbf{N}$ 的所有无限子集之集, 则 $P(\mathbf{N}) = F(\mathbf{N})\bigcup P_\infty(\mathbf{N})$, 其中 $F(\mathbf{N})$ 为 $\mathbf{N}$ 的所有有限子集之集 (见例 1.3.4). 对任一 $A \in P_\infty(\mathbf{N})$, 记

$$a_k = \begin{cases} 1, & k \in A, \\ 0, & k \notin A, \end{cases}$$

$$f(A) = \frac{a_0}{2} + \frac{a_1}{2^2} + \cdots + \frac{a_k}{2^{k+1}} + \cdots,$$

则得到单射 $f : P_\infty(\mathbf{N}) \to (0,1]$. 对任一 $x \in (0,1]$, 将它表示为**正规**(即有无穷位是 1) 无穷二进小数 $x = 0.b_0b_1b_2\cdots$, 并令 $A = \{k : b_k = 1\}$. 显然 $A \in P_\infty(\mathbf{N})$ 且由 A 定义的数列 $\{a_k\}$ 与 $\{b_k\}$ 相同, 所以

$$f(A) = \frac{a_0}{2} + \frac{a_1}{2^2} + \cdots + \frac{a_k}{2^{k+1}} + \cdots = \frac{b_0}{2} + \frac{b_1}{2^2} + \cdots + \frac{b_k}{2^{k+1}} + \cdots = x.$$

因此 $f : P_\infty(\mathbf{N}) \to (0,1]$ 为双射. 从而 $\overline{\overline{P_\infty(\mathbf{N})}} = c$. 由例 1.3.4 及定理 1.4.2 知

$$2^a = \overline{\overline{P(\mathbf{N})}} = \overline{\overline{P_\infty(\mathbf{N})}} = c,$$

所以 $c=2^a$. 再由定理 1.4.1 知: $a<c$. 因此, 实数集 $\mathbf{R}$ 是不可数的无限集. 最后, 由定理 1.4.2 知 $\overline{\overline{\mathbf{R}\backslash\mathbf{Q}}}=c$. 可见, 无理数之集是不可数的无限集. 证毕.

推论 1.4.2 (1) 直线上的任何区间 I 都是不可数集, 它们的基数都是 c;

(2) 若 $\overline{\overline{A}}=\overline{\overline{B}}=c$, 则 $\overline{\overline{A\bigcup B}}=c$.

证明 (1) 取有限开区间 $(a,b)\subset I$, 由例 1.2.7 及习题 1.2 第 2 题知

$$\mathbf{R}\sim(-1,1)\sim(a,b),$$

所以 $\overline{\overline{I}}=c$.

(2) 因为 $\overline{\overline{A}}=\overline{\overline{B}}=c$, 所以 $\overline{\overline{A}}\leqslant c=\overline{\overline{(0,1]}}$, $\overline{\overline{B\backslash A}}\leqslant c=\overline{\overline{(1,2]}}$. 于是, 存在单射 $f:A\to(0,1]$ 及 $g:B\backslash A\to(1,2]$. 定义 $h:A\bigcup(B\backslash A)\to(0,2]$ 为

$$h(x)=\begin{cases} f(x), & x\in A,\\ g(x), & x\in B\backslash A.\end{cases}$$

易见, h 为单射, 所以 $\overline{\overline{A\bigcup(B\backslash A)}}\leqslant\overline{\overline{(0,2]}}=c$. 因此

$$c=\overline{\overline{A}}\leqslant\overline{\overline{A\bigcup B}}=\overline{\overline{A\bigcup(B\backslash A)}}\leqslant c.$$

故 $\overline{\overline{A\bigcup B}}=c$. 证毕.

定理 1.4.3 设 $A_1,A_2,\cdots,A_n,\cdots$ 是一列基数为 c 的集合, 则 $\bigcup\limits_{n=1}^{\infty}A_n$ 的基数是 c.

证明 令 $B_1=A_1, B_n=A_n\backslash\bigcup\limits_{k=1}^{n-1}A_k(n=2,3,\cdots)$, 则

$$B_i\bigcap B_j=\varnothing(i\neq j),\quad \bigcup_{n=1}^{\infty}A_n=\bigcup_{n=1}^{\infty}B_n.$$

记 $I_n=(n-1,n](n=1,2,\cdots)$, 则由推论 1.4.2 (1) 知: $\overline{\overline{I_n}}=c$ 且 $\bigcup\limits_{n=1}^{\infty}I_n=(0,\infty)$. 由于

$$\overline{\overline{B_n}}\leqslant\overline{\overline{A_n}}=\overline{\overline{I_n}}=c,$$

所以, 存在单射 $f_n:B_n\to I_n(n=1,2,\cdots)$. 又因 B_n 互不相交, I_n 也互不相交, 所以可定义单射

$$f:\bigcup_{n=1}^{\infty}B_n\to(0,\infty)\text{为}f(x)=f_n(x)(\forall x\in B_n).$$

于是

$$c=\overline{\overline{A_1}}\leqslant\overline{\overline{\bigcup_{n=1}^{\infty}A_n}}=\overline{\overline{\bigcup_{n=1}^{\infty}B_n}}\leqslant\overline{\overline{(0,\infty)}}=c.$$

因而, $\bigcup\limits_{n=1}^{\infty} A_n$ 的基数是 c. 证毕.

定理 1.4.4 所有自然数列之集 $S(\mathbf{N})$ 与所有严格增加的正整数列之集 $S_0(\mathbf{N})$ 的基数都是 c.

证明 对任意 $\alpha=(n_1,n_2,\cdots,n_k,\cdots)\in S(\mathbf{N})$, 记

$$f(\alpha)=(n_1+1,n_1+n_2+2,\cdots,n_1+n_2+\cdots+n_k+k,\cdots), \tag{1.4.1}$$

则得到一个严格增加的正整数列 $f(\alpha)$, 记其为 $\{m_k\}_{k=1}^{\infty}$. 于是

$$m_k=\sum_{i=1}^{k}n_i+k= m_{k-1}+n_k+1(m_0=0). \tag{1.4.2}$$

反之, 对任一严格增加的正整数列 $\{m_k\}_{k=1}^{\infty}$, 令

$$n_k=m_k-m_{k-1}-1,$$

则得到一个自然数列 $\alpha=\{n_k\}_{k=1}^{\infty}$ 满足式 (1.4.2), 从而 $f(\alpha)=\{m_k\}_{k=1}^{\infty}$. 由此可见, 集合 $S(\mathbf{N})$ 与所有严格增加的正整数列之集 $S_0(\mathbf{N})$ 对等. 所以, $\overline{\overline{S(\mathbf{N})}}=\overline{\overline{S_0(\mathbf{N})}}$.

对任一严格增加的正整数列 $\beta=\{m_k\}_{k=1}^{\infty}$, 定义

$$a_n=\begin{cases}1, & n\in\{m_1,m_2,\cdots\},\\ 0, & n\notin\{m_1,m_2,\cdots\},\end{cases}$$

$$g(\beta)=\frac{a_1}{2}+\frac{a_2}{2^2}+\cdots+\frac{a_k}{2^k}+\cdots, \tag{1.4.3}$$

则得到单射 $g:S_0(\mathbf{N})\to(0,1]$. 下面证明这个映射为满射. 为此, 任取 $x\in(0,1]$, 则它有二进无穷小数表示

$$x=0.a_1a_2\cdots a_n\cdots,$$

且不取从某位起向后全是 0 的表示形式, 即有无穷多个下标 n 使得 $a_n=1$, 设这些下标 n 依次为 $m_1<m_2<\cdots<m_k<\cdots$, 则得到一个严格增加的正整数列

$$\beta=(m_1,m_2,\cdots,m_k,\cdots)$$

满足

$$g(\beta)=\frac{a_1}{2}+\frac{a_2}{2^2}+\cdots+\frac{a_k}{2^k}+\cdots=x.$$

这就证明了映射 $g:S_0(\mathbf{N})\to(0,1]$ 为满射, 因此 $S_0(\mathbf{N})\sim(0,1]$, 所以

$$\overline{\overline{S_0(\mathbf{N})}}=\overline{\overline{(0,1]}}=c.$$

证毕.

推论 1.4.3 设 $\overline{\overline{A_k}}=a(k=1,2,\cdots)$, 则 $\prod\limits_{k=1}^{\infty}A_k$ 的基数是 c.

证明 因为 $\overline{\overline{A_k}}=\overline{\overline{\mathbf{N}}}=a(k=1,2,\cdots)$, 所以存在双射

$$f_k:A_k\to\mathbf{N}(k=1,2,\cdots).$$

定义 $h:\prod\limits_{k=1}^{\infty}A_k\to S(\mathbf{N})$ 为 $h(a_1,a_2,\cdots)=(f_1(a_1),f_2(a_2),\cdots)$, 则 h 为双射. 因此,

$$\overline{\overline{\prod_{k=1}^{\infty}A_k}}=\overline{\overline{S(\mathbf{N})}}=c.$$

证毕.

定理 1.4.5 设 $\overline{\overline{A_k}}=c(k=1,2,\cdots)$, 则

$$\overline{\overline{A_1\times A_2\times\cdots\times A_n}}=\overline{\overline{A_1\times A_2\times\cdots\times A_n\times\cdots}}=c. \tag{1.4.4}$$

证明 任意取定 $a_k\in A_k(k=2,3,\cdots,n,\cdots)$, 则显然有

$$A_1\sim A_1\times\{a_2\}\times\cdots\times\{a_n\}\subset A_1\times A_2\times\cdots\times A_n,$$

$$\begin{aligned}A_1\times A_2\times\cdots\times A_n&\sim A_1\times A_2\times\cdots\times A_n\times\{a_{k+1}\}\times\{a_{k+2}\}\times\cdots\\&\subset A_1\times A_2\times\cdots\times A_n\times\cdots.\end{aligned}$$

从而

$$c=\overline{\overline{A_1}}\leqslant\overline{\overline{A_1\times A_2\times\cdots\times A_n}}\leqslant\overline{\overline{A_1\times A_2\times\cdots\times A_n\times\cdots}}. \tag{1.4.5}$$

另一方面, 因为

$$\overline{\overline{A_k}}=c=\overline{\overline{S(\mathbf{N})}}(k=1,2,\cdots),$$

所以存在双射

$$f_k:A_k\to S(\mathbf{N})(k=1,2,\cdots).$$

对任一

$$\alpha=(x_1,x_2,\cdots,x_n,\cdots)\in A_1\times A_2\times\cdots\times A_n\times\cdots,$$

记

$$\begin{aligned}f_1(x_1)&=(m_1^1,m_2^1,m_3^1,\cdots,m_n^1,\cdots),\\f_2(x_2)&=(m_1^2,m_2^2,m_3^2,\cdots,m_n^2,\cdots),\\f_3(x_3)&=(m_1^3,m_2^3,m_3^3,\cdots,m_n^3,\cdots),\\&\cdots\\f_k(x_k)&=(m_1^k,m_2^k,m_3^k,\cdots,m_n^k,\cdots),\\&\cdots\end{aligned}$$

将元素 $m_j^k(k,j=1,2,\cdots)$ 按副对角线方向从上到下依次排列出来, 得到一个序列, 记为 $f(\alpha)$, 即

$$f(\alpha)=(m_1^1,m_2^1,m_1^2,m_3^1,m_2^2,m_1^3,m_4^1,m_3^2,m_2^3,m_1^4,m_5^1,m_4^2,m_3^3,m_2^4,m_1^5,\cdots),$$

则得到单射 $f: A_1\times A_2\times\cdots\times A_n\times\cdots\to S(\mathbf{N})$. 所以

$$\overline{\overline{A_1\times A_2\times\cdots\times A_n\times\cdots}}\leqslant\overline{\overline{S(\mathbf{N})}}=c. \tag{1.4.6}$$

根据式 (1.4.5) 及 (1.4.6) 与伯恩斯坦定理知式 (1.4.4) 成立. 证毕.

推论 1.4.4　集合 $\mathbf{R}^n=\{(x_1,x_2,\cdots,x_n): x_i\in\mathbf{R}\}$ 及所有实数列之集 $S(\mathbf{R})$ 的基数都是 c.

证明　对 $A_k=\mathbf{R}(k=1,2,\cdots)$ 应用定理 1.4.5 可知. 证毕.

一个奇怪的问题是: 在基数 a 与 c 之间还存在别的基数吗? 康托尔猜想这样的基数不存在, 从而提出了下面的假设:

康托尔连续统假设(Cantor Continuum Hypothesis, CCH) 没有一个基数 b 满足 $a<b<c$. 等价地说, 如果 $a\leqslant b\leqslant c$, 则 $b=a$ 或 $b=c$.

1900 年希尔伯特 (Hilbert) 在国际数学家大会上提出了 23 个未解决的数学问题, 其中的第一个问题就是连续统假设.

1938 年哥德尔 (Godel) 证明了: CCH 与集合论公理系统 ZFC (Zermelo Fraenkel Cantor) 是相对协调的. 就是说, 如果 ZFC 无矛盾, 那么添加 CCH 之后也将是无矛盾的. 换言之, 由 ZFC 不能证明 CCH 是错误的.

1963 年柯恩 (Cohen) 证明了: CCH 与 ZFC 是相对独立的, 就是说由 ZFC 不能证明 CCH 是对的.

哥德尔与柯恩的结果表明: CCH 对 ZFC 来说是不可判定的命题. 这样, 可以建立两种集合论系统:

$$(\mathrm{ZFC})+(\mathrm{CCH}) \text{ 与 } (\mathrm{ZFC})+(\neg\mathrm{CCH}).$$

在前一种集合论系统中, 连续统假设成立; 而在后一种集合论系统中, 连续统假设不成立. 正像欧氏几何与非欧几何一样.

习　题　1.4

1. 直线上一切闭区间之集具有什么基数? 区间 $[a,b]$ 中的全体有理数之集的基数是什么?

2. 用 $C[a,b]$ 表示 $[a,b]$ 上的一切连续实值函数之集, 证明:

(1) 设 $[a,b]\bigcap\mathbf{Q}=\{r_1,r_2,\cdots,r_n,\cdots\}$, $f,g\in C[a,b]$, 则

$$f=g\Leftrightarrow f(r_k)=g(r_k)(k=1,2,\cdots);$$

(2) 公式

$$\pi(f)=(f(r_1),f(r_2),\cdots,f(r_n),\cdots)$$

定义了单射 $\pi: C[a,b]\to S(\mathbf{R})$;

(3) $\overline{\overline{C[a,b]}}=c$.

3. 设 $F[a,b]$ 为闭区间 $[0,1]$ 上的一切实值函数之集, 证明:

(1) $\pi(f)=\{(x,f(x)):x\in[a,b]\}$ 定义了一个单射

$$\pi:F[a,b]\to P(\mathbf{R}^2);$$

(2) $\forall E\subset[0,1],\alpha(E)=\chi_E$ 定义了单射 $\alpha:P([0,1])\to F[a,b]$;

(3) $F[a,b]$ 的基数是 2^c.

4. 证明: $\overline{\overline{\mathbf{C}^n}}=c$.

5. 证明: 若 E 为任一平面点集, 并且至少有一内点, 则 $\overline{\overline{E}}=c$.

总练习题 1

1. 证明下列集合等式.

(1) $E\backslash F=E\backslash(E\bigcap F)=(E\bigcup F)\backslash F$;

(2) $(E\bigcap F)\backslash G=(E\backslash G)\bigcap(F\backslash G)$.

2. 证明下列集合等式.

(1) $\bigcup\limits_{n=1}^{\infty}A_n\backslash B=\bigcup\limits_{n=1}^{\infty}(A_n\backslash B)$; (2) $\left(\bigcap\limits_{n=1}^{\infty}A_n\right)\backslash B=\bigcap\limits_{n=1}^{\infty}(A_n\backslash B)$.

3. 证明: $E[f+g\geqslant c]\subset E\left[f\geqslant\dfrac{c}{2}\right]\bigcup E\left[g\geqslant\dfrac{c}{2}\right]$, 其中 f,g 为定义在 E 上的两个实值函数, c 为任一实数.

4. 证明: $\mathbf{R}^n$ 中的全体有理点之集 $\mathbf{Q}^n$ 与全体自然数之集对等.

5. 有理数的一切可能的序列所成之集 $S(\mathbf{Q})$ 具有什么基数?

6. 证明: 一切有理系数的多项式之集 $\mathbf{Q}[x]$ 是可数集.

7. 证明: 一切实系数的多项式之集 $\mathbf{R}[x]$ 的基数为 c.

8. 证明: 全体代数数 (即可作为有理系数多项式之根的数) 之集是可数集, 并由此说明超越数 (即不是代数数的实数) 存在, 而且全体超越数之集的基数是 c.

9. 证明: 若 $A\backslash B\sim B\backslash A$, 则 $A\sim B$.

10. 证明: 若 $\overline{\overline{A}}\leqslant\overline{\overline{B}},\overline{\overline{B}}<\overline{\overline{D}}$, 则 $\overline{\overline{A}}<\overline{\overline{D}}$.

11. 证明: 若 $\overline{\overline{A\bigcup B}}=c$, 则 $\overline{\overline{A}}=c$ 或 $\overline{\overline{B}}=c$.

12. 证明: 若 $\overline{\overline{\bigcup\limits_{k\in\mathbf{Z}^+}A_k}}=c$, 则存在 $k\in\mathbf{Z}^+$ 使得 $\overline{\overline{A_k}}=c$.

13. 设 A,B 都是数域 F 上的线性空间 V 中的线性无关子集 (即其中的任意有限个向量都是线性无关的), 且 $\operatorname{span}(A)=\operatorname{span}(B)$. 证明: 如果 A 是可数集, 那么 B 也是可数集. (提示: 证明 A 的所有非空有限子集之集 $F(A)$ 是可数集, 令 $F(A)=\{E_1,E_2,\cdots\}$; 设 $B_k=B\bigcap\operatorname{span}(E_k)$, 证明 B_k 为有限集且 $B=\bigcup\limits_{k=1}^{\infty}B_k$.

第 2 章　$\mathbf{R}^n$ 中的点集理论

第 1 章介绍了一般集合的基本概念、基本运算与基本理论, 本章将介绍 n 维欧氏空间 $\mathbf{R}^n$ 中的点集理论, 它是测度论、可测函数理论与积分理论的基础. 除了特殊声明之外, 我们讨论的点集都是 $\mathbf{R}^n$ 的子集.

2.1 基本概念

2.1.1 n 维欧氏空间 $\mathbf{R}^n$

n 维欧氏空间定义为

$$\mathbf{R}^n = \{(x_1, x_2, \cdots, x_n) : x_i \in \mathbf{R}(i = 1, 2, \cdots, n)\}, \tag{2.1.1}$$

称其中的元素为 n **维向量**(Vector) 或**点**(Point). 对于 $\mathbf{R}^n$ 中的任意两个向量 (点)

$$x = (x_1, x_2, \cdots, x_n), \quad y = (y_1, y_2, \cdots, y_n),$$

定义

$$\begin{aligned}
&x + y = (x_1 + y_1, x_2 + y_2, \cdots, x_n + y_n);\\
&kx = (kx_1, kx_2, \cdots, kx_n)(\forall k \in \mathbf{R});\\
&0 = (0, 0, \cdots, 0),
\end{aligned}$$

则 $\mathbf{R}^n$ 成为实数域 $\mathbf{R}(\equiv \mathbf{R}^1)$ 上的**向量空间**(Vector space). 又定义

$$d(x, y) = \sqrt{\sum_{i=1}^{n} (x_i - y_i)^2}, \tag{2.1.2}$$

称其为点 $x = (x_1, x_2, \cdots, x_n)$ 与 $y = (y_1, y_2, \cdots y_n)$ 之间的**距离**(Distance). 这个二元函数具有以下性质 (称为距离公理): $\forall x, y, z \in \mathbf{R}^n$, 有

(1) 正定性: $d(x, y) \geqslant 0$; $d(x, y) = 0 \Leftrightarrow x = y$;

(2) 对称性: $d(x, y) = d(y, x)$;

(3) 三角不等式: $d(x, y) \leqslant d(x, z) + d(z, y)$.

将 $\mathbf{R}^n$ 中形如

$$I = \{(x_1, x_2, \cdots, x_n) : a_i \leqslant x_i \leqslant b_i, i = 1, 2, \cdots, n\}$$

的点集称为 $\mathbf{R}^n$ 中的**闭区间**(Closed interval). 若把其中的条件 $a_i \leqslant x_i \leqslant b_i$ 改为 $a_i < x_i < b_i$ 或 $a_i \leqslant x_i < b_i$, 则称相应的点集为 $\mathbf{R}^n$ 中的开区间或半闭区间. 把形如

$$B(x_0,\delta)=\{x:d(x,x_0)<\delta\}(\delta>0) \tag{2.1.3}$$

的点集称为以 x_0 为心、以 δ 为半径的**开球**(Open ball), 也称为点 x_0 的 δ**邻域**(Neighborhood).

设$E\subset\mathbf{R}^n$是给定的点集, 则称点集$E^c:=\mathbf{R}^n\backslash E$为点集$E$的**余集**(Complement).

2.1.2 点列的收敛性

定义 2.1.1 设 $P_k(k=1,2,\cdots)$ 为 $\mathbf{R}^n$ 中的一列点, 简记为 $\{P_k\}_{k=1}^{\infty}$ 或 $\{P_k\}$. 如果存在点 $P\in\mathbf{R}^n$ 使得

$$d(P_k,P)\to 0(k\to\infty), \tag{2.1.4}$$

那么称点列 $\{P_k\}$ 是**收敛的**(Convergent), 且称点 P 为点列 $\{P_k\}$ 的**极限**(Limit), 记为

$$\lim_{k\to\infty}P_k=P,\quad 或\quad P_k\to P(k\to\infty).$$

如果记

$$P=(x_1,x_2,\cdots,x_n),\quad P_k=(x_1^{(k)},x_2^{(k)},\cdots,x_n^{(k)}),$$

那么由距离的定义可知

$$\left|x_i^{(k)}-x_i\right|\leqslant d(P_k,P)\leqslant\sum_{i=1}^{n}|x_i^{(k)}-x_i|(i=1,2,\cdots,n;k=1,2,\cdots). \tag{2.1.5}$$

根据以上不等式不难证明下面的结论.

命题 2.1.1 沿用以上记号, 有

(1) $P_k\to P(k\to\infty)$ 当且仅当 $x_i^{(k)}\to x_i(k\to\infty)(i=1,2,\cdots,n)$;

(2) 点列 $\{P_k\}$ 收敛于 P 当且仅当 $\forall\varepsilon>0,\exists N$ 使得当 $k>N$ 时有

$$d(P_k,P)<\varepsilon;$$

(3) 若点列 $\{P_k\}$ 收敛, 则它必有界, 即存在正数 M 使得

$$d(P_k,0)\leqslant M(\forall k\geqslant 1).$$

例如, 在 $\mathbf{R}^2$ 中, 我们有

$$\lim_{k\to\infty}\left(\frac{2k-1}{3k},\frac{\sin k}{k+3}\right)=\left(\lim_{k\to\infty}\frac{2k-1}{3k},\lim_{k\to\infty}\frac{\sin k}{k+3}\right)=\left(\frac{2}{3},0\right).$$

2.1.3 点集的几种特殊点

定义 2.1.2 对于 $\mathbf{R}^n$ 中的点集 E 及点 x, 我们根据 x 与 E 的关系, 引入下列概念.

内点与内部 若点 x 有邻域 $B(x,\delta)\subset E$, 则称点 x 是点集 E 的一个**内点**(Interior point). E 的一切内点之集称为 E 的**内部**(Interior), 记为 E°.

外点与外部 点集 E^c 的内点称为 E 的**外点**(Exterior point). E 的一切外点之集称为 E 的**外部**(Exterior), 记为 E^e.

界点与边界 若对点 x 的任意 δ 邻域 $B(x,\delta)$ 都有

$$B(x,\delta)\bigcap E\neq\varnothing\text{且}B(x,\delta)\bigcap E^c\neq\varnothing,$$

则称点 x 是点集 E 的一个**界点**(Boundary point). E 的一切界点之集称为 E 的**边界**(Boundary), 记为 E^b 或 ∂E.

接触点与闭包 若对点 x 的任一邻域 $B(x,\delta)$ 都有 $B(x,\delta)\bigcap E\neq\varnothing$, 则称点 x 是点集 E 的一个**接触点**(Cluster point). E 的一切接触点之集称为 E 的**闭包**(Closure), 记为 $\overline{E}$.

聚点与导集 若对点 x 的任一邻域 $B(x,\delta)$, 都有 $B(x,\delta)\bigcap E$ 是无限集, 则称点 x 是点集 E 的一个**聚点**(Accumulation point). E 的一切聚点之集称为 E 的**导集**(Derived set), 记为 E'.

孤立点 若有 x 的邻域 $B(x,\delta)$ 使得 $E\bigcap B(x,\delta)=\{x\}$, 则称 x 是点集 E 的**孤立点**(Isolated point).

对 $\mathbf{R}^n$ 中的每一点来说, 要么它有一个邻域, 其中的点都是点集 E 中的点; 要么它有一个邻域, 其中的点都是 E^c 的点; 要么它的任一邻域中, 既有 E 的点又有 E^c 的点. 所以, 当点集 E 给定后, 我们就把 $\mathbf{R}^n$ 分为三部分: E°,E^e 及 E^b, 即 $\mathbf{R}^n=E^{\circ}\bigcup E^e\bigcup E^b$, 并且 E°, E^e 和 E^b 两两互不相交.

由上述定义可以直接看出: 接触点或是内点或是界点, 所以 $\overline{E}=E^{\circ}\bigcup E^b$. 又可以说, 接触点就是非外点的点. 因而闭包就是外部的余集, 即 $\overline{E}=(E^e)^c$. 还容易看出, $\overline{E}=E\bigcup E'=E\bigcup E^b$; $E^b=(E^c)^b$ 等.

例 2.1.1 若 $E=[0,\ 1]\subset\mathbf{R}$, 则 $E^{\circ}=(0,\ 1)$, $E^b=\{0,1\}$, $E'=\overline{E}=E$. 若令

$$F=\{(x,y):0\leqslant x\leqslant 1,y=0\}\subset\mathbf{R}^2,$$

则 $F^{\circ}=\varnothing$, $F^b=F'=\overline{F}=F$.

例 2.1.2 若 $E=\left\{(x,y):x=\dfrac{1}{n},n=1,2,\cdots,0\leqslant y\leqslant 1\right\}\subset\mathbf{R}^2$, 则

$$E^{\circ}=\varnothing,\quad \overline{E}=E'=E^b=E\bigcup\{(x,y):x=0,\ 0\leqslant y\leqslant 1\}.$$

例 2.1.3　$(\mathbf{R}^n)^\circ = \overline{\mathbf{R}^n} = (\mathbf{R}^n)' = \mathbf{R}^n, (\mathbf{R}^n)^b = (\mathbf{R}^n)^e = \varnothing$.

例 2.1.4　$\overline{\mathbf{Q}^n} = (\mathbf{Q}^n)' = (\mathbf{Q}^n)^b = \mathbf{R}^n, (\mathbf{Q}^n)^\circ = \varnothing$.

2.1.4　基本结论

定理 2.1.1　对任意点集 $A, B \subset \mathbf{R}^n$ 恒有

$$(A\bigcup B)' = A'\bigcup B'; \quad \overline{A\bigcup B} = \overline{A}\bigcup \overline{B}.$$

证明　先证第一个等式.

因为 $A' \subset (A\bigcup B)'$, $B' \subset (A\bigcup B)'$, 所以 $A'\bigcup B' \subset (A\bigcup B)'$. 另一方面, 如果 $x \notin A'\bigcup B'$, 则存在 $\delta > 0$ 使得

$$B(x,\delta)\bigcap(A\backslash\{x\}) = B(x,\delta)\bigcap(B\backslash\{x\}) = \varnothing.$$

从而

$$B(x,\delta)\bigcap[(A\bigcup B)\backslash\{x\}] = [B(x,\delta)\bigcap(A\backslash\{x\})]\bigcup[B(x,\delta)\bigcap(B\backslash\{x\})] = \varnothing.$$

因此 $x \notin (A\bigcup B)'$. 于是, $A'\bigcup B' \supset (A\bigcup B)'$. 第一个等式得证.

由第一个等式可知

$$\overline{A\bigcup B} = (A\bigcup B)\bigcup(A\bigcup B)' = A\bigcup A'\bigcup B\bigcup B' = \overline{A}\bigcup\overline{B}.$$

从而, 第二个等式得证. 证毕.

注 2.1.1　由定理 2.1.1 可知: 对任意有限个点集 $\{A_k\}_{k=1}^m$, 有

$$\left(\bigcup_{k=1}^m A_k\right)' = \bigcup_{k=1}^m A_k', \quad \overline{\bigcup_{k=1}^m A_k} = \bigcup_{k=1}^m \overline{A}_k.$$

但是, 类似的结论对无限个点集并不一定成立. 例如, 设有理数集 $\mathbf{Q} = \{r_1, r_2, \cdots, r_n, \cdots\}$, $A_k = \{r_k\}$, 则

$$\left(\bigcup_{k=1}^\infty A_k\right)' = \mathbf{Q}' = \mathbf{R}, \quad \bigcup_{k=1}^\infty A_k' = \varnothing.$$

定理 2.1.2 (魏尔斯特拉斯 (Weierstrass) 定理)　若 E 是 $\mathbf{R}^n$ 中的有界无穷点集, 则 E 至少有一个聚点.

证明　我们仅证 E 是平面点集的情形. 设 E 含于边长为 k 的某闭正方形 I_0 内 (图 2-1).

把 I_0 等分为四个小闭正方形，其中至少有一个含有点集 E 的无限个点，设这个小闭正方形为 I_1；再将 I_1 等分成四个小闭正方形，其中又必有一个含有点集 E 的无限个点，设这个小闭正方形为 I_2；如此继续下去，可得闭正方形列

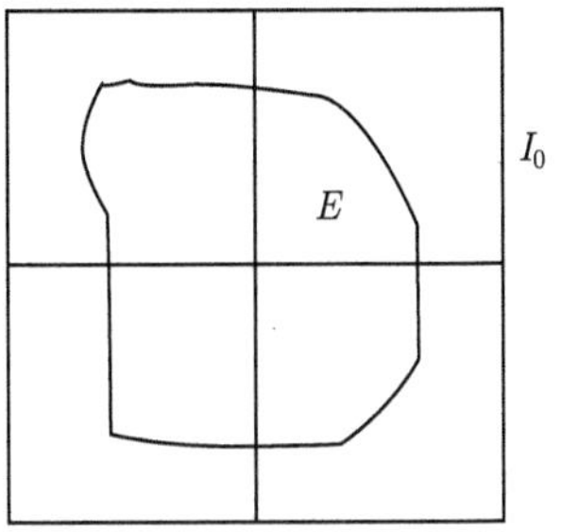

图 2-1

$$I_0 \supset I_1 \supset I_2 \supset \cdots \supset I_i \supset \cdots$$

且 $I_i \bigcap E\ (i = 1, 2, \cdots)$ 是无限集，I_i 的边长为 $\dfrac{k}{2^i}$. 由闭区间套原理知，有唯一的点 x_0 属于所有的 I_i. 下面证明 $x_0 \in E'$. 任取 x_0 的邻域 $B(x_0, \delta)$，当 i 充分大时，可使 I_i 的对角线长 $\dfrac{\sqrt{2}k}{2^i} < \delta$，从而 $I_i \subset B(x_0, \delta)$. 因此，$B(x_0, \delta) \bigcap E$ 是无限集，故 $x_0 \in E'$. 证毕.

推论 2.1.1 $\mathbf{R}^n$ 的每一个有界无穷点列必有收敛子列.

定理 2.1.3 $\mathbf{R}^n$ 的任一非空真子集 E 至少有一边界点.

证明 任取 $x \in E, y \in E^c$，记

$$t_0 = \sup\{t : (1-t)x + ty \in E,\ 0 \leqslant t \leqslant 1\},$$

则不难验证：$P_0 := (1 - t_0)x + t_0 y \in E^b$，从而 $E^b \neq \varnothing$. 证毕.

习 题 2.1

1. 若 E 是区间 $[0, 1] \times [0, 1]$ 中的全体有理点之集，求 E°, E', $\overline{E}$, E^b.

2. 设 $E = \left\{(x, y) : 0 < x \leqslant 1,\ y = \sin \dfrac{1}{x}\right\} \bigcup \{(0, 0)\}$，求 $E^\circ, E', \overline{E}, E^b$.

3. 下列各式是否一定成立？若成立，证明之，若不成立，举反例说明.

(1) $\left(\bigcup\limits_{n=1}^{\infty} E_n\right)' = \bigcup\limits_{n=1}^{\infty} E_n'$;　　(2) $(A \bigcap B)' = (A' \bigcap B')$;

(3) $\overline{\left(\bigcup\limits_{n=1}^{\infty} E_n\right)} = \bigcup\limits_{n=1}^{\infty} \overline{E_n}$;　　(4) $\overline{A \bigcap B} = \overline{A} \bigcap \overline{B}$;

(5) $(A \bigcup B)^\circ = A^\circ \bigcup B^\circ$;　　(6) $(A \bigcap B)^\circ = A^\circ \bigcap B^\circ$.

4. 试作一点集 A，使得 $A' \neq \varnothing$，而 $(A')' = \varnothing$.

5. 试作一点集 E，使得 $E \subset E^b$.

6. 证明：无聚点的点集至多是可数集.

7. 无聚点的点集与只有孤立点的点集是否相同？

8. 对无聚点的点集，是否一定存在一个正数 d，使得该点集中任意二点间的距离大于 d？

9. 点集的聚点与点列的极限点有何异同? 证明: 若 $x_0 \in E'$, 则存在 $\{x_n\} \subset E$ 且 $x_n \neq x_m$ $(n \neq m)$, 使得 $x_n \to x_0$ $(n \to \infty)$.

10. 证明: $x_0 \in E'$ 的充要条件是对任意 $\delta > 0$, $B(x_0, \delta)$ 含有一个异于 x_0 的 E 的点.

11. $x_0 \in \overline{E} \Leftrightarrow \exists \{x_k\} \subset E$ 使得 $x_k \to x_0 (k \to \infty)$.

12. 设点列 $x_n \to a$ $(n \to \infty)$, $x_n \to b$ $(n \to \infty)$, 证明: $a = b$.

13. 设点列 $x_n \to x$ $(n \to \infty)$, $y_n \to y$ $(n \to \infty)$, 证明: $\forall \alpha, \beta \in \mathbf{R}$, 有

(1) $\alpha x_n + \beta y_n \to \alpha x + \beta y (n \to \infty)$;

(2) $d(x_n, y_n) \to d(x, y)(n \to \infty)$.

2.2 开集、闭集与完备集

本节介绍几类重要的点集, 它们是: 开集、闭集、完备集、G_δ 型集、F_σ 型集与博雷尔 (Borel) 集等, 还将研究这些特殊点集的运算性质. 最后, 介绍一个非常重要的、具有许多奇特性质的点集——康托尔集.

2.2.1 开集与闭集

定义 2.2.1 设点集 $E \subset \mathbf{R}^n$, 若 $E^\circ = E$, 则称 E 是**开集**(Open set); 若 $E' \subset E$, 则称 E 是**闭集**(Closed set).

换句话说, 若点集 E 中的点全是 E 的内点, 就称点集 E 是开集; 若点集 E 的聚点全属于 E, 则称 E 是闭集.

例 2.2.1 (0, 1) 是 $\mathbf{R}$ 中的开集, $\{(x, y) : 0 < x < 1, y = 0\}$ 不是 $\mathbf{R}^2$ 中的开集.

例 2.2.2 [0, 1] 是 $\mathbf{R}$ 中的闭集, $\{(x, y) : x^2 + y^2 \leqslant 1\} \subset \mathbf{R}^2$ 是闭集.

例 2.2.3 $\mathbf{R}^n$ 和 $\varnothing$ 既是 $\mathbf{R}^n$ 中的开集又是闭集; 而 $\mathbf{Q}^n$ 既不是 $\mathbf{R}^n$ 中的开集又不是闭集.

例 2.2.4 $\left\{1, \dfrac{1}{2}, \dfrac{1}{3}, \cdots, \dfrac{1}{n}, \cdots\right\}$ 及 $[a, b)$ 既不是 $\mathbf{R}$ 中的开集又不是闭集.

定理 2.2.1 对任意点集 $E \subset \mathbf{R}^n$, $E', \overline{E}$ 及 E^b 都是闭集.

证明 要证 E' 是闭集, 只要证 $(E')' \subset E'$. 任取 $x_0 \in (E')'$, 则对任意 $\delta > 0$, $B(x_0, \delta) \bigcap E'$ 是无穷集, 取其中一点 x_1, 并作 $B(x_1, \delta_1) \subset B(x_0, \delta)$. 因为 $x_1 \in E'$, 所以 $B(x_1, \delta_1) \bigcap E$ 为无限集. 因此, $B(x_0, \delta) \bigcap E$ 是无限集. 因此 $x_0 \in E'$, 从而 $(E')' \subset E'$. 故 E' 为闭集.

由定理 2.1.1 及 E' 为闭集知

$$(\overline{E})' = (E \bigcup E')' = E' \bigcup (E')' \subset E' \bigcup E' \subset \overline{E},$$

所以 $\overline{E}$ 为闭集.

设 $x_0 \in (E^b)'$, 则 x_0 的任一邻域 $B(x_0,\delta)$ 中都有 E^b 的无限多个点. 任取 $x_1 \in B(x_0,\delta)\bigcap E^b$ 并作 $B(x_1,\delta_1) \subset B(x_0,\delta)$. 因为 $x_1 \in E^b$, 所以

$$B(x_1,\delta_1)\bigcap E \neq \varnothing, \quad B(x_1,\delta_1)\bigcap E^c \neq \varnothing.$$

从而

$$B(x_0,\delta)\bigcap E \neq \varnothing, \quad B(x_0,\delta)\bigcap E^c \neq \varnothing.$$

因此, $x_0 \in E^b$. 于是, E^b 是闭集. 证毕.

推论 2.2.1 点集 E 为闭集当且仅当 $E = \overline{E}$ 当且仅当 E 中的收敛点列的极限仍然属于 E.

证明 若点集 E 是闭集, 则 $E' \subset E$, 从而

$$\overline{E} = E\bigcup E' = E.$$

反之, 若 $E = \overline{E}$, 则由定理 2.2.1 知 E 是闭集. 这就证明了: E 为闭集当且仅当 $E = \overline{E}$. 其余部分的证明留作练习. 证毕.

定理 2.2.2 点集 E 为闭集的充分必要条件是 E^c 是开集.

证明 若点集 E 为闭集, 则由推论 2.2.1 知 $\overline{E} = E$, 从而

$$(E^c)^\circ = E^e = (\overline{E})^c = E^c,$$

所以, E^c 是开集.

反之, 若 E^c 是开集, 则 $E^c = (E^c)^\circ$, 从而

$$\overline{E} = (E^e)^c = ((E^c)^\circ)^c = (E^c)^c = E.$$

所以, 由推论 2.2.1 知 E 是闭集. 证毕.

推论 2.2.2 对任意点集 E, E°, E^e 都是开集.

证明 应用 $(E^\circ)^c = \overline{E^c}$ 与定理 2.2.1 及定理 2.2.2 知 E° 是开集. 再由等式 $E^e = (E^c)^\circ$ 知 E^e 是开集. 证毕.

定理 2.2.3 任意多个闭集的交仍为闭集; 任意多个开集的并仍为开集.

证明 设 $F_\lambda(\lambda \in \Lambda)$ 是闭集, $F = \bigcap\limits_{\lambda\in\Lambda} F_\lambda$. 因为 $F \subset F_\lambda(\forall\lambda \in \Lambda)$, 所以

$$F' \subset F'_\lambda(\forall\lambda \in \Lambda),$$

从而 $F' \subset \bigcap\limits_{\lambda\in\Lambda} F'_\lambda \subset \bigcap\limits_{\lambda\in\Lambda} F_\lambda = F$, 于是 $F = \bigcap\limits_{\lambda\in\Lambda} F_\lambda$ 是闭集.

设 $G_\lambda(\lambda \in \Lambda)$ 是开集, $G = \bigcup\limits_{\lambda\in\Lambda} G_\lambda$, 则由定理 2.2.2 知: $G^c_\lambda(\lambda \in \Lambda)$ 为闭集. 因此, 由已证结论知: $\bigcap\limits_{\lambda\in\Lambda} G^c_\lambda$ 为闭集. 再由对偶原理知: $G^c = (\bigcup\limits_{\lambda\in\Lambda} G_\lambda)^c = \bigcap\limits_{\lambda\in\Lambda} G^c_\lambda$, 所以 G^c 是闭集. 因此, 由定理 2.2.2 知: G 是开集. 证毕.

定理 2.2.4 有限个闭集之并是闭集; 有限个开集之交是开集.

证明 设 $F_1,F_2,\cdots,F_k$ 是 k 个闭集, 则由定理 2.1.1 及推论 2.2.1 知

$$\overline{\bigcup_{i=1}^{k} F_i} = \bigcup_{i=1}^{k} \overline{F}_i = \bigcup_{i=1}^{k} F_i,$$

所以, 由推论 2.2.1 知: $\bigcup\limits_{i=1}^{k} F_i$ 是闭集.

设 $G_1,G_2,\cdots,G_k$ 是 k 个开集, 则由定理 2.2.2 知 $G_1^c,G_2^c,\cdots,G_k^c$ 是 k 个闭集, 从而由已证结论知

$$\left(\bigcap_{i=1}^{k} G_i\right)^c = \bigcup_{i=1}^{k} G_i^c$$

为闭集. 最后, 由定理 2.2.2 知: $\bigcap\limits_{i=1}^{k} G_i$ 是开集. 证毕.

注意 无穷个闭集之并不一定是闭集; 无穷个开集之交不一定是开集. 例如, 在直线上, 有

$$\bigcup_{n=1}^{\infty}\left[\frac{1}{n+1},1-\frac{1}{n+2}\right]=(0,1)(\text{不是闭集}),$$

$$\bigcap_{n=1}^{\infty}\left(-\frac{1}{n},1+\frac{1}{n}\right)=[0,1](\text{不是开集}).$$

根据开集的运算性质, 可得以下推论.

推论 2.2.3 设 $\tau=\{E:E\subset\mathbf{R}^n\text{为开集}\}$, 则

(1) $\mathbf{R}^n,\varnothing\in\tau$;

(2) $A,B\in\tau\Rightarrow A\bigcap B\in\tau$;

(3) $A_i\in\tau(\forall i\in I)\Rightarrow\bigcup\limits_{i\in I}A_i\in\tau$.

此推论说明: 集族 τ 构成 $\mathbf{R}^n$ 上的一个**拓扑**(Topology).

推论 2.2.4 若 F 是闭集, G 是开集, 则 $F\backslash G$ 是闭集, $G\backslash F$ 是开集.

证明 由

$$F\backslash G=F\bigcap G^c,\quad G\backslash F=G\bigcap F^c$$

可知. 证毕.

2.2.2 G_δ 型集、F_σ 型集与博雷尔集

定义 2.2.2 可表示为可数个开集之交的点集称为 **$\mathbf{G}_\delta$型集**(G_δ set); 可表示为可数个闭集之并的点集称为 **$\mathbf{F}_\sigma$型集**(F_σ set).

显然, 开集都是 G_δ 型集; 闭集都是 F_σ 型集. 还可以证明 (见本节习题第 6 题): 闭集是 G_δ 型集; 从而, 开集是 F_σ 型集. 其次, 有限或可数个 F_σ 型集的并是 F_σ 型集; 有限或可数个 G_δ 型集的交仍是 G_δ 型集.

例 2.2.5 若 E 是 $\mathbf{R}^n$ 中的可数点集, 则 E 是 F_σ 型集.

证明 设 $E=\{x_1,x_2,\cdots\}$, 于是 $E=\bigcup\limits_{i=1}^{\infty}\{x_i\}$. 因为单点集是闭集, 所以 E 是 F_σ 型集. 证毕.

为了介绍博雷尔集的概念, 我们先引入 σ-代数.

定义 2.2.3 设 A 为给定集合 X 的某些子集之集, 且满足以下条件:

(1) $X\in A$;

(2) $S\in A\Rightarrow S^c:=X\backslash S\in A$;

(3) $S_k\in A(k=1,2,\cdots)\Rightarrow\bigcup\limits_{k=1}^{\infty}S_k\in A$,

则称 A 为 X 上的一个 σ-**代数**(σ-Algebra), 或 σ-**域**(σ-Field).

由定义中的条件 (1) 与 (2) 知: X 上的一个 σ-代数 A 必含有空集 $\varnothing$ 及 X 本身. 其次, 还不难验证以下命题成立:

命题 2.2.1 (1) X 上的 σ-代数 A 对其中元素的有限并与有限交及可数并与可数交都是封闭的; 进而, 对于上、下极限与极限运算也是封闭的;

(2) X 上的任意多个 σ-代数 $\{A_i\}_{i\in I}$ 的交集 $\bigcap\limits_{i\in I}A_i$ 仍是 X 上的 σ-代数.

例如, 对于给定集合 X, $\{X,\varnothing\}$与 X 的幂集 $P(X)$ 都是 X 上的 σ-代数, 且分别是 X 上的最小 σ-代数与最大 σ-代数.

定义 2.2.4 称 $\mathbf{R}^n$ 上包含所有开集的最小 σ-代数 (即 $\mathbf{R}^n$ 上包含所有开集的全体 σ-代数的交) 为 $\mathbf{R}^n$ 上的**博雷尔代数**(Borel algebra), 记为 $B(\mathbf{R}^n)$, 其中的元素称为 $\mathbf{R}^n$ 中的**博雷尔集**(Borel set).

显然, $\mathbf{R}^n$ 中的开集、闭集、F_σ 型集及 G_δ 型集都是博雷尔集.

例 2.2.6 $[0,1)\bigcup(2,3]$ 是 $\mathbf{R}$ 中的 F_σ 型集与 G_δ 型集, 从而是 $\mathbf{R}$ 中的 Borel 集.

证明 由等式

$$[0,1)\bigcup(2,3]=\bigcup_{n=1}^{\infty}\left(\left[0,1-\frac{1}{n+1}\right]\bigcup\left[2+\frac{1}{n+1},3\right]\right),$$

$$[0,1)\bigcup(2,3]=\bigcap_{n=1}^{\infty}\left(\left(-\frac{1}{n+1},1\right)\bigcup\left(2,3+\frac{1}{n+1}\right)\right)$$

可知. 证毕.

2.2.3 自密集与完备集

定义 2.2.5 若 $E\subset E'$, 则称点集 E 是**自密集**(Self-dense set), 若 $E=E'$, 则称点集 E 是**完备集**(Perfect set).

由上述定义直接看出, 自密集中的点全是聚点, 因而自密集就是无孤立点的点集; 完备集中的点都是聚点, 而且聚点都属于该集. 因此, 完备集是闭的自密集.

例 2.2.7 全体有理点之集 $\mathbf{Q}^n$ 是自密集; 任一闭区间是完备集.

完备集既是闭集又是自密集. 是否完备集或者是闭区间, 或者是一些不相交的闭区间的并集? 事实上并不是这样. 下面我们将要介绍一个特殊的完备集——**康托尔集**(Cantor set), 它有许多奇特的性质, 在理论上有重要作用.

把 $\Delta=[0,1]$ 三等分, 去掉中间的开区间 $I_1^1=\left(\frac{1}{3},\frac{2}{3}\right)$, 得到两个闭区间

$$\Delta_1^1=\left[0,\frac{1}{3}\right],\quad \Delta_2^1=\left[\frac{2}{3},1\right];$$

再把这两个闭区间各三等分, 分别去掉中间的开区间

$$I_1^2=\left(\frac{1}{3^2},\frac{2}{3^2}\right),\quad I_2^2=\left(\frac{7}{3^2},\frac{8}{3^2}\right),$$

得到四个闭区间

$$\Delta_1^2=\left[0,\frac{1}{9}\right],\quad \Delta_2^2=\left[\frac{2}{9},\frac{3}{9}\right],\quad \Delta_3^2=\left[\frac{6}{9},\frac{7}{9}\right],\quad \Delta_4^2=\left[\frac{8}{9},1\right];$$

再把这四个闭区间各三等分, 各去掉中间的开区间:

$$I_1^3=\left(\frac{1}{3^3},\frac{2}{3^3}\right),\quad I_2^3=\left(\frac{7}{3^3},\frac{8}{3^3}\right),\quad I_3^3=\left(\frac{19}{3^3},\frac{20}{3^3}\right),\quad I_4^3=\left(\frac{25}{3^3},\frac{26}{3^3}\right).$$

这样一直继续下去, 把最后余下的点之集称为**康托尔集**, 记为 P_0. 所有那些去掉的开区间 (第 n 次去掉的 2^{n-1} 个开区间) 称为 P_0 的邻接区间, 它们的并是开集, 记为 G_0. 由定义可知

$$G_0=\bigcup_{n=1}^{\infty}(I_1^n\bigcup I_2^n\bigcup\cdots\bigcup I_{2^{n-1}}^n),\quad P_0=[0,1]\backslash G_0.$$

定理 2.2.5 康托尔集 P_0 有以下性质:

(1) P_0 是完备集; (P_0 的点 “很密”)

(2) $\overline{\overline{P_0}}=c$; ($P_0$ 的点 “很多”)

(3) P_0 的 “测度” 为零, 即一切邻接区间的长度之和等于 1; (P_0 的 “容量很小”)

(4) P_0 的内部为空集. (P_0 不含 “线段”)

证明 (1) 因为 $P_0=[0,1]\backslash G_0=[0,1]\bigcap G_0^c$, 而 G_0 是开集, 所以 P_0 是闭集. 再证 $P_0\subset P_0'$. 任取 $x\in P_0$, 对于任意 $\delta>0$, 取自然数 n 使得 $3^{-n}<\delta$. 因为 $x\in P_0$, 所以点 x 永远不能被去掉, 因而一定属于第 n 次剩下的某个闭区间 $[a,b]$ 之中. 对任一 $y\in[a,b]$, 必有 $|x-y|\leqslant 3^{-n}<\delta$. 所以, $[a,b]\subset B(x,\delta)$. 因为 $a,b\in P_0$, 且 a, b

中至少有一个异于 x, 所以由习题 2.1 第 10 题知: x 是 P_0 的聚点. 因此, P_0 是自密集, 所以 P_0 是完备集.

(2) 任取 $x \in P_0$, 考虑 x 的三进无穷小数表示

$$x = 0.a_1a_2a_3\cdots,$$

若 x 是分点, 如 $\frac{1}{3}, \frac{2}{3}$ 等, 它们的三进无穷小数有两种表示形式:

$$\frac{1}{3} = \begin{cases} 0.100\cdots, \\ 0.022\cdots, \end{cases} \quad \frac{2}{3} = \begin{cases} 0.122\cdots, \\ 0.200\cdots. \end{cases}$$

我们选择其中不含 1 者, 从而在上述约定下, P_0 中点的三进无穷小数表示中不含 1, 即 a_i 为 0 或 2. 反之, 对 $[0,1]$ 中的一点, 若其三进无穷小数表示中不含 1, 则这一点就不在 P_0 的任意一个邻接区间中, 因而这样的点必属于 P_0. 所以, 点集 P_0 可与 $[0,1]$ 中其三进无穷小数表示不含 1 的一切点之集 D 建立一一对应, 从而由本节习题 15 知 $\overline{\overline{P_0}} = c$.

(3) 不难看出: G_0 中的开区间的总长度为

$$\frac{1}{3} + 2\cdot\frac{1}{3^2} + 2^2\cdot\frac{1}{3^3} + \cdots + 2^{n-1}\cdot\frac{1}{3^n} + \cdots = \frac{1}{3}\sum_{n=1}^{\infty}\left(\frac{2}{3}\right)^{n-1} = 1.$$

(4) 如果 P_0 有内点, 那么必有开区间 $(a,\beta) \subset P_0$. 从而, (a,β) 中的点永远没被删去. 因此, 对任一正整数 n, 区间 (α,β) 必然完全落在第 n 次删去之后余下的某个小闭区间 Δ_k^n 之中. 于是,

$$0 < \beta - \alpha \leqslant 3^{-n} \to 0 (n \to \infty).$$

这是不可能的. 证毕.

习 题 2.2

1. 点集 E 为闭集当且仅当 E 中的收敛点列的极限仍然属于 E.

2. 证明: E° 是含于 E 内的一切开集的并.

3. 证明: $\overline{E}$ 是包含 E 的一切闭集的交.

4. 设 $F \subset \mathbf{R}$ 是非空有界闭集, 令 $a = \inf F, \beta = \sup F$, 证明: $a, \beta \in F$.

5. 设 $\{G_k\}$ 是渐张开集列, 令 $G = \bigcup\limits_{k=1}^{\infty} G_k$, 点集 F 是有界闭集且 $F \subset G$. 证明: 存在自然数 k_0, 当 $k \geqslant k_0$ 时, 有 $F \subset G_k$.

6. 证明: $\mathbf{R}^n$ 中的任何闭集 F 都可表示为可数个开集的交; $\mathbf{R}^n$ 中的任何开集 G 都可表示为可数个闭集的并.

提示: 考虑 $G_n = \bigcup\limits_{x\in F} B\left(x, \dfrac{1}{n}\right)$.

7. 设 E 是 $\mathbf{R}^n$ 中的点集, 证明: E^b 是闭集.

8. 设 $A \subset \mathbf{R}^n, B \subset \mathbf{R}^m$ 是两个有界闭集, 证明:

$$A \times B = \{(x, y) : x \in A, y \in B\}$$

是 $\mathbf{R}^{n+m}$ 中的有界闭集.

9. 两个完备集的交集是否一定是完备集? 两个完备集的并集是否一定是完备集? 可数个完备集的并集呢?

10. 若 G 是 $\mathbf{R}^n$ 中的开集, 证明: $\overline{G} = G'$.

11. 设 f 在整个数轴上有定义, 其函数值只取整数, 证明: f 的连续点之集 C_f 是开集, 间断点之集 D_f 是闭集.

12. 证明: 直线上任何一列稠密开集的交集是稠密的 G_δ 型集, 即若 $G_k \subset \mathbf{R}(k = 1, 2, \cdots)$ 为开集且 $\overline{G_k} = \mathbf{R}(k = 1, 2, \cdots)$, 则 $\overline{\bigcap\limits_{k\in \mathbf{Z}^+} G_k} = \mathbf{R}$.

13. 证明: 全体有理点之集 $\mathbf{Q}$ 是 F_σ 型集, 但不是 G_δ 型集; 全体无理点之集 $\mathbf{Q}^c$ 是 G_δ 型集, 但不是 F_σ 型集.

14. 证明: $[0, 1]$ 中的全体无理点之集是 G_δ 型集, 但不是 F_σ 型集.

15. 设 D 是 $[0, 1]$ 中其三进无穷小数表示不含 1 的所有点之集, 证明: $\overline{\overline{D}} = c$.

2.3 闭集套原理与覆盖定理

闭区间套原理在数学分析中起着重要作用. 本节将把闭区间套原理推广为闭集套原理; 此外, 还将讲述几个不同类型的覆盖定理, 它们在一些问题的论证中有着重要作用.

定理 2.3.1 (闭集套原理) 设 $E_1 \supset E_2 \supset \cdots \supset E_i \supset \cdots$ 是 $\mathbf{R}^n$ 中的一列非空有界闭集, 则 $\bigcap\limits_{i=1}^{\infty} E_i \neq \varnothing$. 又若 E_i 的直径

$$d_i = \sup\{d(x, y) : x, y \in E_i\} \to 0 \ (i \to \infty),$$

则存在唯一的一点属于一切 E_i.

证明 在每个 E_i 中任取一点 x_i, 得到有界点列 $\{x_i\}$, 从而存在收敛子列 $\{x_{i_k}\}$. 设 $x_{i_k} \to x_0 \ (k \to \infty)$, 对任意的正整数 i, 当 $i_k > i$ 时, $x_{i_k} \in E_{i_k} \subset E_i$, 因为 E_i 是闭集, 所以 $x_0 \in E_i (i = 1, 2, \cdots)$(推论 2.2.1), 因此 $\bigcap\limits_{i=1}^{\infty} E_i \neq \varnothing$.

当 $d_i \to 0 (i \to \infty)$ 时, 设 x_0 及 y_0 都属于一切 E_i, 则

$$d(x_0, y_0) \leqslant d_i \to 0 \ (i \to \infty),$$

所以 $d(x_0, y_0) = 0$, 即 $y_0 = x_0$. 可见, 存在唯一的一点属于一切 E_i. 证毕.

定理 2.3.2 (博雷尔有限覆盖定理) 设 F 是 $\mathbf{R}^n$ 中的有界闭集, 开集族 $\{O_\lambda\}_{\lambda\in\Lambda}$ 覆盖 F, 即 $F\subset\bigcup\limits_{\lambda\in\Lambda}O_\lambda$, 那么必可选出有限个 O_λ 将闭集 F 覆盖.

证明 因为 F 是有界集, 所以存在闭区间 $I\supset F$. 显然 $I\backslash F\subset F^c$. 从而, 闭区间 I 被开集族 $M:=\{F^c\}\bigcup\{O_\lambda:\lambda\in\Lambda\}$ 覆盖. 下证: 以上开集中必有有限个仍然覆盖了闭区间 I. 以 $n=2$ 为例. 假设不然. 将闭区间 I 四等分, 至少有一个不能用 M 中有限个覆盖, 记这个小闭区间为 I_1. 再将 I_1 四等分, 至少有一个不能用 M 中有限个覆盖, 记这个小闭区间为 I_2. 如此下去, 得到一列闭区间 $\{I_n\}$, 满足:

(i) $I\supset I_1\supset I_2\supset\cdots$;

(ii) $d(I_n)\to 0(n\to\infty)$;

(iii) 任一闭区间 I_n 都不能用 M 中有限个覆盖.

由闭集套原理 (定理 2.3.1) 知: 存在一点 $x_0\in I_n(n=1,2,\cdots)$. 显然, $x_0\in I$. 因为 M 覆盖了 I, 所以存在开集 $G\in M$ 使得 $x_0\in G$. 由条件 $d(I_n)\to 0(n\to\infty)$ 知: 当 n 充分大时, 必有 $x_0\in I_n\subset G$. 可见, I_n 被 M 中的一个开集 G 覆盖了. 这与 I_n 不用 M 中有限个覆盖矛盾. 这就证明了: 存在有限个开集 $F^c,O_{\lambda_1},O_{\lambda_2},\cdots,O_{\lambda_n}$ 覆盖了 I, 即

$$I\subset F^c\bigcup\left(\bigcup_{k=1}^{n}O_{\lambda_k}\right).$$

因为 F 中的点不在 F^c 中, 所以 $F\subset\bigcup\limits_{k=1}^{n}O_{\lambda_k}$, 即 $O_{\lambda_1},O_{\lambda_2},\cdots,O_{\lambda_n}$ 覆盖了 F. 证毕.

定理 2.3.3 (林德勒夫 (Lindelöf) 覆盖定理) 设 E 是 $\mathbf{R}^n$ 中的任一点集, $\{O_\lambda\}_{\lambda\in\Lambda}$ 是 $\mathbf{R}^n$ 中的一族开集且覆盖了 E, 即 $E\subset\bigcup\limits_{\lambda\in\Lambda}O_\lambda$, 则由 $\{O_\lambda\}_{\lambda\in\Lambda}$ 中可选出至多可数个 O_λ 覆盖了 E.

证明 以平面点集的情形为例. 对每一点 $x\in E$, 存在指标 $\lambda_x\in\Lambda$ 使得 $x\in O_{\lambda_x}$. 作一个以有理点为圆心、以正有理数为半径的开圆盘 D_x(称为有理开圆盘), 使得 $x\in D_x\subset O_{\lambda_x}$. 于是, $E\subset\bigcup\limits_{x\in E}D_x\subset\bigcup\limits_{x\in E}O_{\lambda_x}$. 这些有理开圆盘之集 $\{D_x:x\in E\}$ 至多可数, 设它们是 $D_{x_1},D_{x_2},\cdots,D_{x_m}$ 或 $D_{x_1},D_{x_2},\cdots,D_{x_m},\cdots$ 对应的 O_{λ_x} 记为 $O_{\lambda_1},O_{\lambda_2},\cdots,O_{\lambda_m}$ 或 $O_{\lambda_1},O_{\lambda_2},\cdots,O_{\lambda_m},\cdots$. 显然

$$E\subset\bigcup_{i=1}^{m}D_{x_i}\subset\bigcup_{i=1}^{m}O_{\lambda_i}\text{或}E\subset\bigcup_{i=1}^{\infty}D_{x_i}\subset\bigcup_{i=1}^{\infty}O_{\lambda_i}.$$

证毕.

定理 2.3.4 $\mathbf{R}^n$ 中的任意非空开集 G 都可表示为至多可数个开球的并, 也可以表示为至多可数个开区间的并.

证明 对任意 $x \in G$, 作以 x 为心的开球 (或开区间)O_x 使得 $O_x \subset G$. 故

$$\bigcup_{x\in G} O_x \subset G.$$

显然 $G \subset \bigcup_{x\in G} O_x$. 从而, 由定理 2.3.3 知: 可选出有限或可数个这样的开球 (或开区间)

$$O_{x_1}, O_{x_2}, \cdots, O_{x_m} \text{或} O_{x_1}, O_{x_2}, \cdots, O_{x_m}, \cdots$$

使得

$$G \subset \bigcup_{i=1}^{m} O_{x_i} \text{或} G \subset \bigcup_{i=1}^{\infty} O_{x_i},$$

所以 $G = \bigcup_{i=1}^{m} O_{x_i}$ 或 $G = \bigcup_{i=1}^{\infty} O_{x_i}$. 证毕.

习 题 2.3

1. 当开圆族 $\{O_\lambda\}_{\lambda\in\Lambda}$ 覆盖了点集 E 时, 对应的闭圆族是否一定覆盖 $\overline{E}$?

2. 若 I 是开单位正方形, 即 $I = \{(x_1, \cdots, x_n) : 0 < x_i < 1\}$, 如果开球族 $\{O_\lambda\}_{\lambda\in\Lambda}$ 覆盖了 I 中的全体有理点之集, 试问开球族 $\{O_\lambda\}_{\lambda\in\Lambda}$ 是否一定覆盖 I?

3. 证明: 全空间 $\mathbf{R}^n$ 不可能被一些互不相交的开球覆盖.

4. 设 Ω 集合 X 上的一个 σ-代数, $f : X \to \mathbf{R}$ 为任一映射, 证明:

(1) $M := \{Y : Y \subset \mathbf{R}, f^{-1}(Y) \in \Omega\}$ 是 $\mathbf{R}$ 上的一个 σ-代数;

(2) 以下等价:

(i) $\forall B \in B(\mathbf{R}), \text{有} f^{-1}(B) \in \Omega$; (此时, 称 f 为可测空间 (X, Ω) 上的一个随机变量)

(ii) $\forall B \in O(\mathbf{R}), \text{有} f^{-1}(B) \in \Omega$;

(iii) $\forall -\infty < a < b < \infty$, 有 $f^{-1}((a, b)) \in \Omega$.

2.4 开集的构造

定理 2.4.1 (开集构造定理) 设 G 是 $\mathbf{R}^n(n > 1)$ 中任一非空开集, 则 G 可表为可数个互不相交的半闭区间的并.

证明 用超平面 $x_i = 0, \pm1, \pm2, \cdots (i = 1, 2, \cdots)$ 把 $\mathbf{R}^n$ 分为可数个互不相交的半闭区间 (称为一阶区间), 用超平面

$$x_i = 0, \pm\frac{1}{2}, \pm1, \pm\frac{3}{2}, \cdots (i = 1, 2, \cdots)$$

也可把 $\mathbf{R}^n$ 分为可数个互不相交的半闭区间 (称为二阶区间), 用这种分划方法一直分下去. 把含于开集 G 中的一切一阶半闭区间之集记为 T_1; 把含于 G 中而不含在 T_1 中的任何一阶半闭区间的所有二阶半闭区间之集记为 T_2. 如此下去, 得到半闭

区间之集的集列 $T_1, T_2, \cdots$, 它们中的半闭区间互不相交, 且有可数个 (若有限, G 就不是开集). 把这可数个互不相交的半闭区间记为 $J_1, J_2, \cdots$, 即

$$\bigcup_{i=1}^{\infty} T_i = \{J_1, J_2, \cdots, J_k, \cdots\}.$$

下面我们证明 $G = \bigcup\limits_{i=1}^{\infty} J_i$. 显然 $\bigcup\limits_{i=1}^{\infty} J_i \subset G$. 另一方面, 任取 $x_0 \in G$, 必有 x_0 的某邻域 $B(x_0, \delta) \subset G$. 由于对任意的正整数 k, 点 x_0 必落在某个 k 级区间之中且 k 级区间边长趋近于 0, 所以存在充分大的 k_0 使得 $x_0 \in J_{k_0} \subset B(x_0, \delta) \subset G$. 因此 $x_0 \in \bigcup\limits_{i=1}^{\infty} J_i$, 从而 $G = \bigcup\limits_{i=1}^{\infty} J_i$. 证毕.

定理 2.4.2 设 $G \subset \mathbf{R}$ 是非空开集, 则 G 可表示为至多可数个两两互不相交的开区间的并 (这些开区间称为 G 的**构成区间**).

证明 因为 $G \subset \mathbf{R}$ 是非空开集, 所以对任一 $x \in G$, 存在 $r_x > 0$ 使得 $(x - r_x, x + r_x) \subset G$. 于是, $(x - r_x, x] \subset G, [x, x + r_x) \subset G$. 令

$$a_x = \inf\{y : (y, x] \subset G\}, \quad b_x = \sup\{z : [x, z) \subset G\},$$

则

(1) $-\infty \leqslant a_x < x < b_x \leqslant \infty$;

(2) $x \in (a_x, b_x) \subset G$;

(3) $(a_x, b_x) \neq (a_y, b_y) \Rightarrow (a_x, b_x) \bigcap (a_y, b_y) = \varnothing$;

(4) $M := \{(a_x, b_x) : x \in G\}$ 为至多可数集, 将其不同的元素 (即互不相交的开区间) 记为

$$(a_1, b_1), (a_2, b_2), \cdots, (a_m, b_m) \text{或} (a_1, b_1), (a_2, b_2), \cdots, (a_m, b_m), \cdots;$$

(5) $G = \bigcup\limits_{k=1}^{m} (a_k, b_k)$ 或 $G = \bigcup\limits_{k=1}^{\infty} (a_k, b_k)$.

因此, G 可表示为至多可数个两两互不相交的开区间的并. 证毕.

定理 2.4.3 $\mathbf{R}$ 中的任一真闭子集 F 都可由区间 $(-\infty, \infty)$ 去掉至多可数个互不相交的开区间 (称这些开区间为 F 的**邻接区间**) 得到.

证明 因为闭集的余集是开集, 所以由定理 2.4.2 知结论成立. 证毕.

推论 2.4.1 $\mathbf{R}$ 中的任一非空有界闭集 F 都可表示为一个闭区间去掉至多可数个互不相交的开区间.

证明 设 $a = \inf F$, $b = \sup F$, 因为 F 是非空有界闭集, 所以 $a \in F, b \in F$ 且 $F \subset [a, b]$. 从而

$$G = [a, b] \backslash F = (a, b) \backslash F = (a, b) \bigcap F^c$$

是有界开集, 设它的全部构成区间为 $(a_i, \beta_i)(i = 1, 2, \cdots, m)(m \leqslant \infty)$, 且均含于 (a, b). 于是

$$F = [a, b] \backslash \bigcup_{i=1}^{m} (a_i, \beta_i).$$

证毕.

因为完备集就是没有孤立点的闭集, 而闭集的孤立点只可能是邻接区间的公共端点, 从而有以下定理.

定理 2.4.4　$\mathbf{R}$ 中的非空有界完备集是从一闭区间中去掉至多可数个互不相交且无公共端点的开区间所得到的点集.

例如, 康托尔集 P_0 正是这样的点集.

习　题　2.4

1. 证明: 在 $\mathbf{R}^n$ 中既开又闭的点集只有 $\mathbf{R}^n$ 和 $\varnothing$.
2. 在 $[0, 1]$ 中构造一个无处稠密的完备集, 使其邻接区间的总长度等于定数 $a\,(0 < a < 1)$.
3. 举例说明, 平面上有些开集不可能表示为可数个互不相交的开区间 (开矩形) 的并.

2.5　点集上的连续函数

在数学分析中, 我们定义了函数在区间或区域上的连续性. 今后, 我们讨论的函数都是定义在一般点集上的, 为此, 有必要研究一般点集上函数的连续性.

定义 2.5.1　设 f 是在点集 $E \subset \mathbf{R}^n$ 上定义的函数, x_0 是 E 的一个点. 如果对任意 $\varepsilon > 0$, 存在 $\delta > 0$ 使得当 $x \in E \bigcap B(x_0, \delta)$ 时, 有

$$|f(x) - f(x_0)| < \varepsilon\ ,$$

那么称 f 在点 x_0**连续**(Continuous). 若 f 在点集 E 的每一个点都是连续的, 则称 f 在点集 E 上连续, 也称 f 是点集 E 上的**连续函数**(Continuous function).

容易证明以下命题.

命题 2.5.1　函数 $f: E \to \mathbf{R}$ 在 $x_0 \in E$ 连续的充分必要条件是: 当 $x_n \in E(n = 1, 2, \cdots), x_n \to x_0(n \to \infty)$ 时, 有 $f(x_n) \to f(x_0)(n \to \infty)$.

例 2.5.1　狄利克雷函数:

$$D(x) = \begin{cases} 0, & x \in E_1 = [0, 1] \bigcap \mathbf{Q}^c, \\ 1, & x \in E_2 = [0, 1] \bigcap \mathbf{Q} \end{cases}$$

作为 $[0, 1]$ 上的函数, 在 $[0, 1]$ 中的每一点都不连续, 但若把 D 的定义域只局限于 E_1, 它便是 E_1 上的连续函数.

例 2.5.2 设 $E=[0,1]\bigcup[2,3]$, 则

$$f(x)=\begin{cases}1, & x\in[0,1],\\ 2, & x\in[2,3]\end{cases}$$

是点集 E 上的连续函数.

与区间上的连续函数类似, 定义于一般点集上的连续函数也有类似的一些性质. 例如, 一致收敛的连续函数列的极限是连续函数; 有界闭集上的连续函数具有有界性且可以取到最大值与最小值, 而且是一致连续的. 这些性质的证明, 完全类似于数学分析中的证明方法. 下面只证明有界性定理, 其余留作习题.

定理 2.5.1 若 f 是有界闭集 F 上的连续函数, 则

$$f(F)=\{f(x):x\in F\}$$

是有界闭集.

证明 设 y_0 是 $f(F)$ 的一个聚点, 则存在 $x_i\in F\ (i=1,2,\cdots)$, 使得

$$f(x_i)\to y_0\ (i\to\infty).$$

因为 F 是有界集, 所以 $\{x_i\}$ 是有界点列, 从而有收敛子列 $\{x_{i_k}\}$, 设

$$x_{i_k}\to x_0\ (k\to\infty).$$

因为 F 是闭集, 所以 $x_0\in F$. 又因为 f 在 x_0 连续, 所以由命题 2.5.1 知

$$f(x_{i_k})\to f(x_0)(k\to\infty).$$

于是 $y_0=f(x_0)$. 可见 $y_0\in f(F)$, 因而 $f(F)$ 是闭集. 再证 $f(F)$ 是有界集. 假设 $f(F)$ 不是有界集, 则对任意自然数 n, 必有 $x_n\in F$ 使得 $|f(x_n)|>n$. 因为 $\{x_n\}$ 是有界点列, 从而有收敛子列 $\{x_{n_k}\}$, 设 $x_{n_k}\to x_0\ (k\to\infty)$, 因为 F 是闭集, 所以 $x_0\in F$. 又因为 f 在 x_0 连续, 从而由命题 2.5.1 知

$$f(x_{n_k})\to f(x_0)\ (k\to\infty),$$

但这与

$$|f(x_{n_k})|>n_k\ (k=1,2,\cdots)$$

矛盾. 因此 $f(F)$ 是有界闭集. 证毕.

定理 2.5.2 设 f 在 $\mathbf{R}^n$ 上连续, 则对任意实数 a, 点集 $\{x:f(x)\geqslant a\}$ 是闭集; $\{x:f(x)>a\}$ 是开集.

证明　设 x_0 是 $\{x : f(x) \geqslant a\}$ 的一个聚点, 则存在

$$x_i \in \{x : f(x) \geqslant a\}\ (i = 1, 2, \cdots),$$

使得 $x_i \to x_0\ (i \to \infty)$. 因为 f 连续, 所以由命题 2.5.1 知

$$f(x_i) \to f(x_0)\ (i \to \infty),$$

又因为 $f(x_i) \geqslant a\ (i = 1, 2, \cdots)$, 从而 $f(x_0) \geqslant a$ 即 $x_0 \in \{x : f(x) \geqslant a\}$. 于是, 点集 $\{x : f(x) \geqslant a\}$ 是闭集. 类似可证 $\{x : f(x) \leqslant a\}$ 是闭集, 从而 $\{x : f(x) > a\}$ 是开集. 证毕.

推论 2.5.1　设 $f : \mathbf{R}^n \to \mathbf{R}$ 连续, 则对任意实数 a, $\{x : f(x) \leqslant a\}$ 是闭集, $\{x : f(x) < a\}$ 是开集.

定理 2.5.3　$\mathbf{R}^n$ 上的实值函数 f 连续的充分必要条件是任一开集 $G \subset \mathbf{R}$ 的原像 $f^{-1}(G) = \{x : f(x) \in G\}$ 是 $\mathbf{R}^n$ 中的开集.

证明　必要性: 设 f 连续且 G 是 $\mathbf{R}$ 中任一开集, $x_0 \in f^{-1}(G) = \{x : f(x) \in G\}$. 于是 $f(x_0) \in G$. 从而 $y_0 = f(x_0) \in G$. 因为 G 是开集, 从而存在 $\varepsilon > 0$ 使得

$$(y_0 - \varepsilon, y_0 + \varepsilon) \subset G.$$

又因为 f 连续, 所以存在 $\delta > 0$, 当 $x \in B(x_0, \delta)$ 时, 有 $|f(x) - y_0| < \varepsilon$, 从而

$$f(x) \in (y_0 - \varepsilon, y_0 + \varepsilon) \subset G.$$

于是 $B(x_0, \delta) \subset f^{-1}(G)$, 从而可知 $f^{-1}(G)$ 是开集.

充分性: 设对任一开集 $G \subset \mathbf{R}, f^{-1}(G)$ 都是 $\mathbf{R}^n$ 中的开集. 任取 $x_0 \in \mathbf{R}^n$, 令 $y_0 = f(x_0)$, $\forall \varepsilon > 0$, 记

$$O = f^{-1}((y_0 - \varepsilon, y_0 + \varepsilon)),$$

则 $x_0 \in O$. 因为 O 是开集, 所以存在 $\delta > 0$ 使得 $B(x_0, \delta) \subset O$. 从而, 对任一 $x \in B(x_0, \delta)$ 都有 $f(x) \in (y_0 - \varepsilon, y_0 + \varepsilon)$, 即

$$|f(x) - f(x_0)| < \varepsilon.$$

因此, f 在 x_0 连续. 证毕.

设 f 是 $[a, b]$ 上的有界函数, 对点 $x_0 \in [a, b]$ 的任何邻域 $B(x_0, \delta)$, 令

$$M_{x_0}(\delta) = \sup\{f(x) : x \in B(x_0, \delta) \bigcap [a, b]\},$$
$$m_{x_0}(\delta) = \inf\{f(x) : x \in B(x_0, \delta) \bigcap [a, b]\},$$

则称 $\omega_{x_0}(\delta) = M_{x_0}(\delta) - m_{x_0}(\delta)$ 是函数 f 在 $B(x_0,\delta)$ 上的**振幅**(Oscillation amplitude). 设

$$M_{x_0} = \lim_{\delta\to 0^+} M_{x_0}(\delta), \quad m_{x_0} = \lim_{\delta\to 0^+} m_{x_0}(\delta),$$

则称 $\omega_{x_0} = M_{x_0} - m_{x_0}$ 是函数 f 在点 x_0 的振幅. 不难验证: f 在点 x_0 连续的充分必要条件是 $\omega_{x_0} = 0$(习题 2.5 第 10 题).

在数学分析中, 我们知道: 黎曼 (Riemann) 函数在 $[0,1]$ 的每个有理点间断, 在其中的无理点连续. 下面的例子说明: 不存在 $[a,b]$ 上定义的有界函数使得它在 $[a,b]$ 中的每一个有理点连续, 而在 $[a,b]$ 中的每一个无理点不连续, 因为 $[a,b]$ 中的所有无理点之集不是 F_σ 型集 (参见习题 2.2 第 13 题).

例 2.5.3 证明 $[a,b]$ 上定义的有界函数 f 的间断点之集 D 构成一个 F_σ 型集.

证明 记

$$E_n = \left\{x : x\in[a,b],\ \omega_x \geqslant n^{-1}\right\} \quad (n=1,2,\cdots),$$

则 $D = \bigcup\limits_{n=1}^{\infty} E_n$. 下证每个 E_n 都是闭集. 任取 $x_0 \in E_n'$, 则 $x_0\in[a,b]$ 且任一 $B(x_0,\delta)$ 中有 E_n 的无穷个点. 因为 $\forall x\in E_n$ 有 $\omega_x \geqslant n^{-1}$, 所以 f 在 $B(x_0,\delta)$ 上的振幅不小于 n^{-1}. 由 $\delta>0$ 的任意性可知 f 在点 x_0 的振幅不小于 n^{-1}, 即 $\omega_{x_0} \geqslant n^{-1}$, 从而 $x_0\in E_n$. 所以 E_n 是闭集. 因此, D 是 F_σ 型集. 证毕.

定理 2.5.4 若 E_1 与 E_2 都是 $\mathbf{R}^n$ 中的闭集, 函数 f 定义在 $E_1\bigcup E_2$ 上且作为 E_1 与 E_2 上的函数都连续, 则 f 在 $E_1\bigcup E_2$ 上连续.

证明 设 $x_0\in E_1\bigcup E_2$, 则 $x_0\in E_1$, 或 $x_0\in E_2$. 不妨设 $x_0\in E_1$. 因为函数 $f: E_1\to\mathbf{R}$ 在 x_0 处连续, 所以 $\forall\varepsilon>0$, $\exists\delta_1>0$ 使得当 $x\in E_1\bigcap B(x_0,\delta_1)$ 时, 有 $|f(x)-f(x_0)|<\varepsilon$.

情况 1 当 $x_0\in E_2$ 时, 因为函数 $f: E_2\to\mathbf{R}$ 在 x_0 处连续, 所以存在 $\delta_2>0$ 使得当 $x\in E_2\bigcap B(x_0,\delta_2)$ 时, 有

$$|f(x)-f(x_0)|<\varepsilon.$$

令 $\delta=\min\{\delta_1,\delta_2\}$, 则 $x\in(E_1\bigcup E_2)\bigcap B(x_0,\delta)$ 时, 有

$$|f(x)-f(x_0)|<\varepsilon.$$

情况 2 当 $x_0\notin E_2$ 时, 由于 E_2 是闭集, 所以存在 $\delta_2>0$ 使得

$$E_2\bigcap B(x_0,\delta_2)=\varnothing.$$

令 $\delta = \min\{\delta_1, \delta_2\}$, 则当 $x \in (E_1 \bigcup E_2) \bigcap B(x_0, \delta)$ 时, 必有 $x \in E_1 \bigcap B(x_0, \delta_1)$, 从而 $|f(x) - f(x_0)| < \varepsilon$.

这就证明了：对任一正数 ε, 总存在 $\delta > 0$ 使得当 $x \in (E_1 \bigcup E_2) \bigcap B(x_0, \delta)$ 时, 有 $|f(x) - f(x_0)| < \varepsilon$. 因此, $f : E_1 \bigcup E_2 \to \mathbf{R}$ 在 x_0 处连续. 故 f 在 $E_1 \bigcup E_2$ 上连续. 证毕.

习 题 2.5

1. 开集的连续像是否一定为开集?
2. 无界闭集的连续像是否一定是闭集?
3. 证明：闭集的连续像是 F_σ 型集; 开集的连续像也是 F_σ 型集.
4. 设 f 是 $[a, b]$ 上的连续函数. 证明：点集

$$E_1 \bigcup E_3 \bigcup E_5 \bigcup \cdots \bigcup E_{2k-1} \bigcup \cdots$$

是闭集, 其中

$$E_n = \{x : x \in [a, b], n \leqslant f(x) \leqslant n + 1\}.$$

5. 证明：有界闭集上的连续函数是一致连续的.
6. 证明：函数 $f : \mathbf{R}^n \to \mathbf{R}$ 连续的充分必要条件是：任意开区间 (a, b) 的原像 $f^{-1}((a, b))$ 是 $\mathbf{R}^n$ 中的开集.
7. 证明：函数 $f : \mathbf{R}^n \to \mathbf{R}$ 连续的充分必要条件是：任意闭集 $F \subset \mathbf{R}$ 的原像 $f^{-1}(F)$ 是 $\mathbf{R}^n$ 中的闭集.
8. 证明：一致收敛的连续函数列的极限是连续函数.
9. 证明：有界闭集上的连续函数是有界的且可以取到最大值与最小值.
10. 证明：有界函数 $f : [a, b] \to \mathbf{R}$ 在点 $x_0 \in [a, b]$ 连续的充分必要条件是 $\omega_{x_0} = 0$.

2.6 点集间的距离

定义 2.6.1 设 x_0 是 $\mathbf{R}^n$ 中的一个点, $A, B \subset \mathbf{R}^n$ 非空, 则称

$$\rho(x_0, A) := \inf\{d(x_0, x) : x \in A\}$$

为点 x_0 到点集 A 的**距离**(Distance), 称

$$\rho(A, B) := \inf\{d(x, y) : x \in A, y \in B\}$$

为点集 A 与 B 之间的**距离**.

利用三角不等式容易证明, $\rho(\cdot, A)$ 是 $\mathbf{R}^n$ 上的连续函数; $\rho(\cdot, \cdot)$ 是 $A \times B$ 上的连续函数, 其中 $A \times B = \{(x, y) : x \in A, y \in B\} \subset \mathbf{R}^n \times \mathbf{R}^n = \mathbf{R}^{2n}$(证明留作习题).

定理 2.6.1 若点集 A, B 都是 $\mathbf{R}^n$ 中的非空闭集, 且至少其中一个有界, 则存在 $x_0 \in A$, $y_0 \in B$ 使得 $d(x_0, y_0) = \rho(A, B)$(图 2-2).

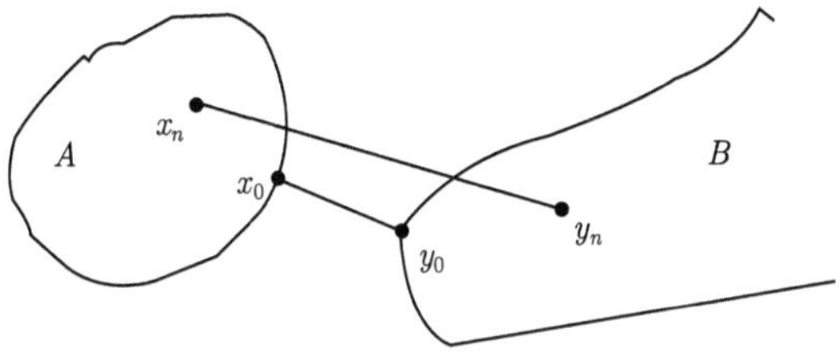

图 2-2

证明 设点集 A 是有界闭集, 点集 B 是闭集, 则由 $\rho(A, B)$ 的定义知: 存在点列 $\{x_n\} \subset A, \{y_n\} \subset B$ 使得 $\rho(A, B) = \lim\limits_{n\to\infty} d(x_n, y_n)$. 因为 A 是有界集, 所以 $\{x_n\}$ 是有界点列, 从而有收敛子列. 不妨设 $\{x_n\}$ 本身就收敛, 且其极限为 x_0. 由于 A 是闭集, 所以 $x_0 \in A$. 又因为

$$\rho(A, B) \leqslant d(x_0, y_n) \leqslant d(x_0, x_n) + d(x_n, y_n) \to \rho(A, B)(n \to \infty),$$

所以 $\rho(A, B) = \lim\limits_{n\to\infty} d(x_0, y_n)$. 从而, $\{y_n\}$ 是 B 中的有界点列, 于是它必有收敛子列 $\{y_{n_k}\}$, 设 $y_{n_k} \to y_0(k \to \infty)$. 因为 B 是闭集, 所以 $y_0 \in B$. 最后, 根据函数 $d(x_0, \cdot)$ 的连续性 (习题 2.6 第 2 题) 知

$$\rho(A, B) = \lim_{k\to\infty} d(x_0, y_{n_k}) = d(x_0, y_0).$$

证毕.

注意: 当 A, B 都是无界闭集时, 定理 2.6.1 的结论不真. 例如,

$$A = \{(x, y) : xy \geqslant 1, x > 0, y > 0\}, \quad B = \{(x, y) : 1 \leqslant x < +\infty, y \leqslant 0\},$$

都是平面上的无界闭集, $\rho(A, B) = 0$. 但是, 对于任意 $a \in A, b \in B$, 记 $a = (x_1, y_1), b = (x_2, y_2)$, 则有

$$d(a, b) = \sqrt{(x_1 - x_2)^2 + (y_1 - y_2)^2} \geqslant y_1 - y_2 \geqslant y_1 > 0.$$

推论 2.6.1 若 A 是非空闭集, 点 $x_0 \notin A$, 则 $\rho(x_0, A) > 0$; 若 A, B 是两个非空闭集, 至少一个是有界集, 且 $A \bigcap B = \varnothing$, 则 $\rho(A, B) > 0$.

定理 2.6.2 (分离定理) 若 A, B 是两个互不相交的非空闭集, 而且其中至少一个有界, 则存在两个不相交的开集 G_1 和 G_2, 使得 $G_1 \supset A, G_2 \supset B$.

证明 根据推论 2.6.1 可知 $\rho(A, B) = d > 0$. 令

$$G_1 = \left\{x : \rho(x, A) < \frac{d}{2}\right\}, \quad G_2 = \left\{x : \rho(x, B) < \frac{d}{2}\right\},$$

则 $G_1 \supset A, G_2 \supset B$. 根据函数 $\rho(\cdot, E)(x \in \mathbf{R}^n)$ 的连续性 (习题 2.6 第 1 题) 及定理 2.5.2 可知: G_1 与 G_2 是开集. 再证 $G_1 \bigcap G_2 = \varnothing$. 假设有 $x^* \in G_1 \bigcap G_2$, 则

$$\rho(x^*, A) < \frac{d}{2}, \quad \rho(x^*, B) < \frac{d}{2}.$$

于是, 存在 $x_1 \in A, x_2 \in B$ 使得

$$\rho(x^*, x_1) < \frac{d}{2}, \quad \rho(x^*, x_2) < \frac{d}{2},$$

从而

$$d \leqslant d(x_1, x_2) \leqslant \rho(x_1, x^*) + \rho(x^*, x_2) < d,$$

矛盾. 因此 $G_1 \bigcap G_2 = \varnothing$. 证毕.

由以上证明可得以下推论.

推论 2.6.2 若 A, B 是满足 $\rho(A, B) > 0$ 的任意两个点集, 则存在两个不相交的开集 G_1 和 G_2, 使得 $G_1 \supset A, G_2 \supset B$.

定理 2.6.3 对 $\mathbf{R}^n$ 的任意非空真子集 E, 有

(1) $x \in \overline{E} \Leftrightarrow \rho(x, E) = 0$;

(2) $x \in E^\circ \Leftrightarrow \rho(x, E^c) > 0$;

(3) $x \in E' \Leftrightarrow \rho(x, E \backslash \{x\}) = 0$;

(4) $x \in E^e \Leftrightarrow \rho(x, E) > 0$;

(5) $x \in E^b \Leftrightarrow \rho(x, E) = \rho(x, E^c) = 0$.

这个定理的证明留作习题. 由此可知: 我们可以先引进点与点集之间的距离概念, 然后, 再由此概念来定义点集的闭包、内部、外部、导集、边界, 进而定义开集, 闭集等概念, 结果是一致的.

习 题 2.6

1. 设 $A \subset \mathbf{R}^n$ 非空, 证明:

(1) $|\rho(x, A) - \rho(y, A)| \leqslant d(x, y) (\forall x, y \in \mathbf{R}^n)$;

(2) $\rho(\cdot, A)$ 是 $\mathbf{R}^n$ 上的连续函数.

2. 设 $A \subset \mathbf{R}^n, B \subset \mathbf{R}^n$ 非空, 证明:

(1) $|d(x, y) - d(a, b)| \leqslant d(x, a) + d(y, b) (\forall x, y, a, b \in \mathbf{R}^n)$;

(2) $d: A \times B \to \mathbf{R}$ 是连续函数.

3. 若 A, B 是任意两个不相交的闭集, 证明: 存在两个不相交的开集 G_1 和 G_2, 使得 $G_1 \supset A, G_2 \supset B$.

4. 证明推论 2.6.1.

5. 证明定理 2.6.3.

6. 设 $K(\mathbf{R}^n)$ 为 $\mathbf{R}^n$ 的所有非空有界闭集之集, 对任意的 $A, B \in K(\mathbf{R}^n)$, 定义.

$$d_H(A,B) = \max\{\sup\{\rho(x,B) : x \in A\}, \sup\{\rho(y,A) : y \in B\}\}.$$

证明: d_H 为集合 $K(\mathbf{R}^n)$ 上的一个距离 (称为豪斯多夫 (Hausdorff) 距离), 即满足距离的三条公理 (2.1 节).

总练习题 2

1. 证明: 点集 E 为开集当且仅当 $E^b \subset E^c$.

2. 证明: 点集 E 为闭集当且仅当 $E^b \subset E$.

3. 证明: 点集 E 是开集当且仅当对任意集 A 都有

$$E\bigcap\overline{A} \subset \overline{E\bigcap A}.$$

4. $\mathbf{R}$ 中一切开集之集的基数是什么? 一切闭集之集的基数是什么? 一切 F_σ 型、G_δ 型集之集的基数是什么?

5. $\mathbf{R}$ 中一切完备集之集的基数是什么?

6. 设 f 是 $\mathbf{R}$ 上的有界连续函数, 且记其上、下确界为 β, α, 证明: 点集 $f(\mathbf{Q})$ 在 $[\alpha,\beta]$ 上稠密.

7. 证明: $\mathbf{R}^n$ 上的实函数 f 连续的充分必要条件是任一闭集 F 的原像 $f^{-1}(F) = \{x : f(x) \in F\}$ 是闭集.

8. 证明: 函数 f 在 $[a,b]$ 上连续的充分必要条件是对任意实数 c, 点集 $\{x : f(x) \geqslant c, x \in [a,b]\}$ 及集 $\{x : f(x) \leqslant c, x \in [a,b]\}$ 都是闭集.

9. 设 f 是 $\mathbf{R}$ 上的函数, 且任意开集 G 的像 $f(G)$ 都是开集, 问 f 是否一定是连续函数?

10. 若集 E 的点全是孤立点, 证明: E 或是有限集或是可数集.

11. 设 $\{F_\lambda\}_{\lambda\in\Lambda}$ 是一族有界闭集, 且其中任意有限个点集具有非空的交, 证明:

$$\bigcap_{\lambda\in\Lambda} F_\lambda \neq \varnothing.$$

12. 证明: 平面上存在可数个开圆盘, 使得平面上任一开集, 都可表示为其中的某些开圆盘的并.

第3章 测度理论

在数学分析中, 建立黎曼积分 (包括一元函数的定积分和多元函数的重积分) 时, 被积函数的定义域是直线上的区间或者 $\mathbf{R}^n$ 中的区域, 采用的基本方法有两种, 其一是 "积分和方法", 将函数的积分定义为积分和的极限; 其二是 "上下和方法", 将函数的积分定义为上积分与下积分的公共值. 两种方法的基本思想都是分割、求和、取极限. 在对函数的定义域进行分割时, 得到更小的区间或区域; 求和时, 计算分割后的各个小区间或区域的度量 (长度、面积或体积) 乘以该区间 (或区域) 中某点的函数值的和. 其中, 用来度量区间或区域大小的量就是它们的长度、面积、体积, 具有明确的意义. 显然, 区间的长度、区域的面积或体积是区间、区域的重要**量化特征**, 用以刻画它们的大小. 在实变函数论中, 我们将要建立定义在一般点集上的实值函数的积分, 称为勒贝格 (Lebesgue) 积分. 为此, 首先需要解决的问题是: 如何度量 $\mathbf{R}^n$ 中一般点集的大小. 换言之, 如何**量化点集**. 显然, 一般点集的某种量化特征应当是区间、区域的长度、面积或体积概念的自然推广. $\mathbf{R}^n$ 中点集的勒贝格测度, 正是点集的一种非常好的量化特征. 本章的中心任务就是建立勒贝格测度理论, 进而为建立与研究勒贝格积分理论奠定基础.

3.1 外测度的定义与性质

3.1.1 外测度的定义

对 $\mathbf{R}^n$ 中的任一区间 I, 称 I 的边长之积为 I 的**体积**(Volume), 记为 $|I|$. 例如, $\mathbf{R}^n$ 中的开区间

$$I = \{(x_1, x_2, \cdots, x_n) : a_i < x_i < b_i \ (1 \leqslant i \leqslant n)\}$$

的体积为

$$|I| = \prod_{i=1}^{n} (b_i - a_i).$$

显然, 一维区间 (即 $n = 1$ 的情况) 的体积就是其长度, 二维区间的体积是其面积, 而三维区间的体积就是通常的体积.

区间的体积是区间的一种度量, 它可以很好地反映区间的大小. 如何为 $\mathbf{R}^n$ 中的一般点集 E 定义一个度量, 使其成为长度、面积、体积概念的自然推广呢?

圆盘的面积正是其外切正多边形的面积的下确界, 球体的体积等于其外切正多面体的体积的下确界. 于是, 我们很自然地想到, 先把点集 E 用一组开区间覆盖起来, 将那些开区间的体积之和作为点集 E 的 "近似度量", 这种近似度量应当大于点集 E 的 "准确度量". 自然, E 的 "准确度量" 应当是 E 的所有可能的 "近似度量" 的下确界. 简单地说, 就是用开区间组 "由外向内逼近" 点集 E. 这正是勒贝格外测度的思想.

为了简化表述, 我们用 $\mathrm{OI}(\mathbf{R}^n)$ 表示 $\mathbf{R}^n$ 中所有**开区间**(Open interval) 之集.

定义 3.1.1 设 E 为 $\mathbf{R}^n$ 中任一点集, 定义广义非负实数集

$$\mu(E)=\left\{\sum_{k=1}^{\infty}|I_k|:E\subset\bigcup_{k=1}^{\infty}I_k,I_k\in\mathrm{OI}(\mathbf{R}^n)(k=1,2,\cdots)\right\},\tag{3.1.1}$$

且称广义非负实数

$$\mathrm{m}^*E=\begin{cases}\inf(\mu(E)\backslash\{\infty\}), & \mu(E)\neq\{\infty\},\\ \infty, & \mu(E)=\{\infty\}\end{cases}\tag{3.1.2}$$

为点集 E 的**外测度**(Outer measure).

注 3.1.1 若约定 $\inf\{\infty\}=\infty$, 则 E 的外测度的定义式 (3.1.2) 可表述为

$$\mathrm{m}^*E=\inf\mu(E).\tag{3.1.3}$$

注 3.1.2 根据下确界的意义知: $\forall\varepsilon>0,\exists I_k\in\mathrm{OI}(\mathbf{R}^n)(k=1,2,\cdots)$ 使得

$$E\subset\bigcup_{k=1}^{\infty}I_k \text{且} \sum_{k=1}^{\infty}|I_k|\leqslant\mathrm{m}^*E+\varepsilon.$$

注 3.1.3 用 $\mathrm{I}(\mathbf{R}^n)$ 表示 $\mathbf{R}^n$ 中所有区间 (即直线上 n 个有限区间的乘积) 之集, 对 $\mathbf{R}^n$ 中的任一点集 E, 定义广义非负实数集

$$\lambda(E)=\left\{\sum_{k=1}^{\infty}|I_k|:E\subset\bigcup_{k=1}^{\infty}I_k,I_k\in\mathrm{I}(\mathbf{R}^n)(k=1,2,\cdots)\right\},$$

则 $\mathrm{m}^*E=\inf\lambda(E)$.

事实上, 显然 $\mu(E)\subset\lambda(E)$, 所以 $\mathrm{m}^*E=\inf\mu(E)\geqslant\inf\lambda(E)$. 另一方面, 由下确界的定义知: $\forall\varepsilon>0,\exists I_k\in\mathrm{I}(\mathbf{R}^n)(k=1,2,\cdots)$ 使得

$$E\subset\bigcup_{k=1}^{\infty}I_k \text{且} \sum_{k=1}^{\infty}|I_k|\leqslant\inf\lambda(E)+\varepsilon.$$

对每个 I_k, 作开区间 $J_k \supset I_k$ 使得 $|J_k| < |I_k| + \varepsilon 2^{-k}$. 于是, $E \subset \bigcup\limits_{k=1}^{\infty} J_k$ 且

$$\mathrm{m}^*E \leqslant \sum_{k=1}^{\infty} |J_k| \leqslant \sum_{k=1}^{\infty} |I_k| + \sum_{k=1}^{\infty} \varepsilon 2^{-k} \leqslant \inf \lambda(E) + 2\varepsilon.$$

因此 $\mathrm{m}^*E \leqslant \inf \lambda(E) + 2\varepsilon$. 因为 ε 是任意的正数, 所以 $\mathrm{m}^*E \leqslant \inf \lambda(E)$. 故有 $\mathrm{m}^*E = \inf \lambda(E)$.

注 3.1.4　对 $\mathbf{R}^n$ 中的任一点集 E, 如果存在有限个区间 $I_k(k = 1, 2, \cdots, d)$ 使得 $E \subset \bigcup\limits_{k=1}^{d} I_k$, 那么 $\mathrm{m}^*E \leqslant \sum\limits_{k=1}^{d} |I_k|$. 特别地, 若 I 为任一区间, 则 $\mathrm{m}^*I \leqslant |I|$.

事实上, 对每个 I_k, 作开区间 J_k 使得

$$J_k \supset I_k, \quad |J_k| < |I_k| + \varepsilon 2^{-k-1}(k = 1, 2, \cdots, d),$$

当 $k > d$ 时, 任取开区间 J_k 使得

$$|J_k| < \varepsilon 2^{-k-1}(k = d+1, d+2, \cdots).$$

于是, 得到开区间列 $\{J_k\}$ 满足 $E \subset \bigcup\limits_{k=1}^{\infty} J_k$. 从而, 由外测度的定义知

$$\mathrm{m}^*E \leqslant \sum_{k=1}^{\infty} |J_k| \leqslant \sum_{k=1}^{d} |I_k| + \sum_{k=1}^{\infty} \varepsilon 2^{-k-1} < \sum_{k=1}^{d} |I_k| + \varepsilon.$$

这就说明了 $\mathrm{m}^*E < \sum\limits_{k=1}^{d} |I_k| + \varepsilon$. 因为 ε 是任意的正数, 所以 $\mathrm{m}^*E \leqslant \sum\limits_{k=1}^{d} |I_k|$.

注 3.1.5　对 $\mathbf{R}^n$ 中的任一点集 E, 定义广义非负实数集

$$\gamma(E) = \lambda(E) \bigcup \left(\bigcup_{d=1}^{\infty} \left\{ \sum_{k=1}^{d} |I_k| : E \subset \bigcup_{k=1}^{d} I_k, I_k \in \mathrm{I}(\mathbf{R}^n)(k = 1, 2, \cdots, d) \right\} \right),$$

则 $\mathrm{m}^*E = \inf \gamma(E)$.

事实上, 由注 3.1.3 与注 3.1.4 知 $\mathrm{m}^*E \leqslant \inf \gamma(E)$. 因为 $\gamma(E) \supset \mu(E)$, 所以 $\mathrm{m}^*E = \inf \mu(E) \geqslant \inf \gamma(E)$. 因此, $\mathrm{m}^*E = \inf \gamma(E)$.

例 3.1.1　$\mathbf{R}^n$ 中的任一有限或可数点集 E 的外测度等于零.

证明　取 $\mathbf{R}^n$ 中的可数点集 $E_0 = \{x_1, x_2, \cdots, x_k, \cdots\}$ 使其包含 E. 对任意 $\varepsilon > 0$ 及任意正整数 k, 作开区间 I_k 使得 $x_k \in I_k$ 且 $|I_k| < \dfrac{\varepsilon}{2^k}(k = 1, 2, \cdots)$. 显然, $E_0 \subset \bigcup\limits_{k=1}^{\infty} I_k$, 从而 $E \subset \bigcup\limits_{k=1}^{\infty} I_k$. 所以, 由外测度的定义知

$$0 \leqslant \mathrm{m}^*E \leqslant \sum_{k=1}^{\infty} |I_k| \leqslant \sum_{k=1}^{\infty} \frac{\varepsilon}{2^k} = \varepsilon.$$

因此, $0 \leqslant \mathrm{m}^*E \leqslant \varepsilon$. 由 ε 的任意性可知 $\mathrm{m}^*E = 0$. 证毕.

由以上例子可知: $\mathrm{m}^*\mathbf{Q}^n = \mathrm{m}^*\mathbf{Z}^n = \mathrm{m}^*\mathbf{N}^n = 0$.

3.1.2 外测度的性质

定理 3.1.1 设 $E, F, E_k\ (k = 1, 2, \cdots)$ 为 $\mathbf{R}^n$ 中的点集, 则

(1) 非负性 (Nonnegativity): $0 \leqslant \mathrm{m}^*E \leqslant \infty$;

(2) 单调性 (Monotonicity): $E \subset F \Longrightarrow \mathrm{m}^*E \leqslant \mathrm{m}^*F$;

(3) 可数次可加性 (Countable subadditivity): $\mathrm{m}^* \bigcup\limits_{k=1}^{\infty} E_k \leqslant \sum\limits_{k=1}^{\infty} \mathrm{m}^*E_k$.

证明 (1) 显然.

(2) 当 $E \subset F$ 时, 覆盖了 F 的开区间列必然也覆盖了 E. 于是 $\mu(F) \subset \mu(E)$, 从而

$$\mathrm{m}^*E = \inf \mu(E) \leqslant \inf \mu(F) = \mathrm{m}^*F.$$

(3) 由注 3.1.2 知: 对每个 E_k 及任意 $\varepsilon > 0$, 都存在开区间列 $\{I_m^{(k)}\}_{m=1}^{\infty}$ 使得 $E_k \subset \bigcup\limits_{m=1}^{\infty} I_m^{(k)}$ 且

$$\sum_{m=1}^{\infty} \left|I_m^{(k)}\right| \leqslant \mathrm{m}^*E_k + \frac{\varepsilon}{2^k}\ (k = 1, 2, \cdots). \tag{3.1.4}$$

显然, $\{I_m^{(k)}\}_{k,m=1}^{\infty}$ 是可数多个开区间且

$$\bigcup_{k=1}^{\infty} E_k \subset \bigcup_{k=1}^{\infty} \bigcup_{m=1}^{\infty} I_m^{(k)}.$$

所以, 由式 (3.1.4) 得到

$$\mathrm{m}^* \bigcup_{k=1}^{\infty} E_k \leqslant \sum_{k=1}^{\infty} \sum_{m=1}^{\infty} \left|I_m^{(k)}\right| \leqslant \sum_{k=1}^{\infty} \mathrm{m}^*E_k + \varepsilon.$$

因此, $\mathrm{m}^* \bigcup\limits_{k=1}^{\infty} E_k \leqslant \sum\limits_{k=1}^{\infty} \mathrm{m}^*E_k + \varepsilon$. 由 ε 的任意性可知

$$\mathrm{m}^* \bigcup_{k=1}^{\infty} E_k \leqslant \sum_{k=1}^{\infty} \mathrm{m}^*E_k.$$

证毕.

推论 3.1.1 (1) $\mathrm{m}^*\varnothing = 0$;

(2) 有限次可加性 (Finite subadditivity) 设 E_k $(k=1,2,\cdots,d)$ 为 $\mathbf{R}^n$ 中的点集, 则

$$\mathrm{m}^*\left(\bigcup_{k=1}^{d} E_k\right) \leqslant \sum_{k=1}^{d} \mathrm{m}^* E_k.$$

证明 (1) 留作练习. (2) 由 (1) 及测度的可数次可加性知. 证毕.

定理 3.1.2(分离可加性) 设 $A,B\subset\mathbf{R}^n$ 为非空点集且 $\rho(A,B)=\delta>0$, 则

$$\mathrm{m}^*(A\bigcup B)=\mathrm{m}^*A+\mathrm{m}^*B.$$

证明 根据推论 3.1.1 可知 $\mathrm{m}^*(A\bigcup B)\leqslant \mathrm{m}^*A+\mathrm{m}^*B$. 现在只证明:

$$\mathrm{m}^*(A\bigcup B)\geqslant \mathrm{m}^*A+\mathrm{m}^*B. \tag{3.1.5}$$

对任意 $\varepsilon>0$, 由注 3.1.2 知: $\exists I_k\in \mathrm{OI}(\mathbf{R}^n)(k=1,2,\cdots)$ 使得

$$A\bigcup B\subset \bigcup_{k=1}^{\infty} I_k \text{且} \sum_{k=1}^{\infty}|I_k|\leqslant \mathrm{m}^*(A\bigcup B)+\frac{\varepsilon}{2}.$$

将每个开区间 I_k 切割成有限个互不相交的区间 $T_i^{(k)}(i=1,2,\cdots,n_k)$ 使得

$$d(T_i^{(k)})<\frac{\delta}{2}(i=1,2,\cdots,n_k). \tag{3.1.6}$$

于是

$$I_k=\bigcup_{i=1}^{n_k} T_i^{(k)},\quad \sum_{i=1}^{n_k}|T_i^{(k)}|=|I_k|(k=1,2,\cdots). \tag{3.1.7}$$

这样, 就得到可数个区间:

$$T_i^{(k)}(i=1,2,\cdots,n_k,k=1,2,\cdots), \tag{3.1.8}$$

满足

$$A\bigcup B\subset \bigcup_{k=1}^{\infty} I_k=\bigcup_{k=1}^{\infty}\bigcup_{i=1}^{n_k} T_i^{(k)},$$

$$\sum_{k=1}^{\infty}\sum_{i=1}^{n_k}|T_i^{(k)}|=\sum_{k=1}^{\infty}|I_k|\leqslant \mathrm{m}^*(A\bigcup B)+\varepsilon. \tag{3.1.9}$$

根据条件 $\rho(A,B)=\delta$ 及式 (3.1.6) 可知: 每个 $T_i^{(k)}$ 满足

$$T_i^{(k)}\bigcap A\neq\varnothing\Rightarrow T_i^{(k)}\bigcap B=\varnothing;\quad T_i^{(k)}\bigcap B\neq\varnothing\Rightarrow T_i^{(k)}\bigcap A=\varnothing.$$

为了叙述方便, 我们将式 (3.1.8) 中的区间记为 $J_1,J_2,\cdots,J_k,\cdots$. 令

$$N_1=\{k:A\bigcap J_k\neq\varnothing\},$$

$$N_2 = \{k : B\bigcap J_k \neq \varnothing\},$$

$$N_3 = \{k : A\bigcap J_k = B\bigcap J_k = \varnothing\}.$$

显然

$$\mathbf{Z}^+ = N_1\bigcup N_2\bigcup N_3 \text{且} N_j\bigcap N_3 = \varnothing(j=1,2).$$

因为 $\rho(A,B) = \delta > d(J_k)(\forall k \in \mathbf{Z}^+)$, 所以 $N_i \bigcap N_j = \varnothing(i \neq j)$, 因此

$$A \subset \bigcup_{k\in N_1} J_k, \quad B \subset \bigcup_{k\in N_2} J_k.$$

从而, 由注 3.1.5 知

$$\mathrm{m}^*A \leqslant \sum_{k\in N_1} |J_k|, \quad \mathrm{m}^*B \leqslant \sum_{k\in N_2} |J_k|.$$

再由式 (3.1.9) 知

$$\mathrm{m}^*A + \mathrm{m}^*B \leqslant \sum_{k\in N_1} |J_k| + \sum_{k\in N_2} |J_k| + \sum_{k\in N_3} |J_k| = \sum_{k=1}^{\infty} |J_k| \leqslant \mathrm{m}^*(A\bigcup B) + \varepsilon.$$

这就证明了

$$\mathrm{m}^*A + \mathrm{m}^*B \leqslant \mathrm{m}^*(A\bigcup B) + \varepsilon.$$

由于 ε 的任意性可知

$$\mathrm{m}^*(A\bigcup B) \geqslant \mathrm{m}^*A + \mathrm{m}^*B.$$

故 $\mathrm{m}^*(A\bigcup B) = \mathrm{m}^*A + \mathrm{m}^*B$. 证毕.

例 3.1.2 证明: 点集 E 的外测度等于一切包含点集 E 的开集的外测度之集的下确界, 即

$$\mathrm{m}^*E = \inf\{\mathrm{m}^*G : E \subset G, G\text{是开集}\}.$$

证明 当 $E \subset G$ 时有 $\mathrm{m}^*E \leqslant \mathrm{m}^*G$, 从而可知

$$\mathrm{m}^*E \leqslant \delta(E) := \inf\{\mathrm{m}^*G : E \subset G, G\text{是开集}\}. \tag{3.1.10}$$

另一方面, 对任意一个覆盖 E 的开区间列 $\{I_k\}$, $G_0 := \bigcup\limits_{k=1}^{\infty} I_k$ 是开集且 $E \subset G_0$. 从而, 根据点集 G_0 的外测度的定义知

$$\sum_{k=1}^{\infty} |I_k| \geqslant \mathrm{m}^*G_0 \geqslant \delta(E).$$

可见, $\delta(E)$ 是非负广义实数集 $\mu(E)$ 的一个下界. 因此, 由点集 E 的外测度的定义知

$$\mathrm{m}^*E \geqslant \delta(E).$$

结合式 (3.1.10) 可知: $\mathrm{m}^*E = \delta(E)$. 证毕.

习 题 3.1

1. 证明: 若 $A \subset \mathbf{R}^n$ 满足 $\mathrm{m}^*A = 0$, 则 $\forall B \subset \mathbf{R}^n$ 有 $\mathrm{m}^*(A \bigcup B) = \mathrm{m}^*B$.
2. 证明: 对于任意两个外测度有限的点集 $A, B \subset \mathbf{R}^n$, 都有

$$|\mathrm{m}^*A - \mathrm{m}^*B| \leqslant \mathrm{m}^*[(A \backslash B) \bigcup (B \backslash A)].$$

3. 证明: 若 $E \subset \mathbf{R}$ 且 $\mathrm{m}^*E = 0$, 则 $\mathrm{m}^*\{x^3 : x \in E\} = 0$.
4. 证明: 若 $E \subset \mathbf{R}$ 且 $\mathrm{m}^*E = 0$, 则 $\mathrm{m}^*\{x^2 : x \in E\} = 0$.
5. 证明: $\mathrm{m}^*\mathbf{Q}^n = 0$.
6. 证明: $\mathrm{m}^*\{(x, \sin x) : x \in \mathbf{R}\} = 0$.
7. 证明: $\mathrm{m}^*\left([a, b] \bigcap \mathbf{Q}\right)^n = 0$.
8. 证明: 若 $E \subset \mathbf{R}^n$, $p \in \mathbf{R}^n$, 则

$$\mathrm{m}^*(E + p) = \mathrm{m}^*E,$$

其中 $E + p = \{x + p : x \in E\}$.

9. 设 $A \subset \mathbf{R}^n$, 证明: $\forall k > 0$, $\mathrm{m}^*(kA) = k^n\mathrm{m}^*A$.

3.2 可测集的定义及性质

3.2.1 可测集的定义

从外测度的定义知, 每一个点集都有外测度. 那么, 外测度是否就可以作为长度、面积、体积概念的自然推广呢? 我们知道, 长度、面积、体积除了具有非负性与单调性之外, 还具有一条重要的性质——可加性 (不相交的两个区域之并的面积或体积等于这两个区域的面积或体积之和). 外测度虽然具有非负性与单调性, 但却不满足可加性. 事实上, 存在点集 E 与 F, 虽然 $E \bigcap F = \varnothing$, 但是 $\mathrm{m}^*(E \bigcup F) < \mathrm{m}^*E + \mathrm{m}^*F$. 所以, 还不能直接把所有点集的外测度当作长度、面积、体积概念的自然推广.

然而, 的确有一类点集, 它们的外测度具有长度、面积、体积概念的基本性质. 那么, 这类点集具有什么特征呢? 人们在研究过程中发现了一个条件, 即卡拉泰奥多里 (Caratheodory) 条件, 它能刻画这类点集的特性.

定义 3.2.1 设点集 $E\subset\mathbf{R}^n$, 若对任意点集 $X\subset\mathbf{R}^n$ 都有

$$\mathrm{m}^*X=\mathrm{m}^*(X\bigcap E)+\mathrm{m}^*(X\bigcap E^c),\tag{3.2.1}$$

则称点集 E 是**可测的**(Measurable), 这时, 把 m^*E 称为点集 E 的**勒贝格测度**(Lebesgue measure), 简称为 E 的测度, 并记为 $\mathrm{m}E$. $\mathbf{R}^n$ 中的所有可测集之集记为 $M(\mathbf{R}^n)$.

条件 (3.2.1) 称为**卡拉泰奥多里条件**(Caratheodory condition). 由可测集的定义直接可以看出: 若点集 E 可测, 则 E^c 可测, 反之亦真. 由外测度的次可加性可知: 要证点集 $E\subset\mathbf{R}^n$ 可测, 只需证明: 对任意 $X\subset\mathbf{R}^n$, 都有

$$\mathrm{m}^*X\geqslant\mathrm{m}^*(X\bigcap E)+\mathrm{m}^*(X\bigcap E^c).\tag{3.2.2}$$

因而, 若 $\mathrm{m}^*E=0$, 则点集 E 可测. 由此可知, 空集、有限点集、可数点集都是可测集. 其次, 测度具有单调性与次可加性.

3.2.2 可测集的运算性质

定理 3.2.1 设 $E,F\subset\mathbf{R}^n$ 可测, 则 $E\bigcap F$ 可测.

证明 因为 E 可测, 所以对任意点集 $X\subset\mathbf{R}^n$, 有

$$\mathrm{m}^*X=\mathrm{m}^*(X\bigcap E)+\mathrm{m}^*(X\bigcap E^c).$$

因为点集 F 也可测, 所以

$$\mathrm{m}^*(X\bigcap E)=\mathrm{m}^*(X\bigcap E\bigcap F)+\mathrm{m}^*(X\bigcap E\bigcap F^c).$$

因此

$$\mathrm{m}^*X=\mathrm{m}^*(X\bigcap E\bigcap F)+\mathrm{m}^*(X\bigcap E\bigcap F^c)+\mathrm{m}^*(X\bigcap E^c).\tag{3.2.3}$$

再根据点集 E 的可测性, 有

$$\begin{aligned}\mathrm{m}^*[X\bigcap(E\bigcap F)^c]=&\mathrm{m}^*[X\bigcap(E\bigcap F)^c\bigcap E]+\mathrm{m}^*[X\bigcap(E\bigcap F)^c\bigcap E^c],\\=&\mathrm{m}^*(X\bigcap E\bigcap F^c)+\mathrm{m}^*(X\bigcap E^c).\end{aligned}$$

所以, 由式 (3.2.3) 知

$$\mathrm{m}^*X=\mathrm{m}^*[X\bigcap(E\bigcap F)]+\mathrm{m}^*[X\bigcap(E\bigcap F)^c].$$

故 $E\bigcap F$ 可测. 证毕.

推论 3.2.1 $\mathbf{R}^n$ 中的有限个可测集之交是可测集.

推论 3.2.2 $\mathbf{R}^n$ 中的两个可测集之差是可测集.

证明　设 E, F 是 $\mathbf{R}^n$ 中的两个可测集, 则由 F^c 可测及等式 $E\backslash F = E\bigcap F^c$ 可知 $E\backslash F$ 是可测集. 证毕.

定理 3.2.2　若 E, F 是 $\mathbf{R}^n$ 中的可测集, 则 $E\bigcup F$ 可测. 又若 $E\bigcap F=\varnothing$, 则对任意点集 X, 有

$$\mathrm{m}^*[X\bigcap(E\bigcup F)] = \mathrm{m}^*(X\bigcap E) + \mathrm{m}^*(X\bigcap F), \tag{3.2.4}$$

特别, 取 $X = E\bigcup F$ 就有

$$\mathrm{m}(E\bigcup F) = \mathrm{m}E + \mathrm{m}F. \tag{3.2.5}$$

证明　因为 $E\bigcup F = (E^c\bigcap F^c)^c$, 所以由定理 3.2.1 知 $E\bigcup F$ 可测. 再设 $E\bigcap F=\varnothing$, 这时 $F\subset E^c$. 由 E 的可测性知

$$\begin{aligned}\mathrm{m}^*[X\bigcap(E\bigcup F)] &=\mathrm{m}^*[X\bigcap(E\bigcup F)\bigcap E] + \mathrm{m}^*[X\bigcap(E\bigcup F)\bigcap E^c]\\ &=\mathrm{m}^*(X\bigcap E) + \mathrm{m}^*(X\bigcap F).\end{aligned}$$

这就证明了式 (3.2.4). 特别地, 取 $X = E\bigcup F$, 由式 (3.2.4) 知式 (3.2.5) 成立. 证毕.

推论 3.2.3　若 E, F 是 $\mathbf{R}^n$ 中的两个可测集, $F\subset E$ 且 $\mathrm{m}F<\infty$, 则

$$\mathrm{m}(E\backslash F) = \mathrm{m}E - \mathrm{m}F.$$

证明　因为 $E = (E\backslash F)\bigcup F$ 且 $(E\backslash F)\bigcap F = \varnothing$, 所以由定理 3.2.2 知

$$\mathrm{m}E = \mathrm{m}(E\backslash F) + \mathrm{m}F.$$

因为 $\mathrm{m}F<\infty$, 所以等式两边减去 $\mathrm{m}F$ 可得 $\mathrm{m}(E\backslash F) = \mathrm{m}E - \mathrm{m}F$. 证毕.

推论 3.2.4　若 $E_1, E_2, \cdots, E_k$ 是 $\mathbf{R}^n$ 中的两两互不相交的可测集, 则 $\bigcup\limits_{i=1}^{k} E_i$ 可测且对 $\mathbf{R}^n$ 中的任意点集 X 有

$$\mathrm{m}^*[X\bigcap(\bigcup_{i=1}^{k} E_i)] = \sum_{i=1}^{k}\mathrm{m}^*(X\bigcap E_i), \tag{3.2.6}$$

特别地, 有

$$\mathrm{m}(\bigcup_{i=1}^{k} E_i) = \sum_{i=1}^{k}\mathrm{m}E_i. \tag{3.2.7}$$

证明　应用定理 3.2.2 及数学归纳法可知. 证毕.

推论 3.2.5　有限个可测集的并集可测.

定理 3.2.3 (测度的可数可加性) 若点集 $E_i\ (i=1,2,\cdots)$ 是 $\mathbf{R}^n$ 中的可测集, 且 $E_i\bigcap E_j=\varnothing(i\neq j)$, 则 $\bigcup\limits_{i=1}^{\infty}E_i$ 可测, 且

$$\mathrm{m}(\bigcup_{i=1}^{\infty}E_i)=\sum_{i=1}^{\infty}\mathrm{m}E_i. \tag{3.2.8}$$

证明 根据推论 3.2.4 可知: 对任意正整数 k 及 $\mathbf{R}^n$ 中的任意点集 X 都有

$$\begin{aligned}\mathrm{m}^*X=&\mathrm{m}^*[X\bigcap(\bigcup_{i=1}^{k}E_i)]+\mathrm{m}^*[X\bigcap(\bigcup_{i=1}^{k}E_i)^c]\\\geqslant&\mathrm{m}^*[X\bigcap(\bigcup_{i=1}^{k}E_i)]+\mathrm{m}^*[X\bigcap(\bigcup_{i=1}^{\infty}E_i)^c]\\=&\sum_{i=1}^{k}\mathrm{m}^*(X\bigcap E_i)+\mathrm{m}^*[X\bigcap(\bigcup_{i=1}^{\infty}E_i)^c].\end{aligned}$$

因此

$$\mathrm{m}^*X\geqslant\sum_{i=1}^{k}\mathrm{m}^*(X\bigcap E_i)+\mathrm{m}^*[X\bigcap(\bigcup_{i=1}^{\infty}E_i)^c](k=1,2,\cdots).$$

在上式中, 令 $k\to\infty$ 可得

$$\mathrm{m}^*X\geqslant\sum_{i=1}^{\infty}\mathrm{m}^*(X\bigcap E_i)+\mathrm{m}^*[X\bigcap(\bigcup_{i=1}^{\infty}E_i)^c]. \tag{3.2.9}$$

再由外测度的次可加性知

$$\begin{aligned}\mathrm{m}^*X\geqslant&\mathrm{m}^*[\bigcup_{i=1}^{\infty}(X\bigcap E_i)]+\mathrm{m}^*[X\bigcap(\bigcup_{i=1}^{\infty}E_i)^c]\\=&\mathrm{m}^*[X\bigcap(\bigcup_{i=1}^{\infty}E_i)]+\mathrm{m}^*[X\bigcap(\bigcup_{i=1}^{\infty}E_i)^c].\end{aligned}$$

所以, $\bigcup\limits_{i=1}^{\infty}E_i$ 是可测集. 在式 (3.2.9) 中, 取 $X=\bigcup\limits_{i=1}^{\infty}E_i$ 知 $\mathrm{m}(\bigcup\limits_{i=1}^{\infty}E_i)\geqslant\sum\limits_{i=1}^{\infty}\mathrm{m}E_i$. 再由外测度的次可加性知 $\mathrm{m}(\bigcup\limits_{i=1}^{\infty}E_i)\leqslant\sum\limits_{i=1}^{\infty}\mathrm{m}E_i$. 因此, 式 (3.2.8) 成立. 证毕.

推论 3.2.6 (1) 若点集 $E_i\ (i=1,2,\cdots)$ 是 $\mathbf{R}^n$ 中的可测集, 则 $\bigcup\limits_{i=1}^{\infty}E_i$ 可测且

$$\mathrm{m}\bigcup_{i=1}^{\infty}E_i\leqslant\sum_{i=1}^{\infty}\mathrm{m}E_i(\text{测度的次可加性});$$

(2) $M(\mathbf{R}^n)$ 是 $\mathbf{R}^n$ 上的一个 σ-代数.

证明 (1) 由等式

$$\bigcup_{i=1}^{\infty} E_i = E_1 \bigcup (E_2 \backslash E_1) \bigcup [E_3 \backslash (E_1 \bigcup E_2)] \bigcup \cdots$$

知 $\bigcup\limits_{i=1}^{\infty} E_i$ 可以表示成可数个互不相交的可测集的并, 从而由定理 3.2.3 知 $\bigcup\limits_{i=1}^{\infty} E_i$ 可测. 再由外测度的次可加性知

$$\mathrm{m}(\bigcup_{i=1}^{\infty} E_i) = \mathrm{m}^*(\bigcup_{i=1}^{\infty} E_i) \leqslant \sum_{i=1}^{\infty} \mathrm{m}^* E_i = \sum_{i=1}^{\infty} \mathrm{m} E_i.$$

(2) 显然, $\mathbf{R}^n \in M(\mathbf{R}^n)$; $E \in M(\mathbf{R}^n) \Rightarrow E^c \in M(\mathbf{R}^n)$. 再由结论 (1) 知: $M(\mathbf{R}^n)$ 对于可数并运算封闭. 所以, $M(\mathbf{R}^n)$ 是 $\mathbf{R}^n$ 上的一个 σ-代数. 证毕.

定理 3.2.4 若 E_i $(i = 1, 2, \cdots)$ 是 $\mathbf{R}^n$ 中的可测集, 则 $\bigcap\limits_{i=1}^{\infty} E_i$ 可测.

证明 由等式 $\bigcap\limits_{i=1}^{\infty} E_i = (\bigcup\limits_{i=1}^{\infty} E_i^c)^c$ 与推论 3.2.6(1) 知 $\bigcap\limits_{i=1}^{\infty} E_i$ 可测. 证毕.

推论 3.2.7 若 E_i $(i = 1, 2, \cdots)$ 是 $\mathbf{R}^n$ 中的可测集, 则 $\overline{\lim\limits_{i\to\infty}} E_i$ 与 $\underline{\lim\limits_{i\to\infty}} E_i$ 也可测; 特别, 若 $\lim\limits_{i\to\infty} E_i$ 存在, 则它也可测.

证明 由等式

$$\overline{\lim_{i\to\infty}} E_i = \bigcap_{n=1}^{\infty} \bigcup_{k=n}^{\infty} E_k, \quad \underline{\lim_{i\to\infty}} E_i = \bigcup_{n=1}^{\infty} \bigcap_{k=n}^{\infty} E_k$$

及推论 3.2.6 与定理 3.2.4 知结论成立. 证毕.

定理 3.2.5 若 E_i $(i = 1, 2, \cdots)$ 是 $\mathbf{R}^n$ 中的可测集, 且

$$E_1 \subset E_2 \subset \cdots \subset E_i \subset \cdots,$$

则 $\lim\limits_{i\to\infty} E_i$ 可测且

$$\mathrm{m} \lim_{i\to\infty} E_i = \lim_{i\to\infty} \mathrm{m} E_i.$$

证明 令 $F_i = E_i \backslash E_{i-1}$ $(i = 1, 2, \cdots,\ E_0 = \varnothing)$, 则 F_i $(i = 1, 2, \cdots)$ 是 $\mathbf{R}^n$ 中的可测集, $F_i \bigcap F_j = \varnothing (i \neq j)$ 且 $\lim\limits_{i\to\infty} E_i = \bigcup\limits_{i=1}^{\infty} E_i = \bigcup\limits_{i=1}^{\infty} F_i$. 从而, 由定理 3.2.3 知 $\lim\limits_{i\to\infty} E_i$ 可测, 且

$$\begin{aligned}
\mathrm{m} \lim_{i\to\infty} E_i &= \mathrm{m}(\bigcup_{i=1}^{\infty} F_i) = \sum_{i=1}^{\infty} \mathrm{m} F_i \\
&= \sum_{i=1}^{\infty} \mathrm{m}(E_i \backslash E_{i-1}) = \lim_{k\to\infty} \sum_{i=1}^{k} \mathrm{m}(E_i \backslash E_{i-1})
\end{aligned}$$

$$=\lim_{k\to\infty} \mathrm{m}\bigcup_{i=1}^{k}(E_i\backslash E_{i-1})=\lim_{k\to\infty}\mathrm{m}E_k.$$

证毕.

定理 3.2.6 若点集 $E_i\ (i=1,2,\cdots)$ 是 $\mathbf{R}^n$ 中的可测集, 满足

$$E_1\supset E_2\supset\cdots\supset E_i\supset\cdots,$$

且其中至少有一个测度有限, 则 $\lim\limits_{i\to\infty}E_i$ 可测且

$$\mathrm{m}\lim_{i\to\infty}E_i=\lim_{i\to\infty}\mathrm{m}E_i.$$

证明 不妨设 $\mathrm{m}E_1<+\infty$, 则 $\mathrm{m}E_i<+\infty(i=1,2,\cdots)$. 由于 $\{E_1\backslash E_i\}$ 是渐张集列, 所以由推论 3.2.3 及定理 3.2.5 知

$$\begin{aligned}\mathrm{m}E_1-\mathrm{m}\lim_{i\to\infty}E_i&=\mathrm{m}(E_1\backslash\lim_{i\to\infty}E_i)\\&=\mathrm{m}\lim_{i\to\infty}(E_1\backslash E_i)\\&=\lim_{i\to\infty}\mathrm{m}(E_1\backslash E_i)\\&=\lim_{i\to\infty}(\mathrm{m}E_1-\mathrm{m}E_i)\\&=\mathrm{m}E_1-\lim_{i\to\infty}\mathrm{m}E_i.\end{aligned}$$

由于 $\mathrm{m}E_1<+\infty$, 所以 $\mathrm{m}\lim\limits_{i\to\infty}E_i=\lim\limits_{i\to\infty}\mathrm{m}E_i$. 证毕.

注 3.2.1 定理 3.2.6 中, “至少有一个点集的测度有限” 这一条件不可少. 一般地, $\mathrm{m}\lim\limits_{i\to\infty}E_i=\lim\limits_{i\to\infty}\mathrm{m}E_i$ 未必成立. 参见本章总练习题 11 与 12.

可测集的以上这些重要性质可概括为: 可测集类 $M(\mathbf{R}^n)$ 关于可数次的交、并、差、余以及上、下极限与极限运算都是封闭的.

例 3.2.1 若 $E\subset\mathbf{R}^n$ 满足: $\forall x\in E$ 都存在邻域 $B(x,r_x)$ 使得

$$\mathrm{m}^*(B(x,r_x)\bigcap E)=0,$$

证明: E 可测且 $\mathrm{m}E=0$.

证明 因为 $E\subset\bigcup\limits_{x\in E}B(x,r_x)$, 所以由林德勒夫覆盖定理知: 存在有限或可数个邻域:

$$B(x_1,r_{x_1}),B(x_2,r_{x_2}),\cdots,B(x_n,r_{x_n}),\text{或}B(x_1,r_{x_1}),B(x_2,r_{x_2}),\cdots,B(x_i,r_{x_i}),\cdots,$$

使得

$$E\subset\bigcup_{i=1}^{n}B(x_i,r_{x_i}),\text{或}E\subset\bigcup_{i=1}^{\infty}B(x_i,r_{x_i}).$$

于是

$$E=\bigcup_{i=1}^{n}\left(B(x_i,r_{x_i})\bigcap E\right),\text{或}E=\bigcup_{i=1}^{\infty}\left(B(x_i,r_{x_i})\bigcap E\right).$$

从而

$$0\leqslant \mathrm{m}^*E\leqslant\sum_{i=1}^{n}\mathrm{m}^*(B(x_i,r_{x_i})\bigcap E)=0,\text{或}0\leqslant \mathrm{m}^*E\leqslant\sum_{i=1}^{\infty}\mathrm{m}^*(B(x_i,r_{x_i})\bigcap E)=0.$$

故 $\mathrm{m}^*E=0$, 从而 E 可测且 $\mathrm{m}E=0$. 证毕.

例 3.2.2 设 $\{E_i\}$ 是 $\mathbf{R}^n$ 中的可测集列且 $\sum\limits_{i=1}^{\infty}\mathrm{m}E_i<+\infty$, 证明:

$$\mathrm{m}\,\overline{\lim_{i\to\infty}}\,E_i=0.$$

证明 假设 $\mathrm{m}\,\overline{\lim\limits_{i\to\infty}}\,E_i=\delta>0$, 即 $\mathrm{m}\bigcap\limits_{k=1}^{\infty}\bigcup\limits_{i=k}^{\infty}E_i=\delta>0$, 故

$$\sum_{i=k}^{\infty}\mathrm{m}E_i\geqslant \mathrm{m}\bigcup_{i=k}^{\infty}E_i\geqslant\delta(k=1,2,\cdots).$$

这与 $\sum\limits_{i=1}^{\infty}\mathrm{m}E_i<+\infty$ 矛盾, 所以 $\mathrm{m}\,\overline{\lim\limits_{i\to\infty}}\,E_i=0$. 证毕.

习 题 3.2

1. 证明: 对 $\mathbf{R}^n$ 中的任意可测集列 $\{E_i\}$, 都有 $\mathrm{m}\,\underline{\lim\limits_{i\to\infty}}\,E_i\leqslant\underline{\lim\limits_{i\to\infty}}\,\mathrm{m}E_i$.

2. 设 $\{E_i\}$ 是 $\mathbf{R}^n$ 中的任意可测集列, 令 $F_k=\bigcup\limits_{i=k}^{\infty}E_i$, 且至少有一个 F_k 的测度有限, 证明: $\mathrm{m}\,\overline{\lim\limits_{i\to\infty}}\,E_i\geqslant\overline{\lim\limits_{i\to\infty}}\,\mathrm{m}E_i$.

3. 设 $\{E_i\}$ 是 $\mathbf{R}^n$ 中的可测集列且 $\mathrm{m}(\bigcup\limits_{i=1}^{\infty}E_i)<+\infty$, 如果 $\lim\limits_{i\to\infty}E_i$ 存在, 那么 $\mathrm{m}\lim\limits_{i\to\infty}E_i=\lim\limits_{i\to\infty}\mathrm{m}E_i$.

4. 若 $E_i\ (i=1,2,\cdots)$ 是 $\mathbf{R}^n$ 的有界集 S 的可测子集且 $\mathrm{m}E_i\geqslant\alpha\ (i=1,2,\cdots)$, 证明: $\mathrm{m}\,\overline{\lim\limits_{i\to\infty}}\,E_i\geqslant\alpha$. 如果 $\mathrm{m}E_i\leqslant\beta\ (i=1,2,\cdots)$, 证明: $\mathrm{m}\,\underline{\lim\limits_{i\to\infty}}\,E_i\leqslant\beta$.

5. 若 E_1,E_2 均是 $\mathbf{R}^n$ 中的可测集, $E_1\Delta E_2=(E_1\backslash E_2)\bigcup(E_2\backslash E_1)$, 且 $\mathrm{m}(E_1\Delta E_2)=0$, 证明: $\mathrm{m}E_1=\mathrm{m}E_2=\mathrm{m}(E_1\bigcap E_2)$.

6. 在可测集类 $M(\mathbf{R}^n)$ 上定义: $\rho(E,F)=\mathrm{m}(E\Delta F)$, 且规定: 当 $\mathrm{m}(E\Delta F)=0$ 时, 称 E 与 F 对等, 记为 $E\sim F$. 证明: $\forall E,F,G\in M(\mathbf{R}^n)$, 有

(1) $\rho(E,F)\geqslant 0$; $\rho(E,F)=0$ 当且仅当 $E\sim F$;

(2) $\rho(E,F)=\rho(F,E)$;

(3) $\rho(E,F)\leqslant\rho(E,G)+\rho(G,F)$.

7. 设 $E \subset \mathbf{R}^n, p \in \mathbf{R}^n$, 证明: $E+p$ 可测当且仅当 E 可测; 此时, 有

$$\mathrm{m}E = \mathrm{m}(E+p).$$

8. 设 $E \in M(\mathbf{R}^n), a > 0$, 证明: $aE \in M(\mathbf{R}^n)$ 且 $\mathrm{m}(aE) = a^n \mathrm{m}E$.
9. 设 $a \in \mathbf{R}, E(a) = \{(x,y) : xy = a\}$, 证明: $\mathrm{m}E(a) = 0$.
10. 证明: $\mathrm{m}^*\{(x,y) : xy \in \mathbf{Q}\} = 0$.

3.3 可 测 集 类

在 3.2 节中, 我们定义了可测集并讨论了可测集的一系列重要的运算性质. 那么, 究竟哪些集合是可测的呢? 可测集类 $M(\mathbf{R}^n)$ 有多大呢? 本节就来讨论这个问题.

定理 3.3.1 $\mathbf{R}^n$ 中的任一开区间 I 是可测集, 而且 $\mathrm{m}I = |I|$.

证明 我们分两步来完成.

(1) 证明 $\mathrm{m}^*I = |I|$. 由注 3.1.4 知 $\mathrm{m}^*I \leqslant |I|$. 另一方面, 设

$$I \subset \bigcup_{k=1}^{\infty} I_k, \quad I_k \in \mathrm{OI}(\mathbf{R}^n)(k=1,2,\cdots).$$

$\forall \varepsilon > 0$, 取闭区间 $K \subset I$ 使得 $|I| - |K| < \varepsilon$. 显然, $K \subset \bigcup\limits_{k=1}^{\infty} I_k$. 于是, 由有限覆盖定理知: 存在其中的有限多个 $I_1, I_2, \cdots, I_l$ 使得 $K \subset \bigcup\limits_{k=1}^{l} I_k$. 令 $D = \bigcup\limits_{k=1}^{l} \overline{I_k}$, 再取开区间 $H \supset D$, 则

$$\chi_K(x) \leqslant \chi_D(x) \leqslant \sum_{k=1}^{l} \chi_{\overline{I_k}}(x), \quad \forall x \in \overline{H}.$$

所以, 由 n 重 R-积分的性质得

$$\begin{aligned}
|K| &= \underbrace{\int\int\cdots\int}_{n\text{个}}{}_{\overline{H}} \chi_K(x_1,x_2,\cdots,x_n)\mathrm{d}x_1\mathrm{d}x_2\cdots\mathrm{d}x_n \\
&\leqslant \sum_{k=1}^{l} \underbrace{\int\int\cdots\int}_{n\text{个}}{}_{\overline{H}} \chi_{\overline{I_k}}(x_1,x_2,\cdots,x_n)\mathrm{d}x_1\mathrm{d}x_2\cdots\mathrm{d}x_n \\
&= \sum_{k=1}^{l} |\overline{I_k}| \\
&= \sum_{k=1}^{l} |I_k|
\end{aligned}$$

$$< \sum_{k=1}^{\infty} |I_k|.$$

因此 $|I| - \varepsilon < \sum_{k=1}^{\infty} |I_k|$. 由 ε 的任意性知 $|I| \leqslant \sum_{i=1}^{\infty} |I_i|$. 这就证明了 $|I| \leqslant \mathrm{m}^* I$. 所以 $\mathrm{m}^* I = |I|$.

(2) 证明 I 可测. 只要证对任意点集 $X \subset \mathbf{R}^n$ 有

$$\mathrm{m}^* X \geqslant \mathrm{m}^*(X \bigcap I) + \mathrm{m}^*(X \bigcap I^c). \tag{3.3.1}$$

设

$$I = \{(x_1, x_2, \cdots, x_n) : c_i < x_i < d_i (\ i = 1, 2, \cdots, n)\},$$

对任意正整数 k, 定义

$$I_k = \{(x_1, x_2, \cdots, x_n) : c_i + \frac{1}{k} < x_i < d_i - \frac{1}{k} (i = 1, 2, \cdots, n)\}.$$

当 k 充分大时, $\{I_k\}$ 是渐张开区间列, 且

$$\rho(X \bigcap I_k, X \bigcap I^c) \geqslant \rho(I_k, I^c) = \frac{1}{k} > 0,$$

于是, 根据定理 3.1.2 知

$$\mathrm{m}^* X \geqslant \mathrm{m}^*[X \bigcap (I_k \bigcup I^c)] = \mathrm{m}^*(X \bigcap I_k) + \mathrm{m}^*(X \bigcap I^c). \tag{3.3.2}$$

根据外测度的次可加性知

$$0 \leqslant \mathrm{m}^*(X \bigcap I) - \mathrm{m}^*(X \bigcap I_k) \leqslant \mathrm{m}^*[X \bigcap (I \backslash I_k)] \leqslant \mathrm{m}^* (I \backslash I_k).$$

下面证明: 当 $k \to \infty$ 时, 上式右边趋近于 0. 显然, $\forall x = (x_1, x_2, \cdots, x_n) \in I$, 有

$$x \in I \backslash I_k \Leftrightarrow \exists i \text{使得} x_i \in \left(c_i, c_i + \frac{1}{k}\right] \bigcup \left[d_i - \frac{1}{k}, d_i\right).$$

因此

$$\begin{aligned}
& I \backslash I_k \\
= & \left(c_1, c_1 + \frac{1}{k}\right] \times (c_2, d_2) \times (c_3, d_3) \times \cdots \times (c_n, d_n) \\
& \bigcup [d_1 - \frac{1}{k}, d_1) \times (c_2, d_2) \times (c_3, d_3) \times \cdots \times (c_n, d_n) \\
& \bigcup (c_1, d_1) \times \left(c_2, c_2 + \frac{1}{k}\right] \times (c_3, d_3) \times \cdots \times (c_n, d_n)
\end{aligned}$$

$$
\begin{aligned}
&\bigcup(c_1,d_1)\times\left[d_2-\frac{1}{k},d_2\right)\times(c_3,d_3)\times\cdots\times(c_n,d_n)\\
&\bigcup\cdots\\
&\bigcup(c_1,d_1)\times(c_2,d_2)\times\cdots\times(c_{n-1},d_{n-1})\times\left(c_n,c_n+\frac{1}{k}\right]\\
&\bigcup(c_1,d_1)\times(c_2,d_2)\times\cdots\times(c_{n-1},d_{n-1})\times\left[d_n-\frac{1}{k},d_n\right),
\end{aligned}
$$

从而, 根据注 3.1.4 知

$$
\begin{aligned}
0\leqslant&\,\mathrm{m}^*\left(I\backslash I_k\right)\\
\leqslant&\frac{2}{k}(d_2-c_2)(d_3-c_3)\cdots(d_n-c_n)\\
&+\frac{2}{k}(d_1-c_1)(d_3-c_3)\cdots(d_n-c_n)\\
&+\cdots\\
&+\frac{2}{k}(d_1-c_1)(d_2-c_2)\cdots(d_{n-1}-c_{n-1})\\
\to&\,0(k\to\infty).
\end{aligned}
$$

所以

$$
\mathrm{m}^*(X\bigcap I_k)\to\mathrm{m}^*(X\bigcap I)\,(k\to\infty)\,.
$$

从而, 由式 (3.3.2) 知

$$
\mathrm{m}^*X\geqslant\mathrm{m}^*(X\bigcap I)+\mathrm{m}^*(X\bigcap I^c).
$$

因此式 (3.3.1) 成立, 从而 I 是可测的, 且 $\mathrm{m}I=\mathrm{m}^*I=|I|$. 证毕.

推论 3.3.1 $\mathbf{R}^n$ 中的任意区间 I 都是可测集且 $\mathrm{m}I=|I|$.

证明 以半闭区间 $I=[a_1,b_1)\times[a_2,b_2)\times\cdots\times[a_n,b_n)$ 为例. 记

$$
I_k=\left(a_1-\frac{1}{k},b_1\right)\times\left(a_2-\frac{1}{k},b_2\right)\times\cdots\times\left(a_n-\frac{1}{k},b_n\right),
$$

则 $I_1\supset I_2\supset\cdots\supset I_k\supset\cdots\supset I$ 且 $I=\bigcap\limits_{k=1}^{\infty}I_k=\lim\limits_{k\to\infty}I_k$. 从而, 由定理 3.3.1 及定理 3.2.6 知: I 是可测集且

$$
\mathrm{m}I=\mathrm{m}\lim_{k\to\infty}I_k=\lim_{k\to\infty}\mathrm{m}I_k=\lim_{k\to\infty}|I_k|=\lim_{k\to\infty}\prod_{i=1}^{n}\left(b_i-a_i+\frac{1}{k}\right)=|I|.
$$

证毕.

定理 3.3.2 $\mathbf{R}^n$ 中的开集、闭集、G_δ 型集、F_σ 型集及任意 Borel 集都是可测集.

证明 根据定理 2.4.2 知, 直线上任一非空开集都可以表示为至多可数个开区间的并, $\mathbf{R}^n(n>1)$ 中的任一非空开集可以表示成可数个半闭区间的并. 所以, 由

推论 3.3.1 可知开集是可测集, 从而闭集也是可测集. 进而, 由 F_σ 型集与 G_δ 型集的定义可知他们都是可测集. 由此可知: 可测集类 $M(\mathbf{R}^n)$ 包含了 $\mathbf{R}^n$ 中的所有开集. 根据推论 3.2.6 可知: $M(\mathbf{R}^n)$ 是 $\mathbf{R}^n$ 上的一个 σ-代数. 所以, 由博雷尔代数的定义 (定义 2.2.4) 知: $B(\mathbf{R}^n) \subset M(\mathbf{R}^n)$, 即博雷尔集皆可测. 证毕.

值得指出的是: 不可测集的确是存在的. 例如, 可以在闭区间 $[0,1]$ 中构造出一个不可测集 $\varPi$(参见 [3]). 因此, 对任一可测点集 $E \subset \mathbf{R}$, 只要

$$\varPi \bigcap E = \varnothing,$$

就有 $\varPi \bigcup E$ 是不可测集. 由此可见, 不可测集不仅存在, 而且有无穷多个.

例 3.3.1 设 G 是 $\mathbf{R}^n$ 中的任一点集, 证明: $\mathrm{m}^*G \leqslant \mathrm{m}\overline{G}$. 举例说明小于号可以成立. 当 G 为开集时, 小于号可能成立吗?

证明 因为 $G \subset \overline{G}$, 由外测度的单调性及闭集的可测性知

$$\mathrm{m}^*G \leqslant \mathrm{m}^*\overline{G} = \mathrm{m}\overline{G}.$$

若 G 是 $[0,1]$ 中的一切有理点之集, 则 $\overline{G} = [0,1]$, 从而 $\mathrm{m}\overline{G} = 1$. 然而

$$\mathrm{m}^*G = \mathrm{m}G = 0.$$

由此可见, 小于号可能成立. 当 G 为开集时, 小于号也可能成立. 例如, 取 $0 < \varepsilon < \dfrac{1}{2}$, 把 $(0,1)$ 中的所有有理点之集记为

$$\{r_1, r_2, \cdots, r_i, \cdots\}.$$

对每个 r_i 作开区间 I_i, 使得 $r_i \in I_i \subset (0,1)$ 且 $\mathrm{m}I_i < \dfrac{\varepsilon}{2^i}$. 令 $G = \bigcup\limits_{i=1}^{\infty} I_i$, 则 G 为开集且

$$\mathrm{m}G \leqslant \sum_{i=1}^{\infty} \mathrm{m}I_i \leqslant \sum_{i=1}^{\infty} \frac{\varepsilon}{2^i} = \varepsilon < \frac{1}{2}.$$

但是, $\mathrm{m}\overline{G} = \mathrm{m}[0,1] = 1$. 因而, $\mathrm{m}^*G = \mathrm{m}G < \mathrm{m}\overline{G}$. 证毕.

例 3.3.2 设 $E \subset \mathbf{R}^n$, $0 < \mathrm{m}E < \infty$, 证明: 对满足 $0 < a < 1$ 的任何实数 a, 总存在开区间 I 使得 $\mathrm{m}(E \bigcap I) > a \cdot \mathrm{m}I$. 从而,

$$\sup_{I \in \mathrm{OI}(\mathbf{R}^n)} \frac{\mathrm{m}(E \bigcap I)}{\mathrm{m}I} = 1.$$

证明 设 $0 < a < 1$, 则 $\mathrm{m}E < a^{-1}\mathrm{m}E < \infty$. 所以, 根据外测度的定义及下确界的性质知: 存在覆盖点集 E 的开区间列 $I_1, I_2, \cdots, I_k, \cdots$ 使得

$$\sum_{k=1}^{\infty} \mathrm{m}I_k < a^{-1}\mathrm{m}E,$$

即

$$a\sum_{k=1}^{\infty}\mathrm{m}I_k < \mathrm{m}E. \tag{3.3.3}$$

下面证明: 在这些 I_k 中至少有一个使得 $\mathrm{m}(E\bigcap I_k) > a\cdot \mathrm{m}I_k$. 假设对所有的 I_k, 都有 $\mathrm{m}(E\bigcap I_k)\leqslant a\cdot \mathrm{m}I_k$, 则

$$\mathrm{m}E = \mathrm{m}\bigcup_{k=1}^{\infty}(E\bigcap I_k)\leqslant \sum_{k=1}^{\infty}\mathrm{m}(E\bigcap I_k)\leqslant a\sum_{k=1}^{\infty}\mathrm{m}I_k.$$

这与式(3.3.3)矛盾. 因为 $\forall I\in \mathrm{OI}(\mathbf{R}^n)$, 有 $\mathrm{m}(E\bigcap I)\leqslant \mathrm{m}I$, 所以 $\sup\limits_{I\in\mathrm{OI}(\mathbf{R}^n)}\dfrac{\mathrm{m}(E\bigcap I)}{\mathrm{m}I}\leqslant 1$. 再由已证结论知: $\sup\limits_{I\in\mathrm{OI}(\mathbf{R}^n)}\dfrac{\mathrm{m}(E\bigcap I)}{\mathrm{m}I}=1$. 证毕.

由此例题可知: 设 $E\subset \mathbf{R}^n$, $0<\mathrm{m}E<\infty$, 则

$$\sup_{G\in\mathrm{OI}(\mathbf{R}^n)}\frac{\mathrm{m}(E\bigcap G)}{\mathrm{m}G}=1.$$

习 题 3.3

1. 设开集 $G=\bigcup\limits_{i=1}^{\infty}(a_i,\beta_i)$, 其中 (a_i,β_i) 是 G 的构成区间, 证明: G 的测度 $\mathrm{m}G=\sum\limits_{i=1}^{\infty}(\beta_i-a_i)$, 并由此证明: 开集 $G_0=[0,1]\backslash P_0$ 的测度 $\mathrm{m}G_0=1$, 从而康托尔集 P_0 的测度等于 0.

2. 把 $[0,1]$ 五等分, 去掉中间的那个开区间, 把余下的四个闭区间再五等分, 各去掉中间的那个开区间, 如此继续下去, 所余的点集记为 E, 证明集 E 可测并求集 E 的测度.

3. 试把 $[0,1]$ 分为两个不相交的、在 $[0,1]$ 上稠密的集 E_1 与 E_2(即 $\overline{E}_1=\overline{E}_2=[0,1]$), 使它们的测度皆为 $\dfrac{1}{2}$.

4. 若 G 是开集, G_1 是 G 的真开子集, 是否一定有 $\mathrm{m}G_1<\mathrm{m}G$?

5. 证明: $\overline{\overline{M(\mathbf{R}^n)}}=2^c$.

6. 证明: $\overline{\overline{P(\mathbf{R})\backslash M(\mathbf{R})}}=2^c$.

7. 若 $E_i\subset(0,1)$ 是可测集且 $\mathrm{m}E_i=1\ (i=1,2\cdots)$, 证明: $\mathrm{m}\bigcap\limits_{i=1}^{\infty}E_i=1$.

8. 设 E 是 $[0,1]$ 中全体无理点之集, 证明: 点集 E 可测, 并求 E 的测度.

3.4 可测集的构造

本节将给出点集可测的一系列充分必要条件, 进而得到可测集的结构.

定理 3.4.1 对任意 $E\subset\mathbf{R}^n$, 存在 G_δ 型集 $G\supset E$ 使得 $\mathrm{m}G=\mathrm{m}^*E$.

证明　对任意正整数 n, 由外测度的定义知, 必存在开区间列 $\{I_k^{(n)}\}_{k=1}^{\infty}$ 使得

$$E \subset \bigcup_{k=1}^{\infty} I_k^{(n)}, \quad \sum_{k=1}^{\infty} |I_k^{(n)}| \leqslant \mathrm{m}^*E + \frac{1}{n}. \tag{3.4.1}$$

令 $G_n = \bigcup_{k=1}^{\infty} I_k^{(n)}$, 则由上式知

$$G_n \supset E\text{且}\mathrm{m}G_n \leqslant \sum_{k=1}^{\infty} |I_k^{(n)}| \leqslant \mathrm{m}^*E + \frac{1}{n}(n = 1, 2, \cdots).$$

设 $G = \bigcap_{n=1}^{\infty} G_n$, 则 G 是 G_δ 型集且 $G \supset E$, 并且有

$$\mathrm{m}^*E \leqslant \mathrm{m}G \leqslant \mathrm{m}G_n \leqslant \mathrm{m}^*E + \frac{1}{n}(n = 1, 2, \cdots).$$

令 $n \to \infty$ 得到 $\mathrm{m}^*E = \mathrm{m}G$. 证毕.

定理 3.4.2　点集 $E \subset \mathbf{R}^n$ 可测当且仅当对任意 $\varepsilon > 0$, 存在开集 $G \supset E$ 使得

$$\mathrm{m}^*(G \backslash E) < \varepsilon.$$

证明　必要性. 设 $E \subset \mathbf{R}^n$ 可测. 用 I_k 表示以原点为中心、边长为 $2k$ 的开区间, 并记

$$E_k = E \bigcap I_k \ (k = 1, 2, \cdots).$$

于是, 每个 E_k 都是有界可测集且 $E = \bigcup_{k=1}^{\infty} E_k$. 任给 $\varepsilon > 0$, 对每个点集 E_k, 类似于定理 3.4.1 的证明可知: 存在开集 $G_k \supset E_k$ 使得

$$\mathrm{m}E_k \leqslant \mathrm{m}G_k < \mathrm{m}E_k + \frac{\varepsilon}{2^{k+1}}.$$

于是

$$\mathrm{m}(G_k \backslash E_k) = \mathrm{m}G_k - \mathrm{m}E_k < \frac{\varepsilon}{2^{k+1}}(k = 1, 2, \cdots). \tag{3.4.2}$$

令 $G = \bigcup_{k=1}^{\infty} G_k$, 则 G 是开集且 $G \supset E$ 使得

$$G \backslash E = \left(\bigcup_{k=1}^{\infty} G_k\right) \backslash \left(\bigcup_{k=1}^{\infty} E_k\right) \subset \bigcup_{k=1}^{\infty} (G_k \backslash E_k).$$

从而, 由式 (3.4.2) 知

$$\mathrm{m}(G \backslash E) \leqslant \mathrm{m} \bigcup_{k=1}^{\infty} (G_k \backslash E_k) \leqslant \sum_{k=1}^{\infty} \mathrm{m}(G_k \backslash E_k) \leqslant \frac{\varepsilon}{2} < \varepsilon.$$

充分性. 设对任意 $\varepsilon>0$, 存在开集 $G\supset E$ 使得 $\mathrm{m}^*(G\backslash E)<\varepsilon$, 则对任一正整数 k, 存在开集 $G_k\supset E$ 使得

$$\mathrm{m}^*(G_k\backslash E)<\frac{1}{k}.$$

于是 $G:=\bigcap\limits_{k=1}^{\infty}G_k$ 是 G_δ 型集, $G\supset E$ 且还有

$$\mathrm{m}^*(G\backslash E)\leqslant \mathrm{m}^*(G_k\backslash E)<\frac{1}{k}(k=1,2,\cdots).$$

从而 $\mathrm{m}^*(G\backslash E)=0$, 因此 $G\backslash E$ 是可测集. 由于 $G\supset E$, 所以

$$E=G\backslash(G\backslash E).$$

又因为 G 是可测集, 所以 E 是可测集. 证毕.

定理 3.4.3 点集 $E\subset\mathbf{R}^n$ 可测当且仅当对任意 $\varepsilon>0$, 存在闭集 $F\subset E$ 使得 $\mathrm{m}^*(E\backslash F)<\varepsilon$.

证明 充分性. 设对任意 $\varepsilon>0$, 存在闭集 $F\subset E$ 使得 $\mathrm{m}^*(E\backslash F)<\varepsilon$. 所以 $G:=F^c$ 是开集且 $G\supset E^c$. 同时, 还有

$$\mathrm{m}^*(G\backslash E^c)=\mathrm{m}^*(F^c\backslash E^c)=\mathrm{m}^*(E\backslash F)<\varepsilon.$$

所以, 由定理 3.4.2 知 E^c 可测, 从而集 E 可测.

必要性. 设集 E 可测, 则 E^c 可测. 从而, 由定理 3.4.2 知: 对任意 $\varepsilon>0$, 存在开集 $G\supset E^c$ 使得 $\mathrm{m}^*(G\backslash E^c)<\varepsilon$. 从而 $F:=G^c$ 为闭集, $F\subset E$, 并且

$$\mathrm{m}^*(E\backslash F)=\mathrm{m}^*(F^c\backslash E^c)=\mathrm{m}^*(G\backslash E^c)<\varepsilon.$$

证毕.

定理 3.4.4 点集 $E\subset\mathbf{R}^n$ 可测当且仅当存在 G_δ 型集 $G\supset E$ 使得

$$\mathrm{m}^*(G\backslash E)=0.$$

证明 必要性. 设 E 可测, 则由定理 3.4.2 知: 对任意正整数 k, 存在开集 $G_k\supset E$ 使得 $\mathrm{m}^*(G_k\backslash E)<\dfrac{1}{k}$. 于是 $G:=\bigcap\limits_{k=1}^{\infty}G_k$ 是 G_δ 型集, $G\supset E$ 且还有

$$\mathrm{m}^*(G\backslash E)\leqslant \mathrm{m}^*(G_k\backslash E)<\frac{1}{k}(k=1,2,\cdots).$$

从而 $\mathrm{m}^*(G\backslash E)=0$.

充分性. 设存在 G_δ 型集 $G\supset E$ 使得 $\mathrm{m}^*(G\backslash E)=0$, 从而 $G\backslash E$ 可测. 因此 $E=G\backslash(G\backslash E)$ 可测. 证毕.

定理 3.4.5　点集 $E\subset\mathbf{R}^n$ 可测当且仅当存在 F_σ 型集 $F\subset E$ 使得

$$\mathrm{m}^*(E\backslash F)=0.$$

证明　必要性. 设 E 可测, 则点集 E^c 可测. 从而, 由定理 3.4.4 知: 存在 G_δ 型集 $G\supset E$ 使得 $\mathrm{m}^*(G\backslash E^c)=0$. 于是, $F:=G^c$ 是 F_σ 型集且 $F\subset E$. 同时,

$$\mathrm{m}^*(G\backslash E^c)=\mathrm{m}^*(E\backslash G^c)=\mathrm{m}^*(E\backslash F)=0.$$

充分性. 设 $F\subset E$ 是 F_σ 型集且 $\mathrm{m}^*(E\backslash F)=0$, 则 $E\backslash F$ 可测, 进而知

$$E=F\bigcup(E\backslash F)$$

是可测集. 证毕.

注 3.4.1　当 E 可测时, 由定理 3.4.4 知: 存在 G_δ 型集 $G\supset E$ 使得

$$\mathrm{m}(G\backslash E)=0.$$

令 $N_1=G\backslash E$, 则

$$\mathrm{m}N_1=0,\quad E=G\backslash N_1.$$

再由定理 3.4.5 知, 必存在 F_σ 型集 $F\subset E$ 使得 $\mathrm{m}(E\backslash F)=0$. 令 $N_2=E\backslash F$, 则 $\mathrm{m}N_2=0$ 且 $E=F\bigcup N_2$. 所以

$$E=G\backslash N_1=F\bigcup N_2.$$

由此可得以下定理.

定理 3.4.6 (可测的构造)　任一可测集都可以表示为一个 G_δ 型集减去一个零测度集; 也都可以表示为一个 F_σ 型集与一个零测度集之并.

这就得到了可测集的清晰结构.

定理 3.4.7　点集 $E\subset\mathbf{R}^n$ 可测当且仅当对任意 $\varepsilon>0$, 存在闭集 F 及开集 G 使得 $F\subset E\subset G$ 且 $\mathrm{m}^*(G\backslash F)<\varepsilon$.

证明　充分性. 设对任一 $\varepsilon>0$, 存在闭集 F 及开集 G 使得 $F\subset E\subset G$ 且 $\mathrm{m}^*(G\backslash F)<\varepsilon$, 则对任一 $\varepsilon>0$, 存在闭集 F 使得 $F\subset E$ 且

$$\mathrm{m}^*(E\backslash F)<\varepsilon.$$

因此, 由定理 3.4.3 知集 E 可测.

必要性. 设 E 可测, 则由定理 3.4.2 与定理 3.4.3 知: 对任意 $\varepsilon>0$, 存在闭集 $F\subset E$ 及开集 $G\supset E$, 使得

$$\mathrm{m}^*(E\backslash F)<\frac{\varepsilon}{2},\quad \mathrm{m}^*(G\backslash E)<\frac{\varepsilon}{2}.$$

于是, 由 $G\backslash F \subset (G\backslash E)\bigcup(E\backslash F)$ 知

$$\mathrm{m}^*(G\backslash F) \leqslant \mathrm{m}^*(G\backslash E) + \mathrm{m}^*(E\backslash F) < \varepsilon.$$

证毕.

定理 3.4.8 设 $A \in M(\mathbf{R}^p), B \in M(\mathbf{R}^q)$, 则 $A \times B \in M(\mathbf{R}^{p+q})$ 且

$$\mathrm{m}(A \times B) = \mathrm{m}A \cdot \mathrm{m}B.$$

证明 记

$$M = \{(A, B) : A \times B \in M(\mathbf{R}^{p+q}), \mathrm{m}(A \times B) = \mathrm{m}A \cdot \mathrm{m}B\}.$$

只需证明

$$M \supset M(\mathbf{R}^p) \times M(\mathbf{R}^q).$$

(1) 若 $I \subset \mathbf{R}^p, J \subset \mathbf{R}^q$ 都是区间, 则 $(I, J) \in M$.

事实上, $I \times J \subset \mathbf{R}^{p+q}$ 也是区间, 因此可测且满足

$$\mathrm{m}(I \times J) = |I \times J| = |I| \times |J| = \mathrm{m}A \cdot \mathrm{m}B.$$

可见 $(I, J) \in M$.

(2) 若 $P \subset \mathbf{R}^p, T \subset \mathbf{R}^q$ 都是非空开集, 则 $(P, T) \in M$.

事实上, 由开集的构造定理知: P, T 都可以表示为至多可数个互不相交的区间之并. 设

$$P = \bigcup_{i \in I} I_i, \quad T = \bigcup_{i \in J} J_j,$$

其中 $I_i(i \in I)$ 是 $\mathbf{R}^p$ 中的有限或可数个互不相交的区间, $J_j(j \in J)$ 是 $\mathbf{R}^q$ 中的有限或可数个互不相交的区间. 从而,

$$P \times T = \bigcup_{(i,j) \in I \times J} I_i \times J_j$$

是有限或可数个互不相交的区间之并. 于是, 由结论 (1) 知: $P \times T \subset M(\mathbf{R}^{p+q})$ 且

$$\begin{aligned}
\mathrm{m}(P \times T) &= \sum_{(i,j) \in I \times J} \mathrm{m}(I_i \times J_j) \\
&= \sum_{(i,j) \in I \times J} \mathrm{m}I_i \times \mathrm{m}J_j \\
&= \left(\sum_{i \in I} \mathrm{m}I_i\right)\left(\sum_{j \in J} \mathrm{m}J_j\right) \\
&= \mathrm{m}P \times \mathrm{m}T.
\end{aligned}$$

(3) 若 $P \subset \mathbf{R}^p, T \subset \mathbf{R}^q$ 都是有界 G_δ 型集, 则 $(P,T) \in M$.

事实上, 由 G_δ 型集的定义知: P,T 都可以表示为可数个非空有界开集之交. 设

$$P = \bigcap_{k=1}^{\infty} I_k, \quad T = \bigcap_{k=1}^{\infty} J_k,$$

其中 $I_k(k \in \mathbf{Z}^+)$ 是 $\mathbf{R}^p$ 中的可数个非空有界开集, $J_k(k \in \mathbf{Z}^+)$ 是 $\mathbf{R}^q$ 中的可数个非空有界开集. 从而,

$$P \times T = \bigcap_{k=1}^{\infty} (I_k \times J_k) = \lim_{n\to\infty} \bigcap_{k=1}^{n} (I_k \times J_k).$$

于是, 由结论 (2) 知 $P \times T \in M(\mathbf{R}^{p+q})$ 且

$$\begin{aligned}
\mathrm{m}\,(P \times T) &= \mathrm{m} \lim_{n\to\infty} \bigcap_{k=1}^{n} (I_k \times J_k) \\
&= \lim_{n\to\infty} \mathrm{m} \left(\bigcap_{k=1}^{n} (I_k \times J_k) \right) \\
&= \lim_{n\to\infty} \mathrm{m} \left(\bigcap_{k=1}^{n} I_k \times \bigcap_{k=1}^{n} J_k \right) \\
&= \lim_{n\to\infty} \left(\mathrm{m} \bigcap_{k=1}^{n} I_k \times \mathrm{m} \bigcap_{k=1}^{n} J_k \right) \\
&= \lim_{n\to\infty} \mathrm{m} \bigcap_{k=1}^{n} I_k \times \lim_{n\to\infty} \mathrm{m} \bigcap_{k=1}^{n} J_k \\
&= \mathrm{m}P \times \mathrm{m}T.
\end{aligned}$$

所以 $(P,T) \in M$.

(4) 若 $P \subset \mathbf{R}^p, T \subset \mathbf{R}^q$ 都是有界可测集且至少一个为零测集, 则

$$(P,T) \in M.$$

事实上, 不妨设 P 为零测集, 则对任一正数 ε, 由定理 3.4.2 知: 存在有界开集 $A \subset \mathbf{R}^p, B \subset \mathbf{R}^q$ 使得 $P \subset A$, $T \subset B$ 且 $\mathrm{m}A < \varepsilon, \mathrm{m}(B \backslash T) < \varepsilon$. 从而, $P \times T \subset A \times B$. 由结论 (2) 知

$$\mathrm{m}^*(P \times T) \leqslant \mathrm{m}^*(A \times B) = \mathrm{m}(A \times B) = \mathrm{m}A \times \mathrm{m}B \leqslant \varepsilon(\varepsilon + \mathrm{m}T).$$

因此 $\mathrm{m}^*(P \times T) \leqslant \varepsilon(\varepsilon + \mathrm{m}T)$. 由于 ε 是任意正数, 所以 $\mathrm{m}^*(P \times T) = 0$. 于是, $P \times T$ 可测且 $\mathrm{m}(P \times T) = 0 = \mathrm{m}P \times \mathrm{m}T$. 这就证明了 $(P,T) \in M$.

(5) 若 $P \subset \mathbf{R}^p, T \subset \mathbf{R}^q$ 都是有界可测集, 则 $(P,T) \in M$.

事实上, 由定理 3.4.4 知: 存在有界 G_δ 型集 $A \subset \mathbf{R}^p, B \subset \mathbf{R}^q$ 及有界零测集 $A_0 \subset A, B_0 \subset B$ 使得

$$P = A \backslash A_0, \quad T = B \backslash B_0.$$

于是, 根据等式

$$P\times T=(A\backslash A_0)\times(B\backslash B_0)=(A\times B)\backslash[(A\times B_0)\bigcup(A_0\times B)]$$

及结论 (4) 与结论 (3) 可知: $P\times T$ 可测且

$$\mathrm{m}(P\times T)=\mathrm{m}(A\times B)=\mathrm{m}A\times\mathrm{m}B=\mathrm{m}P\times\mathrm{m}T.$$

因此, $(P,T)\in M$.

(6) 若 $P\subset\mathbf{R}^p$ 与 $T\subset\mathbf{R}^q$ 都是可测集, 则 $(P,T)\in M$.

事实上, P,T 都可以表示为可数个互不相交的有界可测集之并:

$$P=\bigcup_{i=1}^{\infty}I_i,\quad T=\bigcup_{j=1}^{\infty}J_j,$$

其中 $I_i(i\in\mathbf{Z}^+)$ 是 $\mathbf{R}^p$ 中的可数个有界可测集, $J_j(j\in\mathbf{Z}^+)$ 是 $\mathbf{R}^q$ 中的可数个有界可测集. 从而,

$$P\times T=\bigcup_{j=1}^{\infty}\bigcup_{i=1}^{\infty}(I_i\times J_j).$$

于是, 由结论 (5) 知 $P\times T$ 可测且

$$\begin{aligned}\mathrm{m}\,(P\times T)&=\sum_{j=1}^{\infty}\sum_{i=1}^{\infty}\mathrm{m}\,(I_i\times J_j)\\&=\sum_{j=1}^{\infty}\sum_{i=1}^{\infty}(\mathrm{m}I_i\times\mathrm{m}J_j)\\&=\sum_{i=1}^{\infty}\mathrm{m}I_i\times\sum_{j=1}^{\infty}\mathrm{m}J_j\\&=\mathrm{m}P\times\mathrm{m}T.\end{aligned}$$

这就证明 $(P,T)\in M$. 证毕.

例 3.4.1 圆柱体

$$M=\{(x,y):x^2+y^2\leqslant R^2\}\times[0,H]$$

是 $\mathbf{R}^3$ 中的可测集且其测度为 πR^2H(应用本节习题第 4 题结论).

习 题 3.4

1. 证明: $E\in M(\mathbf{R}^n)\Leftrightarrow\mathrm{m}^*(A\bigcup B)=\mathrm{m}^*A+\mathrm{m}^*B,\forall A\subset E,\forall B\subset E^c$.
2. 证明: 如果存在两列可测集 $\{A_n\}$ 与 $\{B_n\}$ 使得 $A_n\subset E\subset B_n(n=1,2,\cdots)$ 且

$$\mathrm{m}(B_n\backslash A_n)\to 0(n\to\infty),$$

则 E 可测.

3. 证明: $E\in M(\mathbf{R}^n)\Leftrightarrow \exists A\in B(\mathbf{R}^n)$ 使得 $A\subset E$ 且 $\mathrm{m}^*(E\backslash A)=0$.

4. 设 f 是区间 $[a,b]$ 上的非负黎曼可积函数, 则曲边梯形

$$S(f,[a,b]):=\{(x,y):0\leqslant y\leqslant f(x),x\in[a,b]\}$$

是 $\mathbf{R}^2$ 中的可测集, 且其测度就是该曲边梯形的面积 (图 3-1).

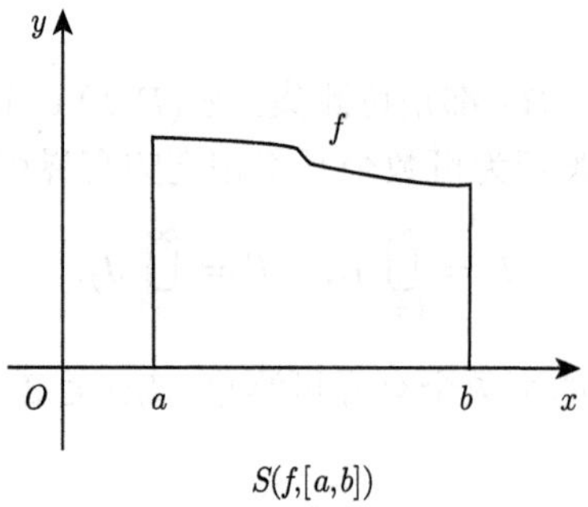

图 3-1

5. 证明: 设 $\{E_k\}$ 为 $\mathbf{R}^n$ 中的递增集列, 则 $\mathrm{m}^*\lim\limits_{k\to\infty}E_k=\lim\limits_{k\to\infty}\mathrm{m}^*E_k$.

6. 设 $E\subset[0,1]\times[0,1]$ 满足条件: $(x,y)\in E\Rightarrow x\in\mathbf{Q}$ 或 $y\in\mathbf{Q}$, 证明: $\mathrm{m}E=0$.

7. 证明: 设 $E\subset\mathbf{R},\mathrm{m}^*E=0$, 则 $\mathrm{m}\{(x,x^3):x\in E\}=0$.

总练习题 3

1. 设 $E_1,E_2,\cdots,E_n$ 都是 $[0,1]$ 中的可测集, 而且 $\sum\limits_{i=1}^{n}\mathrm{m}E_i>n-1$, 证明:

$$\mathrm{m}\bigcap_{i=1}^{n}E_i>0.$$

2. 若 E 是 $\mathbf{R}$ 中的有界集, $0\leqslant\xi\leqslant\mathrm{m}^*E$, 证明: 存在集 E 的子集 E_1 使得 $\mathrm{m}^*E_1=\xi$.

3. 若 G 是开集, 是否一定有 $\mathrm{m}G=\mathrm{m}G'$? 是否一定有 $\mathrm{m}G<\mathrm{m}\overline{G}$?

4. 试作一个平面开集 G 使得 $\mathrm{m}G^b>\mathrm{m}G$.

5. 证明: 点集 $E\subset\mathbf{R}^n$ 可测的充分必要条件是对任意开集 $G\subset\mathbf{R}^n$ 都有

$$\mathrm{m}^*G=\mathrm{m}^*(G\bigcap E)+\mathrm{m}^*(G\bigcap E^c).$$

6. 设 $A\subset\mathbf{R}^n$ 为可测集, 证明: 对任意的 $B\subset\mathbf{R}^n$, 有

$$\mathrm{m}^*(A\bigcup B)+\mathrm{m}^*(A\bigcap B)=\mathrm{m}^*A+\mathrm{m}^*B.$$

7. 设函数 f 与 g 均是 $E=[a,b]$ 上的严格递减的连续函数且对任意实数 r 都有

$$\mathrm{m}E[f>r]=\mathrm{m}E[g>r],$$

证明: $f(x)=g(x)(\forall x\in[a,b])$.

8. 设 $a>0$, 试作一个不可测集 $E\subset\mathbf{R}$, 使得 $\mathrm{m}^*E=a$.

9. 设 f 是 $[0,1]$ 上的连续函数, $A\subset[0,1]$ 且 $\mathrm{m}A=0$, 试问: 是否一定有 $\mathrm{m}f(A)=0$?

10. 设 $\mathrm{m}E=0, \overline{E}^\circ=\varnothing$, 试问: $\overline{E}$ 是否也是零测集?

11. 设 $E_i=[i,\infty)\ (i=1,2,\cdots)$, 试证: $\{E_i\}$ 是渐缩集列, 且

$$\mathrm{m}\lim_{i\to\infty}E_i\neq\lim_{i\to\infty}\mathrm{m}E_i.$$

12. 设 $E_i=[i,i+1]\ (i=1,2,\cdots)$, 试证: 集列 $\{E_i\}$ 收敛, 且

$$\mathrm{m}\lim_{i\to\infty}E_i\neq\lim_{i\to\infty}\mathrm{m}E_i.$$

13. 证明: 若 $A\in M(\mathbf{R}^n), B\subset\mathbf{R}^m, \mathrm{m}^*B=0$, 且

$$E=\{(x,y):x\in A,y\in B\},$$

则 E 是 $\mathbf{R}^{m+n}$ 中的可测集且 $\mathrm{m}E=0$.

14. 设 E 是直线上的集合, $\mathrm{m}^*E>0$, 则对任意小于 m^*E 的正数 c, 恒有 E 的子集 E_1, 使 $\mathrm{m}^*E_1=c$.

第4章　可测函数

黎曼积分基本上只适合于连续函数. 为了建立新的积分——勒贝格积分, 就必须引入与之相适应的函数类, 这就是可测函数类. 本章, 首先介绍简单函数及其运算性质, 然后, 应用简单函数列的极限引入可测函数的概念, 并研究可测函数的一系列重要性质.

4.1　可测函数的概念与运算

4.1.1　简单函数

定义 4.1.1　设 $E \subset \mathbf{R}^n$ 是可测集, 且 $E = \bigcup\limits_{i=1}^{k} E_i$, 其中 E_i 是互不相交的可测集, 则称 $\{E_1, E_2, \cdots, E_k\}$ 是点集 E 的一个**分划**(Partition).

定义 4.1.2　如果 f 是定义于点集 E 上的一个函数且存在 E 的一个分划 $\{E_1, E_2, \cdots, E_k\}$ 及常数 $c_1, c_2, \cdots, c_k$ 使得

$$f(x) = c_i \ (\forall x \in E_i) \ (i = 1, 2, \cdots, k),$$

那么称 f 是集合 E 上的一个**简单函数**(Simple function).

利用集合的特征函数, 简单函数可以表示为

$$f = \sum_{i=1}^{k} c_i \chi_{E_i}.$$

例如, 狄利克雷函数、阶梯函数都是简单函数.

简单函数具有下述运算性质.

定理 4.1.1　若 f 与 g 都是点集 E 上的简单函数, 则函数

$$f \pm g, \quad fg, \quad \frac{f}{g} \, (g(x) \neq 0, \forall x \in E), \quad |f|, \quad \max\{f, g\}, \quad \min\{f, g\}$$

都是 E 上的简单函数.

证明　因为 f 与 g 都是点集 E 上的简单函数, 所以存在 E 的分划

$$\{E_1, E_2, \cdots, E_k\}, \quad \{E_1^*, E_2^*, \cdots, E_l^*\}$$

及常数 $c_i(1 \leqslant i \leqslant k), d_j(1 \leqslant j \leqslant l)$ 使得

$$f(x) = c_i(\forall x \in E_i, i = 1, 2, \cdots, k),$$
$$g(x) = d_j\ (\forall x \in E_i^*, j = 1, 2, \cdots, l).$$

因为

$$E = \left(\bigcup_{i=1}^{k} E_i\right) \bigcap \left(\bigcup_{j=1}^{l} E_j^*\right) = \bigcup_{j=1}^{l} \bigcup_{i=1}^{k} (E_i \bigcap E_j^*),$$
$$(E_i \bigcap E_j^*) \bigcap (E_s \bigcap E_t^*) = \varnothing((i,j) \neq (s,t)),$$

所以 $\{E_i \bigcap E_j^* : i = 1, 2, \cdots, k; j = 1, 2, \cdots, l\}$ 是 E 的一个分划, 且

$$f(x) \pm g(x) = c_i \pm d_j(\forall x \in E_i \bigcap E_j^*,\ i = 1, 2, \cdots, k,\ j = 1, 2, \cdots, l).$$

因而, $f \pm g$ 是 E 上的简单函数. 类似可证:

$$fg, \quad \frac{f}{g}, \quad |f|, \quad \max\{f, g\}, \quad \min\{f, g\}$$

都是 E 上的简单函数. 证毕.

定理 4.1.2 若 f 是可测集 $E \subset \mathbf{R}^n$ 上的简单函数, 则对任意实数 a, 点集 $E[f > a]$ 是 $\mathbf{R}^n$ 中的可测集.

证明 因为 f 是 E 上的简单函数, 所以存在 E 的分划 $\{E_1, E_2, \cdots, E_k\}$ 及常数 $c_i(1 \leqslant i \leqslant k)$ 使得 $f(x) = c_i\ (\forall x \in E_i, i = 1, 2, \cdots, k)$. 不妨设

$$c_1 < c_2 < \cdots < c_k.$$

于是, 对任意实数 a 有: 当 $a < c_1$ 时, $E[f > a] = E$; 当 $a \geqslant c_k$ 时, $E[f > a] = \varnothing$; 当 $c_{i_0} \leqslant a < c_{i_0+1}$ 时, 有

$$E[f > a] = \bigcup_{i=i_0+1}^{k} E_i.$$

因而, $E[f > a]$ 总是可测集 (图 4-1). 证毕.

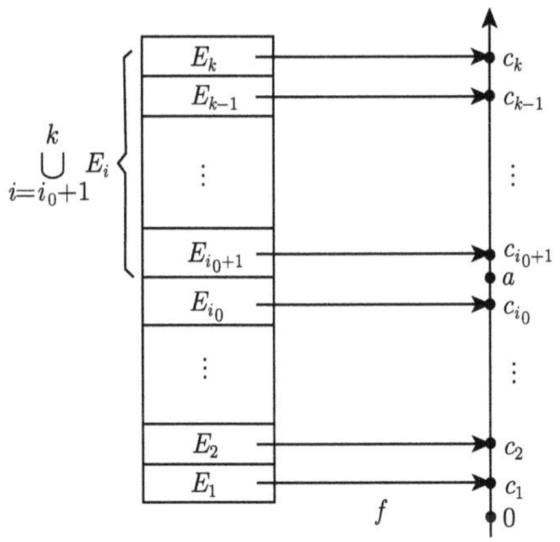

图 4-1

推论 4.1.1 若 f 是可测集 $E \subset \mathbf{R}^n$ 上的简单函数, 则对任意实数 a, b, 点集 $E[f > a]$、$E[f < a]$、$E[f \geqslant a]$、$E[f \leqslant a]$ 及 $E[a \leqslant f < b]$ 都是 $\mathbf{R}^n$ 中的可测集.

4.1.2　可测函数的概念与运算性质

在以后的研究中, 我们允许函数取值 $\pm\infty$. 为此, 引入集合

$$\mathbf{R}^* = \mathbf{R}\bigcup\{-\infty, \infty\},$$

并称其为广义实数集, 也可记为 $[-\infty, \infty]$, 其中的元素称为**广义实数**(Generalized real number). 在广义实数集 $\mathbf{R}^*$ 中引入以下运算:

对任意实数 a, 规定 $-\infty < a < +\infty$ 且

$$a \cdot (\pm\infty) = \begin{cases} 0, & a = 0, \\ \pm\infty, & a > 0, \\ \mp\infty, & a < 0, \end{cases}$$

$$a + (\pm\infty) = (\pm\infty) \pm a = \pm\infty, \quad a - (\pm\infty) = (\mp\infty) \pm a = \mp\infty, \quad \frac{a}{\pm\infty} = 0,$$

$$(+\infty) \cdot (+\infty) = (-\infty) \cdot (-\infty) = (+\infty) + (+\infty) = (+\infty) - (-\infty) = +\infty,$$

$$(+\infty) \cdot (-\infty) = (-\infty) \cdot (+\infty) = (-\infty) + (-\infty) = (-\infty) - (+\infty) = -\infty,$$

但是

$$(+\infty) - (+\infty), \quad (+\infty) + (-\infty), \quad (-\infty) - (-\infty), \quad \frac{\pm\infty}{\pm\infty}, \quad \frac{\pm\infty}{0}$$

均无意义.

定义 4.1.3　设 $f : E \to [-\infty, \infty]$ 是定义于可测集 $E \subset \mathbf{R}^n$ 上的函数, 则称 f 是 E 上的**广义实值函数**(Generalized real-valued function). 如果存在 E 上的简单函数列 $\{\varphi_n\}$ 使得

$$f(x) = \lim_{n\to\infty} \varphi_n(x)(\forall x \in E),$$

则称 f 是 E 上的**可测函数**(Measurable function), 简称 f 在 E 上**可测**(Measurable).

由定义 4.1.3 知, 简单函数是可测函数.

定理 4.1.3　若 f, g 是可测集 E 上的可测函数, 则

(1) $cf(\forall c \in \mathbf{R}), fg, |f|, \max\{f, g\}, \min\{f, g\}$ 都在 E 上可测;

(2) 当 $0 < |g(x)| < \infty(\forall x \in E)$ 时, $\dfrac{f}{g}$ 在 E 上可测;

(3) 当 $A := (E[f = +\infty]\bigcap E[g = -\infty])\bigcup(E[f = -\infty]\bigcap E[g = +\infty]) = \varnothing$ 时, $f + g$ 在 E 上可测.

证明　因为 f, g 都是可测集 E 上的可测函数, 所以存在 E 上的简单函数列 $\{\varphi_n\}, \{\psi_n\}$ 使得

$$f(x) = \lim_{n\to\infty} \varphi_n(x), \quad g(x) = \lim_{n\to\infty} \psi_n(x), \quad \forall x \in E.$$

(1) $\forall c\in\mathbf{R}$ 及 $\forall x\in E$ 有

$$\begin{aligned} cf(x)&=\lim_{n\to\infty}[c\varphi_n(x)],\\ f(x)g(x)&=\lim_{n\to\infty}[\varphi_n(x)\psi_n(x)],\\ |f(x)|&=\lim_{n\to\infty}|\varphi_n(x)|,\\ \max\{f(x),g(x)\}&=\lim_{n\to\infty}\max\{\varphi_n(x),\psi_n(x)\},\\ \min\{f(x),g(x)\}&=\lim_{n\to\infty}\min\{\varphi_n(x),\psi_n(x)\}. \end{aligned}$$

于是, 由定理 4.1.1 及可测函数的定义知

$$cf,\quad fg,\quad \max\{f,g\},\quad \min\{f,g\}$$

都是可测函数.

(2) 当 $0<|g(x)|<\infty(\forall x\in E)$ 时, $\forall x\in E$, 有

$$\begin{aligned} \frac{f}{g}(x)=&\frac{f(x)}{g(x)}=\frac{f(x)g(x)}{[g(x)]^2}\\ =&\frac{\lim\limits_{n\to\infty}\varphi_n(x)\psi_n(x)}{\lim\limits_{n\to\infty}\left([\psi_n(x)]^2+\dfrac{1}{n}\right)}=\lim_{n\to\infty}\frac{\varphi_n(x)\psi_n(x)}{\left([\psi_n(x)]^2+\dfrac{1}{n}\right)}. \end{aligned}$$

因为

$$h_n(x)=\frac{\varphi_n(x)\psi_n(x)}{\left([\psi_n(x)]^2+\dfrac{1}{n}\right)}$$

为 E 上简单函数, 所以 $\dfrac{f}{g}$ 在 E 上可测.

(3) 当 $A=\varnothing$ 时, 函数 $f+g:E\to[-\infty,\infty]$ 处处有定义且 $\forall x\in E$, 有

$$(f+g)(x)=f(x)+g(x)=\lim_{n\to\infty}[\varphi_n(x)+\psi_n(x)]=\lim_{n\to\infty}(\varphi_n+\psi_n)(x).$$

因此, $f+g$ 在 E 上可测. 证毕.

习 题 4.1

1. 证明: 函数 $f(x)\equiv+\infty$ 在任一可测集 E 上可测. 这个函数是 E 上的简单函数吗?

2. 证明: 设 f 为点集 E 上的广义实值函数, 且满足: 对任意的 $a\in\mathbf{R}$, 点集 $E[f\geqslant a]$ 与 $E[f<a]$ 都可测, 则对任意的 $a,b\in\mathbf{R}$, 点集:

$$E,\quad E[f\leqslant a],\quad E[f=a],\quad E[a\leqslant f<b],\quad E[f=+\infty],\quad E[f=-\infty]$$

都是可测集.

3. 证明: 函数 $f(x)=x^3$ 在 $E=[0,\infty)$ 上可测.

4. 证明推论 4.1.1.

4.2　可测函数的刻画与性质

本节建立可测函数的一些等价刻画，它们既为判断函数的可测性提供了依据，也揭示了可测函数的重要性质.

4.2.1　预备定理

定理 4.2.1　设 f 是可测集 E 上的广义实值函数，则以下叙述等价:

(1) 对任意的 $a \in \mathbf{R}, E[f \geqslant a]$ 可测;

(2) 对任意的 $a \in \mathbf{R}, E[f < a]$ 可测;

(3) 对任意的 $a \in \mathbf{R}, E[f \leqslant a]$ 可测;

(4) 对任意的 $a \in \mathbf{R}, E[f > a]$ 可测;

(5) 对任意的 $a, b \in \mathbf{R}, E[a \leqslant f < b]$ 可测且 $E[f = +\infty]$ 可测.

证明　(1)⇒(2): 设 (1) 成立，则对任意 $a \in \mathbf{R}$，点集 $E[f \geqslant a]$ 是 $\mathbf{R}^n$ 中的可测集. 从而，$E[f < a] = E \backslash E[f \geqslant a]$ 可测.

(2)⇒(3): 设 (2) 成立. 对任意 $a \in \mathbf{R}$，由于

$$E[f \leqslant a] = \bigcap_{n=1}^{\infty} E\left[f < a + \frac{1}{n}\right],$$

所以 $E[f \leqslant a]$ 可测.

(3)⇒(4): 设 (3) 成立，则对任意 $a \in \mathbf{R}, E[f > a] = E \backslash E[f \leqslant a]$ 可测.

(4)⇒(5): 设 (4) 成立，则对任意 $a, b \in \mathbf{R}$，有

$$\begin{aligned} E[a \leqslant f < b] &= E[f \geqslant a] \bigcap (E \backslash E[f \geqslant b]) \\ &= \bigcap_{n=1}^{\infty} E\left[f > a - \frac{1}{n}\right] \bigcap \left(E \backslash \bigcap_{n=1}^{\infty} E\left[f > b - \frac{1}{n}\right]\right) \end{aligned}$$

可测. 又由 (4) 知 $E[f = +\infty] = \bigcap\limits_{n=1}^{\infty} E[f > n]$ 也可测.

(5)⇒(1): 设 (5) 成立，则对任意 $a \in \mathbf{R}$，有

$$E[f \geqslant a] = E[f = +\infty] \bigcup \left(\bigcup_{n=1}^{\infty} E[a \leqslant f < a + n]\right)$$

可测. 证毕.

4.2.2　非负可测函数的刻画

下面的定理给出了判断函数可测性的一个重要方法.

定理 4.2.2　可测集 $E \subset \mathbf{R}^n$ 上的非负广义实值函数 f 可测的充分必要条件是: 对任意实数 a，点集 $E[f \geqslant a]$ 是 $\mathbf{R}^n$ 中的可测集.

证明 必要性. 设 f 在 E 上可测, 则存在 E 上的简单函数列 $\{\varphi_n\}$ 使得

$$f(x)=\lim_{n\to\infty}\varphi_n(x)(\forall x\in E). \tag{4.2.1}$$

根据习题 1.1 第 4 题知: 对任意实数 $a\in\mathbf{R}$, 有

$$E[f\geqslant a]=\bigcap_{k=1}^{\infty}\varliminf_{n\to\infty}E\left[\varphi_n>a-\frac{1}{k}\right]$$

故由定理 4.1.2 及可测集的运算性质可知: 点集 $E[f\geqslant a]$ 可测.

充分性. 若对任意实数 $a\in\mathbf{R}$, 点集 $E[f\geqslant a]$ 可测, 则任意两个实数 $c<d$,

$$E[f<d]=E\backslash E[f\geqslant d]$$

可测. 从而

$$E[c\leqslant f<d]=E[f\geqslant c]\bigcap E[f<d]$$

是可测集. 以下我们作一个简单函数列 $\{\varphi_n\}$ 使得其满足式 (4.2.1). 对任一正整数 n, 有

$$\begin{aligned}E=&E[0\leqslant f<n]\bigcup E[f\geqslant n]\\=&\bigcup_{k=0}^{n2^n-1}E\left[k2^{-n}\leqslant f<(k+1)2^{-n}\right]\bigcup E[f\geqslant n]\\=&\bigcup_{k=0}^{n2^n}E_{n,k},\end{aligned}$$

其中

$$E_{n,k}=\begin{cases}E[k2^{-n}\leqslant f<(k+1)2^{-n}], & k=0,1,2,\cdots,n2^n-1,\\ E[f\geqslant n], & k=n2^n.\end{cases}$$

显然

$$\{E_{n,k}:k=0,1,2,\cdots,n2^n\}$$

是 E 的一个分划. 作简单函数列

$$\varphi_n=\sum_{k=0}^{n2^n}k2^{-n}\chi_{E_{n,k}}(n=1,2,\cdots). \tag{4.2.2}$$

以下证明:

$$\lim_{n\to\infty}\varphi_n(x)=f(x),\quad \forall x\in E.$$

任取 $x_0 \in E$, 若 $f(x_0) = +\infty$, 则 $x_0 \in E_{n,n2^n}\,(n = 1, 2, \cdots)$. 于是

$$\varphi_n(x_0) = n \to +\infty = f(x_0)(n \to \infty).$$

若 $f(x_0) < +\infty$, 则有正整数 N 使得 $f(x_0) < N$. 于是, 当 $n > N$ 时, 必存在某个 $k \in \{0, 1, 2, \cdots, n2^n - 1\}$ 使得 $x_0 \in E_{n,k}$, 即 $k2^{-n} \leqslant f(x_0) < (k+1)2^{-n}$. 从而 $\varphi_n(x_0) = k2^{-n}$, 于是

$$|f(x_0) - \varphi_n(x_0)| < \frac{1}{2^n} \to 0\,(n \to \infty).$$

故对任意 $x \in E$, 都有 $\lim\limits_{n\to\infty} \varphi_n(x) = f(x)$. 证毕.

推论 4.2.1 任何非负可测函数都可表示为非负简单函数递增列的极限.

证明 设 f 是 E 上的非负可测函数. 下证定理 4.2.2 的证明中给出的那个简单函数列 (4.2.2) 还是递增的. 任取 $x_0 \in E$, $n \in \mathbf{Z}^+$, 则存在 $k_0 \in \{0, 1, 2, \cdots, n2^n\}$ 使得 $x_0 \in E_{n,k_0}$. 以下分两种情况证明: $\varphi_n(x_0) \leqslant \varphi_{n+1}(x_0)$.

情况 1 $k_0 \neq n2^n$. 此时, $\varphi_n(x_0) = \dfrac{k_0}{2^n}$, 并且 $\dfrac{k_0}{2^n} \leqslant f(x_0) < \dfrac{k_0+1}{2^n}$, 即

$$\frac{2k_0}{2^{n+1}} \leqslant f(x_0) < \frac{2(k_0+1)}{2^{n+1}}.$$

从而

$$\begin{aligned}
x_0 \in & E\left[\frac{2k_0}{2^{n+1}} \leqslant f < \frac{2(k_0+1)}{2^{n+1}}\right] \\
= & E\left[\frac{2k_0}{2^{n+1}} \leqslant f < \frac{2k_0+1}{2^{n+1}}\right] \bigcup E\left[\frac{2k_0+1}{2^{n+1}} \leqslant f < \frac{2(k_0+1)}{2^{n+1}}\right] \\
= & E_{n+1,2k_0} \bigcup E_{n+1,2k_0+1}.
\end{aligned}$$

因此

$$\varphi_{n+1}(x_0) = \frac{2k_0}{2^{n+1}} = \frac{k_0}{2^n} = \varphi_n(x_0), \text{或} \varphi_{n+1}(x_0) = \frac{2k_0+1}{2^{n+1}} = \varphi_n(x_0) + \frac{1}{2^{n+1}}.$$

这说明 $\varphi_n(x_0) \leqslant \varphi_{n+1}(x_0)$.

情况 2 $k_0 = n2^n$. 此时

$$\varphi_n(x_0) = \frac{k_0}{2^n} = n, \quad f(x_0) \geqslant n.$$

当 $f(x_0) \geqslant n+1$ 时, $x_0 \in E_{n+1,(n+1)2^{n+1}}$, 于是

$$\varphi_{n+1}(x_0) = \frac{(n+1)2^{n+1}}{2^{n+1}} = n+1.$$

因而 $\varphi_n(x_0) \leqslant \varphi_{n+1}(x_0)$. 当 $n \leqslant f(x_0) < n+1$ 时, 有 $\varphi_n(x_0) = n$, 且

$$\frac{n2^{n+1}}{2^{n+1}} \leqslant f(x_0) < \frac{(n+1)2^{n+1}}{2^{n+1}}.$$

从而

$$\begin{aligned} & x_0 \in E\left[\frac{n2^{n+1}}{2^{n+1}} \leqslant f < \frac{(n+1)2^{n+1}}{2^{n+1}}\right] \\ =& E\left[\frac{(n+1)2^{n+1}-2^{n+1}}{2^{n+1}} \leqslant f < \frac{(n+1)2^{n+1}}{2^{n+1}}\right] \\ =& \bigcup_{k=(n+1)2^{n+1}-2^{n+1}}^{(n+1)2^{n+1}-1} E_{n+1,k}. \end{aligned}$$

所以

$$\varphi_{n+1}(x_0) \in \left\{\frac{k}{2^{n+1}} : k = (n+1)2^{n+1}-2^{n+1}, \cdots, (n+1)2^{n+1}-1\right\}.$$

这说明 $\varphi_{n+1}(x_0) \geqslant n = \varphi_n(x_0)$.

这就证明了: 不论何种情况, 对任意的 $x_0 \in E$, 总有 $\varphi_n(x_0) \leqslant \varphi_{n+1}(x_0)$. 因此, $\{\varphi_n\}$ 是 E 上的非负简单函数的递增列且满足式 (4.2.1). 证毕.

根据定理 4.2.1 及定理 4.2.2 可得以下推论.

推论 4.2.2 设 f 是可测集 E 上的非负函数, 则以下叙述等价:

(1) f 在 E 上可测;

(2) 对任意的 $a \in \mathbf{R}, E[f < a]$ 可测;

(3) 对任意的 $a \in \mathbf{R}, E[f \leqslant a]$ 可测;

(4) 对任意的 $a \in \mathbf{R}, E[f > a]$ 可测;

(5) 对任意的 $a, b \in \mathbf{R}, E[a \leqslant f < b]$ 可测且 $E[f = +\infty]$ 可测.

4.2.3 一般可测函数的刻画

为了给出一般可测函数的刻画, 我们需要引入下述概念.

定义 4.2.1 对广义实值函数 $f : E \to \mathbf{R}^*$, 函数

$$f^+(x) = \max\{f(x), 0\} = \begin{cases} f(x), & f(x) \geqslant 0, \\ 0, & f(x) < 0, \end{cases}$$

$$f^-(x) = \max\{-f(x), 0\} = \begin{cases} -f(x), & f(x) \leqslant 0, \\ 0, & f(x) > 0. \end{cases}$$

分别称为函数 f 的**正部**(Positive part) 和**负部**(Negative part).

显然, f^+ 和 f^- 都是非负广义实值函数, 并且有

$$f(x)=f^+(x)-f^-(x),\quad |f(x)|=f^+(x)+f^-(x),\quad \forall x\in E.$$

因此,

$$f=f^+-f^-,\quad |f|=f^++f^-. \tag{4.2.3}$$

定理 4.2.3　设 f 是可测集 E 上的广义实值函数, 则 f 在 E 上可测的充要条件是 f^+ 与 f^- 都在 E 上可测.

证明　应用定理 4.1.3 及等式 (4.2.3) 可知. 证毕.

推论 4.2.3　若 f 在 E 上可测, 则 $|f|$ 在 E 上可测.

证明　因为 f 在 E 上可测, 所以由定理 4.2.3 知, f^+ 与 f^- 均在 E 上可测. 再由式 (4.2.3) 及定理 4.1.3 知 $|f|$ 在 E 上可测. 证毕.

值得注意的是, 当 $|f|$ 在 E 上可测时, f 在 E 上不一定可测. 例如, 设 A 是 $[0,\ 1]$ 中的不可测集, 我们定义函数 $f:E=[0,\ 1]\to\mathbf{R}$ 如下:

$$f(x)=\begin{cases}1, & x\in A,\\ -1, & x\in[0,\ 1]\backslash A.\end{cases}$$

由于 $E[f^+>0]=A$ 不可测, 则由推论 4.2.2 知: f^+ 在 $[0,\ 1]$ 上不可测. 因此, 由定理 4.2.3 知: f 在 $[0,\ 1]$ 上不可测. 但 $|f|$ 是 $[0,\ 1]$ 上的可测函数.

定理 4.2.4　函数 f 在可测集 E 上可测的充要条件是: 对任意的 $a\in\mathbf{R}$, 点集 $E[f\geqslant a]$ 可测.

证明　必要性. 设 f 在 E 上可测, 则由定理 4.2.3 知 f^+ 与 f^- 均在 E 上可测. 对任一 $a\in\mathbf{R}$, 由于

$$f^+(x)=\max\{f(x),0\}\geqslant a\Leftrightarrow f(x)\geqslant\ a\text{或}0\geqslant a,$$

$$f^-(x)=\max\{-f(x),0\}\leqslant -a\Leftrightarrow -f(x)\leqslant -\ a\text{且}0\leqslant -a\Leftrightarrow f(x)\geqslant a\text{且}a\leqslant 0,$$

所以

$$E[f\geqslant a]=\begin{cases}E[f^+\geqslant a], & a>0,\\ E[f^-\leqslant -a], & a\leqslant 0.\end{cases}$$

由推论 4.2.2 知: $E[f\geqslant a]$ 可测.

充分性. 设任意的 $a\in\mathbf{R}$, 点集 $E[f\geqslant a]$ 可测. 则对任一 $a\in\mathbf{R}$, 由于

$$f^+(x)=\max\{f(x),0\}\geqslant a\Leftrightarrow f(x)\geqslant\ a\text{或}0\geqslant a,$$

所以,

$$E[f^+ \geqslant a] = \begin{cases} E, & a \leqslant 0, \\ E[f \geqslant a], & a > 0 \end{cases}$$

是可测集. 再由

$$f^-(x) = \max\{-f(x), 0\} \leqslant a \Leftrightarrow -f(x) \leqslant a \text{且} 0 \leqslant a \Leftrightarrow f(x) \geqslant -a \text{且} a \geqslant 0$$

知

$$E[f^- \leqslant a] = \begin{cases} E[f \geqslant -a], & a \geqslant 0, \\ \varnothing, & a < 0 \end{cases}$$

是可测集. 所以, 由推论 4.2.2 知 f^+ 与 f^- 在 E 上可测. 因此, 由定理 4.2.3 知 f 在 E 上可测. 证毕.

根据定理 4.2.1 及定理 4.2.4 可知: 推论 4.2.2 对一般函数也成立, 即有以下推论.

推论 4.2.4 设 f 是可测集 E 上的广义实值函数, 则以下叙述等价:

(1) f 在 E 上可测;

(2) 对任意 $a \in \mathbf{R}, E[f < a]$ 可测;

(3) 对任意 $a \in \mathbf{R}, E[f \leqslant a]$ 可测;

(4) 对任意 $a \in \mathbf{R}, E[f > a]$ 可测;

(5) 对任意 $a, b \in \mathbf{R}, E[a \leqslant f < b]$ 可测且 $E[f = +\infty]$ 可测.

推论 4.2.5 若 $\mathrm{m}E = 0$, 则 E 上的任何函数都可测.

4.2.4 可测函数的性质

定理 4.2.5 若函数 f 在 E 上可测, 则 f 在 E 的非空可测子集 E_1 上也可测.

证明 由于函数 f 在 E 上可测, 所以由定理 4.2.4 知: 对任意 $a \in \mathbf{R}$, 点集 $E[f \geqslant a]$ 可测. 又因为

$$E_1[f \geqslant a] = E[f \geqslant a] \bigcap E_1,$$

从而 $E_1[f \geqslant a]$ 可测. 所以, 由定理 4.2.4 知: f 在 E_1 上可测. 证毕.

定理 4.2.6 设 $E = \bigcup\limits_{k \in I} E_k$($I$ 为有限或可数集) 且每个 E_k 都是可测集. 如果 f 在每个 E_k 上都可测, 则 f 在 E 上可测.

证明 由于 f 在每个 E_k 上都可测, 所以由定理 4.2.4 知: 对任意 $a \in \mathbf{R}$ 及 $k \in I$, $E_k[f \geqslant a]$ 可测. 从而 $E[f \geqslant a] = \bigcup\limits_{k \in I} E_k[f \geqslant a]$ 为可测集. 于是, 由定理 4.2.4 知: 函数 f 在 E 上可测. 证毕.

定理 4.2.7 设 $\{f_n\}$ 是可测集 E 上的可测函数列, 且

$$M(x)=\sup_{n\geqslant 1} f_n(x),\quad m(x)=\inf_{n\geqslant 1} f_n(x)(\forall x\in E),$$

则 M, m 都是 E 上的可测函数.

证明 因为 $M(x)=\sup\limits_{n\geqslant 1} f_n(x)>a$ 当且仅当存在某个 n 使得 $f_n(x)>a$, 所以, $E[M>a]=\bigcup\limits_{n=1}^{\infty} E[f_n>a]$. 同理, 因为 $m(x)=\inf\limits_{n\geqslant 1} f_n(x)<a$ 当且仅当存在某个 n 使得 $f_n(x)<a$, 所以 $E[m<a]=\bigcup\limits_{n=1}^{\infty} E[f_n<a]$. 因为每个 f_n 在 E 上可测, 所以, $E[f_n>a]$ 与 $E[f_n<a]$ 都是可测集 $(n=1,2,\cdots)$, 从而 $E[M>a]$ 与 $E[m<a]$ 都可测. 故由推论 4.2.4 可知 M, m 都是 E 上的可测函数. 证毕.

推论 4.2.6 设 $\{f_n\}$ 是 E 上的可测函数列, 则上、下极限函数

$$L(x)=\varlimsup_{n\to\infty} f_n(x),\quad l(x)=\varliminf_{n\to\infty} f_n(x)(\forall x\in E)$$

都是 E 上的可测函数.

证明 应用上、下极限的定义:

$$\varlimsup_{n\to\infty} f_n(x)=\inf_{k\geqslant 1}\sup_{n\geqslant k} f_n(x),\qquad \varliminf_{n\to\infty} f_n(x)=\sup_{k\geqslant 1}\inf_{n\geqslant k} f_n(x)$$

及定理 4.2.7 可知. 证毕.

定理 4.2.8 如果 $\{f_n\}$ 是 E 上的可测函数列那么

$$\lim_{n\to\infty} f_n(x)=f(x),\quad \forall x\in E,$$

则 f 在 E 上可测.

证明 由推论 4.2.6 可知. 证毕.

例 4.2.1 可测集 $E\subset\mathbf{R}^n$ 上的连续函数是可测函数.

证明 设 f 是可测集 E 上的连续函数, 则 $\forall a\in\mathbf{R}$, 当 $x\in E[f>a]$ 时, $f(x)>a$. 从而, 由函数 f 的连续性知: 存在 $\delta_x>0$ 使得只要 $t\in E\bigcap B(x,\delta_x)$, 就有 $f(t)>a$, 即 $t\in E[f>a]$. 于是 $E\bigcap B(x,\delta_x)\subset E[f>a]$. 令

$$G_a=\bigcup_{x\in E[f>a]} B(x,\delta_x),$$

则 G_a 为开集, 从而 $E\bigcap G_a$ 可测. 由于

$$E[f>a]\subset E\bigcap G_a=\bigcup_{x\in E[f>a]}(E\bigcap B(x,\delta_x))\subset E[f>a],$$

所以 $E[f>a]=E\bigcap G_a$ 可测. 故由推论 4.2.4 知: f 是 E 上的可测函数. 证毕.

例 4.2.2 设 f 在 $E\subset\mathbf{R}^n$ 上可测, $x_0\in\mathbf{R}^n$, $g(x)=f(x+x_0)$, 则 g 在 $E-x_0$ 上可测.

证明 由习题 3.2 第 7 题知: $E-x_0$ 是可测集. 因为 $\forall a\in\mathbf{R}$, 有 $E[f>a]$ 可测且

$$\begin{aligned}(E-x_0)[g>a]=&\{x:x\in E-x_0,g(x)>a\}\\=&\{x:x+x_0\in E,f(x+x_0)>a\}\\=&\{x+x_0:x+x_0\in E,f(x+x_0)>a\}-x_0\\=&\{y:y\in E,f(y)>a\}-x_0\\=&E[f>a]-x_0,\end{aligned}$$

所以, $(E-x_0)[g>a]$ 是可测集. 故由推论 4.2.4 知: g 在 $E-x_0$ 上可测. 证毕.

习 题 4.2

1. 设 A 是 $E=[0,\ 1]$ 中的不可测集,

$$f(x)=\begin{cases}x, & x\in A,\\ -x, & x\in[0,1]\backslash A,\end{cases}$$

证明:

(1) $\forall a\in\mathbf{R}$, $E[|f|>a]=E\bigcap(a,+\infty)$;

(2) 当 $0\notin A$ 时, $E[f>0]=A$; 当 $0\in A$ 时, $E[f>0]=A\backslash\{0\}$.

试问: f 与 $|f|$ 在 E 上是否可测?

2. 证明: 若函数 f 在可测集 E_1 及 E_2 上可测, 则函数 f 在 $E_1\backslash E_2$ 与 $E_1\bigcap E_2$ 上也可测.

3. 证明: 若函数 $f:(a,b)\to\mathbf{R}$ 在任意闭区间 $[a,\beta]\subset(a,b)$ 上可测, 则 f 在开区间 $(a,\ b)$ 上可测.

4. 证明: 点集 $S\subset\mathbf{R}^n$ 的特征函数 χ_S 在可测集 $E\subset\mathbf{R}^n$ 上可测当且仅当 $E\bigcap S$ 是可测集.

5. 证明: $[a,\ b]$ 上连续函数列的极限函数是可测函数.

6. 证明: 函数 f 在可测集 E 上可测的充要条件是对任一有理数 r, 点集 $E[f>r]$ 可测.

7. 设 f 是可测集 E 上的可测函数, 证明: 对任意 $a\in\mathbf{R}$, $E[f=a]$ 可测.

8. 设 f 是可测集 E 上的函数, 且对任意 $a\in\mathbf{R}$, $E[f=a]$ 可测. 试问: 函数 f 一定在 E 上可测吗?

9. 证明: 若函数 f 在可测集 E 上可测, 则 f^3 在 E 上也可测, 反之亦真.

10. 证明: 若函数 f 在 E 上可测, 则 f^2 在 E 上可测, 反之成立吗?

11. 证明: 若 $f_k(k=1,2,\cdots)$ 在 E 上非负可测, 则和函数

$$f(x)=\sum_{k=1}^{\infty} f_k(x)(\forall x\in E)$$

在 E 上可测.

4.3 叶果洛夫定理

4.3.1 几乎处处的概念

定义 4.3.1 (几乎处处相等) 设 f 与 g 是点集 E 上的两个函数, 若存在 $E_0\subset E$ 使得 $\mathrm{m}E_0=0$ 且

$$f(x)=g(x)(\forall x\in E\backslash E_0),$$

则称 f 与 g 在 E 上**几乎处处相等**(a.e. equal), 记为 $f(x)=g(x)$ a.e. 于 E, 此时, 也称 f 与 g 在 E 上**对等**(Equipolent), 并记为 $f\sim g$ 于 E.

例如, 用 D 表示 [0, 1] 上的狄利克雷函数, 则 $D(x)=0$ 在 [0, 1] 上几乎处处成立, 即 $D(x)=0$ a.e. 于 [0, 1], 于是 $D\sim 0$ 于 [0, 1].

定理 4.3.1 若函数 f 在 E 上可测且 $f\sim g$ 于 E, 则 g 也在 E 可测.

证明 因为 $f\sim g$ 于 E, 所以存在 $E_0\subset E$, 使得 $\mathrm{m}E_0=0$ 且在点集 $E_1=E\backslash E_0$ 上有 $f(x)=g(x)$. 由于 f 在 E 上可测, 所以 $\forall a\in\mathbf{R}, E[f\geqslant a]$ 可测. 又因为

$$\begin{aligned}E[g\geqslant a]=&E_1[g\geqslant a]\bigcup E_0[g\geqslant a]\\=&E_1[f\geqslant a]\bigcup E_0[g\geqslant a]\\=&(E_1\bigcap E[f\geqslant a])\bigcup E_0[g\geqslant a]\end{aligned}$$

且 $E_0[g\geqslant a]$ 可测 (它是零测度集的子集), 所以 $E[g\geqslant a]$ 可测. 从而, 由定理 4.2.4 知: g 在 E 上可测. 证毕.

定义 4.3.2 (几乎处处有限) 对于 E 上的可测函数 f, 若存在 $E_0\subset E$ 使得 $\mathrm{m}E_0=0$ 且

$$|f(x)|<+\infty(\forall x\in E\backslash E_0)$$

则称 f 在 E 上**几乎处处有限**(a.e. finite), 记为 $|f(x)|<\infty$ a.e. 于 E.

例如, 如果定义 $\tan\left(k\pi\pm\dfrac{\pi}{2}\right)=\pm\infty(\forall k\in\mathbf{Z})$, 则正切函数成为在整个直线上处处有定义的广义实值函数. 因为 $\mathrm{m}\left\{k\pi+\dfrac{\pi}{2}\middle|k\in\mathbf{Z}\right\}=0$ 且

$$|\tan x|<\infty,\quad \forall x\in\mathbf{R}\backslash\left\{k\pi+\frac{\pi}{2}\middle|k\in\mathbf{Z}\right\},$$

所以, $|\tan x|<\infty$ a.e. 于 $\mathbf{R}$.

定义 4.3.3 (几乎处处收敛) 对于 E 上的可测函数列 $\{f_n\}$, 如果

$$\lim_{n\to\infty} f_n(x)=f(x) \text{ a.e.于} E,$$

则称 $\{f_n\}$ 在 E 上**几乎处处收敛于**(a.e. convergent to)f, 记为

$$f_n \xrightarrow{\text{a.e.}} f(n\to\infty)\text{于}E.$$

例如, 函数列 $\{x^n\}$ 在 $[-1,\ 1]$ 上 a.e. 收敛于 0.

定理 4.3.2 若可测函数列 $\{f_n\}$ 在 E 上几乎处处收敛于 f, 则 f 是 E 上的可测函数.

证明 因为 $\{f_n\}$ 在 E 上几乎处处收敛于 f, 所以存在零测度集 $E_0\subset E$ 使得在 $E_1=E\backslash E_0$ 上处处有 $\lim\limits_{n\to\infty} f_n(x)=f(x)$ 成立. 从而, 由定理 4.2.5 及定理 4.2.8 知: f 在 E_1 上可测. 所以, 由定理 4.2.4 可知: $\forall a\in\mathbf{R}, E_1,[f\geqslant a]$ 可测, 从而

$$E[f\geqslant a]=E_1[f\geqslant a]\bigcup E_0[f\geqslant a]$$

可测 (因为 $E_0[f\geqslant a]$ 是零测度集). 从而, 由定理 4.2.4 知: f 在 E 上可测. 证毕.

由定义可证明: 若可测函数列 $\{f_n\}$ 在 E 上几乎处处收敛于 f 与 g, 则 f 与 g 在 E 上几乎处处相等, 即 $f\sim g$ 于 E. 因此, 几乎处处收敛的函数列的极限函数在对等的意义下是唯一的.

一般地, 我们有下面的概念.

定义 4.3.4 设 $P(x)$ 是关于 $x\in E$ 的一个命题, 如果存在子集 $E_0\subset E$ 使得 $\mathrm{m}E_0=0$ 且命题 $P(x)$ 关于一切 $x\in E\backslash E_0$ 都成立, 则称命题 $P(x)$ 在 E 上**几乎处处**(Almost everywhere) 成立, 并记为 $P(x)$ a.e. 于 E.

4.3.2 叶果洛夫定理

在数学分析中, 我们已经知道, 一致收敛性对保证函数列的极限函数的连续性及函数项级数可以逐项积分、逐项微分起着重要的作用. 然而, 一致收敛性往往不能满足. 例如, 函数列 $f_n(x)=x^n\ (n=1,2,\cdots)$ 在 $[0,\ 1)$ 上收敛于 $f(x)=0$, 而在此区间上不一致收敛. 但是, 对任意 $\delta\in(0,1)$, $\{f_n\}$ 在 $[0,\ 1-\delta]$ 上一致收敛于 $f\equiv 0$. 这表明: 可以从 $[0,\ 1)$ 中去掉一个长度可任意小的区间 $(1-\delta,\ 1)$ 后, $\{f_n\}$ 在余下的区间上一致收敛于 $f\equiv 0$. 下面的叶果洛夫 (Egroff) 定理, 就是这种思想的一个推广. 为了介绍下面的叶果洛夫定理, 我们首先给出一致收敛性的概念.

定义 4.3.5 对于 E 上函数列 $\{f_n\}$ 及函数 f, 如果 $\forall\varepsilon>0,\exists N$ 使得当 $n>N$ 时, 对任意的 $x\in E$, 都有 $|f_n(x)-f(x)|<\varepsilon$, 则称函数列 $\{f_n\}$ 在 E 上**一致收敛**(Uniformly convergent) 于 f, 记为 $f_n\xrightarrow{u} f(n\to\infty)$ 于 E.

由定义可得

$$f_n \xrightarrow{u} f(n\to\infty)\text{于}E \Leftrightarrow \lim_{n\to\infty}\sup_{x\in E}|f_n(x)-f(x)|=0.$$

为了证明叶果洛夫定理, 我们需要下面的引理, 它揭示了几乎处处收敛的函数列的一个重要性质.

引理 4.3.1 设 $\mathrm{m}E<\infty$, $f_n\ (n=1,2,\cdots)$ 及 f 都是 E 上的几乎处处有限的可测函数, 则 $\{f_n\}$ 在 E 上几乎处处收敛于 f 当且仅当

$$\lim_{n\to\infty}\mathrm{m}(E\backslash E[n,\varepsilon])=\lim_{n\to\infty}\mathrm{m}\bigcup_{k=n}^{\infty}E_k(\varepsilon)=0(\forall\varepsilon>0),$$

其中 $E[n,\varepsilon]=\bigcap\limits_{k=n}^{\infty}E[|f_k-f|<\varepsilon], E_k(\varepsilon)=E[|f_k-f|\geqslant\varepsilon]=0.$

证明 显然 $\lim\limits_{n\to\infty}\mathrm{m}(E\backslash E[n,\varepsilon])=\lim\limits_{n\to\infty}\mathrm{m}\bigcup\limits_{k=n}^{\infty}E_k(\varepsilon)(\forall\varepsilon>0)$.

必要性. 设 $f_n\xrightarrow{\text{a.e.}}f(n\to\infty)$ 于 E, 记

$$E_0=E[|f|=+\infty]\bigcup\left(\bigcup_{n=1}^{\infty}E[|f_n|=+\infty]\right)\bigcup E[\lim_{n\to\infty}f_n\neq f],$$

则 $\mathrm{m}E_0=0$ 且对任意的 $x\in E\backslash E_0$, 有

$$|f(x)|<+\infty,\ |f_n(x)|<+\infty(n=1,2,\cdots),\quad \lim_{n\to\infty}f_n(x)=f(x).$$

设 $\varepsilon>0$, 则对任一 $x\in E\backslash E_0$, 存在 N 使得当 $n\geqslant N$ 时, 有

$$|f_n(x)-f(x)|<\varepsilon,$$

即

$$x\in E[N,\varepsilon]=\bigcap_{n=N}^{\infty}E[|f_n-f|<\varepsilon].$$

可见, $E\backslash E_0\subset\bigcup\limits_{n=1}^{\infty}E[n,\varepsilon]$, 于是

$$E\backslash\bigcup_{n=1}^{\infty}E[n,\varepsilon]\subset E\backslash(E\backslash E_0)=E_0.$$

因为 f_k,f 都在 $E\backslash E_0$ 上可测且有限, 所以 $(E\backslash E_0)[n,\varepsilon]$ 是可测集, 进而, $E[n,\varepsilon]=E_0[n,\varepsilon]\bigcup(E\backslash E_0)[n,\varepsilon]$ 是可测集, 从而 $E\backslash E[n,\varepsilon]$ 可测且

$$E\backslash E[n,\varepsilon]\supset E\backslash E[n+1,\varepsilon](\forall n\in\mathbf{Z}^+).$$

由于 $\mathrm{m}E<\infty$, 所以, 根据定理 3.2.6 知

$$\lim_{n\to\infty}\mathrm{m}(E\backslash E[n,\varepsilon])=\mathrm{m}\left(\bigcap_{n=1}^{\infty}(E\backslash E[n,\varepsilon]\right)=\mathrm{m}\left(E\backslash\bigcup_{n=1}^{\infty}E[n,\varepsilon]\right)\leqslant \mathrm{m}E_0=0.$$

故 $\lim\limits_{n\to\infty}\mathrm{m}(E\backslash E[n,\varepsilon])=0$.

充分性. 设 $\lim\limits_{N\to\infty}\mathrm{m}\bigcup\limits_{n=N}^{\infty}E_n(\varepsilon)=0(\forall\varepsilon>0)$, 则对 $k=1,2,\cdots$, 有

$$\mathrm{m}\bigcap_{N=1}^{\infty}\bigcup_{n=N}^{\infty}E_n(k^{-1})\leqslant \mathrm{m}\bigcup_{n=N}^{\infty}E_n(k^{-1})\to 0\ (N\to\infty).$$

因此

$$\mathrm{m}\bigcap_{N=1}^{\infty}\bigcup_{n=N}^{\infty}E_n(k^{-1})\ =0,\quad k=1,2,\cdots. \tag{4.3.1}$$

由例 1.1.10 可知: E 中一切使得 $\{f_n(x)\}$ 不收敛于 $f(x)$ 的点 x 之集 D 可表示为

$$D=\bigcup_{k=1}^{\infty}\bigcap_{N=1}^{\infty}\bigcup_{n=N}^{\infty}E[|f_n-f|\geqslant k^{-1}].$$

于是, 由式 (4.3.1) 知 $\mathrm{m}D=0$. 从而 $\{f_n\}$ 在 E 上几乎处处收敛于 f. 证毕.

注 4.3.1 由引理 4.3.1 的充分性的证明过程可知: 当 $\mathrm{m}E=+\infty$ 时, 也有

$$\lim_{N\to\infty}\mathrm{m}\bigcup_{n=N}^{\infty}E_n(\varepsilon)=0(\forall\varepsilon>0)\Rightarrow\{f_n\}\text{在}E\text{上几乎处处收敛于}f.$$

推论 4.3.1 在引理 4.3.1 的条件下, 若 $f_n\xrightarrow{\text{a.e.}}f(n\to\infty)$ 于 E, 则

$$\lim_{n\to\infty}\mathrm{m}E[|f_n-f|\geqslant\varepsilon]=0,\quad\forall\varepsilon>0. \tag{4.3.2}$$

证明 因为 $E[|f_n-f|<\varepsilon]\supset E[n,\varepsilon]$, 所以

$$E[|f_n-f|\geqslant\varepsilon]=E\backslash E[|f_n-f|<\varepsilon]\subset E\backslash E[n,\varepsilon].$$

于是, 由引理 4.3.1 知 $\lim\limits_{n\to\infty}\mathrm{m}E[|f_n-f|\geqslant\varepsilon]=0$. 证毕.

下面的叶果洛夫定理给出了几乎处处收敛与一致收敛的关系.

定理 4.3.3 (叶果洛夫定理) 设 $\mathrm{m}E<+\infty, f_n\ (n=1,2,\cdots)$ 及 f 都是 E 上的几乎处处有限的可测函数. 若 $\{f_n\}$ 在 E 上几乎处处收敛于 f, 则对任意 $\delta>0$, 存在可测子集 $E_\delta\subset E$ 使得 $\mathrm{m}(E\setminus E_\delta)<\delta$ 且 $\{f_n\}$ 在 E_δ 上一致收敛于 f.

证明 由引理 4.3.1 知

$$\lim_{n\to\infty}\mathrm{m}\left(E\backslash E[n,i^{-1}]\right)=0\ (i=1,2,\cdots). \tag{4.3.3}$$

于是, 对任意 $\delta>0$, 由 $\lim\limits_{n\to\infty}\mathrm{m}(E\backslash E[n,1])=0$ 知存在正整数 n_1 使得当 $n\geqslant n_1$ 时, 有

$$\mathrm{m}\,(E\backslash E[n,1])<\frac{\delta}{2^2},\quad \text{特别有}\,\mathrm{m}(E\backslash E[n_1,1])<\frac{\delta}{2^2}.$$

因为

$$\lim_{n\to\infty}\mathrm{m}\left(E\backslash E[n,2^{-1}]\right)=0,$$

所以存在正整数 $n_2>n_1$ 使得当 $n\geqslant n_2$ 时, 有

$$\mathrm{m}\left(E\backslash E[n,2^{-1}]\right)<\frac{\delta}{2^3},\quad \text{特别有}\,\mathrm{m}\left(E\backslash E[n_2,2^{-1}]\right)<\frac{\delta}{2^3}.$$

如此下去, 可得严格增加的正整数列 $\{n_i\}$ 使得

$$\mathrm{m}\left(E\backslash E[n_i,i^{-1}]\right)<\frac{\delta}{2^{i+1}}(i=1,2,\cdots).$$

令 $E_\delta=\bigcap\limits_{i=1}^{\infty}E[n_i,i^{-1}]$, 则 E_δ 是 E 的可测子集且满足以下条件

$$\mathrm{m}(E\backslash E_\delta)=\mathrm{m}\bigcup_{i=1}^{\infty}\left(E\backslash E[n_i,i^{-1}]\right)\leqslant\sum_{i=1}^{\infty}\mathrm{m}\left(E\backslash E[n_i,i^{-1}]\right)\leqslant\frac{\delta}{2}<\delta.$$

以下证明: $f_n\xrightarrow{u}f(n\to\infty)$ 于 E_δ. 对任一 $\varepsilon>0$, 取正整数 i_0 使得 $i_0^{-1}<\varepsilon$. 当 $n>n_{i_0}$ 时, 有

$$E_\delta\subset E[n_{i_0},i_0^{-1}]\subset E[n,i_0^{-1}],$$

从而, 当 $n>n_{i_0}$ 时, 有

$$|f_n(x)-f(x)|<i_0^{-1}<\varepsilon,\quad \forall x\in E_\delta.$$

这就证明了函数列 $\{f_n\}$ 在 E_δ 上一致收敛于 f. 证毕.

注 4.3.2 当 $\mathrm{m}E=+\infty$ 时, 结论不真, 参见下面的例子.

例 4.3.1 设 $E=[0,+\infty)$, $f_n(x)=\chi_{[0,n]}(x)$, $f(x)=1(\forall x\in E)$, 则

$$\lim_{n\to\infty}f_n(x)=f(x)(\forall x\in E).$$

如果存在 $E_\delta\subset E$ 使得 $\mathrm{m}(E\backslash E_\delta)<\delta$, 那么 $\mathrm{m}E_\delta=+\infty$. 于是, 对任一正整数 n, 必有 $E_\delta\not\subset[0,n]$, 即存在 $x_n\in E_\delta$ 使得 $x_n>n$. 因此

$$|f_n(x_n)-f(x_n)|=1\geqslant\frac{1}{2}.$$

从而, $\{f_n\}$ 不可能在 E_δ 上一致收敛于 f. 这就证明: 满足要求的 E_δ 不存在.

定义 4.3.6 设 f 及 $f_n\ (n=1,2,\cdots)$ 都是 E 上的几乎处处有限的可测函数. 若对任意 $\delta>0$, 都存在可测子集 $E_\delta\subset E$ 使得 $\mathrm{m}(E\setminus E_\delta)<\delta$ 且 $\{f_n\}$ 在 E_δ 上一致收敛于 f, 则称 $\{f_n\}$ 在 E 上**近似一致收敛于**(Approximately uniformly convergent to)f, 记为 $f_n\xrightarrow{\text{a.u.}}f(n\to\infty)$ 于 E.

定理 4.3.4 设 f 及 $f_n\ (n=1,2,\cdots)$ 都是 E 上的几乎处处有限的可测函数, 若函数列 $\{f_n\}$ 在 E 上近似一致收敛于 f, 则 $\{f_n\}$ 在 E 上几乎处处收敛于 f.

证明 因为函数列 $\{f_n\}$ 在 E 上近似一致收敛于 f, 所以, 对任意正整数 n, 存在 $E_n\subset E$ 使得 $\mathrm{m}E_n<n^{-1}$(可取 $E_n=E\backslash E_{n^{-1}}$) 且 $\{f_n\}$ 在 $E\backslash E_n$ 上一致收敛于 f. 令 $E_0=\bigcap\limits_{n=1}^{\infty}E_n$, 则

$$\mathrm{m}E_0\leqslant\mathrm{m}E_n<\frac{1}{n}\ (n=1,2,\cdots).$$

从而 $\mathrm{m}E_0=0$. 任取 $x_0\in E\backslash E_0=E\backslash\bigcap\limits_{n=1}^{\infty}E_n=\bigcup\limits_{n=1}^{\infty}(E\backslash E_n)$, 则存在正整数 n_0 使得 $x_0\in E\backslash E_{n_0}$. 由于 $\{f_n\}$ 在 $E\backslash E_{n_0}$ 上一致收敛于 f, 所以

$$f_n(x_0)\to f(x_0)(n\to\infty).$$

这说明 $\{f_n\}$ 在 $E\backslash E_0$ 上处处收敛于 f. 因此, $\{f_n\}$ 在 E 上几乎处处收敛于 f. 证毕.

由定理 4.3.3 及定理 4.3.4 可知以下推论.

推论 4.3.2 当 $\mathrm{m}E<+\infty$ 时, 几乎处处收敛性与近似一致收敛性是等价的.

习 题 4.3

1. 证明: 若函数列 $\{f_n\}$ 在 E 上几乎处处收敛于 f 且 $f\sim g$, 则 $\{f_n\}$ 在 E 上几乎处处收敛于 g.

2. 设 $f_n(x)=\sin^n x(n=1,2,\cdots)$, 证明: $\{f_n\}$ 在 $\mathbf{R}$ 上几乎处处收敛于 0.

3. 设非负可测函数列 $\{f_n\}$ 与 $\{g_n\}$ 在 E 上几乎处处收敛于 f 与 g, 证明: $\{f_n+g_n\}$ 在 E 上几乎处处收敛于 $f+g$.

4. 设可测函数列 $\{f_n\}$ 在 E 上几乎处处收敛于 f, 证明: $\{|f_n|\}$ 在 E 上几乎处处收敛于 $|f|$.

4.4 依测度收敛性

定义 4.4.1 设 f 与 $f_n\ (n=1,2,\cdots)$ 都是可测集 E 上的几乎处处有限的可测函数, 如果

$$\lim_{n\to\infty}\mathrm{m}E[|f_n-f|\geqslant\sigma]=0(\forall\sigma>0),\tag{4.4.1}$$

则称 $\{f_n\}$ 在 E 上**依测度收敛于**(Convergent in measure to)f, 并记为 $f_n \Rightarrow f$ 于 E.

由依测度收敛的定义及推论 4.3.1 可得以下定理.

定理 4.4.1 设 $\mathrm{m}E < +\infty$, f 及 f_n $(n = 1, 2, \cdots)$ 都是 E 上的几乎处处有限的可测函数, 如果函数列 $\{f_n\}$ 在 E 上几乎处处收敛于 f, 那么 $\{f_n\}$ 在 E 上依测度收敛于 f.

注 4.4.1 定理 4.4.1 中的条件 $\mathrm{m}E < +\infty$ 是不可少的, 参见下面的例子.

例 4.4.1 设

$$f_n(x) = \chi_{[0,n]}(x) = \begin{cases} 1, & x \in [0,\ n], \\ 0, & x \in (n,\ +\infty), \end{cases} \qquad n = 1, 2, \cdots,$$

则函数列 $\{f_n\}$ 在 $E = [0,\ +\infty)$ 上处处收敛于 1, 但它却不依测度收敛于 1. 事实上, 当 $0 < \sigma < 1$ 时, 有

$$\mathrm{m}E[|f_n - 1| \geqslant \sigma] = \mathrm{m}(n,\ +\infty) = +\infty (n = 1, 2, \cdots).$$

从而, 函数列 $\{f_n\}$ 在 E 上不依测度收敛于 1.

下面的例子说明: 依测度收敛的函数列不一定几乎处处收敛.

例 4.4.2 令

$$E = (0, 1], \quad E(n, j) = \left((j-1)2^{-n}, j2^{-n}\right], \quad f_j^{(n)} = \chi_{E(n,j)} (j = 1, 2, \cdots, 2^n),$$

其中 $n = 1, 2, \cdots$. 因为

$$[2, +\infty) = \bigcup_{n=1}^{\infty} [2^n, 2^{n+1}),$$

所以, 对任意的正整数 k, 存在唯一的正整数 n 及唯一的 $j \in \{1, 2, 3, \cdots, 2^n\}$ 使得 $k + 1 = 2^n + j - 1$, 即 $k = 2^n - 2 + j$. 设 $\varphi_k = f_j^{(n)}$, 则得到 E 上的简单函数列 $\{\varphi_k\}$, 它们依次为

$$f_1^{(1)}, f_2^{(1)};\ f_1^{(2)}, f_2^{(2)}, f_3^{(2)}, f_4^{(2)};\ \cdots;\ f_1^{(n)}, f_2^{(n)}, f_3^{(n)}, \cdots, f_{2^n}^{(n)}; \cdots.$$

结论 1 $\varphi_k \Rightarrow 0$ 于 E. 事实上, 对任意的 $\sigma > 0$ 及正整数 $k = 2^n - 2 + j$, 当 $0 < \sigma \leqslant 1$ 时, $E[|\varphi_k - 0| \geqslant \sigma] = E(n, j)$; 当 $\sigma > 1$ 时, $E[|\varphi_k - 0| \geqslant \sigma] = \varnothing$. 于是

$$\mathrm{m}E[|\varphi_k - 0| \geqslant \sigma] \leqslant \mathrm{m}E(n, j) = 2^{-n} \to 0 (k \to \infty).$$

因此, $\varphi_k \Rightarrow 0$ 于 E.

结论 2 $\forall x\in E, \lim\limits_{k\to\infty}\varphi_k(x)$ 不存在, 从而 $\{\varphi_k\}$ 不在 $E=(0,1]$ 上几乎处处收敛于 0. 事实上, 由于

$$E=\bigcup_{j=1}^{2^n}E(n,j)(n=1,2,\cdots),$$

所以, 对任一 $x_0\in E$ 及任一正整数 n, 存在唯一的 $j_n\in\{1,2,3,\cdots,2^n\}$ 使得 $x_0\in E(n,j_n)$. 因此,

$$\varphi_{2^n-2+j_n}(x_0)=1(n=1,2,\cdots).$$

于是 $\lim\limits_{n\to\infty}\varphi_{2^n-2+j_n}(x_0)=1$. 另一方面, 记

$$i_n=\begin{cases}2, & j_n=1,\\ j_n-1, & j_n>1,\end{cases}$$

则 $x_0\notin E(n,i_n)$, 从而 $\varphi_{2^n-2+i_n}(x_0)=0(n=1,2,\cdots)$. 于是 $\lim\limits_{n\to\infty}\varphi_{2^n-2+i_n}(x_0)=0$. 故数列 $\{\varphi_k(x_0)\}$ 不收敛.

虽然, 依测度收敛的函数列不一定几乎处处收敛, 但有以下重要定理.

定理 4.4.2 (里斯 (Riesz) 定理) 若 $f_n\Rightarrow f$ 于 E, 则必有子列 $\{f_{n_i}\}$ 在 E 上几乎处处收敛于 f.

证明 因为 $f_n\Rightarrow f$ 于 E, 所以对 $\varepsilon=2^{-i}$ 及 $\sigma=i^{-1}$, 存在正整数 n_i 使得

$$\mathrm{m}E\left[|f_{n_i}-f|\geqslant i^{-1}\right]<2^{-i}(i=1,2,\cdots),$$

并且满足 $n_1<n_2<\cdots<n_i<\cdots$. 对任意 $\sigma>0$, 当 $N>\sigma^{-1}$ 时, 对任一正整数 $i\geqslant N$, 有 $i^{-1}<\sigma$, 从而

$$E_i(\sigma):=E[|f_{n_i}-f|\geqslant\sigma]\subset E\left[|f_{n_i}-f|\geqslant i^{-1}\right]=E_i\left(i^{-1}\right).$$

于是, 当 $N>\sigma^{-1}$ 时, 有

$$\mathrm{m}\bigcup_{i=N}^{\infty}E_i(\sigma)\leqslant\mathrm{m}\bigcup_{i=N}^{\infty}E_i\left(i^{-1}\right)\leqslant\sum_{i=N}^{\infty}\frac{1}{2^i}=\frac{1}{2^{N-1}}\to 0(N\to\infty).$$

从而 $\lim\limits_{N\to\infty}\mathrm{m}\bigcup\limits_{i=N}^{\infty}E_i(\sigma)=0$. 由注 4.3.1 知: $\{f_{n_i}\}$ 在 E 上几乎处处收敛于 f. 证毕.

在数学分析中, 我们知道: 收敛数列的极限是唯一的. 在 4.3 节中, 我们知道: 几乎处处收敛的函数列的极限函数在对等的意义下也是唯一的. 一个自然的问题是: 在依测度收敛的意义下, 极限函数唯一吗? 下面的定理肯定地回答了这一问题.

定理 4.4.3 如果 $f_n\Rightarrow f$ 于 E 且 $f_n\Rightarrow g$ 于 E, 则在 E 上有 $f\sim g$.

证明 容易看出

$$E[f \neq g] = \bigcup_{n=1}^{\infty} E\left[|f-g| \geqslant \frac{1}{n}\right],$$

从而

$$\mathrm{m}E[f \neq g] \leqslant \sum_{n=1}^{\infty} \mathrm{m}E\left[|f-g| \geqslant n^{-1}\right].$$

于是, 只要证明: 对任意 $\sigma > 0$, 都有 $\mathrm{m}E[|f-g| \geqslant \sigma] = 0$. 由于

$$|f-g| \leqslant |f-f_n| + |f_n - g|,$$

所以对任意 $\sigma > 0$, 有

$$E[|f-g| \geqslant \sigma] \subset E\left[|f_n - f| \geqslant \sigma/2\right] \bigcup E\left[|f_n - g| \geqslant \sigma/2\right],$$

从而

$$0 \leqslant \mathrm{m}E[|f-g| \geqslant \sigma] \leqslant \mathrm{m}E\left[|f_n - f| \geqslant \sigma/2\right] + \mathrm{m}E\left[|f_n - g| \geqslant \sigma/2\right] \to 0(n \to \infty).$$

从而 $\mathrm{m}E[|f-g| \geqslant \sigma] = 0$. 因此, 在 E 上 $f \sim g$. 证毕.

如果将相互对等的函数不加区别, 那么由定理 4.4.3 可知: 依测度收敛的函数列的极限函数是唯一的.

依测度收敛性有下述运算性质.

定理 4.4.4 设 $f_n \Rightarrow f$ 于 E 且 $g_n \Rightarrow g$ 于 E, 则

(1) $\forall \alpha, \beta \in \mathbf{R}$, $\alpha f_n + \beta g_n \Rightarrow \alpha f + \beta g$ 于 E;

(2) 当 $\mathrm{m}E < +\infty$ 时, 对任一在 E 上 a.e. 有限的可测函数 h, 有

$$f_n \cdot h \Rightarrow f \cdot h \text{于} E;$$

(3) 当 $f = 0$ 时, $f_n^2 \Rightarrow 0$ 于 E;

(4) 当 $\mathrm{m}E < +\infty$ 时, $f_n \cdot g_n \Rightarrow f \cdot g$ 于 E.

证明 (1) 对任意的 $\sigma > 0$, 由于

$$\begin{aligned}|\alpha f_n + \beta g_n - \alpha f - \beta g| &\leqslant |\alpha||f_n - f| + |\beta||g_n - g| \\ &\leqslant (|\alpha|+1)|f_n - f| + (|\beta|+1)|g_n - g|,\end{aligned}$$

所以

$$E[|\alpha f_n + \beta g_n - \alpha f - \beta g| \geqslant \sigma]$$

$$\subset E\left[(|\alpha|+1)|f_n-f|\geqslant\frac{\sigma}{2}\right]\bigcup E\left[(|\beta|+1)|g_n-g|\geqslant\frac{\sigma}{2}\right]$$

$$=E\left[|f_n-f|\geqslant\frac{\sigma}{2(|\alpha|+1)}\right]\bigcup E\left[|g_n-g|\geqslant\frac{\sigma}{2(|\beta|+1)}\right].$$

因此

$$\begin{aligned}&\mathrm{m}E[|\alpha f_n+\beta g_n-\alpha f-\beta g|\geqslant\sigma]\\ \leqslant&\mathrm{m}E\left[|f_n-f|\geqslant\frac{\sigma}{2(|\alpha|+1)}\right]+\mathrm{m}E\left[|g_n-g|\geqslant\frac{\sigma}{2(|\beta|+1)}\right]\\ \to&0(n\to\infty).\end{aligned}$$

从而

$$\mathrm{m}E[|\alpha f_n+\beta g_n-\alpha f-\beta g|\geqslant\sigma]\to0(n\to\infty).$$

故 $\alpha f_n+\beta g_n\Rightarrow\alpha f+\beta g$ 于 E.

(2) 由于 h 在 E 上几乎处处有限, 所以 $\mathrm{m}E[|h|=+\infty]=0$. 又因为

$$E[|h|=+\infty]=\bigcap_{k=1}^{\infty}E[|h|\geqslant k]=\lim_{k\to\infty}E[|h|\geqslant k],$$

$E[|h|\geqslant k]\supset E[|h|\geqslant k+1](k=1,2,\cdots)$ 且 $\mathrm{m}E<+\infty$, 所以由定理 3.2.6 知

$$0=\mathrm{m}\bigcap_{k=1}^{\infty}E[|h|\geqslant k]=\mathrm{m}\lim_{k\to\infty}E[|h|\geqslant k]=\lim_{k\to\infty}\mathrm{m}E[|h|\geqslant k].$$

因此, 对于任意 $\varepsilon>0$, 存在正整数 k 使得

$$\mathrm{m}E[|h|\geqslant k]<\frac{\varepsilon}{2}. \tag{4.4.2}$$

因为 $f_n\Rightarrow f$ 于 E, 所以对任意 $\sigma>0$, 存在正整数 N 使得当 $n>N$ 时, 有

$$\mathrm{m}E\left[|f_n-f|\geqslant\frac{\sigma}{k}\right]<\frac{\varepsilon}{2}. \tag{4.4.3}$$

又因为, 当 $|h(x)|<k$ 且 $|f_n(x)-f(x)|<\dfrac{\sigma}{k}$ 时, 有

$$|f_n(x)h(x)-f(x)h(x)|=|h(x)||f_n(x)-f(x)|<\sigma,$$

所以

$$E[|f_n\cdot h-f\cdot h|\geqslant\sigma]\subset E[|h|\geqslant k]\bigcup E\left[|f_n-f|\geqslant\frac{\sigma}{k}\right],$$

因此, 当 $n>N$ 时, 由式 (4.4.2) 及 (4.4.3) 知

$$\mathrm{m}E[|f_n\cdot h-f\cdot h|\geqslant\sigma]\leqslant\mathrm{m}E[|h|\geqslant k]+\mathrm{m}E\left[|f_n-f|\geqslant\frac{\sigma}{k}\right]<\varepsilon.$$

这就证明了

$$\lim_{n\to\infty} mE[|f_n\cdot h-f\cdot h|\geqslant\sigma]=0.$$

因此 $f_n\cdot h\Rightarrow f\cdot h$ 于 E.

(3) 由等式

$$E[|f_n^2-0|\geqslant\sigma]=E[|f_n-0|\geqslant\sqrt{\sigma}](\forall\sigma>0)$$

可知.

(4) 由于 $f_n\Rightarrow f$ 于 E 且 $g_n\Rightarrow g$ 于 E, 所以

$$f_n-f\Rightarrow 0\text{于}E\text{且}g_n-g\Rightarrow 0\text{于}E.$$

从而, 由 (1) 及 (3) 知

$$(f_n-f+g_n-g)^2\Rightarrow 0\text{于}E\text{且}(f_n-f-g_n+g)^2\Rightarrow 0\text{于}E.$$

再由 (1) 知

$$h_n:=\frac{1}{4}\left[(f_n-f+g_n-g)^2-(f_n-f-g_n+g)^2\right]\Rightarrow 0\text{于}E.$$

又由 (2) 及 (1) 知

$$l_n:=f\cdot(g_n-g)+g\cdot(f_n-f)\Rightarrow 0\text{于}E.$$

最后, 再由等式

$$\begin{aligned}f_n\cdot g_n-f\cdot g=&(f_n-f)(g_n-g)+f\cdot(g_n-g)+g\cdot(f_n-f)\\=&h_n+l_n\end{aligned}$$

及 (1) 可知 $f_n\cdot g_n-f\cdot g\Rightarrow 0$ 于 E, 即 $f_n\cdot g_n\Rightarrow f\cdot g$ 于 E. 证毕.

习 题 4.4

1. 证明: 设 f 与 f_n $(n=1,2,\cdots)$ 都是可测集 E 上的几乎处处有限的可测函数, 则 $f_n\Rightarrow f$ 于 E 当且仅当对任意 $\sigma>0$, 有 $\lim\limits_{n\to\infty} mE[|f_n-f|>\sigma]=0$.

2. 若 $f_n\Rightarrow f$ 于 E, 证明: $|f_n|\Rightarrow|f|$ 于 E.

3. 设 $f_n\to f$ a.e. 于 E, 且 $f_n\Rightarrow g$ 于 E, 证明: 在 E 上 $f\sim g$.

4. 设 $f_n\Rightarrow f$ 于 E 且 $f_n(x)\leqslant g(x)(n=1,2,\cdots)$ 在 E 上几乎处处成立, 证明: 不等式 $f(x)\leqslant g(x)$ 在 E 上几乎处处成立.

5. 设 f 与 f_n $(n=1,2,\cdots)$ 都是可测集 E 上的几乎处处有限的可测函数, 且 $f_n^2\Rightarrow f^2$ 于 E, 证明: 若 $a:=\inf\limits_{x\in E}|f(x)|>0$, 则 $|f_n|\Rightarrow|f|$ 于 E.

6. 设 $f_n \Rightarrow f$ 于 E 且 $f_n(x) \leqslant f_{n+1}(x)$ a.e. 于 $E(n=1,2,\cdots)$, 证明: $\{f_n\}$ 在 E 上几乎处处收敛于 f.

7. 设 $\mathrm{m}E<+\infty$, f 及 $f_n(n=1,2,\cdots)$ 都是 E 上的几乎处处有限的可测函数, 证明: 函数列 $\{f_n\}$ 在 E 上依测度收敛于 f 的充分必要条件是: $\{f_n\}$ 的任一子列 $\{f_{n_k}\}$ 都有子列 $\{f_{n_{k_i}}\}$ 在 E 上几乎处处收敛于 f.

8. 证明: 若函数列 $\{f_n\}$ 在 E 上依测度收敛于 f 且 $f\sim g$ 于 E, 则 $\{f_n\}$ 在 E 上依测度收敛于 g.

4.5 鲁 金 定 理

我们知道, 可测集上的连续函数是可测函数, 而可测函数未必是连续函数. 从而, 可测函数是连续函数的推广. 本节的鲁金 (Lusin) 定理揭示了连续函数与可测函数之间的深刻关系, 它说明在 "测度意义" 下可测函数可以用连续函数去 "逼近". 从而, 可以用较为熟悉的连续函数去把握比较抽象的可测函数, 并在某些场合可以适当地把可测函数转化为连续函数.

引理 4.5.1 设 f 在闭集 F_k 上连续 $(k=1,2,\cdots,n)$ 且 $F_i\bigcap F_j=\varnothing(i\neq j)$, 则 f 在 $F=\bigcup\limits_{k=1}^{n}F_k$ 上连续.

证明 应用定理 2.5.4 及数学归纳法. 证毕.

例 4.5.1 若 $a<b<c<d$, 则函数 $f(x)=\chi_{[a,b]}(x)+\chi_{[c,d]}(x)$ 在 $E=[a,\ b]\bigcup[c,\ d]$ 上连续.

例 4.5.2 设 F_k 为闭集 $(k=1,2,\cdots,n)$ 且两两互不相交, 则简单函数

$$f(x)=\sum_{k=1}^{n}c_k\chi_{F_k}(x)$$

在闭集 $F=\bigcup\limits_{k=1}^{n}F_k$ 上连续.

注 4.5.1 由引理 4.5.1 知, 在有限个互不相交的闭集上连续的函数在它们的并集上也连续. 但这一结论对无限个闭集不成立.

例 4.5.3 设

$$F=\left\{0,1,\frac{1}{2},\frac{1}{3},\cdots,\frac{1}{n},\cdots\right\},\quad F_0=\{0\},\quad F_k=\left\{\frac{1}{k}\right\}(\text{单点集}),$$

则每个 F_k 都为闭集、互不相交, 且 $F=\bigcup\limits_{k=0}^{\infty}F_k$. 定义函数 $f:F\to\mathbf{R}$ 如下:

$$f(0)=1,\quad f\left(\frac{1}{k}\right)=\frac{1}{k},\quad k=1,2,\cdots.$$

则 f 在每个 F_k 上都连续, 但 f 在 F 上不连续, 这是由于 $\lim\limits_{k\to\infty} f\left(\dfrac{1}{k}\right) \neq f(0)$.

但是, 我们有以下结论.

引理 4.5.2 设 F_α 为 $\mathbf{R}^n$ 中的点集且函数 $f: F_\alpha \to \mathbf{R}(\alpha \in I)$ 连续, 并且对任意 $\alpha \in I$ 存在 $d_\alpha > 0$ 使得 $\rho(F_\alpha, F_\beta) > d_\alpha$ $(\alpha \neq \beta)$, 则 $f: F \to \mathbf{R}$ 连续, 其中 $F = \bigcup\limits_{\alpha\in I} F_\alpha$.

证明 任取一点 $x_0 \in F$, 则存在 $\alpha \in I$ 使得 $x_0 \in F_\alpha$. 由于函数 f 在 F_α 上连续, 则对任意 $\varepsilon > 0$, 存在 $0 < \delta < d_\alpha$ 使得当 $x \in B(x_0, \delta) \bigcap F_\alpha$ 时, 有

$$|f(x) - f(x_0)| < \varepsilon.$$

由 d_α 的性质知, $B(x_0,\delta)\bigcap F = B(x_0,\delta)\bigcap F_\alpha$. 于是当 $x \in B(x_0,\delta)\bigcap F$ 时, 有

$$|f(x) - f(x_0)| < \varepsilon.$$

因此, 函数 $f: F \to \mathbf{R}$ 在 x_0 处连续. 证毕.

推论 4.5.1 设 $F_i \subset B(0,i)\backslash B(0,i-1)$ 为闭集且 f 在 F_i $(i = 1, 2, \cdots)$ 上连续, 则 f 在 $F = \bigcup\limits_{k=1}^{\infty} F_k$ 上连续且 F 为闭集.

证明 显然, 有

$$\rho(F_i, F_{i+2}) \geqslant 1 \text{且} \rho(F_i, F_{i+1}) > 0 \ (i = 1, 2, \cdots). \tag{4.5.1}$$

于是

$$d_1 := \frac{1}{2}\min\{1, \rho(F_1, F_2)\} > 0,$$

$$d_i := \frac{1}{2}\min\{1, \rho(F_i, F_{i-1}), \rho(F_i, F_{i+1})\} > 0 \ (i \geqslant 2),$$

并且满足 $\rho(F_i, F_j) > d_i$ $(i \neq j)$. 从而, 由引理 4.5.2 知, f 在 $F = \bigcup\limits_{k=1}^{\infty} F_k$ 上连续. 设 $x_0 \in \overline{F}$, 则存在点列 $\{x_n\} \subset F$ 使得 $x_n \to x_0$ $(n \to \infty)$. 从而, 存在自然数 N 使得当 $m, n \geqslant N$ 时, 有 $d(x_m, x_n) < 1$. 特别地, 有 $d(x_n, x_N) < 1$ $(n \geqslant N)$. 不妨设 $x_n \in F_{i_n}$, $n = 1, 2, \cdots$, 从而

$$\rho(F_{i_n}, F_{i_N}) \leqslant d(x_n, x_N) < 1 \ \ (n \geqslant N). \tag{4.5.2}$$

由式 (4.5.1) 和 (4.5.2) 知, 当 $n \geqslant N$ 时, $i_n = i_N \pm 1$ 或 i_N. 于是, 当 $n \geqslant N$ 时, 有

$$x_n \in F_{i_n} \subset F_{i_N - 1}\bigcup F_{i_N}\bigcup F_{i_N+1}.$$

由于 $F_{i_N-1}\bigcup F_{i_N}\bigcup F_{i_N+1}$ 为闭集, 所以 $x_0 \in F_{i_N-1}\bigcup F_{i_N}\bigcup F_{i_N+1} \subset F$. 这就证明了 F 为闭集 (图 4-2). 证毕.

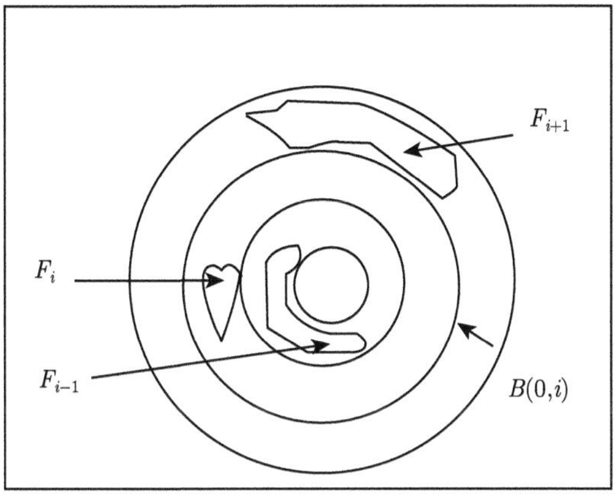

图 4-2

定理 4.5.1 (鲁金定理) 设函数 f 在 E 上几乎处处有限且可测, 则 $\forall\delta>0$, 存在闭集 $E_\delta\subset E$ 使得 f 在 E_δ 上连续且 $\mathrm{m}(E\backslash E_\delta)<\delta$.

证明 以下我们分两种情况来讨论.

情况 1 设 E 有界. 此时, 又分两种情况.

情况 1.1 如果 $f=\sum\limits_{k=1}^{n}c_k\chi_{E_k}$ 为 E 上的简单函数, 则由定理 3.4.3 知: 对任意 $\delta>0$, 存在闭集 $F_k\subset E_k(k=1,2,\cdots,n)$ 使得 $\mathrm{m}(E_k\backslash F_k)<\dfrac{\delta}{n}$. 令 $E_\delta=\bigcup\limits_{k=1}^{n}F_k$, 则 $E_\delta\subset E$ 为闭集且闭集 $\mathrm{m}(E\setminus E_\delta)=\sum\limits_{k=1}^{n}m(E_k\setminus F_k)<\delta$. 显然, 每个 F_k 为有界闭集且 f 在每个 F_k 上连续 (因为 f 在 F_k 上为常数). 从而, 由引理 4.5.1 可知: 函数 f 在 E_δ 上连续.

情况 1.2 如果 f 为一般的可测函数, 则存在简单函数列 $\{\phi_n\}$ 使得对任意 $x\in E$, 有 $f(x)=\lim\limits_{n\to\infty}\phi_n(x)$. 因为 $\mathrm{m}E<\infty$, 所以根据 Egroff 定理知, 对任意 $\delta>0$, 存在 $E_\delta^*\subset E$ 使得 $\{\phi_n\}$ 在 E_δ^* 上一致收敛于 f 且 $\mathrm{m}(E\backslash E_\delta^*)<\dfrac{\delta}{2}$. 又因为每个 ϕ_n 都是 E_δ^* 上的简单函数, 所以由情形 1.1 知: 对每个 n, 存在闭集 $E_n\subset E_\delta^*$ 使得 ϕ_n 在 E_n 上连续且

$$\mathrm{m}(E_\delta^*\backslash E_n)<\frac{\delta}{2^{n+1}}.$$

令 $E_\delta=\bigcap\limits_{n=1}^{\infty}E_n$, 则 $E_\delta\subset E_\delta^*$ 为闭集且 $\phi_n(n=1,2,\cdots)$ 在 E_δ 上连续 (图 4-3). 容易看出, 函数列 $\{\phi_n\}$ 在 E_δ 上一致收敛于 f. 从而, f 在 E_δ 上连续 (习题 2.5 第 8 题), 并且

$$\mathrm{m}(E\backslash E_\delta)=\mathrm{m}[(E\backslash E_\delta^*)\bigcup(E_\delta^*\backslash E_\delta)]$$

$$=\mathrm{m}\left[(E\backslash E_\delta^*)\bigcup\left(\bigcup_{n=1}^{\infty}(E_\delta^*\backslash E_n)\right)\right]$$

$$\leqslant\mathrm{m}(E\backslash E_\delta^*)+\sum_{n=1}^{\infty}\mathrm{m}(E_\delta^*\backslash E_n)$$

$$<\frac{\delta}{2}+\sum_{n=1}^{\infty}\frac{\delta}{2^{n+1}}$$

$$=\delta.$$

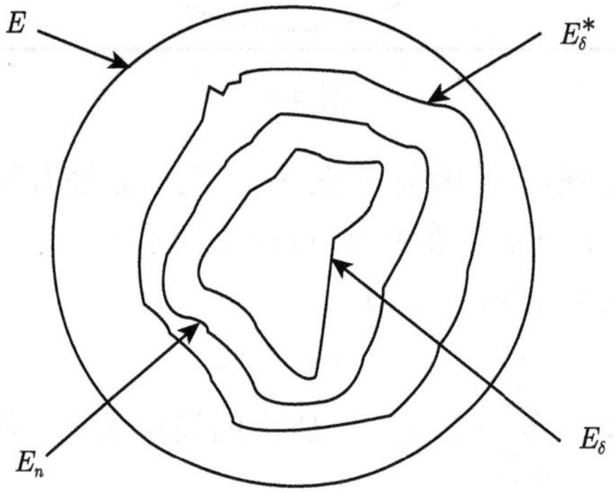

图 4-3

情况 2 当 E 无界时, 对 $n\in\mathbf{Z}^+$, 我们记 $E_n=E\bigcap[B(0,n)\backslash B(0,n-1)]$.

显然, $E=\bigcup\limits_{n=1}^{\infty}E_n$ 且每个 E_n 均是有界可测集. 同时, f 在每个 E_n 上可测且几乎处处有限. 根据情况 1 可知: 对任意 $\delta>0$, 存在闭集 $F_n\subset E_n$ 使得 f 在 F_n 上连续且

$$\mathrm{m}(E_n\backslash F_n)<\frac{\delta}{2^{n+1}}\ \ (n=1,2,\cdots).$$

令 $E_\delta=\bigcup\limits_{n=1}^{\infty}F_n$, 则由推论 4.5.1 知: E_δ 为闭集且 f 在 E_δ 上连续. 同时, 有

$$\mathrm{m}(E\backslash E_\delta)\leqslant\mathrm{m}\bigcup_{n=1}^{\infty}(E_n\backslash F_n)\leqslant\sum_{n=1}^{\infty}\mathrm{m}(E_n\backslash F_n)\leqslant\frac{\delta}{2}<\delta.$$

证毕.

下面的定理说明鲁金定理的逆定理也成立.

定理 4.5.2 设 $E\subset\mathbf{R}^n$ 可测, 函数 $f:E\to[-\infty,\ +\infty]$ 满足: 对任意 $\delta>0$, 存在可测集 $E_\delta\subset E$ 使得 f 在 E_δ 上连续且 $\mathrm{m}(E\backslash E_\delta)<\delta$, 则 f 在 E 上可测且几乎处处有限.

证明 由已知条件知: 对任意正整数 n, 存在可测集 $E_n \subset E$ 使得 f 在 E_n 上连续 (从而可测且处处有限), 且 $\mathrm{m}(E\backslash E_n) < n^{-1}$. 令 $F = \bigcup\limits_{n=1}^{\infty} E_n$, 则 F 可测并且 f 在 F 上可测且处处有限. 由于

$$0 \leqslant \mathrm{m}(E\backslash F) \leqslant \mathrm{m}(E\backslash E_n) < n^{-1} \to 0(n \to \infty),$$

所以 $\mathrm{m}(E\backslash F) = 0$. 从而, f 在 $E\backslash F$ 上可测. 因此, f 在 E 上可测且几乎处处有限. 证毕.

由定理 4.5.1 与定理 4.5.2 可得以下结论, 它揭示了可测函数的本质特性.

定理 4.5.3 设 f 为定义在可测集 $E \subset \mathbf{R}^n$ 上的广义实值函数, 则 f 在 E 上可测且几乎处处有限的充要条件是: f 在 E 上 "基本上连续", 即对任意 $\delta > 0$, 存在闭集 $E_\delta \subset E$ 使得 f 在 E_δ 上连续且 $\mathrm{m}(E\backslash E_\delta) < \delta$.

应用定理 4.5.1, 我们可得下面的结果, 它表明直线上几乎处处有限的可测函数 "基本上等于" 一个在整个直线上处处连续的函数.

定理 4.5.4 设函数 f 在 $E \subset \mathbf{R}$ 上可测且几乎处处有限, 则对任意 $\delta > 0$, 存在闭集 $F_\delta \subset E$ 及 $\mathbf{R}$ 上的连续函数 g 满足下列条件:

(1) $\forall x \in F_\delta,\ f(x) = g(x)$;

(2) $\mathrm{m}(E\backslash F_\delta) < \delta$;

(3) $\sup g(\mathbf{R}) = \sup f(F_\delta)$ 且 $\inf g(\mathbf{R}) = \inf f(F_\delta)$.

证明 由鲁金定理知, 对任意 $\delta > 0$, 存在闭集 $F_\delta \subset E$ 使得 $\mathrm{m}(E\backslash F_\delta) < \delta$ 且 f 在 F_δ 上连续. 如果 $F_\delta = \mathbf{R}$, 则取 $g = f$ 即可. 如果 $F_\delta \neq \mathbf{R}$, 则 $F_\delta^c = \mathbf{R}\backslash F_\delta$ 为非空开集. 于是, 由实直线上开集的构造定理知: F_δ^c 可表示成它的构成区间 $(a_i,\ b_i)\ (i \in I)$ 之并 (这里 $I \subset \mathbf{N}$), 即 $F_\delta^c = \bigcup\limits_{i \in I} (a_i,\ b_i)$. 现在, 我们定义函数 $g: \mathbf{R} \to \mathbf{R}$ 如下 (图 4-4):

$$g(x) = \begin{cases} f(x), & x \in F_\delta, \\ \dfrac{f(b_i) - f(a_i)}{b_i - a_i}(x - a_i) + f(a_i), & x \in (a_i, b_i),\ a_i, b_i \in \mathbf{R}, \\ f(a_i), & x \in (a_i, b_i),\ -\infty < a_i < b_i = +\infty, \\ f(b_i), & x \in (a_i, b_i),\ -\infty = a_i < b_i < +\infty. \end{cases}$$

容易验证: 函数 g 在 $\mathbf{R}$ 上的连续且对任意 $x \in F_\delta$, 有 $f(x) = g(x)$. 从而, 函数 g 满足条件 (1) 和 (2). 再由 g 的定义不难看出: 对任意 $x \in \mathbf{R}$, 存在 $a, b \in F_\delta$ 使得 $f(a) \leqslant g(x) \leqslant f(b)$, 从而

$$\inf f(F_\delta) \leqslant f(a) \leqslant g(x) \leqslant f(b) \leqslant \sup f(F_\delta).$$

于是

$$\inf f(F_\delta) \leqslant \inf g(\mathbf{R}) \leqslant \sup g(\mathbf{R}) \leqslant \sup f(F_\delta).$$

从而

$$\inf g(\mathbf{R}) \leqslant \inf g(F_\delta) = \inf f(F_\delta) \leqslant \inf g(\mathbf{R})$$

且

$$\sup g(\mathbf{R}) \leqslant \sup f(F_\delta) = \sup g(F_\delta) \leqslant \sup g(\mathbf{R}).$$

因此, 条件 (3) 也满足. 证毕.

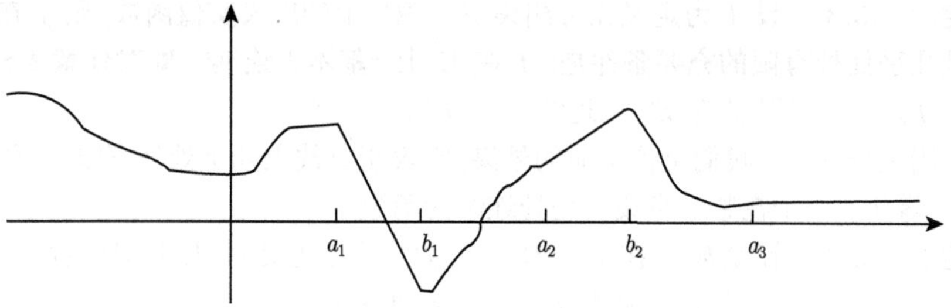

$F_\delta^c=(a_1,b_1)\cup(a_2,b_2)\cup(a_3,+\infty)$

图 4-4

习　题　4.5

1. 设 $F_{i,j} \subset [i, i+1) \times [j, j+1)(i, j \in \mathbf{Z})$ 为闭集, 证明: $F = \bigcup\limits_{(i,j)\in\mathbf{Z}} F_{i,j}$ 为闭集. 又若 $f_{i,j} : F_{i,j} \to \mathbf{R}(i, j \in \mathbf{Z})$ 是连续函数且 $f(x) = f_{i,j}(x)(\forall x \in F_{i,j})$, 则 $f : F \to \mathbf{R}$ 是连续函数.

2. 试在闭区间 [0, 1] 上作一个可测函数 f, 使得对任何连续函数 g 都有 $\mathrm{m}E[f \neq g] > 0$.

3. 设 $\mathrm{m}E < +\infty$, $|f(x)| < +\infty$ a.e. 于 E 且 $\{f_n\}$ 是 E 上的一列几乎处处有限的可测函数. 证明: 若 $\lim\limits_{n\to\infty} f_n(x) = f(x)$ a.e. 于 E, 则对任一 $\delta > 0$, 存在闭集 $A_\delta \subset E$ 及 A_δ 上的连续函数 g_δ 使得 $\mathrm{m}(E\backslash A_\delta) < \delta$ 且

$$|f_n(x)| \leqslant g_\delta(x) < +\infty(\forall x \in A_\delta, \forall n \in \mathbf{Z}^+).$$

4. 设 $\mathrm{m}E < +\infty$, $|f(x)| < +\infty$ a.e. 于 E 且 $\{f_n\}$ 是 E 上的一列几乎处处有限的可测函数, 证明: 如果 $\lim\limits_{n\to\infty} f_n(x) = f(x)$ a.e. 于 E, 则对任一 $\delta > 0$, 存在闭集 $E_0 \subset E$ 及常数 $M > 0$ 使得 $\mathrm{m}(E\backslash E_0) < \delta$ 且

$$|f_n(x)| \leqslant M(\forall x \in E_0, \forall n \in \mathbf{Z}^+).$$

5. 证明: 函数 f 在 $[a, b]$ 上可测的充分条件是存在 $[a, b]$ 上的多项式序列 $\{P_n\}$ 使得 $\{P_n\}$ 几乎处处收敛于 f.

总练习题 4

1. 设函数 f 在 $[a,\ b]$ 上的导函数 f' 存在, 证明: f' 是 $[a,\ b]$ 上的可测函数.

2. 设 f 是 $E\subset\mathbf{R}$ 上的可测函数, $G\subset\mathbf{R}$ 是开集, $F\subset\mathbf{R}$ 是闭集, 试问: 点集

$$f^{-1}(G)=\{x\in E: f(x)\in G\}\text{与}f^{-1}(F)=\{x\in E: f(x)\in F\}$$

是否一定可测?

3. 设 f 是 $\mathbf{R}$ 上的连续函数, g 是 $[a,\ b]$ 上的有限值可测函数, 试证: $f\circ g$ 是 $[a,\ b]$ 上的可测函数.

4. 鲁金定理结论中的 $\mathrm{m}(E\backslash E_\delta)<\delta$ 是否可改为 $\mathrm{m}E=\mathrm{m}E_\delta$?

5. 证明: 若 $f_n(x)=\sin^n x(n=1,2,\cdots)$, 则函数列 $\{f_n\}$ 在 $\mathbf{R}$ 上几乎处处收敛于 0.

6. 证明: 若函数列 $\{f_n\}$ 在 E 上近似一致收敛于 f, 则函数列 $\{f_n\}$ 在 E 上依测度收敛于 f.

7. 试作一个在 E 上依测度收敛的连续函数列, 但此函数列在 E 的每一点都不收敛.

第 5 章　勒贝格积分

黎曼积分 (Riemann integral) 是数学分析的重要内容, 它在理论和应用方面都占有重要的地位. 然而, 黎曼可积函数的间断点不能太多. 就是说, 可积函数类太窄 (基本上只有连续函数), 被积函数的定义域也要求比较规则, 不能满足现代数学和物理学的要求; 其次, 在应用积分与极限交换次序这一重要数学方法方面, 黎曼积分一般要求被积函数列一致收敛, 这也过于苛刻, 以致许多重要的数学理论问题得不到完善的解决 (例如, 微分与积分的关系、某些函数空间的完备性等).

建立勒贝格积分的传统方法有两种: "上下积分法"[2,3] 与 "简单函数法"[4,5]. 前一种方法的优点是与黎曼积分进行类比, 能体现实变函数论与数学分析的联系, 但其缺点是: 通常的数学分析并没有应用上下积分定义黎曼积分; 后一种方法的优点是体现了简单函数的逼近作用, 其缺点是: 步骤太多, 相同形式的定理多次出现. 两种方法的共同不足是: 没有很好地应用勒贝格测度的性质研究勒贝格积分的性质. 为了克服这些不足, 本章将提出一种新的定义勒贝格积分的方法 —— 下方图形法. 首先, 对于可测集 $E\subset \mathbf{R}^n$ 上的非负可测函数 f, 证明 f 的下方图形 $G(f,E)$ 是 $\mathbf{R}^{n+1}$ 中的勒贝格可测集; 然后, 定义 f 的勒贝格积分为 $G(f,E)$ 的勒贝格测度; 利用测度的性质, 证明这种新的定义与传统定义是等价的. 这种新定义不仅使得勒贝格积分具有非常明显的几何意义, 而且使得 "莱维 (Levi) 定理" "关于积分域的可数可加性定理" 等重要结论都成为 "测度与极限换序定理" 的直接推论.

5.1　非负可测函数的积分

5.1.1　定义与例子

定义 5.1.1　设 f 是可测集 $E\subset \mathbf{R}^n$ 上的非负可测函数, 则称点集

$$G(f,E):=\{(x,z):0\leqslant z<f(x),x\in E\} \tag{5.1.1}$$

为函数 f 的**下方图形**(Lower graph). 如图 5-1 所示.

引理 5.1.1　设 f 是可测集 $E\subset \mathbf{R}^n$ 上的非负可测函数, 则 f 的下方图形是 $\mathbf{R}^{n+1}$ 中的可测集.

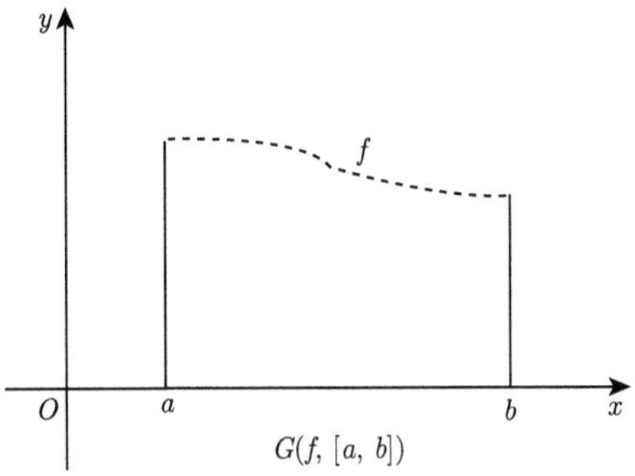

图 5-1

证明 由可测函数与简单函数的关系可知：存在 E 上的非负简单函数的递增列 $\{\varphi_k\}$ 使得

$$f(x)=\lim_{k\to\infty}\varphi_k(x)(\forall x\in E). \tag{5.1.2}$$

显然

$$G(\varphi_k,E)\subset G(\varphi_{k+1},E),\quad G(f,E)\supset\bigcup_{k=1}^{\infty}G(\varphi_k,E). \tag{5.1.3}$$

设 $(x,z)\in G(f,E)$, 则 $x\in E$ 且 $z<f(x)$. 由式 (5.1.2) 及极限的保号性知：存在 k 使得

$$z<\varphi_k(x)<f(x).$$

因此, $(x,z)\in G(\varphi_k,E)$. 可见, $G(f,E)\subset\bigcup\limits_{k=1}^{\infty}G(\varphi_k,E)$. 这就证明了

$$G(f,E)=\bigcup_{k=1}^{\infty}G(\varphi_k,E)=\lim_{k\to\infty}G(\varphi_k,E). \tag{5.1.4}$$

由此可见, 只需证明：当 φ 为 E 上的非负简单函数时, 其下方图形可测. 为此, 设 $\varphi=\sum\limits_{i=1}^{d}c_i\chi_{E_i}$ 其中 $c_i\geqslant 0$, E_i 非空、可测、互不相交且 $E=\bigcup\limits_{i=1}^{d}E_i$, 则

$$G(\varphi,E)=\bigcup_{i=1}^{d}G(c_i,E_i)=\bigcup_{i=1}^{d}E_i\times[0,c_i). \tag{5.1.5}$$

由式 (5.1.5) 及定理 3.4.8 可知: $G(\varphi,E)$ 可测. 证毕.

注 5.1.1 根据引理 5.1.1 及式 (5.1.3) 与 (5.1.4) 可知：当 f 是可测集 $E\subset\mathbf{R}^n$ 上的非负可测函数时, 有

$$\mathrm{m}G(f,E)=\lim_{k\to\infty}\mathrm{m}G(\varphi_k,E), \tag{5.1.6}$$

其中 $\{\varphi_k\}$ 为 E 上的非负简单函数的递增列且使得式 (5.1.2) 成立.

注 5.1.2 根据等式 (5.1.5) 与定理 3.4.7 可知：当 $\varphi=\sum\limits_{i=1}^{d}c_i\chi_{E_i}$ 为 E 上的非负简单函数时, 有

$$\mathrm{m}G(\varphi,E)=\mathrm{m}\bigcup_{i=1}^{d}(E_i\times[0,c_i))=\sum_{i=1}^{d}\mathrm{m}(E_i\times[0,c_i))=\sum_{i=1}^{d}c_i\cdot\mathrm{m}E_i.$$

定义 5.1.2 设 f 是可测集 $E\subset\mathbf{R}^n$ 上的非负可测函数, 则称点集$G(f,E)$ 的勒贝格测度为函数 f 在 E 上的**勒贝格积分**(Lebesgue integral), 简称为 L-积分, 或积分, 记为 $\int_E f(x)\mathrm{d}x$, 即

$$\int_E f(x)\mathrm{d}x:=\mathrm{m}G(f,E). \tag{5.1.7}$$

由定义可知：$0\leqslant\int_E f(x)\mathrm{d}x\leqslant+\infty$. 当 $\int_E f(x)\mathrm{d}x<+\infty$ 时, 称函数 f 在 E 上勒贝格可积, 简称 L-可积, 或可积.

注 5.1.3 规定任一函数在空集上的 L-积分为 0. 当 E 为直线上以 a 为左端点、b 为右端点有区间时, 记

$$\int_E f(x)\mathrm{d}x=(L)\int_a^b f(x)\mathrm{d}x \text{ 或 } \int_E f(x)\mathrm{d}x=\int_a^b f(x)\mathrm{d}x.$$

注 5.1.4 在文献 [2] 中, 证明了对于可测集 $E\subset\mathbf{R}^n$ 上的非负可测函数 f 有

$$\int_E f(x)\mathrm{d}x=\mathrm{m}G(f,E).$$

因此, 以上定义的 L-积分与文献 [2]—[3] 中定义的 L-积分是一致的.

例 5.1.1 狄利克雷函数 $D=\chi_{\mathbf{Q}}$ 在 $\mathbf{R}$ 上的勒贝格积分为 0.

这是因为

$$\int_{\mathbf{R}}D(x)\mathrm{d}x=1\cdot\mathrm{m}\mathbf{Q}+0\cdot\mathrm{m}(\mathbf{R}\backslash\mathbf{Q})=0.$$

例 5.1.2 设 φ 是 $[a,b]$ 上的非负阶梯函数：

$$\varphi(x)=\begin{cases}c_i, & x_{i-1}\leqslant x<x_i(i=1,2,\cdots,n-1),\\ c_n, & x_{n-1}\leqslant x\leqslant x_n,\end{cases}$$

其中 $a=x_0<x_1<\cdots<x_n=b$, 则 φ 是 $[a,b]$ 上的非负简单函数. 从而, 由注 5.1.2 可知

$$\int_{[a,b]}\varphi(x)\mathrm{d}x=\sum_{i=1}^{n}c_i\left(x_i-x_{i-1}\right)=\int_a^b\varphi(x)\mathrm{d}x.$$

可见, 非负阶梯函数的勒贝格积分等于它的黎曼积分.

5.1.2 基本性质

定理 5.1.1 (莱维定理) 设 $\{f_k\}$ 是可测集 $E\subset\mathbf{R}^n$ 上的非负可测函数的渐升列, 即 $f_k(x)\leqslant f_{k+1}(x)(k\in E, k=1,2,\cdots)$, 且

$$f(x)=\lim_{k\to\infty}f_k(x)(\forall x\in E),$$

则

$$\int_E f(x)\mathrm{d}x=\lim_{k\to\infty}\int_E f_k(x)\mathrm{d}x. \tag{5.1.8}$$

证明 因为

$$G(f_k,E)\subset G(f_{k+1},E),\quad G(f,E)=\lim_{k\to\infty}G(f_k,E),$$

所以, 根据引理 5.1.1 及测度与极限的换序定理可知: 等式 (5.1.8) 成立. 证毕.

注 5.1.5 当 f 是可测集 $E\subset\mathbf{R}^n$ 上的非负可测函数时, 由推论 4.2.1 知: 存在 E 上的非负简单函数的递增列 $\{\varphi_k\}$ 使得式 (5.1.2) 成立. 从而, 由莱维定理知

$$\int_E f(x)\mathrm{d}x=\lim_{k\to\infty}\int_E \varphi_k(x)\mathrm{d}x.$$

因此, 以上定义的 L-积分与文献 [4]—[5] 中的定义是一致的.

定理 5.1.2 (关于积分域的可数可加性) 设 $\{E_k\}$ 是 $\mathbf{R}^n$ 中的一列互不相交的可测集, f 是 $E=\bigcup\limits_{k=1}^{\infty}E_k$ 上的非负可测函数, 则

$$\int_E f(x)\mathrm{d}x=\sum_{k=1}^{\infty}\int_{E_k}f(x)\mathrm{d}x. \tag{5.1.9}$$

证明 由于

$$G(f,E_k)\bigcap G(f,E_j)=\varnothing(k\neq j),\quad G(f,E)=\bigcup_{k=1}^{\infty}G(f,E_k),$$

所以, 根据引理 5.1.1 及测度的可数可加性定理可知: 等式 (5.1.9) 成立. 证毕.

推论 5.1.1 (关于积分域的有限可加性) 设 $E_1,E_2,\cdots,E_d$ 是 $\mathbf{R}^n$ 中的互不相交的可测集, f 是 $E=\bigcup\limits_{k=1}^{d}E_k$ 上的非负可测函数, 则

$$\int_E f(x)\mathrm{d}x=\sum_{k=1}^{d}\int_{E_k}f(x)\mathrm{d}x.$$

定理 5.1.3 设 f 与 g 是可测集 $E\subset\mathbf{R}^n$ 上的非负可测函数, 则

$$\int_E (f(x)+g(x))\mathrm{d}x=\int_E f(x)\mathrm{d}x+\int_E g(x)\mathrm{d}x. \tag{5.1.10}$$

证明　情况 1　当 g 是 E 上的非负常值函数时, 设 $g(x)\equiv c>0(x\in E)$, 则

$$\begin{aligned}G(f+g,E)=&\{(x,z):x\in E,\ 0\leqslant z<c\}\bigcup\{(x,z):x\in E,\ c\leqslant z<c+f(x)\}\\=&(E\times[0,c))\bigcup(G(f,E)+(0,c)).\end{aligned}$$

所以, 由勒贝格测度的平移不变性 (习题 3.2 第 7 题) 知

$$\begin{aligned}\int_E(f(x)+g(x))\mathrm{d}x=&c\cdot \mathrm{m}E+\mathrm{m}G(f,E)\\=&\int_E g(x)\mathrm{d}x+\int_E f(x)\mathrm{d}x.\end{aligned}$$

情况 2　当 g 是 E 上的非负简单函数时, 设 $g=\sum\limits_{i=1}^{d}c_i\chi_{E_i}$, 则由推论 5.1.1 及情况 1 知

$$\begin{aligned}\int_E(f(x)+g(x))\mathrm{d}x=&\sum_{k=1}^{d}\int_{E_k}(f(x)+g(x))\mathrm{d}x\\=&\sum_{k=1}^{d}\int_{E_k}(f(x)+c_k)\mathrm{d}x\\=&\sum_{k=1}^{d}\left(\int_{E_k}f(x)\mathrm{d}x+\int_{E_k}c_k\mathrm{d}x\right)\\=&\int_E f(x)\mathrm{d}x+\int_E g(x)\mathrm{d}x.\end{aligned}$$

情况 3　当 g 是可测集 $E\subset\mathbf{R}^n$ 上的非负可测函数时, 存在 E 上的非负简单函数的递增列 $\{\varphi_k\}$ 使得

$$g(x)=\lim_{k\to\infty}\varphi_k(x)(\forall x\in E).$$

所以, $\{f+\varphi_k\}$ 是 E 上的非负可测函数的递增列且

$$f(x)+g(x)=\lim_{k\to\infty}(f(x)+\varphi_k(x))(\forall x\in E).$$

因此, 由定理 5.1.1 及情况 2 知

$$\begin{aligned}\int_E(f(x)+g(x))\mathrm{d}x=&\lim_{k\to\infty}\int_E(f(x)+\varphi_k(x))\mathrm{d}x\\=&\lim_{k\to\infty}\left(\int_E f(x)\mathrm{d}x+\int_E\varphi_k(x)\mathrm{d}x\right)\end{aligned}$$

$$=\int_E f(x)\mathrm{d}x+\lim_{k\to\infty}\int_E \varphi_k(x)\mathrm{d}x$$

$$=\int_E f(x)\mathrm{d}x+\int_E g(x)\mathrm{d}x.$$

证毕.

定理 5.1.4 (勒贝格逐项积分定理) 设 $\{f_k\}$ 是 E 上的非负可测函数列, 则和函数 $f(x)=\sum_{k=1}^{\infty} f_k(x)$ 在 E 上非负可测且

$$\int_E f(x)\mathrm{d}x=\sum_{k=1}^{\infty}\int_E f_k(x)\mathrm{d}x.$$

证明 记 $S_n(x)=\sum_{k=1}^{n} f_k(x)$, 则 $0\leqslant S_n\leqslant S_{n+1}(n=1,2,\cdots)$ 且

$$\lim_{n\to\infty} S_n(x)=f(x)(\forall x\in E).$$

因此, f 在 E 上非负可测. 进而, 根据莱维定理及定理 5.1.3 知

$$\int_E f(x)\mathrm{d}x=\lim_{n\to\infty}\int_E S_n(x)\mathrm{d}x=\lim_{n\to\infty}\sum_{k=1}^{n}\int_E f_k(x)\mathrm{d}x=\sum_{k=1}^{\infty}\int_E f_k(x)\mathrm{d}x.$$

证毕.

定理 5.1.5 (齐次性) 设 f 是可测集 $E\subset\mathbf{R}^n$ 上的非负可测函数, 则 $\forall c>0$, 有

$$\int_E cf(x)\mathrm{d}x=c\int_E f(x)\mathrm{d}x. \tag{5.1.11}$$

证明 **情况 1** 设 $f=\sum_{i=1}^{d} c_i\chi_{E_i}$ 是 E 上的非负简单函数时, 则$cf=\sum_{i=1}^{d} cc_i\chi_{E_i}$ 也是 E 上的非负简单函数. 从而, 由注 5.1.2 知

$$\int_E cf(x)\mathrm{d}x=\sum_{i=1}^{d} cc_i\cdot \mathrm{m}E_i=c\sum_{i=1}^{d} c_i\cdot \mathrm{m}E_i=c\int_E f(x)\mathrm{d}x.$$

情况 2 当 f 是 E 上的非负可测函数时, 存在 E 上的非负简单函数的递增列 $\{\varphi_k\}$ 使得

$$f(x)=\lim_{k\to\infty}\varphi_k(x)(\forall x\in E).$$

所以, $\{c\varphi_k\}$ 是 E 上的非负可测函数的递增列且

$$cf(x)=\lim_{k\to\infty} c\varphi_k(x)(\forall x\in E).$$

因此, 由定理 5.1.1 及情况 1 知

$$\begin{aligned}\int_E cf(x)\mathrm{d}x &= \lim_{k\to\infty}\int_E c\varphi_k(x)\mathrm{d}x\\ &=c\lim_{k\to\infty}\int_E \varphi_k(x)\mathrm{d}x\\ &=c\int_E f(x)\mathrm{d}x.\end{aligned}$$

证毕.

定理 5.1.6 (单调性)　设 f 与 g 是可测集 $E\subset\mathbf{R}^n$ 上的非负可测函数, 且

$$f(x)\leqslant g(x)\ \ (\forall x\in E),$$

则

$$\int_E f(x)\mathrm{d}x\leqslant\int_E g(x)\mathrm{d}x. \tag{5.1.12}$$

证明　由于 $f(x)\leqslant g(x)$ $(\forall x\in E)$, 所以 $G(f,E)\subset G(g,E)$. 因此, 根据定义 5.1.2 及测度的单调性知

$$\int_E f(x)\mathrm{d}x = \mathrm{m}G(f,E)\leqslant \mathrm{m}G(g,E)=\int_E g(x)\mathrm{d}x.$$

证毕.

推论 5.1.2 (切比雪夫 (Chebyshev) 不等式)　设 f 是可测集 $E\subset\mathbf{R}^n$ 上的非负可测函数, 则 $\forall a>0$ 有

$$\mathrm{m}E[f\geqslant a]\leqslant\frac{1}{a}\int_E f(x)\mathrm{d}x.$$

证明　设 $a>0$, 记 $A=E[f\geqslant a], B=E[f<a]$, 则由推论 5.1.1 及定理 5.1.6 知

$$\int_E f(x)\mathrm{d}x=\int_A f(x)\mathrm{d}x+\int_B f(x)\mathrm{d}x\geqslant\int_A f(x)\mathrm{d}x\geqslant a\cdot\mathrm{m}E[f\geqslant a].$$

因此

$$\mathrm{m}E[f\geqslant a]\leqslant\frac{1}{a}\int_E f(x)\mathrm{d}x.$$

证毕.

定理 5.1.7　(1) 设 f 是可测集 $E\subset\mathbf{R}^n$ 上的非负可测函数, $\mathrm{m}E=0$或 $f(x)=0$　a.e. 于 E, 则 $\int_E f(x)\mathrm{d}x=0$;

(2) 若 f 与 g 在 $E\subset\mathbf{R}^n$ 上的非负可测且 $f(x)=g(x)$ a.e. 于 E, 则

$$\int_E f(x)\mathrm{d}x=\int_E g(x)\mathrm{d}x;$$

(3) 若 f 与 g 在 $E\subset\mathbf{R}^n$ 上的非负可测且 $f(x)\leqslant g(x)$ a.e. 于 E, 则

$$\int_E f(x)\mathrm{d}x\leqslant\int_E g(x)\mathrm{d}x.$$

证明 (1) 当 $\mathrm{m}E=0$ 时, 存在 E 上的非负简单函数的递增列 $\{\varphi_k\}$ 使得

$$f(x)=\lim_{k\to\infty}\varphi_k(x)(\forall x\in E).$$

由定理 5.1.1 知: $\int_E f(x)\mathrm{d}x=\lim\limits_{k\to\infty}\int_E\varphi_k(x)\mathrm{d}x$. 对每个 k, 设 $M=\sup\limits_{x\in E}\varphi_k(x)$, 则由定理 5.1.6 知 $0\leqslant\int_E\varphi_k(x)\mathrm{d}x\leqslant M\cdot\mathrm{m}E=0$. 从而 $\int_E\varphi_k(x)\mathrm{d}x=0$, 故$\int_E f(x)\mathrm{d}x=0$. 当 $f(x)=0$ a.e. 于 E 时, 设 $E_0=E[f>0]$, 则 $\mathrm{m}E_0=0$, 且在 $E\backslash E_0$ 上, 有 $f=0$. 可见 $\int_{E\backslash E_0}f(x)\mathrm{d}x=0$. 根据 $\mathrm{m}E_0=0$ 及已证结论知 $\int_{E_0}f(x)\mathrm{d}x=0$, 从而由推论5.1.1 知

$$\int_E f(x)\mathrm{d}x=\int_{E_0}f(x)\mathrm{d}x+\int_{E\backslash E_0}f(x)\mathrm{d}x=0.$$

(2) 由于 $f(x)=g(x)$ a.e. 于 E, 所以 $E_0=E[f\neq g]$ 为零测度集且在 $E\backslash E_0$ 上, $f=g$. 于是, 由推论 5.1.1 及结论 (1) 知

$$\begin{aligned}\int_E f(x)\mathrm{d}x&=\int_{E_0}f(x)\mathrm{d}x+\int_{E\backslash E_0}f(x)\mathrm{d}x\\&=\int_{E_0}g(x)\mathrm{d}x+\int_{E\backslash E_0}g(x)\mathrm{d}x\\&=\int_E g(x)\mathrm{d}x.\end{aligned}$$

(3) 由于 $f(x)\leqslant g(x)$ a.e. 于 E, 所以 $E_0=E[f>g]$ 为零测度集. 由结论 (1) 知: $\int_{E_0}f(x)\mathrm{d}x=\int_{E_0}g(x)\mathrm{d}x=0$. 因为在 $E\backslash E_0$ 上, $f\leqslant g$, 所以由定理5.1.6 知. $\int_{E\backslash E_0}f(x)\mathrm{d}x\leqslant\int_{E\backslash E_0}g(x)\mathrm{d}x$. 再由推论 5.1.1 知

$$\begin{aligned}\int_E f(x)\mathrm{d}x&=\int_{E_0}f(x)\mathrm{d}x+\int_{E\backslash E_0}f(x)\mathrm{d}x\\&\leqslant\int_{E_0}g(x)\mathrm{d}x+\int_{E\backslash E_0}g(x)\mathrm{d}x\end{aligned}$$

$$=\int_E g(x)\mathrm{d}x.$$

证毕.

定理 5.1.8　设 f 是可测集 $E\subset\mathbf{R}^n$ 上的非负可积函数, 则 f 在 E 上几乎处处有限.

证明　由切比雪夫不等式知

$$0\leqslant \mathrm{m}E[f=+\infty]\leqslant \mathrm{m}E[f\geqslant k]\leqslant \frac{1}{k}\int_E f(x)\mathrm{d}x\to 0(k\to\infty).$$

所以 $\mathrm{m}E[f=+\infty]=0$, 即 f 在 E 上几乎处处有限. 证毕.

至此, 非负可测函数的勒贝格积分的基本性质业已建立.

例 5.1.3　设 $\mathrm{m}E<\infty$, f 在 E 上 a.e. 有限且非负可测, 则 $\int_E f(x)\mathrm{d}x<\infty$ 当且仅当

$$\sum_{k=1}^{\infty} k\cdot \mathrm{m}E[k\leqslant f<k+1]<\infty. \tag{5.1.13}$$

证明　设 $E_k=E[k\leqslant f<k+1](k=0,1,2,\cdots)$, $E_\infty=E[f=\infty]$, 则

$$\mathrm{m}E_\infty=0,\quad E_k\bigcap E_m=\varnothing(k\neq m),\quad E=\bigcup_{k=0}^{\infty}E_k\bigcup E_\infty.$$

定义

$$\varphi_n(x)=\sum_{k=0}^{n}k\cdot\chi_{E_k}(x),$$

则对任意 $x\in E\backslash E_\infty$, 存在 $k_0\geqslant 0$ 使得 $x\in E_{k_0}$, 从而对任意自然数 n 有 $\varphi_n(x)\leqslant \varphi_{n+k_0}(x)=k_0\leqslant f(x)$. 当 $x\in E_\infty$ 时, $f(x)=\infty>\varphi_n(x)$. 因此

$$\int_E f(x)\mathrm{d}x\geqslant\int_E\varphi_n(x)\mathrm{d}x=\sum_{k=0}^{n}k\cdot\mathrm{m}E_k.$$

于是

$$\int_E f(x)\mathrm{d}x\geqslant\sum_{k=0}^{\infty}k\cdot\mathrm{m}E_k. \tag{5.1.14}$$

另一方面, 由定理 5.1.2、定理 5.1.7 及定理 5.1.6 知

$$\int_E f(x)\mathrm{d}x=\int_{E_\infty}f(x)\mathrm{d}x+\int_{E_0}f(x)\mathrm{d}x+\sum_{k=1}^{\infty}\int_{E_k}f(x)\mathrm{d}x$$

$$\leqslant\mathrm{m}E_0+\sum_{k=1}^{\infty}(k+1)\cdot\mathrm{m}E_k$$

$$\leqslant \mathrm{m}E + 2\sum_{k=1}^{\infty} k \cdot \mathrm{m}E_k.$$

再由式 (5.1.14) 可得

$$\sum_{k=0}^{\infty} k \cdot \mathrm{m}E_k \leqslant \int_E f(x)\mathrm{d}x \leqslant \mathrm{m}E + 2\sum_{k=1}^{\infty} k \cdot \mathrm{m}E_k.m$$

因为 $\mathrm{m}E < \infty$, 所以由上式知: $\int_E f(x)\mathrm{d}x < \infty$ 当且仅当式 (5.1.13) 成立. 证毕.

例 5.1.4 设 f 为 E 的非负可测函数, $E = \bigcup_{k=1}^{\infty} E_k$, 其中 $E_k \subset E_{k+1} (\forall k \geqslant 1)$ 可测, 则

$$\int_E f(x)\mathrm{d}x = \lim_{k\to\infty} \int_{E_k} f(x)\mathrm{d}x.$$

证明 定义 $f_k = f \cdot \chi_{E_k}$, 则由 $E_k \subset E_{k+1}$ 知 $f_k \leqslant f_{k+1} (k = 1, 2, \cdots)$. 再由 $E = \bigcup_{k=1}^{\infty} E_k$ 知: $\forall x \in E$, 存在 $k_0 \geqslant 1$ 使得当 $k \geqslant k_0$ 时, 有 $x \in E_k$, 因而

$$f_k(x) = f(x) \cdot \chi_{E_k}(x) = f(x) \cdot 1 = f(x).$$

因此, $0 \leqslant f_k(x) \leqslant f_{k+1}(x) \to f(x) (k \to \infty)$, $\forall x \in E$. 故由莱维定理及推论 5.1.1 知

$$\begin{aligned}
\int_E f(x)\mathrm{d}x &= \lim_{k\to\infty} \int_E f_k(x)\mathrm{d}x \\
&= \lim_{k\to\infty} \left(\int_{E_k} f_k(x)\mathrm{d}x + \int_{E \setminus E_k} f_k(x)\mathrm{d}x \right) \\
&= \lim_{k\to\infty} \int_{E_k} f(x)\mathrm{d}x.
\end{aligned}$$

证毕.

例 5.1.5 设 f 为 E 的非负可测函数, 则存在有界可测子集列 $\{E_k\}$ 使得

$$E = \bigcup_{k=1}^{\infty} E_k, \quad E_k \subset E_{k+1} (\forall k \geqslant 1)$$

且

$$\int_E f(x)\mathrm{d}x = \lim_{k\to\infty} \int_{E_k} f(x)\mathrm{d}x.$$

证明 令 $E_k = B(0, k) \bigcap E$, 则得到 E 的有界可测子集列 $\{E_k\}$ 满足 $E = \bigcup_{k=1}^{\infty} E_k$ 且 $E_k \subset E_{k+1} (\forall k \geqslant 1)$. 从而, 由例 5.1.4 可知结论成立. 证毕.

习 题 5.1

1. 设 f 在 E 上非负可测, 试证: $\int_E f(x)\mathrm{d}x = 0$ 当且仅当 $f(x)=0$ a.e. 于 E.

2. 设 f 为 $[a,b]$ 上的非负连续实值函数, 证明: f 在 $[a,b]$ 上 L-可积且其 L-积分与 R-积分相等.

3. 证明: $\int_{[0,1]} x^2\mathrm{d}x = \dfrac{1}{3}$.

4. 设 f 为 $[a,\infty)$ 上的非负连续实值函数且广义积分 $\int_a^\infty f(x)\mathrm{d}x$ 收敛, 证明: f 在 $[a,\infty)$ 上的 L-积分有限且 $\int_{[a,\infty)} f(x)\mathrm{d}x = \int_a^\infty f(x)\mathrm{d}x$.

5. 证明: $\int_{\mathbf{R}} \mathrm{e}^{-x^2}\mathrm{d}x = \lim\limits_{n\to\infty}\int_{[-n,n]} \mathrm{e}^{-x^2}\mathrm{d}x = \sqrt{\pi}$.

6. 计算 L-积分 $\int_{\mathbf{R}} \dfrac{1}{1+x^2}\mathrm{d}x$.

7. 设 $E_1, E_2, \cdots, E_m$ 是 $[0,1]$ 内的 m 个可测子集, 且 $[0,1]$ 中的任一点至少属于这 m 个集之中的 q 个, 试证: 在这 m 个集合之中至少有一个, 其测度不小于 q/m.

8. 若 f 在 $E=[0,1]$ 上非负可测, 而且 $\int_0^1 (f(x))^k\,\mathrm{d}x = \varepsilon(k=1,2,\cdots)$, 其中 ε 是介于 0 与 1 之间的常数, 试证:

(1) $\mathrm{m}E[f>1] = \mathrm{m}E[0<f<1] = 0$;

(2) 设 $A=E[f=1]$, 则 $f(x)=\chi_A(x)$ a.e. 于 $[0,1]$.

9. 设 $\mathrm{m}E<\infty$, f 为 E 上的非负可测函数, 且 $\sum\limits_{k=1}^\infty \mathrm{m}E[k\leqslant f]<\infty$, 证明: f 在 E 上 a.e. 有限.

10. 设 $\mathrm{m}E<\infty$, f 为 E 上的非负可测函数, 证明: $\int_E f(x)\mathrm{d}x<\infty$ 当且仅当 $\sum\limits_{k=1}^\infty \mathrm{m}E[k\leqslant f]<\infty$.

提示: $E[k\leqslant f] = E[f=\infty]\cup\bigcup\limits_{n=k}^\infty E[n\leqslant f<n+1]$ 并应用例 5.1.3.

5.2 一般可测函数的积分

对于 E 上的一般可测函数 f, 其正部 f^+ 与负部 f^- 都是 E 上的非负可测函数, 从而其勒贝格积分已有定义. 于是, 我们引入下面的定义.

定义 5.2.1 设 f 是可测集 $E\subset\mathbf{R}^n$ 上的可测函数, 如果勒贝格积分

$$\int_E f^+(x)\mathrm{d}x \quad 与 \quad \int_E f^-(x)\mathrm{d}x$$

至少一个有限, 则称 f 在 E 上有**勒贝格积分**, 且定义 f 在 E 上的勒贝格积分为

$$\int_E f(x)\mathrm{d}x = \int_E f^+(x)\mathrm{d}x - \int_E f^-(x)\mathrm{d}x. \tag{5.2.1}$$

特别地, 当 $\int_E f^+(x)\mathrm{d}x$ 与 $\int_E f^-(x)\mathrm{d}x$ 都有限时, 称 f 在 E 上**勒贝格可积**(Lebesgue integrable), 简称为 L-可积或可积.

设 $L(E)$ 为 E 上所有勒贝格可积函数之集. 于是, $f \in L(E) \Leftrightarrow f$ 在 E 上勒贝格可积. 当 E 为直线上的区间 $[a,b]$ 时, 将 $L(E)$ 记为 $L[a,b]$, 并将 f 在 $[a,b]$上的勒贝格积分记为 $(\mathrm{L})\int_a^b f(x)\mathrm{d}x$, 简记为 $\int_a^b f(x)\mathrm{d}x$.

由定义可知: 当 $E_0 \subset E$ 可测时, 有 $L(E) \subset L(E_0)$(遗传性).

定理 5.2.1 可测函数 f 在 E 上可积的充分必要条件是 $|f|$ 在 E 上可积.

证明 由于 $|f(x)| = f^+(x) + f^-(x)(\forall x \in E)$, 且 f^+ 与 f^- 都是 E 上的非负可测函数, 所以由定理 5.1.3 知

$$\int_E |f(x)|\,\mathrm{d}x = \int_E f^+(x)\mathrm{d}x + \int_E f^-(x)\mathrm{d}x.$$

因此, $f \in L(E) \Leftrightarrow |f| \in L(E)$. 证毕.

这个定理说明, L-可积函数是绝对可积的. 这是勒贝格积分最基本的特点.

定理 5.2.2 (1) 若 $f \in L(E)$, 则 f 在 E 上几乎处处有限;

(2) 若 $\mathrm{m}E = 0$, 则 E 上的任意函数 f 都在 E 上可积, 并有 $\int_E f(x)\mathrm{d}x = 0$;

(3) 若 $f(x) = g(x)$ a.e. 于 E, 则 f 与 g 的可积性相同, 即

$$f \in L(E) \Leftrightarrow g \in L(E);$$

且当 $f \in L(E)$ 时, $\int_E f(x)\mathrm{d}x = \int_E g(x)\mathrm{d}x$.

证明 (1) 因为 $f \in L(E)$, 所以由定理 5.2.1 知 $|f| \in L(E)$. 于是, 由定理 5.1.8 知 $|f|$ 在 E 上几乎处处有限, 即 f 在 E 上几乎处处有限.

(2) 应用定理 5.1.7.

(3) 根据定理 4.3.1 知: f 在 E 上可测当且仅当 g 在 E 上可测. 因此, 可以假设 f 与 g 都在 E 上可测. 由于 $f(x) = g(x)$ a.e. 于 E, 所以

$$f^+(x) = g^+(x) \text{ a.e. 于 } E, \quad \text{且 } f^-(x) = g^-(x) \text{ a.e. 于 } E.$$

因此, 由定理 5.1.7(2) 知

$$\int_E f^+(x)\mathrm{d}x=\int_E g^+(x)\mathrm{d}x,\quad 且\quad \int_E f^-(x)\mathrm{d}x=\int_E g^-(x)\mathrm{d}x.$$

由此可得: $f\in L(E)\Leftrightarrow g\in L(E)$; 且当 $f\in L(E)$ 时, 有

$$\int_E f(x)\mathrm{d}x=\int_E g(x)\mathrm{d}x.$$

证毕.

定理 5.2.3 (比较原则)　若 f 在 E 上可测, 且存在 $F\in L(E)$ 使得

$$|f(x)|\leqslant F(x)\ \text{a.e. 于 } E,$$

则 $f\in L(E)$.

证明　根据定理 5.2.2(2), 我们不妨设在 E 上处处有 $|f(x)|\leqslant F(x)$, 从而由定理 5.1.6 得到

$$\int_E |f(x)|\,\mathrm{d}x\leqslant\int_E F(x)\mathrm{d}x<\infty.$$

因此 $|f|\in L(E)$, 故由定理 5.2.1 知 $f\in L(E)$. 证毕.

推论 5.2.1　若 $\mathrm{m}E<\infty$, f 在 E 上可测且有界, 则 $f\in L(E)$; 特别地, 常值函数在 E 上可积.

定理 5.2.4 (线性性)　设 $f,g\in L(E)$, 则 $f+g, cf\in L(E)(\forall c\in\mathbf{R})$, 并且有

(1) $\displaystyle\int_E [f(x)+g(x)]\,\mathrm{d}x=\int_E f(x)\mathrm{d}x+\int_E g(x)\mathrm{d}x$;

(2) $\displaystyle\int_E cf(x)\mathrm{d}x=c\int_E f(x)\mathrm{d}x(\forall c\in\mathbf{R})$.

证明　(1) 因为 $f,g\in L(E)$, 所以由定理 5.2.1 知 $|f|,|g|\in L(E)$. 从而, 由定理 5.1.6 及定理 5.1.3 知

$$\int_E |f(x)+g(x)|\mathrm{d}x\leqslant\int_E (|f(x)|+|g(x)|)\mathrm{d}x=\int_E |f(x)|\mathrm{d}x+\int_E |g(x)|\mathrm{d}x<\infty.$$

于是, 根据定理 5.2.1 知 $f+g\in L(E)$. 又因为对 E 中几乎所有的 x, 有

$$\begin{aligned}&f^+(x)-f^-(x)+g^+(x)-g^-(x)\\=&f(x)+g(x)=(f(x)+g(x))^+-(f(x)+g(x)),\end{aligned}$$

所以

$$f^+(x)+g^+(x)+(f(x)+g(x))^-=f^-(x)+g^-(x)+(f(x)+g(x))^+$$

在 E 上几乎处处成立. 因此, 由定理 5.1.7(2) 知

$$\int_E [f^+(x)+g^+(x)+(f(x)+g(x))^-]\mathrm{d}x = \int_E [f^-(x)+g^-(x)+(f(x)+g(x))^+]\mathrm{d}x.$$

再由定理 5.1.3 知

$$\begin{aligned}&\int_E f^+(x)\mathrm{d}x + \int_E g^+(x)\mathrm{d}x + \int_E (f(x)+g(x))^-\,\mathrm{d}x\\ =&\int_E f^-(x)\mathrm{d}x + \int_E g^-(x)\mathrm{d}x + \int_E (f(x)+g(x))^+\,\mathrm{d}x.\end{aligned}$$

因为以上积分都有限, 所以移项、整理可得

$$\int_E [f(x)+g(x)]\,\mathrm{d}x = \int_E f(x)\mathrm{d}x + \int_E g(x)\mathrm{d}x.$$

(2) 首先, 由于 $|cf(x)| = |c||f(x)|(\forall x\in E)$ 且 $|f|\in L(E)$, 所以由定理 5.1.5 知 $|cf|$ 在 E 上可积. 从而, 由定理 5.2.1 知 $cf\in L(E)$. 因为, 当 $c\geqslant 0$ 时, $\forall x\in E$, 有

$$\begin{aligned}(cf)^+(x) &= \max\{cf(x),0\} = cf^+(x),\\ (cf)^-(x) &= \max\{-cf(x),0\} = cf^-(x),\end{aligned}$$

所以, 由积分的定义及定理 5.1.5 可得

$$\begin{aligned}\int_E cf(x)\mathrm{d}x =& \int_E [cf(x)]^+\,\mathrm{d}x - \int_E [cf(x)]^-\,\mathrm{d}x\\ =& c\int_E [f(x)]^+\,\mathrm{d}x - c\int_E [f(x)]^-\,\mathrm{d}x\\ =& c\int_E f(x)\mathrm{d}x.\end{aligned}$$

当 $c<0$ 时, 有 $c=-|c|$, 从而 $\forall x\in E$ 有

$$(cf)^+(x) = \max\{cf(x),0\} = \max\{-|c|f(x),0\} = |c|f^-(x),$$

$$(cf)^-(x) = \max\{-cf(x),0\} = \max\{|c|f(x),0\} = |c|f^+(x).$$

因此, 由积分定义及定理 5.1.5 可知

$$\begin{aligned}\int_E cf(x)\mathrm{d}x =& \int_E (cf)^+(x)\mathrm{d}x - \int_E (cf)^-(x)\mathrm{d}x\\ =& |c|\int_E f^-(x)\mathrm{d}x - |c|\int_E f^+(x)\mathrm{d}x\end{aligned}$$

$$=c\int_E f(x)\mathrm{d}x.$$

定理 5.2.5 (对积分域的有限可加性)　若函数 f 在 E_1,E_2 上都可积, 且 $E_1\bigcap E_2=\varnothing$, 则 f 在 $E=E_1\bigcup E_2$ 上可积, 并有

$$\int_E f(x)\mathrm{d}x=\int_{E_1} f(x)\mathrm{d}x+\int_{E_2} f(x)\mathrm{d}x.$$

证明　根据推论 5.1.1 知

$$\int_E f^+(x)\mathrm{d}x=\int_{E_1} f^+(x)\mathrm{d}x+\int_{E_2} f^+(x)\mathrm{d}x;$$

$$\int_E f^-(x)\mathrm{d}x=\int_{E_1} f^-(x)\mathrm{d}x+\int_{E_2} f^-(x)\mathrm{d}x.$$

由于 f 在 E_1,E_2 上都可积, 所以以上积分都是有限数, 故 f 在 $E=E_1\bigcup E_2$ 上可积, 且二式相减并根据积分定义可得

$$\int_E f(x)\mathrm{d}x=\int_{E_1} f(x)\mathrm{d}x+\int_{E_2} f(x)\mathrm{d}x.$$

证毕.

这个定理说明, 勒贝格积分对积分域具有有限可加性.

定理 5.2.6 (单调性)　若 $f,g\in L(E)$, 且 $g(x)\leqslant f(x)$ a.e. 于 E, 则

$$\int_E g(x)\mathrm{d}x\leqslant\int_E f(x)\mathrm{d}x.$$

证明　因为对 E 上几乎所有的 x, 有 $f(x)-g(x)\geqslant 0$, 所以由定理 5.2.4 及定理 5.2.5 知

$$\int_E f(x)\mathrm{d}x-\int_E g(x)\mathrm{d}x=\int_E [f(x)-g(x)]\,\mathrm{d}x\geqslant\int_E 0\mathrm{d}x=0.$$

因此, 原不等式成立. 证毕.

推论 5.2.2 (绝对值不等式)　若 $f\in L(E)$, 则

$$\left|\int_E f(x)\mathrm{d}x\right|\leqslant\int_E |f(x)|\mathrm{d}x.$$

定理 5.2.7 (对积分域的可数可加性) 若 f 在 $E=\bigcup_{k=1}^{\infty} E_k$ 上可积, 且 $E_k \bigcap E_j = \varnothing(k \neq j)$, 则 f 在 E_k 上可积 $(k=1,2,\cdots)$, 并有

$$\int_E f(x)\mathrm{d}x = \sum_{k=1}^{\infty} \int_{E_k} f(x)\mathrm{d}x. \tag{5.2.2}$$

证明 显然, f 在每个 E_k 上可积. 因为 f^+, f^- 在 E 上非负可测, 所以, 根据定理 5.1.2 知

$$\int_E f^+(x)\mathrm{d}x = \sum_{k=1}^{\infty} \int_{E_k} f^+(x)\mathrm{d}x;$$

$$\int_E f^-(x)\mathrm{d}x = \sum_{k=1}^{\infty} \int_{E_k} f^-(x)\mathrm{d}x.$$

由于出现的积分都是有限数, 故二式相减并根据积分定义可得式 (5.2.2). 证毕.

定理 5.2.8 (积分的绝对连续性) 设 $f \in L(E)$, 则对任意 $\varepsilon > 0$, 存在 $\delta > 0$ 使得当 $E_0 \subset E$ 且 $\mathrm{m}E_0 < \delta$ 时, 有

$$\int_{E_0} |f(x)|\,\mathrm{d}x < \varepsilon. \tag{5.2.3}$$

证明 由于 $0 \leqslant |f| \in L(E)$, 所以根据注 5.1.5 知: 对任意 $\varepsilon > 0$, 存在 E 上的非负简单函数 φ 使得对任一 $x \in E$ 有 $\varphi(x) \leqslant |f(x)|$ 并且

$$0 \leqslant \int_E |f(x)|\,\mathrm{d}x - \int_E \varphi(x)\ \mathrm{d}x < \frac{\varepsilon}{2}. \tag{5.2.4}$$

注意到 $|f| \in L(E), \varphi \in L(E)$, 由定理 5.2.4 可知

$$0 \leqslant \int_E (|f(x)| - \varphi(x))\,\mathrm{d}x < \frac{\varepsilon}{2}. \tag{5.2.5}$$

由于 φ 是 E 上的非负简单函数, 所以存在常数 $M > 0$ 使得

$$0 \leqslant \varphi(x) \leqslant M(\forall x \in E).$$

取 $\delta = \dfrac{\varepsilon}{2M}$, 则当 $E_0 \subset E$ 且 $\mathrm{m}E_0 < \delta$ 时, 有

$$\int_{E_0} \varphi(x)\mathrm{d}x \leqslant M \cdot \mathrm{m}E_0 < M\delta = \frac{\varepsilon}{2}. \tag{5.2.6}$$

因此, 当 $E_0 \subset E$ 且 $mE_0 < \delta$ 时, 根据式 (5.2.5) 及 (5.2.6) 可得

$$\int_{E_0} |f(x)|\,dx = \int_{E_0} (|f(x)| - \varphi(x))\,dx + \int_{E_0} \varphi(x)dx < \frac{\varepsilon}{2}+\frac{\varepsilon}{2} = \varepsilon.$$

证毕.

积分的绝对连续性可表述为：若 $f \in L(E)$, 则

$$\lim_{E_0\subset E, mE_0\to 0} \int_{E_0} |f(x)|\,dx = 0.$$

习 题 5.2

1. 若 $mE < \infty$, f 在 E 上可测且有界, 则 $f \in L(E)$.

2. 证明：$\int_{\mathbf{R}} \chi_Q(x)(\cos x^2 - 5)dx = 0$.

3. 证明：$\lim\limits_{n\to\infty} \int_{[0,\pi]} \sin^n x dx = 0$.

4. 证明：$\lim\limits_{n\to\infty} \int_{[0,1]} (1 - x^n)dx = 1$.

5. 证明：函数 $f(x) = \ln x$ 在 $E = (0, \infty)$ 上可测但没有 L-积分.

6. 证明：函数 $f(x) = \dfrac{\sin x}{x}$ 在 $E = (0, \infty)$ 上可测但不是 L-可积的.

7. 证明：函数 $f(x) = |\ln x|$ 在 $E = (0, \infty)$ 上非负可测且求其 L-积分.

8. 证明：若函数 f 在 E 上 L-可积, 则 $f + 1$ 在 E 上 L-可积 $\Leftrightarrow mE < \infty$.

9. 设函数 f 在 E 上 L-可积, 且函数 g 在 E 上有 L-积分, 证明：$f + g$ 在 E 上有 L-积分, 且

$$\int_E (f(x) + g(x))dx = \int_E f(x)dx + \int_E g(x)dx.$$

10. 设函数 f, g 都在 E 上 L-可积, 证明：函数 $\sqrt{f^2 + g^2}$ 在 E 上 L-可积.

11. 设 $mE > 0$, 函数 f, g 都在 E 上 L-可积, 且 $f(x) < g(x)$ a.e. 于 E, 证明：$\int_E f(x)dx < \int_E g(x)dx$.

12. 设函数 f 在 E 上可测, 且对 E 上任一有界可测函数 g 都有

$$\int_E f(x)g(x)dx = 0,$$

证明：$f(x) = 0$ a.e. 于 E.

5.3 例 子

例 5.3.1 设 f 在区间 $[a,b]$ 上连续, 证明: f 在区间 $[a,b]$ 上 L-可积且

$$\int_{[a,b]} f(x)\mathrm{d}x = (\mathrm{R})\int_a^b f(x)\mathrm{d}x.$$

证明 因为 f 在区间 $[a,b]$ 上连续, 所以 f^+, f^- 都是区间 $[a,b]$ 上的非负连续函数. 因此, 根据习题 5.1 第 2 题知: 它们在 $[a,b]$ 上 L-可积且

$$\int_{[a,b]} f^+(x)\mathrm{d}x = (\mathrm{R})\int_a^b f^+(x)\mathrm{d}x, \quad \int_{[a,b]} f^-(x)\mathrm{d}x = (\mathrm{R})\int_a^b f^-(x)\mathrm{d}x.$$

所以, f 在 $[a,b]$ 上 L-可积且

$$\int_{[a,b]} f(x)\mathrm{d}x = (\mathrm{R})\int_a^b [f^+(x) - f^-(x)]\mathrm{d}x = (\mathrm{R})\int_a^b f(x)\mathrm{d}x.$$

例 5.3.2 试求平面点集

$$D = \{(x,y) : 0 \leqslant y < x^2, 0 \leqslant x \leqslant 1\}$$

的测度.

解 因为函数 $f(x) = x^2$ 在 $[0,1]$ 上连续且非负, 所以, 由积分的定义知 $\mathrm{m}D = \int_{[0,1]} x^2\mathrm{d}x$. 再由习题 5.1 第 2 题知: f 在 $[a,b]$ 上 L-可积且

$$\int_{[0,1]} x^2\mathrm{d}x = (R)\int_0^1 x^2\mathrm{d}x = \frac{1}{3}.$$

因此 $\mathrm{m}D = \dfrac{1}{3}$.

例 5.3.3 设 f 在 $E \subset \mathbf{R}^n$ 上可积, $x_0 \in \mathbf{R}^n$, $g(x) = f(x + x_0)$, 则 g 在 $E - x_0$ 上可积且

$$\int_{E-x_0} g(x)\mathrm{d}x = \int_E f(x)\mathrm{d}x,$$

即

$$\int_{E-x_0} f(x+x_0)\mathrm{d}x = \int_E f(x)\mathrm{d}x.$$

证明 根据例 4.2.2 知: g 在 $E - x_0$ 上可测. 由积分的定义知

$$\int_{E-x_0} g^+(x)\mathrm{d}x = \mathrm{m}\{(x,z) : x \in E - x_0, 0 \leqslant z < f^+(x+x_0)\}$$

$$
\begin{aligned}
&= m\left(\{(x+x_0,z): x+x_0\in E, 0\leqslant z<f^+(x+x_0)\}-(x_0,0)\right)\\
&= m\{(x+x_0,z): x+x_0\in E, 0\leqslant z<f^+(x+x_0)\}\\
&= mG(f^+,E)\\
&= \int_E f^+(x)\mathrm{d}x.
\end{aligned}
$$

同理, $\int_{E-x_0} g^-(x)\mathrm{d}x=\int_E f^-(x)\mathrm{d}x$. 由于 f 在 E 上可积, 所以 g 在 $E-x_0$ 上可积且

$$
\int_{E-x_0} g(x)\mathrm{d}x=\int_E f(x)\mathrm{d}x.
$$

证毕.

例 5.3.4　证明: 若 $f\in L(E)$, g 在 E 上可测, 且存在常数 $\alpha<\beta$ 使得

$$
-\infty<\alpha\leqslant g(x)\leqslant\beta<\infty,\quad \forall x\in E,
$$

则存在常数 r 满足 $\alpha\leqslant r\leqslant\beta$ 使得

$$
\int_E |f(x)|g(x)\mathrm{d}x=r\int_E |f(x)|\mathrm{d}x. \tag{5.3.1}
$$

证明　令 $M=\max\{|\alpha|,|\beta|\}$, 则 $\forall x\in E$ 有 $||f(x)|g(x)|\leqslant M|f(x)|$. 显然, $M|f|\in L(E)$, 所以由定理 5.2.1 知 $|f|g\in L(E)$. 由积分的单调性知

$$
\alpha\int_E |f(x)|\,\mathrm{d}x\leqslant\int_E |f(x)|\,g(x)\mathrm{d}x\leqslant\beta\int_E |f(x)|\,\mathrm{d}x. \tag{5.3.2}
$$

于是, 当 $\int_E |f(x)|\,\mathrm{d}x\neq 0$ 时, 取

$$
r=\left(\int_E |f(x)|\,g(x)\mathrm{d}x\right)\cdot\left(\int_E |f(x)|\,\mathrm{d}x\right)^{-1},
$$

则由式 (5.3.2) 知 $\alpha\leqslant r\leqslant\beta$. 显然, 式 (5.3.1) 成立. 当 $\int_E |f(x)|\,\mathrm{d}x=0$ 时, 由式 (5.3.2) 知: $\int_E |f(x)|\,g(x)\mathrm{d}x=0$. 取 $r=\dfrac{\alpha+\beta}{2}$, 则 $\alpha\leqslant r\leqslant\beta$ 且式 (5.3.1) 成立. 证毕.

例 5.3.5　设 f,g 在 E 上可测, $p,q>1$, $\dfrac{1}{p}+\dfrac{1}{q}=1$ 且 $|f|^p,|g|^q\in L(E)$, 则 $fg\in L(E)$ 且

$$
\int_E |f(x)g(x)|\mathrm{d}x\leqslant\left(\int_E |f(x)|^p\mathrm{d}x\right)^{1/p}\left(\int_E |g(x)|^q\mathrm{d}x\right)^{1/q}.
$$

这一不等式称为赫尔德 (Hölder) 不等式.

证明　记

$$\|f\|_p=\left(\int_E|f(x)|^p\mathrm{d}x\right)^{1/p},\quad \|g\|_q=\left(\int_E|g(x)|^q\mathrm{d}x\right)^{1/q},$$

则赫尔德不等式变为

$$\int_E|f(x)g(x)|\mathrm{d}x\leqslant\|f\|_p\|g\|_q.$$

当 $\|f\|_p=0$ 或 $\|g\|_q=0$ 时, 由习题 5.1 第 1 题知 $f(x)=0$ a.e. 于 E 或 $g(x)=0$ a.e. 于 E. 从而, $f(x)g(x)=0$ a.e. 于 E, 因而 $\int_E|f(x)g(x)|\mathrm{d}x=0$. 可见, 不等式成立. 下设 $\|f\|_p>0$ 且 $\|g\|_q>0$. $\forall x\in E$, 令

$$a=\left(\frac{|f(x)|}{\|f\|_p}\right)^p,\quad b=\left(\frac{|g(x)|}{\|g\|_q}\right)^q,$$

则由杨 (Young) 不等式 (习题 5.3 第 4 题)

$$a^{1/p}b^{1/q}\leqslant\frac{1}{p}a+\frac{1}{q}b\left(a,b\geqslant0,p,q>1,\frac{1}{p}+\frac{1}{q}=1\right)$$

得

$$\frac{|f(x)|}{\|f\|_p}\cdot\frac{|g(x)|}{\|g\|_q}\leqslant\frac{1}{p}\left(\frac{|f(x)|}{\|f\|_p}\right)^p+\frac{1}{q}\left(\frac{|g(x)|}{\|g\|_q}\right)^q\ (\forall x\in E).$$

从而, 有

$$\int_E\frac{|f(x)|}{\|f\|_p}\cdot\frac{|g(x)|}{\|g\|_q}\mathrm{d}x\leqslant\frac{1}{p}\int_E\left(\frac{|f(x)|}{\|f\|_p}\right)^p\mathrm{d}x+\frac{1}{q}\int_E\left(\frac{|g(x)|}{\|g\|_q}\right)^q\mathrm{d}x=\frac{1}{p}+\frac{1}{q}=1.$$

因此 $\int_E|f(x)g(x)|\mathrm{d}x\leqslant\|f\|_p\|g\|_q$, 且 $fg\in L(E)$. 证毕.

例 5.3.6 (闵可夫斯基 (Minkwoski) 不等式)　设 f,g 在 E 上可测, $1\leqslant p<\infty$ 且 $|f|^p,|g|^p\in L(E)$, 则 $|f+g|^p\in L(E)$ 且

$$\left(\int_E|f(x)+g(x)|^p\mathrm{d}x\right)^{1/p}\leqslant\left(\int_E|f(x)|^p\mathrm{d}x\right)^{1/p}+\left(\int_E|g(x)|^p\mathrm{d}x\right)^{1/p},$$

即

$$\|f+g\|_p\leqslant\|f\|_p+\|g\|_p.$$

证明 当 $p=1$ 时, 结论显然成立. 下设 $1<p<\infty$, 并记 $q=\dfrac{p}{p-1}$, 则 $1<q<\infty$ 且 $\dfrac{1}{p}+\dfrac{1}{q}=1$. 因为 f,g 在 E 上可测且 $|f|^p,|g|^p\in L(E)$, 所以由不等式 $|f+q|^p\leqslant(|f|+|g|)^p\leqslant 2(|f|^p+|g|^p)$ 知 $|f+g|^p$ 在 E 上可测, 从而 $h=|f+g|^{p/q}$ 在 E 上可测且 $|h|^q\in L(E)$. 于是, 根据赫尔德不等式得

$$\int_E|f(x)|\cdot|f(x)+g(x)|^{p/q}\mathrm{d}x\leqslant\|f\|_p\left(\int_E|f(x)+g(x)|^p\mathrm{d}x\right)^{1/q}.$$

同理

$$\int_E|g(x)|\cdot|f(x)+g(x)|^{p/q}\mathrm{d}x\leqslant\|g\|_p\left(\int_E|f(x)+g(x)|^p\mathrm{d}x\right)^{1/q}.$$

因此

$$\begin{aligned}&\int_E|f(x)+g(x)|^p\mathrm{d}x\\=&\int_E|f(x)+g(x)|\cdot|f(x)+g(x)|^{p/q}\mathrm{d}x\\\leqslant&\int_E|f(x)|\cdot|f(x)+g(x)|^{p/q}\mathrm{d}x+\int_E|g(x)|\cdot|f(x)+g(x)|^{p/q}\mathrm{d}x\\\leqslant&(\|f\|_p+\|g\|_p)\left(\int_E|f(x)+g(x)|^p\mathrm{d}x\right)^{1/q}.\end{aligned}$$

当 $\displaystyle\int_E|f(x)+g(x)|^p\mathrm{d}x=0$ 时, 闵可夫斯基不等式显然成立.

当 $\displaystyle\int_E|f(x)+g(x)|^p\mathrm{d}x\neq 0$ 时, 由以上不等式可得

$$\left(\int_E|f(x)+g(x)|^p\mathrm{d}x\right)^{1-1/q}\leqslant\|f\|_p+\|g\|_p.$$

注意到 $\dfrac{1}{p}+\dfrac{1}{q}=1$, 可得 $\|f+g\|_p\leqslant\|f\|_p+\|g\|_p$. 证毕.

例 5.3.7 若 f 在 $[a,b]$ 上可测, $1\leqslant p<\infty$ 且 $|f|^p\in L[a,b]$, 则对于任意的 $\varepsilon>0$, 存在 $[a,b]$ 上的连续函数 g 使得

$$\int_{[a,b]}|f(x)-g(x)|^p\,\mathrm{d}x<\varepsilon^p,\ \text{即}\ \|f-g\|_p<\varepsilon. \tag{5.3.3}$$

证明 令 $A_k=\{x\in[a,b]:|f(x)|\geqslant k\}$, 则由切比雪夫不等式可知

$$\mathrm{m}A_k\leqslant\frac{1}{k^p}\int_{[a,b]}|f(x)|^p\mathrm{d}x\to 0\,(k\to\infty).$$

故由积分的绝对连续性可知: $\forall\varepsilon>0$, 存在充分大的正整数 k 使得

$$\int_{A_k}|f(x)|^p\,\mathrm{d}x<\left(\frac{\varepsilon}{2}\right)^p.$$

令 $f_0(x)=f(x)(1-\chi_{A_k}(x))$, 则 $|f_0(x)|\leqslant k\,(\forall x\in[a,b])$ 且有

$$\int_{[a,b]}|f(x)-f_0(x)|^p\,\mathrm{d}x=\int_{A_k}|f(x)|^p\,\mathrm{d}x<\left(\frac{\varepsilon}{2}\right)^p. \tag{5.3.4}$$

根据定理 4.5.4 知: 对于 $\delta=\dfrac{1}{(2k)^p}\left(\dfrac{\varepsilon}{2}\right)^p>0$, 存在闭集 $F\subset[a,b]$ 及 $(-\infty,\infty)$ 上的连续函数 g 使得

$$g(x)=f_0(x)(\forall x\in F),\quad \mathrm{m}([a,b]\backslash F)<\delta,\quad \sup_{x\in\mathbf{R}}|g(x)|=\sup_{x\in F}|f_0(x)|.$$

令 $B=\{x\in[a,b]:g(x)\neq f_0(x)\}$, 则

$$\mathrm{m}B\leqslant\mathrm{m}([a,b]\backslash F)<\delta,\qquad \sup_{x\in[a,b]}|g(x)|\leqslant\sup_{x\in F}|f_0(x)|\leqslant k.$$

从而

$$\begin{aligned}&\int_{[a,b]}|f_0(x)-g(x)|^p\,\mathrm{d}x=\int_B|f_0(x)-g(x)|^p\,\mathrm{d}x\\ \leqslant&(2k)^p\cdot\mathrm{m}B<(2k)^p\delta=\left(\frac{\varepsilon}{2}\right)^p.\end{aligned} \tag{5.3.5}$$

因此, 由闵可夫斯基不等式及不等式 (5.3.4) 与 (5.3.5) 得到

$$\begin{aligned}\left(\int_{[a,b]}|f(x)-g(x)|^p\,\mathrm{d}x\right)^{1/p}\leqslant&\left(\int_{[a,b]}|f(x)-f_0(x)|^p\,\mathrm{d}x\right)^{1/p}\\&+\left(\int_{[a,b]}|f_0(x)-g(x)|^p\,\mathrm{d}x\right)^{1/p}\\<&\frac{\varepsilon}{2}+\frac{\varepsilon}{2}\\=&\varepsilon.\end{aligned}$$

因此, 式 (5.3.3) 成立. 证毕.

由这个例子可知: 若 f 在 $[a,b]$ 上可测, $1\leqslant p<\infty$ 且 $|f|^p\in L[a,b]$, 则对任意正整数 k, 存在 $[a,b]$ 上的连续函数 g_k 使得

$$\int_{[a,b]}|f(x)-g_k(x)|^p\,\mathrm{d}x<k^{-1}.$$

因而, $\lim_{k\to\infty}\int_{[a,b]}|f(x)-g_k(x)|^p\,\mathrm{d}x=0$. 这就说明: 闭区间上的勒贝格可积函数可以用连续函数 "p-**次平均逼近**".

另一方面, 根据切比雪夫不等式知: $\forall\sigma>0$, 有

$$\begin{aligned}&\mathrm{m}[a,b][|f-g_k|\geqslant\sigma]\\=&\mathrm{m}[a,b][|f-g_k|^p\geqslant\sigma^p]\\\leqslant&\sigma^{-p}\int_{[a,b]}|f(x)-g_k(x)|^p\,\mathrm{d}x.\\<&\sigma^{-p}k^{-1}\\\to&0(k\to\infty).\end{aligned}$$

因此, $g_k\Rightarrow f$ 于 $[a,b]$. 再应用里斯定理知: $\{g_k\}$ 有子列 $\{g_{k_i}\}$ 在 $[a,b]$ 上几乎处处收敛于 f. 这就说明: 闭区间上 p-次勒贝格可积函数可以用连续函数 "**几乎处处逼近**".

进一步, 由此例还可以证明: 可积函数具有 "**平均连续性**", 即下面的式 (5.3.6) 成立.

例 5.3.8　设 $f\in L[a-\delta,b+\delta]$, 其中 $\delta>0$ 为常数, 试证

$$\lim_{h\to0}\int_{[a,b]}|f(x+h)-f(x)|\,\mathrm{d}x=0. \tag{5.3.6}$$

证明　由例 5.3.7 知: $\forall\varepsilon>0$, 存在 $[a-\delta,b+\delta]$ 上连续函数 g 使得

$$\int_{[a-\delta,b+\delta]}|f(x)-g(x)|\,\mathrm{d}x<\frac{\varepsilon}{3},$$

从而

$$\int_{[a,b]}|f(x)-g(x)|\,\mathrm{d}x\leqslant\int_{[a-\delta,b+\delta]}|f(x)-g(x)|\,\mathrm{d}x<\frac{\varepsilon}{3}. \tag{5.3.7}$$

当 $|h|<\delta$ 时, 根据例 5.3.3 知

$$\begin{aligned}\int_{[a,b]}|f(x+h)-g(x+h)|\ \mathrm{d}x&=\int_{[a+h,b+h]}|f(u)-g(u)|\,\mathrm{d}u\\&\leqslant\int_{[a-\delta,b+\delta]}|f(x)-g(x)|\,\mathrm{d}x.\end{aligned}$$

从而, 当 $|h|<\delta$ 时, 由式 (5.3.7) 得

$$\int_{[a,b]}|f(x+h)-g(x+h)|\ \mathrm{d}x<\frac{\varepsilon}{3}. \tag{5.3.8}$$

由于函数 g 在闭区间 $[a-\delta, b+\delta]$ 上一致连续, 所以存在 $0<\eta<\delta$ 使得当 $x_1, x_2 \in [a-\delta, b+\delta]$ 且 $|x_1-x_2|<\eta$ 时, 有

$$|g(x_1)-g(x_2)|<\frac{\varepsilon}{3(b-a)}.$$

因而, 当 $|h|<\eta$ 时, 有

$$|g(x+h)-g(x)|<\frac{\varepsilon}{3(b-a)}, \forall x \in [a,b],$$

进而有

$$\int_{[a,b]}|g(x+h)-g(x)|\,\mathrm{d}x<\frac{\varepsilon}{3(b-a)}\cdot(b-a)=\frac{\varepsilon}{3}. \tag{5.3.9}$$

故由式 (5.3.7), (5.3.8) 及 (5.3.9) 知: 当 $|h|<\eta$ 时, 有

$$\begin{aligned}
&\int_{[a,b]}|f(x+h)-f(x)|\,\mathrm{d}x\\
\leqslant&\int_{[a,b]}|f(x+h)-g(x+h)|\,\mathrm{d}x+\int_{[a,b]}|g(x+h)-g(x)|\,\mathrm{d}x\\
&+\int_{[a,b]}|g(x)-f(x)|\,\mathrm{d}x\\
&<\frac{\varepsilon}{3}+\frac{\varepsilon}{3}+\frac{\varepsilon}{3}\\
=&\varepsilon.
\end{aligned}$$

这就证明了式 (5.3.6) 成立. 证毕.

习　题　5.3

1. 证明: 简单函数 $\varphi(x)=\sum_{i=1}^{k}c_i\chi_{E_i}(x)$ 在 $E=\bigcup_{i=1}^{k}E_i$ 上可积当且仅当 $\mathrm{m}E[\varphi\neq 0]<\infty$.

2. 设 $f\in L(\mathbf{R}), f(0)=0, f'(0)$ 存在且有限, 定义

$$g(x)=\frac{1}{x}f(x)(\forall x\neq 0),\quad g(0)=\infty,$$

试证 $g\in L(\mathbf{R})$.

3. 设 f 是 E 上的有界可测函数且 $\mathrm{m}E<\infty$, 试证: $|f|^p\in L(E)(p>0)$.

4. 证明杨 (Young) 不等式.

$$a^{1/p}b^{1/q}\leqslant\frac{1}{p}a+\frac{1}{q}b\left(a,b\geqslant 0, p,q>1, \frac{1}{p}+\frac{1}{q}=1\right).$$

(提示: 考虑函数 $f(x)=x^{1/p}-\frac{1}{p}x$ 在 $(0,\infty)$ 上的最大值).

5. 证明: 若对 E 的任一可测子集 A, 都有 $\int_A f(x)\mathrm{d}x = 0$, 则 $f(x) = 0$ a.e. 于 E.

6. 证明: 若 f 在 E 上可测且 $f(x) > 0$ *a.e.* 于 E, $A \subset E$ 可测, 则

$$\int_A f(x)\mathrm{d}x = 0 \quad 当且仅当\ \mathrm{m}A = 0.$$

7. 设 f 在有界可测集 E 上可测且其积分具有绝对连续性, 证明 $f \in L(E)$.

8. 设 $\mathrm{m}E < \infty, f$ 在 E 上可积, $e_n = E[|f| \geqslant n]$, 证明: $\lim\limits_{n\to\infty} n \cdot \mathrm{m}e_n = 0$.

9. 设 $1 < p < \infty$, $E \subset \mathbf{R}^n$ 可测,

$$L^p(E) = \{f : f\ 在\ E\ 上可测且\ |f|^p \in L(E)\},\ L^1(E) = L(E).$$

规定: $f = 0$ 当且仅当 $f(x) = 0$ a.e. 于 E. 证明: 集合 $L^p(E)$ 关于函数的加法与数乘构成 $\mathbf{R}$ 上的向量空间, 且当 $\mathrm{m}E < \infty$ 时, 应用赫尔德不等式证明

$$L^{p_2}(E) \subset L^{p_1}(E) \subset L^1(E)(1 < p_1 < p_2 < \infty).$$

5.4 勒贝格控制收敛定理

本节讨论的问题是: 对于一个按某种意义收敛的函数列, 它的极限函数的积分与相应的积分序列之间的关系如何, 即积分与极限交换次序 (积分号下取极限) 的问题.

定理 5.4.1 (法都 (Fatou) 引理) 设 $\{f_k\}$ 是 E 上的非负可测函数列, 则

$$\int_E \varliminf_{k\to\infty} f_k(x)\mathrm{d}x \leqslant \varliminf_{k\to\infty} \int_E f_k(x)\mathrm{d}x. \tag{5.4.1}$$

证明 令 $g_k(x) = \inf\{f_k(x), f_{k+1}(x), \cdots\}$, 则 $\{g_k\}$ 是 E 上非负可测函数的渐升列, 而且 $\lim\limits_{k\to\infty} g_k(x) = \varliminf\limits_{k\to\infty} f_k(x)(x \in E)$. 于是, 由莱维定理得

$$\int_E \varliminf_{k\to\infty} f_k(x)\mathrm{d}x = \int_E \lim_{k\to\infty} g_k(x)\mathrm{d}x = \lim_{k\to\infty}\int_E g_k(x)\mathrm{d}x \leqslant \varliminf_{k\to\infty}\int_E f_k(x)\mathrm{d}x.$$

证毕.

注 5.4.1 存在 E 上的非负可测函数列 $\{f_k\}$ 使得

$$\int_E \varliminf_{k\to\infty} f_k(x)\mathrm{d}x < \varliminf_{k\to\infty} \int_E f_k(x)\mathrm{d}x. \tag{5.4.2}$$

例如, 令 $f_k(x) = k \cdot \chi_{[0,1/k]}(x)$, 则 $\lim\limits_{k\to\infty} f_k(x) = 0(0 < x \leqslant 1)$ 且

$$\int_{[0,1]} \varliminf_{k\to\infty} f_k(x)\mathrm{d}x = 0 < 1 = \varliminf_{k\to\infty} \int_{[0,1]} f_k(x)\mathrm{d}x.$$

定理 5.4.2 (勒贝格控制收敛定理) 设 $\{f_k\}$ 是 $E\subset\mathbf{R}^n$ 上的可测函数列且存在 E 上的非负可积函数 F 使得

$$|f_k(x)|\leqslant F(x)(\forall x\in E,k=1,2,\cdots)\,. \tag{5.4.3}$$

如果下列条件之一成立:

(1) $\lim\limits_{k\to\infty}f_k(x)=f(x)$ a.e. 于 E;

(2) $f_k\Rightarrow f$ 于 E,

则所有的 f_k 以及 f 都在 E 上可积, 并有

$$\int_E f(x)\mathrm{d}x=\lim_{k\to\infty}\int_E f_k(x)\mathrm{d}x. \tag{5.4.4}$$

证明 根据条件 (5.4.3) 知: 所有的 f_k 都在 E 上可积.

先设条件 (1) 满足. 于是, f 在 E 上可测. 再由条件 (5.4.3) 知

$$|f(x)|=\lim_{k\to\infty}|f_k(x)|\leqslant F(x)\ \text{a.e. 于}\ E.$$

从而, f 在 E 上可积. 又因为

$$|f_k-f|\leqslant|f_k|+|f|\leqslant 2F(k=1,2\cdots),$$

所以, 将法都引理 (定理 5.4.1) 用于非负可测函数列 $\{2F-|f_k-f|\}$ 可得

$$\begin{aligned}\int_E 2F(x)\mathrm{d}x&=\int_E\varliminf_{k\to\infty}(2F(x)-|f_k(x)-f(x)|)\mathrm{d}x\\&\leqslant\varliminf_{k\to\infty}\int_E(2F(x)-|f_k(x)-f(x)|)\mathrm{d}x\\&=\int_E 2F(x)\,\mathrm{d}x-\varlimsup_{k\to\infty}\int_E|f_k(x)-f(x)|\mathrm{d}x.\end{aligned}$$

不等式两端减去有限数 $\int_E 2F(x)\mathrm{d}x$ 得

$$\varlimsup_{k\to\infty}\int_E|f_k(x)-f(x)|\mathrm{d}x\leqslant 0.$$

因此, $\lim\limits_{k\to\infty}\int_E|f_k(x)-f(x)|\mathrm{d}x=0$. 于是

$$\lim_{k\to\infty}\left|\int_E f(x)\mathrm{d}x-\int_E f_k(x)\mathrm{d}x\right|\leqslant\lim_{k\to\infty}\int_E|f(x)-f_k(x)|\mathrm{d}x=0.$$

故式 (5.4.4) 成立.

下设条件 (2) 满足. 由里斯定理知: 存在 $\{f_k\}$ 的子列 $\{f_{k_i}\}$ 在 E 上几乎处处收敛于 f. 于是

$$|f(x)| = \lim_{i\to\infty} |f_{k_i}(x)| \leqslant F(x) \text{ a.e. 于 } E.$$

因此, f 在 E 上可测且可积. 从而积分 $\int_E f(x)\mathrm{d}x, \int_E f_k(x)\mathrm{d}x$ 都有限.

以下分两种情况:

(i) 设 $\mathrm{m}E < \infty$. 对任一 $\sigma > 0$, 令 $E_k(\sigma) = E[|f_k - f| \geqslant \sigma]$, 则由条件 $f_k \Rightarrow f$ 于 E 知 $\mathrm{m}E_k(\sigma) \to 0(k \to \infty)$. 从而, 根据积分的绝对连续性知

$$\int_{E_k(\sigma)} F(x)\mathrm{d}x \to 0(k \to \infty).$$

因此

$$\begin{aligned}
&\left|\int_E f(x)\mathrm{d}x - \int_E f_k(x)\mathrm{d}x\right| \leqslant \int_E |f(x) - f_k(x)|\mathrm{d}x \\
=&\int_{E_k(\sigma)} |f(x) - f_k(x)|\mathrm{d}x + \int_{E\setminus E_k(\sigma)} |f(x) - f_k(x)|\mathrm{d}x \\
\leqslant&2\int_{E_k(\sigma)} F(x)\mathrm{d}x + \sigma\cdot \mathrm{m}E \\
\to&\sigma \cdot \mathrm{m}E(k \to \infty).
\end{aligned}$$

这就证明了

$$\varlimsup_{k\to\infty} \left|\int_E f(x)\mathrm{d}x - \int_E f_k(x)\mathrm{d}x\right| \leqslant \sigma \cdot \mathrm{m}E \to 0(\sigma \to 0^+).$$

因此

$$\varlimsup_{k\to\infty} \left|\int_E f(x)\mathrm{d}x - \int_E f_k(x)\mathrm{d}x\right| = 0.$$

故式 (5.4.4) 成立.

(ii) 设 $\mathrm{m}E = \infty$. 记 $E_i = E \cap B(0, i), F_i(x) = F(x)\chi_{E_i}(x)$, 则由莱维定理知

$$\int_{E\setminus E_i} F(x)\mathrm{d}x = \int_E F(x)\mathrm{d}x - \int_E F_i(x)\mathrm{d}x \to 0(i \to \infty). \tag{5.4.5}$$

显然, 在 E_i 上有 $f_k(x) \Rightarrow f(x)$, $F \in L(E_i)$ 且

$$|f_k(x)| \leqslant F(x)(\forall x \in E_i, k = 1, 2, \cdots). \tag{5.4.6}$$

因为 $\mathrm{m}E_i < \infty$, 所以由情况 (i) 知

$$\int_{E_i} f_k(x)\mathrm{d}x \to \int_{E_i} f(x)\mathrm{d}x(k \to \infty). \tag{5.4.7}$$

因此, $\forall i = 1, 2, \cdots$, 由式 (5.4.7) 及 (5.4.3) 知

$$\begin{aligned}\left|\int_E f(x)\mathrm{d}x - \int_E f_k(x)\mathrm{d}x\right| &\leqslant \left|\int_{E_i} f(x)\mathrm{d}x - \int_{E_i} f_k(x)\mathrm{d}x\right| \\ &\quad + \left|\int_{E\setminus E_i} f(x)\mathrm{d}x - \int_{E\setminus E_i} f_k(x)\mathrm{d}x\right| \\ &\leqslant \left|\int_{E_i} f(x)\mathrm{d}x - \int_{E_i} f_k(x)\mathrm{d}x\right| + 2\int_{E\setminus E_i} F(x)\mathrm{d}x \\ &\to 2\int_{E\setminus E_i} F(x)\mathrm{d}x \ (k \to \infty).\end{aligned}$$

所以

$$\overline{\lim_{k\to\infty}} \left|\int_E f(x)\mathrm{d}x - \int_E f_k(x)\mathrm{d}x\right| \leqslant 2\int_{E\setminus E_i} F(x)\mathrm{d}x, \quad \forall i = 1, 2, \cdots.$$

最后, 根据式 (5.4.5) 知

$$\overline{\lim_{k\to\infty}} \left|\int_E f(x)\mathrm{d}x - \int_E f_k(x)\mathrm{d}x\right| = 0.$$

故式 (5.4.4) 成立. 证毕.

推论 5.4.1 (有界控制收敛定理) 设 $\mathrm{m}E < +\infty$, $\{f_k\}$ 是 E 上的可测函数列且存在常数 M 使得

$$|f_k(x)| \leqslant M(x \in E, k = 1, 2, \cdots).$$

如果下列条件之一成立,

(1) $\lim\limits_{k\to\infty} f_k(x) = f(x)$ a.e. 于 E;

(2) $f_k \Rightarrow f$ 于 E,

那么所有的 f_k 以及 f 都在 E 上可积, 并有

$$\int_E f(x)\mathrm{d}x = \lim_{k\to\infty}\int_E f_k(x)\mathrm{d}x.$$

证明 因为 $F(x) \equiv M$ 在测度有限的点集 E 上可积, 所以由勒贝格控制收敛定理知结论成立. 证毕.

推论 5.4.2 设

(1) $\forall y \in [c,d], f(\cdot,y)$ 在 E 上可测;

(2) 存在 E 上的非负可积函数 F 使得

$$|f(x,y)| \leqslant F(x)(\forall x \in E, \forall y \in [c,d]) ;$$

(3) $y_0 \in [c,d], \lim\limits_{y\to y_0} f(x,y) = g(x)$ a.e. 于 E,

则 $g, f(\cdot,y) \in L(E), \forall y \in [c,d]$, 且有

$$\int_E g(x)\mathrm{d}x = \lim_{y\to y_0}\int_E f(x,y)\mathrm{d}x.$$

证明 根据条件 (1) 与 (2) 知: $f(\cdot,y) \in L(E), \forall y \in [c,d]$. 设

$$\{y_k\}_{k=1}^{\infty} \subset [c,d], y_k \to y_0(k\to\infty),$$

则由条件 (2) 及 (3) 知

$$|f(x,y_k)| \leqslant F(x)(\forall x \in E, \forall k = 1,2,\cdots)\text{ , 且 } \lim_{k\to\infty} f(x,y_k) = g(x) \text{ a.e. 于} E.$$

于是, 由勒贝格控制收敛定理知 $g \in L(E)$ 且

$$\int_E g(x)\mathrm{d}x = \lim_{k\to\infty}\int_E f(x,y_k)\mathrm{d}x.$$

最后, 由函数极限的海涅 (Heine) 定理知

$$\int_E g(x)\mathrm{d}x = \lim_{y\to y_0}\int_E f(x,y)\mathrm{d}x.$$

证毕.

定理 5.4.3 若 $f_k(k=1,2,\cdots)$ 在 E 上可测, 且

$$\sum_{k=1}^{\infty}\int_E |f_k(x)|\mathrm{d}x < \infty,$$

则

(1) 级数 $\sum\limits_{k=1}^{\infty} f_k(x)$ 在 E 上几乎处处收敛, 且它的和函数 f 在 E 上可积;

(2) $\int_E f(x)\mathrm{d}x = \sum\limits_{k=1}^{\infty}\int_E f_k(x)\mathrm{d}x$(逐项积分公式).

证明 (1) 令 $F(x) = \sum\limits_{k=1}^{\infty}|f_k(x)|$, 则由逐项积分定理 (定理 5.1.4) 及题设可知, $F \in L(E)$, 从而 $F(x)$ 在 E 上几乎处处有限, 这就是说, 级数 $\sum\limits_{k=1}^{\infty} f_k(x)$ 在 E 上几

乎处处绝对收敛, 因此, 它在 E 上几乎处处收敛. 所以, f 是 E 上几乎处处有限的可测函数. 又因为

$$|f(x)| \leqslant F(x) \text{ a.e. 于 } E,$$

所以由定理 5.2.3 知 $f \in L(E)$.

(2) 令 $S_n(x) = \sum\limits_{k=1}^{n} f_k(x)$, 则

$$|S_n(x)| \leqslant F(x)(\forall x \in E, n = 1, 2, \cdots), f(x) = \lim_{n\to\infty} S_n(x) \text{ a.e. 于} E.$$

因此, 根据勒贝格控制收敛定理可知

$$\int_E f(x)\mathrm{d}x = \lim_{n\to\infty}\int_E S_n(x)\mathrm{d}x = \lim_{n\to\infty}\sum_{k=1}^{n}\int_E f_k(x)\mathrm{d}x = \sum_{k=1}^{\infty}\int_E f_k(x)\mathrm{d}x.$$

证毕.

例 5.4.1 设 $f \in L(E)$, $E = \bigcup\limits_{k=1}^{\infty} E_k$, 其中 $E_k \subset E_{k+1}(\forall k \geqslant 1)$ 可测, 则

$$\int_E f(x)\mathrm{d}x = \lim_{k\to\infty}\int_{E_k} f(x)\mathrm{d}x.$$

证明 设 $f_k = f \cdot \chi_{E_k}$, 则

$$|f_k(x)| \leqslant |f(x)|\ (\forall x \in E, k = 1, 2, \cdots)\ \text{且}\ f_k(x) \to f(x)\ (\forall x \in E).$$

由于 $|f| \in L(E)$, 所以由勒贝格控制收敛定理知

$$\int_E f(x)\mathrm{d}x = \lim_{k\to\infty}\int_E f_k(x)\mathrm{d}x = \lim_{k\to\infty}\int_{E_k} f(x)\mathrm{d}x.$$

证毕.

由上例可知: 若 E 是 $\mathbf{R}^n$ 中的可测集, $f \in L(E)$, 则

$$\int_E f(x)\mathrm{d}x = \lim_{k\to\infty}\int_{E\cap[-k,k]^n} f(x)\mathrm{d}x.$$

例 5.4.2 设二元函数 $f : [a,b] \times [\alpha,\beta] \to \mathbf{R}$ 满足条件:

(1) $\forall t \in [\alpha,\beta]$, $f(\cdot,t)$ 在 $[a,b]$ 上 L-可积;

(2) $\dfrac{\partial}{\partial t}f(x,t)$ 对 $x \in [a,b]$ 一致有界, 即存在常数 $M > 0$ 使得

$$\left|\frac{\partial}{\partial t}f(x,t)\right| \leqslant M(a \leqslant x \leqslant b, \alpha \leqslant t \leqslant \beta), \tag{5.4.8}$$

则含参量 L-积分 $I(t)=\int_a^b f(x,t)\mathrm{d}x$ 在区间 (α,β) 上可导, 且

$$I'(t)=\int_a^b \frac{\partial}{\partial t}f(x,t)\mathrm{d}x,\quad \forall t\in(\alpha,\beta). \tag{5.4.9}$$

证明　$\forall t\in(\alpha,\beta)$ 及任一趋向于 0 的数列 $\{h_k\}$, 则存在 k_0 使得当 $k>k_0$ 时有 $t+h_k\in(\alpha,\beta)$. 令

$$f_k(x)=\frac{1}{h_{k+k_0}}\left[f(x,t+h_{k+k_0})-f(x,t)\right](k=1,2,\cdots,x\in[a,b]),$$

则 $\lim\limits_{k\to\infty}f_k(x)=\frac{\partial}{\partial t}f(x,t)(\forall x\in[a,b])$. 由微分中值定理知: $\forall k=1,2,\cdots,x\in[a,b]$, 存在 $\theta_k\in(0,1)$ 使得

$$f_k(x)=\frac{\partial}{\partial t}f\left(x,t+\theta_k h_{k+k_0}\right).$$

于是, 由式 (5.4.8) 知

$$|f_k(x)|\leqslant M(a\leqslant x\leqslant b,k=1,2,\cdots).$$

因此, 根据有界收敛定理 (推论 5.4.1) 知

$$\lim_{k\to\infty}\frac{I(t+h_{k+k_0})-I(t)}{h_{k+k_0}}=\lim_{k\to\infty}\int_a^b f_k(x)\mathrm{d}x=\int_a^b\frac{\partial}{\partial t}f(x,t)\mathrm{d}x.$$

所以, 根据函数极限的海涅 (Heine) 定理可知: 极限

$$\lim_{h\to 0}\frac{I(t+h)-I(t)}{h}$$

存在且等于 $\int_a^b\frac{\partial}{\partial t}f(x,t)\mathrm{d}x$. 这就证明了函数 I 在区间 (α,β) 上可导, 且等式 (5.4.9) 成立. 证毕.

习　题　5.4

1. 设 $\{f_k\}$ 是 E 上的可积函数列, 且

$$\lim_{k\to\infty}f_k(x)=f(x)(\forall x\in E).$$

证明: 如果 $\sup\limits_{k\geqslant 1}\int_E|f_k(x)|\mathrm{d}x<\infty$, 那么 f 在 E 上可积.

2. 设 $\{f_k\}$ 是 E 上的非负可测函数列, 试证: 如果 $\lim\limits_{k\to\infty}\int_E f_k(x)\mathrm{d}x=0$, 那么函数列 $\{f_k\}$ 在 E 上依测度收敛于 0.

3. 设 $\{f_k\}$ 是测度有限的可测集 E 上的 a.e. 有限的可测函数列, 函数 f 在 E上 a.e. 有限且可测, 试证: $\lim\limits_{k\to\infty}\int_E \dfrac{|f_k(x)-f(x)|}{1+|f_k(x)-f(x)|}\mathrm{d}x=0$ 当且仅当 $\{f_k\}$ 在 E 上依测度收敛于 f.

4. 设 $\mathrm{m}E<\infty$, 可测函数列 $\{f_k\}$ 在 E 上一致收敛于 f, 且 $f\in L(E)$, 证明: $\int_E f(x)\mathrm{d}x=\lim\limits_{k\to\infty}\int_E f_k(x)\mathrm{d}x$.

5. 证明: $\lim\limits_{k\to\infty}\int_0^1 f_k(x)\mathrm{d}x=0$, 其中

(1) $f_k(x)=\dfrac{k\sqrt{x}}{1+k^2x^2}\sin^7 kx$;

(2) $f_k(x)=\dfrac{\log_{10}(k+x)}{k}\mathrm{e}^{-kx}\cos kx$;

(3) $f_k(x)=x^k\sin kx$.

6. 证明: $\lim\limits_{n\to\infty}\int_{[0,\infty)}\left(1+\dfrac{x}{n}\right)^{-n}x^{-\frac{1}{n}}\mathrm{d}x=1$.

7. 应用恒等式 $\dfrac{1}{1+x}=(1-x)+(x^2-x^3)+\cdots(0<x<1)$, 证明:

$$\ln 2=1-\frac{1}{2}+\frac{1}{3}-\frac{1}{4}+\cdots.$$

8. 设 $\{f_k\}$ 是 E 上的可积函数的单调序列且 $\lim\limits_{k\to\infty}f_k(x)=f(x)(\forall x\in E)$, 证明: f 在 E 上有勒贝格积分且 $\int_E f(x)\mathrm{d}x=\lim\limits_{k\to\infty}\int_E f_k(x)\mathrm{d}x$.

5.5 R-积分与 L-积分的关系

本节将讨论黎曼积分与勒贝格积分的关系, 以及黎曼可积函数的特征. 为了讨论简便, 只研究一元函数的情况.

在数学分析中, 我们利用上和与下和的概念建立了函数黎曼可积 (简称 R-可积) 的一个充要条件, 后面将会用到, 现重述如下:

对于在 $[a,b]$ 上有界的函数 f 和 $[a,b]$ 的一个分划

$$D:a=x_0<x_1<\cdots<x_n=b,$$

令 $\|D\|=\max\limits_{1\leqslant i\leqslant n}|x_i-x_{i-1}|$, 称其为分划 D 的**细度**(Fineness), 又设 M_i 和 m_i 分别

表示 f 在第 i 个小区间 $[x_i, x_{i+1}]$ 上的上确界和下确界, 则称

$$S_D(f) = \sum_{i=0}^{n-1} M_i \cdot (x_{i+1} - x_i), \quad s_D(f) = \sum_{i=0}^{n-1} m_i \cdot (x_{i+1} - x_i) \tag{5.5.1}$$

分别为 f 关于分割 D 的**上和**(Upper sum) 与**下和**(Lower sum).

在数学分析中, 我们证明了上和与下和具有以下性质.

引理 5.5.1　(1) 对于区间 $[a,b]$ 任意一列越来越细的分划 $\{D_k\}$, 相应的上和序列 $\{S_{D_k}(f)\}$ 与下和序列 $\{s_{D_k}(f)\}$ 分别是单调下降和单调上升的. 从而, 极限 $\lim\limits_{k\to\infty} S_{D_k}(f)$ 与 $\lim\limits_{k\to\infty} s_{D_k}(f)$ 都存在且有限.

(2) f 在 $[a,b]$ 上 R-可积的充分必要条件是 f 在 $[a,b]$ 上有界且对任意一列越来越细的分划 $\{D_k\}$, 当其细度 $\|D_k\| \to 0 (k \to \infty)$ 时, 有

$$\lim_{k\to\infty} S_{D_k}(f) = \lim_{k\to\infty} s_{D_k}(f).$$

(3) 当 f 在 $[a,b]$ 上 R-可积时, 有

$$\int_a^b f(x)\mathrm{d}x = \lim_{k\to\infty} S_{D_k}(f) = \lim_{k\to\infty} s_{D_k}(f),$$

只要 $\{D_k\}$ 满足 (2) 中的条件.

定理 5.5.1　若 f 在 $[a,b]$ 上 R-可积, 则 f 在 $[a,b]$ 上 L-可积, 并且有

$$(\mathrm{L})\int_a^b f(x)\mathrm{d}x = (\mathrm{R})\int_a^b f(x)\mathrm{d}x. \tag{5.5.2}$$

证明　先证 $f \geqslant 0$ 的情形. 因为 f 在闭区间 $[a,b]$ 上 R-可积, 所以存在常数 $M \geqslant m \geqslant 0$ 使得 $M \geqslant f(x) \geqslant m (\forall x \in [a,b])$. 设

$$D_k : a = x_0^{(k)} < x_1^{(k)} < \cdots < x_{2^k}^{(k)} = b$$

是 $[a,b]$ 的 2^k 等分分划, 其中 $x_i^{(k)} = a + \dfrac{i}{2^k}(b-a)$, 则 $\{D_k\}$ 是 $[a,b]$ 的一列越来越细的分划, 且

$$\|D_k\| = 2^{-k}(b-a) \to 0 (k \to \infty).$$

设 $M_i^{(k)}$ 和 $m_i^{(k)}$ 分别表示 f 在第 i 个小区间 $[x_i^{(k)}, x_{i+1}^{(k)}]$ 上的上确界和下确界, 定义

$$g_k(x) = \sum_{i=0}^{2^k-2} M_i^{(k)} \cdot \chi_{[x_i^{(k)}, x_{i+1}^{(k)})}(x) + M_{2^k-1}^{(k)} \cdot \chi_{[x_{2^k-1}^{(k)}, x_{2^k}^{(k)}]}(x),$$

$$h_k(x) = \sum_{i=0}^{2^k-2} m_i^{(k)} \cdot \chi_{[x_i^{(k)}, x_{i+1}^{(k)})}(x) + m_{2^k-1}^{(k)} \cdot \chi_{[x_{2^k-1}^{(k)}, x_{2^k}^{(k)}]}(x),$$

则得到两个 $[a,b]$ 上的非负简单函数列 $\{g_k\}$ 与 $\{h_k\}$ 满足以下条件:

(1) $0 \leqslant h_k \leqslant h_{k+1} \leqslant f \leqslant g_{k+1} \leqslant g_k (k=1,2,\cdots)$ a.e. 于 $[a,b]$;

(2) $(\mathrm{L})\int_a^b g_k(x)\mathrm{d}x = S_{D_k}(f), \quad (\mathrm{L})\int_a^b h_k(x)\mathrm{d}x = s_{D_k}(f)(k=1,2,\cdots)$.

所以, 根据引理 5.5.1(3) 知

$$\lim_{k\to\infty}(\mathrm{L})\int_a^b g_k(x)\mathrm{d}x = \lim_{k\to\infty}(\mathrm{L})\int_a^b h_k(x)\mathrm{d}x = (\mathrm{R})\int_a^b f(x)\mathrm{d}x. \tag{5.5.3}$$

另一方面, 由于对任一 $x \in [a,b]$, 数列 $\{h_k(x)\}$ 是递增有上界的、数列 $\{g_k(x)\}$ 是递减有下界的, 从而有极限, 记

$$\lim_{k\to\infty} h_k(x) = h(x), \quad \lim_{k\to\infty} g_k(x) = g(x)(\forall x \in [a,b]).$$

显然, h, g 在 $[a,b]$ 上非负可测. 于是, 由莱维定理及式 (5.5.3) 得到

$$(\mathrm{L})\int_a^b h(x)\mathrm{d}x = \lim_{k\to\infty}(\mathrm{L})\int_a^b h_k(x)\mathrm{d}x = (\mathrm{R})\int_a^b f(x)\mathrm{d}x; \tag{5.5.4}$$

$$(\mathrm{L})\int_a^b (M-g(x))\mathrm{d}x = \lim_{k\to\infty}(\mathrm{L})\int_a^b (M-g_k(x))\mathrm{d}x = M(b-a)-(\mathrm{R})\int_a^b f(x)\mathrm{d}x.$$

从而

$$(\mathrm{L})\int_a^b g(x)\mathrm{d}x = \lim_{k\to\infty}(\mathrm{L})\int_a^b g_k(x)\mathrm{d}x = (\mathrm{R})\int_a^b f(x)\mathrm{d}x. \tag{5.5.5}$$

因此, h, g 在闭区间 $[a,b]$ 上 L-可积且由式 (5.5.4) 及 (5.5.5) 可知

$$(\mathrm{L})\int_a^b (g(x)-h(x))\mathrm{d}x = 0. \tag{5.5.6}$$

又因为 $h \leqslant f \leqslant g$, 所以由习题 5.1 第 1 题知 $g(x)-h(x)=0$ a.e. 于 $[a,b]$, 即

$$g(x) = h(x) \text{ a.e. 于 } [a,b].$$

因此, $f(x)=g(x)=h(x)$ a.e. 于 $[a,b]$. 从而, 由定理 5.2.2(3) 知: f 在闭区间 $[a,b]$ 上 L-可积且

$$(\mathrm{L})\int_a^b f(x)\mathrm{d}x = (\mathrm{L})\int_a^b g(x)\mathrm{d}x = (\mathrm{R})\int_a^b f(x)\mathrm{d}x.$$

可见, 当 f 非负时, 结论成立.

对于一般情况, 设 $m = \inf f([a,b])$, 则 $f - m$ 是闭区间 $[a,b]$ 上的非负 R-可积函数, 所以由已证结论知它在此区间上 L-可积, 且

$$(\mathrm{L})\int_a^b (f(x)-m)\mathrm{d}x = (\mathrm{R})\int_a^b (f(x)-m)\mathrm{d}x.$$

从而, f 在 $[a,b]$ 上 L-可积, 且

$$(\mathrm{L})\int_a^b f(x)\mathrm{d}x = (\mathrm{R})\int_a^b f(x)\mathrm{d}x.$$

证毕.

例 5.5.1 $(\mathrm{L})\int_a^b \sin x\mathrm{d}x = (\mathrm{R})\int_a^b \sin x\mathrm{d}x = \cos a - \cos b$.

沿用前面的记号, 可得黎曼可积函数的一个重要特征.

定理 5.5.2 设函数 f 在 $[a,b]$ 上有界, 则 f 在 $[a,b]$ 上 R-可积的充要条件是 f 在 $[a,b]$ 中的间断点之集 D_f 的测度为零.

证明 必要性. 设 f 在 $[a,b]$ 上 R-可积. 设 D_k 及函数 g_k, h_k, g, h 如定理 5.5.1 的证明中所示. 若 $x_0 \in [a,b]$ 是 f 的不连续点, 而且不是任何 D_k 的分点, 则必定存在正数 ε_0, 使得在 x_0 的任意邻域 $B(x_0,\delta)$ 中, 都存在一点 $x \in [a,b]$ 满足 $|f(x)-f(x_0)| \geqslant \varepsilon_0$, 即

$$f(x) - f(x_0) \leqslant -\varepsilon_0 \text{ 或 } f(x) - f(x_0) \geqslant \varepsilon_0.$$

由于 x_0 不是任何 D_k 的分点, 所以, 对任一正整数 k, 存在 $1 \leqslant i_k \leqslant 2^k$ 使得

$$x_{i_k}^{(k)} < x_0 < x_{i_k+1}^{(k)}.$$

因此, 存在一点 t_k 使得 $x_{i_k}^{(k)} < t_k < x_{i_k+1}^{(k)}$ 且

$$f(t_k) - f(x_0) \leqslant -\varepsilon_0 \tag{5.5.7}$$

或

$$f(t_k) - f(x_0) \geqslant \varepsilon_0. \tag{5.5.8}$$

所以, 必有无穷个 k 同时满足式 (5.5.7) 或同时满足式 (5.5.8). 不妨设为前一情况. 于是, 对无穷个 k, 有

$$h_k(x_0) = m_{i_k}^{(k)} \leqslant f(t_k) \leqslant f(x_0) - \varepsilon_0 < f(x_0).$$

因此, $h(x_0) < f(x_0) \leqslant g(x_0)$. 由此可见,

$$x_0 \in A := \{x \in [a,b] : h(x) \neq g(x)\}.$$

因此,

$$D_f \subset A \cup \{x_i^{(k)} | i = 1, 2, \cdots, 2^k, k = 1, 2, \cdots\}.$$

由定理 5.5.1 的证明知: $\mathrm{m}A = 0$. 从而,

$$\mathrm{m}D_f \leqslant \mathrm{m}A + \mathrm{m}\{x_i^{(k)} | i = 1, 2, \cdots, 2^k, k = 1, 2, \cdots\} = 0.$$

故 $\mathrm{m}D_f = 0$.

充分性. 设 $\mathrm{m}D_f = 0$, D_k 及函数 g_k, h_k, g, h 如定理 5.5.1 的证明中所示. 记

$$A = \{x \in [a,b] : h(x) \neq g(x)\}, \quad B = A \cup \{x_i^{(k)} | i = 1, 2, \cdots, 2^k, k = 1, 2, \cdots\}.$$

若 $x_0 \in [a,b] \backslash B$, 则它不是任一 D_k 的分点且使得 $h(x_0) < g(x_0)$. 从而, 对任意正整数 k 都有

$$h_k(x_0) \leqslant h(x_0) < g(x_0) \leqslant g_k(x_0),$$

$$\lim_{k \to \infty} (g_k(x_0) - h_k(x_0)) = g(x_0) - h(x_0) > 0.$$

由于 x_0 不是任何 D_k 的分点, 所以, 对任一正整数 k, 存在 $1 \leqslant i_k \leqslant 2^k$ 使得

$$x_{i_k}^{(k)} < x_0 < x_{i_k+1}^{(k)}. \tag{5.5.9}$$

于是

$$\lim_{k \to \infty} (M_{i_k}^{(k)} - m_{i_k}^{(k)}) = \lim_{k \to \infty} (g_k(x_0) - h_k(x_0)) = g(x_0) - h(x_0) > 0. \tag{5.5.10}$$

对任意正数 δ, 由于 D_k 的小区间的长度趋近于零, 所以由式 (5.5.9) 知: 存在 N 使得当 $k > N$ 时, 有

$$x_0 - \delta < x_{i_k}^{(k)} < x_0 < x_{i_k+1}^{(k)} < x_0 + \delta.$$

从而, 当 $k > N$ 时, 有

$$\omega_{x_0}(\delta) \geqslant M_{i_k}^{(k)} - m_{i_k}^{(k)}.$$

因此, 根据式 (5.5.10) 知 $\omega_{x_0}(\delta) \geqslant g(x_0) - h(x_0) > 0$. 所以, f 在点 x_0 处的振幅大于零, 于是 f 在点 x_0 不连续. 这就证明了 $B \subset D_f$, 从而 $\mathrm{m}B = 0$. 因此, $\mathrm{m}A = 0$. 可见, $g(x) = h(x)$ a.e. 于 $[a,b]$. 因而, 由定理 5.5.1 的证明过程知

$$\begin{aligned}
\lim_{k \to \infty} (S_{D_k}(f) - s_{D_k}(f)) &= \lim_{k \to \infty} (\mathrm{L}) \int_a^b (g_k(x) - h_k(x))\,\mathrm{d}x \\
&= \lim_{k \to \infty} (\mathrm{L}) \int_a^b g_k(x)\mathrm{d}x - \lim_{k \to \infty} (\mathrm{L}) \int_a^b h_k(x)\mathrm{d}x
\end{aligned}$$

$$
\begin{aligned}
&=(\mathrm{L})\int_a^b g(x)\mathrm{d}x-(\mathrm{L})\int_a^b h(x)\mathrm{d}x \\
&=0.
\end{aligned}
$$

故 f 在 $[a,b]$ 上 R-可积. 证毕.

定理 5.5.3 若 f 在任何区间 $[a,b]$ 上 R-可积, 则 $f\in L(\mathbf{R})$ 当且仅当广义积分 $\int_{-\infty}^{\infty}f(x)\mathrm{d}x$ 绝对收敛; 当 $f\in L(\mathbf{R})$ 时, 有

$$\int_{\mathbf{R}}f(x)\mathrm{d}x=\int_{-\infty}^{\infty}f(x)\mathrm{d}x.$$

证明 由于 f 在任何区间 $[a,b]$ 上 R-可积, 所以由定理 5.5.1 知: f 在任意有限区间 $[a,b]$ 上 L-可积, 从而 f 在任意有限区间 $[a,b]$ 上可测. 所以, f 在 $\mathbf{R}=\bigcup\limits_{n=1}^{\infty}[-n,n]$ 上可测. 由例 5.1.2、定理 5.5.1 及无穷限积分的定义知

$$\int_{\mathbf{R}}|f(x)|\mathrm{d}x=\lim_{n\to\infty}(\mathrm{L})\int_{-n}^{n}|f(x)|\mathrm{d}x=\lim_{n\to\infty}(\mathrm{R})\int_{-n}^{n}|f(x)|\mathrm{d}x=\int_{-\infty}^{\infty}|f(x)|\mathrm{d}x.$$

所以, $f\in L(\mathbf{R})$ 当且仅当 $|f|\in L(\mathbf{R})$ 当且仅当 $\int_{-\infty}^{\infty}f(x)\mathrm{d}x$ 绝对收敛.

进一步, 当 $f\in L(\mathbf{R})$ 时, 由例 5.4.1 知及定理 5.5.1 知

$$\int_{\mathbf{R}}f(x)\mathrm{d}x=\lim_{n\to\infty}(\mathrm{L})\int_{-n}^{n}f(x)\mathrm{d}x=\lim_{n\to\infty}(\mathrm{R})\int_{-n}^{n}f(x)\mathrm{d}x=\int_{-\infty}^{\infty}f(x)\mathrm{d}x.$$

证毕.

例 5.5.2 由定理 5.5.3 知

$$\int_{\mathbf{R}}\frac{1}{x^2+1}\mathrm{d}x=\int_{-\infty}^{\infty}\frac{1}{x^2+1}\mathrm{d}x=\arctan x|_{-\infty}^{\infty}=\pi.$$

有限区间上无界函数的广义积分与 L-积分也有类似的关系, 请自证之. 勒贝格积分不便于计算, 但由例 5.3.7 知: 它与连续函数的积分相差可任意小, 而连续函数是 R-可积的, 因此根据定理 5.5.1, 可将勒贝格积分化为黎曼积分来计算或进行估计. 另外, 对于一些不便于直接计算的黎曼积分, 也可以利用勒贝格积分的良好性质来进行化简.

例 5.5.3 在 [0,1] 上定义如下的函数 f: 在康托尔集 P_0 上, $f(x)\equiv 0$; 在 $[0,1]\backslash P_0$ 的长为 $\frac{1}{3^n}\,(n=1,2,\cdots)$ 的构成区间 $I_1^n,I_2^n,\cdots,I_{2^{n-1}}^n$ 上, $f\,(x)\equiv\frac{1}{n}$. 试证: f

在 [0,1] 上 R-可积且求其 R-积分.

证明 因为 f 在 [0,1] 有界且在 P_0 的每个邻接区间上为常数, 因而它的不连续点只可能在 P_0 内. 由于 $\mathrm{m}P_0 = 0$, 所以由定理 5.5.2 知 f 在 [0,1] 上 R-可积. 进一步, 由定理 5.5.1 知 f 在 [0,1] 上 L-可积且

$$(\mathrm{R})\int_0^1 f(x)\mathrm{d}x = (\mathrm{L})\int_0^1 f(x)\mathrm{d}x.$$

令

$$G_0 = \bigcup_{n=1}^{\infty}[I_1^n \bigcup I_2^n \bigcup \cdots \bigcup I_{2^{n-1}}^n],$$

则 $P_0 = [0,1]\backslash G_0$. 从而, 根据勒贝格逐项积分定理知

$$\begin{aligned}(\mathrm{R})\int_0^1 f(x)\mathrm{d}x =&(\mathrm{L})\int_0^1 f(x)\mathrm{d}x\\ =&(\mathrm{L})\int_{G_0} f(x)\mathrm{d}x + (\mathrm{L})\int_{P_0} f(x)\mathrm{d}x\\ =&\sum_{n=1}^{\infty}\sum_{k=1}^{2^{n-1}}(\mathrm{L})\int_{I_k^n} f(x)\mathrm{d}x\\ =&\sum_{n=1}^{\infty} 2^{n-1}\times\frac{1}{n}\times\frac{1}{3^n}\end{aligned}$$

由于

$$\begin{aligned}&\sum_{n=1}^{\infty} 2^{n-1}\cdot\frac{1}{n}\cdot\frac{1}{3^n} = \frac{1}{2}\sum_{n=1}^{\infty}(\mathrm{R})\int_0^{2/3} x^{n-1}\mathrm{d}x\\ =&\frac{1}{2}\sum_{n=1}^{\infty}(\mathrm{L})\int_0^{2/3} x^{n-1}\mathrm{d}x = \frac{1}{2}(\mathrm{L})\int_0^{2/3}\sum_{n=1}^{\infty} x^{n-1}\mathrm{d}x,\end{aligned}$$

所以由定理 5.5.1 知

$$\begin{aligned}(\mathrm{R})\int_0^1 f(x)\mathrm{d}x =&\frac{1}{2}(\mathrm{L})\int_0^{2/3}\sum_{n=1}^{\infty} x^{n-1}\mathrm{d}x\\ =&\frac{1}{2}(\mathrm{R})\int_0^{2/3}\frac{1}{1-x}\mathrm{d}x\\ =&\frac{1}{2}\ln 3.\end{aligned}$$

证毕.

定理 5.5.4　设 f 是区间 $[a,b]$ 上的非负黎曼可积函数, 则它在 $[a,b]$ 上的下方图形及曲边梯形

$$S(f,[a,b]) := \{(x,y) : 0 \leqslant y \leqslant f(x), x \in [a,b]\}$$

都是 $\mathbf{R}^2$ 中的勒贝格可测集, 且它们的测度都是该曲边梯形的面积 (图 5-2).

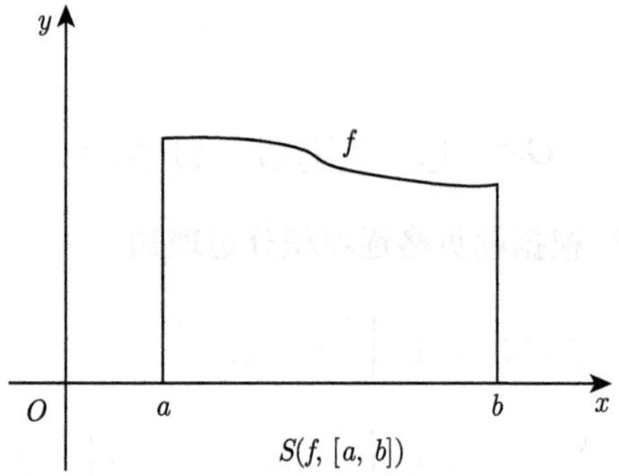

图 5-2

证明　显然

$$G(f,[a,b]) \subset S(f,[a,b]) = \bigcap_{n=1}^{\infty} G(f+n^{-1},[a,b]). \tag{5.5.11}$$

所以, 由定理 5.1.1 知: $G(f,[a,b])$ 与 $S(f,[a,b])$ 都是 $\mathbf{R}^2$ 中的勒贝格可测集. 因为可测集列 $G(f+n^{-1},[a,b])$ 关于 n 单调递减, 所以由式 (5.5.11) 及测度与极限的换序定理知

$$\begin{aligned}
\mathrm{m}G(f,[a,b]) \leqslant& \mathrm{m}S(f,[a,b]) \\
=& \lim_{n\to\infty} \mathrm{m}G(f+n^{-1},[a,b]) \\
=& \lim_{n\to\infty} \int_{[a,b]} \left(f(x)+\frac{1}{n}\right)\mathrm{d}x \\
=& \int_{[a,b]} f(x)\mathrm{d}x \\
=& \mathrm{m}G(f,[a,b]).
\end{aligned}$$

由此可见

$$\mathrm{m}G(f,[a,b]) = \mathrm{m}S(f,[a,b]). \tag{5.5.12}$$

再由 L-积分的定义与定理 5.5.1 及黎曼积分的几何意义可知: $\mathrm{m}S(f,[a,b])$ 正好是 $S(f,[a,b])$ 的面积. 证毕.

推论 5.5.1 设 f 是区间 $[a,b]$ 上的黎曼可积函数, 则平面曲线

$$C(f,[a,b]) := \{(x,f(x)) : x \in [a,b]\}$$

是 $\mathbf{R}^2$ 中的可测集且其测度为 0.

证明 先设 f 非负. 因为 $S(f,[a,b])$ 是可测集 $G(f,[a,b])$ 的可测子集, 且

$$C(f,[a,b]) = S(f,[a,b]) \backslash G(f,[a,b]),$$

所以, $C(f,[a,b])$ 可测. 再由式 (5.5.12) 知 $\mathrm{m}C(f,[a,b]) = 0$.

对于一般情况, 由于 f 在区间 $[a,b]$ 上有界, 所以存在常数 m 使得

$$f(x) - m \geqslant 0 (\forall x \in [a,b]).$$

因此, 由已证结论知: $C(f-m,[a,b])$ 可测且 $\mathrm{m}C(f-m,[a,b]) = 0$. 因为

$$C(f,[a,b]) = C(f-m,[a,b]) + (0,m),$$

于是, 由勒贝格测度的平移不变性知 $\mathrm{m}C(f,[a,b]) = 0$. 证毕.

例 5.5.4 证明: 平面上的任意闭圆盘 D 都是可测集且其测度正好是它的面积.

证明 由勒贝格测度的平移不变性, 不妨设

$$D = \{(x,y) : x^2 + (y-R)^2 \leqslant R^2\},$$

$$f(x) = R + \sqrt{R^2 - x^2}, \quad g(x) = R - \sqrt{R^2 - x^2},$$

则 f, g 都是区间 $[-R,R]$ 上的非负 R-可积函数 (图 5-3), 且

$$D = S(f,[-R,R]) \backslash G(g,[-R,R]).$$

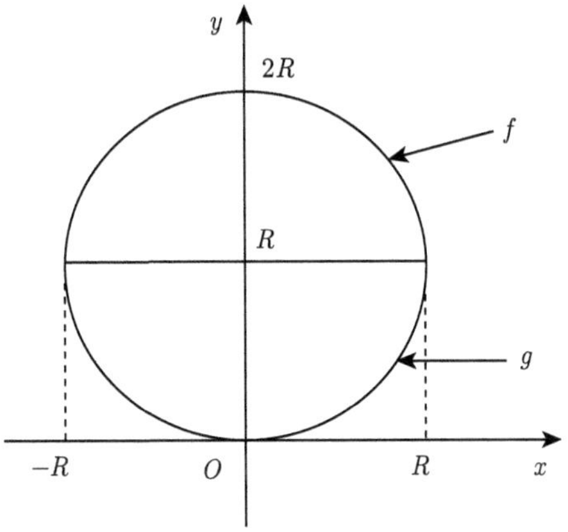

图 5-3

所以, 由定理 5.5.4 知: D 是可测集且

$$\begin{aligned}\mathrm{m}D =&\mathrm{m}S(f,[-R,R]) - \mathrm{m}G(g,[-R,R])\\ =&\int_{-R}^{R} f(x)\mathrm{d}x - \int_{-R}^{R} g(x)\mathrm{d}x\\ =&2\int_{-R}^{R}\sqrt{R^2-x^2}\mathrm{d}x\\ =&\pi R^2.\end{aligned}$$

文献 [6] 研究了多元黎曼积分与勒贝格积分的关系, 证明了: 在可求 "体积" 的有界闭区域 $D\subset\mathbf{R}^n$ 上的黎曼可积函数必在 D 上勒贝格可积且积分值相等. 应用这一结果及类似于上面的方法, 可以证明: 可求 "体积" 的有界闭区域 $D\subset\mathbf{R}^n$ 必是勒贝格可测的且其测度正好是它的 "体积".

习　题　5.5

1. 证明: 黎曼函数

$$R(x)=\begin{cases}\dfrac{1}{p}, & x=\dfrac{q}{p}\in\mathbf{Q},(p,q)=1,\\ 0, & x\in\{0,1\}\cup(\mathbf{R}\backslash\mathbf{Q})\end{cases}$$

在 $[0,1]$ 上 R-可积且积分为 0.

2. 狄利克雷函数 D 在 $[0,1]$ 内的无理点集 A 上连续, 即函数 $D:A\to\mathbf{R}$ 为连续函数, 且 $\mathrm{m}A=1$, 但 D 在 $[0,1]$ 上不是黎曼可积的. 这与定理 5.5.2 矛盾吗?

3. 设 F 是 $[0,1]$ 中的闭子集且 $\mathrm{m}F=0$, 试证: 特征函数 χ_F 在 $[0,1]$ 上是 R- 可积的.

4. 设 f 定义在有限 $(a,b]$ 上的无界函数且在任意区间 $[a+\varepsilon,b]$ 上 R-可积, 证明: $f\in L(a,b]$ 当且仅当广义积分 $\int_a^b f(x)\mathrm{d}x$ 绝对收敛. 当 $f\in L(a,b]$ 时, 有

$$(\mathrm{L})\int_a^b f(x)\mathrm{d}x=\int_a^b f(x)\mathrm{d}x.$$

5. 设 $f(x)=\dfrac{\sin x}{x}$, 证明: $f\notin L(0,\infty)$, 但无穷积分 $\int_0^{\infty} f(x)\mathrm{d}x$ 收敛.

6. 计算 $\int_0^1 \ln x\mathrm{d}x$.

7. 若 f 定义在 $[a,\infty)$ 上且在任何区间 $[a,b]$ 上 R-可积, 则 $f\in L[a,\infty)$ 当且仅当无穷积分 $\int_a^{\infty} f(x)\mathrm{d}x$ 绝对收敛; 当 $f\in L[a,\infty)$ 时, 有

$$\int_{[a,\infty)} f(x)\mathrm{d}x=\int_a^{\infty} f(x)\mathrm{d}x.$$

8. 若 f 定义在 $(-\infty,b]$ 上且在任何区间 $[a,b]$ 上 R-可积, 则 $f\in L(-\infty,b]$ 当且仅当广义积分 $\int_{-\infty}^{b}f(x)\mathrm{d}x$ 绝对收敛; 当 $f\in L(-\infty,b]$ 时, 有

$$\int_{(-\infty,b]}f(x)\mathrm{d}x=\int_{-\infty}^{b}f(x)\mathrm{d}x.$$

9. 若 f 定义在 $(-\infty,c)\cup(c,\infty)$ 上, 在任何区间 $[a,c-\varepsilon]$ 及 $[c+\varepsilon,b]$ 上 R- 可积、在 $[c-\varepsilon,c+\varepsilon]\backslash\{c\}$ 上无界, 则 $f\in L(-\infty,\infty)$ 当且仅当广义积分

$$\int_{-\infty}^{c-1}f(x)\mathrm{d}x,\quad \int_{c-1}^{c}f(x)\mathrm{d}x,\quad \int_{c}^{c+1}f(x)\mathrm{d}x,\quad \int_{c+1}^{\infty}f(x)\mathrm{d}x$$

都是绝对收敛的; 当 $f\in L(-\infty,\infty)$ 时, 有

$$\int_{(-\infty,\infty)}f(x)\mathrm{d}x=\int_{-\infty}^{c-1}f(x)\mathrm{d}x+\int_{c-1}^{c}f(x)\mathrm{d}x+\int_{c}^{c+1}f(x)\mathrm{d}x+\int_{c+1}^{\infty}f(x)\mathrm{d}x.$$

10. 设

$$f(x)=\frac{1}{x^2+1}\chi_{(-\infty,0]}(x)+\frac{1}{\sqrt{x}}\chi_{(0,1)}(x)+\frac{1}{x^2}\chi_{[1,\infty)}(x),$$

证明: $f\in L(\mathbf{R})$ 并求 $\int_{(-\infty,\infty)}f(x)\mathrm{d}x$.

11. 证明: $\int_0^1\frac{x^p}{1-x}\ln\frac{1}{x}\mathrm{d}x=\sum_{n=1}^{\infty}\frac{1}{(p+n)^2}(p>-1)$.

5.6 富比尼定理

黎曼重积分能够化为累次积分来计算. 对于勒贝格积分, 也能够这样计算, 这就是富比尼 (Fubini) 定理, 而且它的条件比 R-积分情形要弱, 又一次显示了勒贝格积分的优越性. 为了书写简便, 本节只讨论在什么条件下二重积分 (二维点集上的积分) 可以化为两次单积分 (一维点集上的积分). 多重积分情形是完全类似的.

对于 $E\subset\mathbf{R}^2$, 如果 $f\in L(E)$ 或 f 在 E 上非负可测, 则将 f 在 E 上的 L-积分表示

$$\iint_E f(x,y)\mathrm{d}x\mathrm{d}y=\iint_{\mathbf{R}^2}F(x,y)\mathrm{d}x\mathrm{d}y,\tag{5.6.1}$$

其中

$$F(x,y)=\begin{cases}f(x,y), & (x,y)\in E,\\ 0, & (x,y)\in\mathbf{R}^2\backslash E.\end{cases}$$

因此, 下面仅考虑二元函数在整个平面 $\mathbf{R}^2$ 上的 L-积分. 为了区别起见, 将变量 x 所在的一维空间记成 $\mathbf{R}_x$, 变量 y 所在的一维空间记成 $\mathbf{R}_y$.

首先, 当 f 是 $\mathbf{R}^2$ 上的非负可测函数时, 我们有下列的托内利定理.

定理 5.6.1 (托内利 (Tonelli) 定理)　设 f 是 $\mathbf{R}^2$ 上的非负可测函数, 则

(1) 对于几乎所有的 $x \in \mathbf{R}_x, f(x,\cdot)$ 在 $\mathbf{R}_y$ 上非负可测;

(2) 对于几乎所有的 $y \in \mathbf{R}_y, f(\cdot,y)$ 在 $\mathbf{R}_x$ 上非负可测;

(3) 函数 $g(x)=\int_{\mathbf{R}_y} f(x,y)\mathrm{d}y$ 在 $\mathbf{R}_x$ 上几乎处处有定义且非负可测;

(4) 函数 $h(y)=\int_{\mathbf{R}_x} f(x,y)\mathrm{d}x$ 在 $\mathbf{R}_y$ 上几乎处处有定义且非负可测;

(5) 以下等式成立:

$$\iint_{\mathbf{R}^2} f(x,y)\mathrm{d}x\mathrm{d}y=\int_{\mathbf{R}_x}\int_{\mathbf{R}_y} f(x,y)\mathrm{d}y\mathrm{d}x=\int_{\mathbf{R}_y}\int_{\mathbf{R}_x} f(x,y)\mathrm{d}x\mathrm{d}y. \tag{5.6.2}$$

证明思路　首先, 将所有满足托内利定理中条件 (1)—(5) 的 $\mathbf{R}^2$ 上的非负可测函数之集记为 $T(\mathbf{R}^2)$, 然后证明以下结论:

(A) $T(\mathbf{R}^2)$ 中函数的正系数线性组合仍属于 $T(\mathbf{R}^2)$;

(B) 当 $f,g \in T(\mathbf{R}^2)$, $g \in L(\mathbf{R}^2), f-g \geqslant 0$ 时, $f-g \in T(\mathbf{R}^2)$;

(C) $T(\mathbf{R}^2)$ 中函数的递增列的极限仍然属于 $T(\mathbf{R}^2)$;

(D) $\mathbf{R}^2$ 中的可测集的特征函数都属于 $T(\mathbf{R}^2)$;

(E) $\mathbf{R}^2$ 上的所有非负可测函数都属于 $T(\mathbf{R}^2)$.

具体证明过程参见 [4, 定理 4.21]. 证毕.

对函数

$$F(x,y)=\begin{cases} f(x,y), & (x,y)\in E\times F, \\ 0, & (x,y)\in \mathbf{R}^2\backslash E\times F \end{cases} \tag{5.6.3}$$

应用托内利定理可得以下推论.

推论 5.6.1　设 E,F 为 $\mathbf{R}$ 中的可测集, f 是 $E\times F$ 上的非负可测函数, 则

(1) 对于几乎所有的 $x\in E$, $f(x,\cdot)$ 在 F 上非负可测;

(2) 对于几乎所有的 $y\in F$, $f(\cdot,y)$ 在 E 上非负可测;

(3) 函数 $g(x)=\int_F f(x,y)\mathrm{d}y$ 在 E 上几乎处处有定义且非负可测;

(4) 函数 $h(y)=\int_E f(x,y)\mathrm{d}x$ 在 F 上几乎处处有定义且非负可测;

(5) 以下等式成立:

$$\iint_{E\times F} f(x,y)\mathrm{d}x\mathrm{d}y=\int_E\int_F f(x,y)\mathrm{d}y\mathrm{d}x=\int_F\int_E f(x,y)\mathrm{d}x\mathrm{d}y. \tag{5.6.4}$$

当 f 是 $\mathbf{R}^2$ 上的 L-可积函数时, 我们有下列的富比尼定理.

定理 5.6.2 (富比尼 (Fubini) 定理) 设 $f \in L(\mathbf{R}^2)$, 则

(1) 对于几乎所有的 $x \in \mathbf{R}_x$, $f(x,\cdot) \in L(\mathbf{R}_y)$;

(2) 对于几乎所有的 $y \in \mathbf{R}_y$, $f(\cdot,y) \in L(\mathbf{R}_x)$;

(3) 函数 $g(x) = \int_{\mathbf{R}_y} f(x,y)\mathrm{d}y$ 在 $\mathbf{R}_x$ 上几乎处处有定义且可积;

(4) 函数 $h(y) = \int_{\mathbf{R}_x} f(x,y)\mathrm{d}x$ 在 $\mathbf{R}_y$ 上几乎处处有定义且可积;

(5) 以下等式成立:

$$\iint_{\mathbf{R}^2} f(x,y)\mathrm{d}x\mathrm{d}y = \int_{\mathbf{R}_x}\int_{\mathbf{R}_y} f(x,y)\mathrm{d}y\mathrm{d}x = \int_{\mathbf{R}_y}\int_{\mathbf{R}_x} f(x,y)\mathrm{d}x\mathrm{d}y. \tag{5.6.5}$$

证明 由于 $f \in L(\mathbf{R}^2)$, 所以 f^+, f^- 都是 $\mathbf{R}^2$ 上的非负可测函数, 从而由定理 5.6.1 知

(A) 对于几乎所有的 $x \in \mathbf{R}_x$, $f^+(x,\cdot)$ 及 $f^-(x,\cdot)$ 都在 $\mathbf{R}_y$ 上非负可测;

(B) 对于几乎所有的 $y \in \mathbf{R}_y$, $f^+(\cdot,y)$ 及 $f^-(\cdot,y)$ 都在 $\mathbf{R}_x$ 上非负可测;

(C) 函数 $g_+(x) = \int_{\mathbf{R}_y} f^+(x,y)\mathrm{d}y$, $g_-(x) = \int_{\mathbf{R}_y} f^-(x,y)\mathrm{d}y$ 都在 $\mathbf{R}_x$ 上几乎处处有定义且非负可测;

(D) 函数 $h_+(y) = \int_{\mathbf{R}_x} f^+(x,y)\mathrm{d}x$, $h_-(y) = \int_{\mathbf{R}_x} f^-(x,y)\mathrm{d}x$ 都在 $\mathbf{R}_y$ 上几乎处处有定义且非负可测;

(E) 以下等式成立:

$$\iint_{\mathbf{R}^2} f^+(x,y)\mathrm{d}x\mathrm{d}y = \int_{\mathbf{R}_x}\int_{\mathbf{R}_y} f^+(x,y)\mathrm{d}y\mathrm{d}x = \int_{\mathbf{R}_y}\int_{\mathbf{R}_x} f^+(x,y)\mathrm{d}x\mathrm{d}y. \tag{5.6.6}$$

$$\iint_{\mathbf{R}^2} f^-(x,y)\mathrm{d}x\mathrm{d}y = \int_{\mathbf{R}_x}\int_{\mathbf{R}_y} f^-(x,y)\mathrm{d}y\mathrm{d}x = \int_{\mathbf{R}_y}\int_{\mathbf{R}_x} f^-(x,y)\mathrm{d}x\mathrm{d}y. \tag{5.6.7}$$

于是

$$\int_{\mathbf{R}_x} g_+(x)\mathrm{d}x = \int_{\mathbf{R}_x}\int_{\mathbf{R}_y} f^+(x,y)\mathrm{d}y\mathrm{d}x = \iint_{\mathbf{R}^2} f^+(x,y)\mathrm{d}x\mathrm{d}y < \infty,$$

$$\int_{\mathbf{R}_x} g_-(x)\mathrm{d}x = \int_{\mathbf{R}_x}\int_{\mathbf{R}_y} f^-(x,y)\mathrm{d}y\mathrm{d}x = \iint_{\mathbf{R}^2} f^-(x,y)\mathrm{d}x\mathrm{d}y < \infty.$$

所以, g_+, g_- 都在 $\mathbf{R}_x$ 上可积, 进而由定理 5.2.2 知: 它们都在 $\mathbf{R}_x$ 上几乎处处有限. 因此, 函数 $g = g_+ - g_-$ 在 $\mathbf{R}_x$ 上几乎处处有定义且可积. 于是, 结论 (3) 成立. 再由 g_+, g_- 的定义及其几乎处处有限性知: 对于几乎所有的 $x \in \mathbf{R}_x$,

$$f^+(x,\cdot), \quad f^-(x,\cdot) \in L(\mathbf{R}_y).$$

所以, 对于几乎所有的 $x \in \mathbf{R}_x$, $f(x,\cdot) \in L(\mathbf{R}_y)$. 因此, 结论 (1) 成立. 类似可证: 结论 (2) 与 (4) 成立. 因为式 (5.6.6) 与 (5.6.7) 中的积分都是有限的, 所以由这两个式子相减可得式 (5.6.5). 证毕.

对函数 (5.6.3) 应用富比尼定理可得以下推论.

推论 5.6.2　设 E, F 为 $\mathbf{R}$ 中的可测集, $f \in L(E \times F)$, 则

(1) 对于几乎所有的 $x \in E$, $f(x,\cdot) \in L(F)$;

(2) 对于几乎所有的 $y \in F$, $f(\cdot,y) \in L(E)$;

(3) 函数 $g(x) = \int_F f(x,y)\mathrm{d}y$ 在 E 上几乎处处有定义且可积;

(4) 函数 $h(y) = \int_E f(x,y)\mathrm{d}x$ 在 F 上几乎处处有定义且可积;

(5) 以下等式成立:

$$\iint_{E\times F} f(x,y)\mathrm{d}x\mathrm{d}y = \int_E \int_F f(x,y)\mathrm{d}y\mathrm{d}x = \int_F \int_E f(x,y)\mathrm{d}x\mathrm{d}y. \tag{5.6.8}$$

注 5.6.1　当 f 是 $\mathbf{R}^2$ 上的 L-可积函数时, 两个累次积分存在且相等, 但其逆不真 (见本节习题第 4 题).

习　题　5.6

1. 设 $E \subset \mathbf{R}^2$ 可测且对于几乎所有的 $x \in \mathbf{R}$, $\mathrm{m}\{y : (x,y) \in E\} = 0$, 证明: E 的测度为 0.

2. 设 $f \in L(\mathbf{R})$, 对任意 $h > 0$ 定义 $\varphi_h(x) = \dfrac{1}{2h}\int_{x-h}^{x+h} f(t)\mathrm{d}t$, 证明: $\varphi_h \in L(\mathbf{R})$, 并有 $\int_{\mathbf{R}} |\varphi_h(x)|\,\mathrm{d}x \leqslant \int_{\mathbf{R}} |f(x)|\,\mathrm{d}x$.

3. 设

$$f(x,y) = \frac{x^2 - y^2}{(x^2+y^2)^2}.$$

证明:

$$\int_0^1 \int_0^1 f(x,y)\mathrm{d}x\mathrm{d}y \neq \int_0^1 \int_0^1 f(x,y)\mathrm{d}y.\mathrm{d}x.$$

这是否与富比尼定理矛盾?

4. 设

$$f(x,y) = \frac{xy}{(x^2+y^2)^2},$$

$$\int_{-1}^1 \int_{-1}^1 f(x,y)\mathrm{d}x\mathrm{d}y = \int_{-1}^1 \int_{-1}^1 f(x,y)\mathrm{d}y\mathrm{d}x,$$

但 $f \notin L([0,1] \times [0,1])$.

5. 设 $F \subset \mathbf{R}$ 为闭集且其余集测度有限, 证明: 函数

$$f(x)=\int_{\mathbf{R}}\frac{\rho(y,F)}{|x-y|^2}\mathrm{d}y$$

在 F 上几乎处处有限, 其中 $\rho(y,F)$ 表示点 y 到点集 F 的距离.

6. 证明: 函数

$$f(x,y)=\begin{cases}1, & xy\in\mathbf{Q},\\ 0, & xy\in\mathbf{R}\backslash\mathbf{Q},\end{cases}$$

在整个平面上非负可测且 $\iint_{\mathbf{R}^2} f(x,y)\mathrm{d}x\mathrm{d}y=0$. 提示: 应用习题 3.2 第 10 题.

7. 设 f 在 $\mathbf{R}^p$ 上可积, g 在 $\mathbf{R}^q$ 上可积, $h(x,y)=f(x)g(y)$, 证明: h 在 $\mathbf{R}^{p+q}$ 上可积.

5.7 有界变差函数

在数学分析中, 我们建立了以下的微积分基本定理.

(1) 若 f 是 $[a,b]$ 上的连续实值函数, 则它的不定积分

$$F(x)=(\mathbf{R})\int_a^x f(t)\mathrm{d}t+C(C\text{ 为任意实常数}) \tag{5.7.1}$$

是可微的, 并且

$$F'(x)=f(x),\quad \forall x\in[a,b]. \tag{5.7.2}$$

(2) 若 F 在 $[a,b]$ 上可微, 且导函数连续, 则

$$(\mathrm{R})\int_a^x F'(t)\mathrm{d}t=F(x)-F(a),\quad \forall x\in[a,b]. \tag{5.7.3}$$

这就说明, 对于黎曼积分来说, 积分与微分是一定意义上的互逆运算.

本节与下一节集中研究一元函数的勒贝格积分与微分的关系. 首先, 类似于 R-积分, 我们引入 L-不定积分的概念.

定义 5.7.1 设 f 是 $[a,b]$ 上的 L-可积函数, 则称

$$F(x)=(\mathrm{L})\int_a^x f(t)\mathrm{d}t+C(C\text{ 为任意实常数}) \tag{5.7.4}$$

为 f 的 L-**不定积分**(Indefinite integral).

自然地, 我们有以下两个问题.

问题 1 可积函数 f 的不定积分 (5.7.4) 满足式 (5.7.2) 吗?

问题 2 何时有

$$(\mathrm{L})\int_a^x F'(t)\mathrm{d}t=F(x)-F(a)(\forall x\in[a,b]) \tag{5.7.5}$$

成立?

当 f 在 $[a,b]$ 上的 L-可积时, 有

$$F(x) := (\mathrm{L})\int_a^x f(t)\mathrm{d}t = (\mathrm{L})\int_a^x f^+(t)\mathrm{d}t - (\mathrm{L})\int_a^x f^-(t)\mathrm{d}t \tag{5.7.6}$$

为两个非负递增函数之差. 这就说明, 勒贝格变上限积分是两个递增函数之差. 所以, 本节讨论这类函数的可微性.

定义 5.7.2 设 f 是 $[a,b]$ 上处处有限的函数, 对于 $[a,b]$ 的任意分划

$$D: a = x_0 < x_1 < \cdots < x_n = b, \tag{5.7.7}$$

作和

$$V_D = \sum_{k=0}^{n-1} |f(x_{k+1}) - f(x_k)|,$$

则称非负广义实数

$$\overset{b}{\underset{a}{V}}(f) = \sup_D V_D.$$

为 f 在 $[a,b]$ 上的**全变差**(Total variation). 如果 $\overset{b}{\underset{a}{V}}(f) < \infty$, 则称 f 是 $[a,b]$ 上的**有界变差函数**(Bounded variation function).

用 $\mathrm{BV}[a,b]$ 表示 $[a,b]$ 上的所有有界变差函数之集.

例 5.7.1 闭区间 $[a,b]$ 上的单调函数是有界变差的.

证明 不妨设 f 在 $[a,b]$ 上单调增加, 则对于 $[a,b]$ 的任意分划 (5.7.7) 有

$$V_D(f) = \sum_{k=0}^{n-1} |f(x_{k+1}) - f(x_k)| = f(b) - f(a).$$

因此 $\overset{b}{\underset{a}{V}}(f) = f(b) - f(a) < \infty$, 从而 f 是 $[a,b]$ 上的有界变差函数. 证毕.

例 5.7.2 设 f 在 $[a,b]$ 上可微, 且 $|f'(x)| \leqslant M < \infty (\forall x \in [a,b])$, 则 f 是 $[a,b]$ 上的有界变差函数.

证明 对于 $[a,b]$ 的任意分划 (5.7.7), 由微分中值定理知: 存在 $\xi_k (x_k < \xi_k < x_{k+1})$ 使得 $f(x_{k+1}) - f(x_k) = f'(\xi_k)(x_{k+1} - x_k)$, 从而

$$\begin{aligned}\sum_{k=0}^{n-1} |f(x_{k+1}) - f(x_k)| &= \sum_{k=0}^{n-1} |f'(\xi_k)| \cdot |x_{k+1} - x_k| \\ &\leqslant M \sum_{k=0}^{n-1} (x_{k+1} - x_k) \\ &= M(b-a).\end{aligned}$$

故 $\overset{b}{\underset{a}{V}}(f) \leqslant M(b-a) < \infty$. 因此, f 是 $[a,b]$ 上的有界变差函数. 证毕.

定理 5.7.1 设 $f,g \in \mathrm{BV}[a,b]$, 则

(1) $\forall \alpha,\beta \in \mathbf{R}, \alpha f+\beta g \in \mathrm{BV}[a,b]$ 且

$$\overset{b}{\underset{a}{V}}(\alpha f+\beta g) \leqslant |\alpha| \overset{b}{\underset{a}{V}}(f) + |\beta| \overset{b}{\underset{a}{V}}(g); \tag{5.7.8}$$

(2) $\forall a<c<b,\ f \in \mathrm{BV}[a,c] \bigcap \mathrm{BV}[c,b]$ 且

$$\overset{b}{\underset{a}{V}}(f) = \overset{c}{\underset{a}{V}}(f) + \overset{b}{\underset{c}{V}}(f). \tag{5.7.9}$$

证明 (1) 对于 $[a,b]$ 的任意分划 (5.7.7), 有

$$\begin{aligned}&|(af(x_{k+1})+\beta g(x_{k+1}))-(af(x_k)+\beta g(x_k))|\\ \leqslant\ &|a|\cdot|f(x_{k+1})-f(x_k)|+|\beta|\cdot|g(x_{k+1})-g(x_k)|,\end{aligned}$$

所以式 (5.7.8) 成立且 $\alpha f+\beta g \in \mathrm{BV}[a,b]$.

(2) 对于 $[a,b]$ 的任意分划 (5.7.7), 设 $x_m \leqslant c < x_{m+1}$, 则分点 $\{x_0,x_1,x_2,\cdots,x_m,c\}$ 构成 $[a,c]$ 的分划 D_1, 分点 $\{c,x_{m+1},x_{m+2},\cdots,x_n\}$ 构成 $[c,b]$ 的分划 D_2. 由于

$$|f(x_{m+1})-f(x_m)| \leqslant |f(x_{m+1})-f(c)| + |f(c)-f(x_m)|,$$

所以

$$V_D(f) \leqslant V_{D_1}(f)+V_{D_2}(f) \leqslant \overset{c}{\underset{a}{V}}(f) + \overset{b}{\underset{c}{V}}(f).$$

因此, 对 D 取上确界, 可得 $\overset{b}{\underset{a}{V}}(f) \leqslant \overset{c}{\underset{a}{V}}(f) + \overset{b}{\underset{c}{V}}(f)$. 另一方面, 若 D_1 是 $[a,c]$的任意一个分划, D_2 是 $[c,b]$ 的任意一个分划, 则将 D_1 与 D_2 的分点合在一起就构成 $[a,b]$ 的一个分划 D, 满足

$$V_{D_1}(f)+V_{D_2}(f) = V_D(f) \leqslant \overset{b}{\underset{a}{V}}(f).$$

现分别对 D_1, D_2 取上确界, 得到

$$\overset{c}{\underset{a}{V}}(f) + \overset{b}{\underset{c}{V}}(f) \leqslant \overset{b}{\underset{a}{V}}(f).$$

因此, $f \in \mathrm{BV}[a,c] \bigcap \mathrm{BV}[c,b]$ 且 $\overset{c}{\underset{a}{V}}(f) + \overset{b}{\underset{c}{V}}(f) = \overset{b}{\underset{a}{V}}(f)$. 证毕.

显然, 以上定理的结论可以推广到任意有限个函数的线性组合和有限个分点的情形. 因此, 集合 $\mathrm{BV}[a,b]$ 关于函数的加法与数乘构成实数域上的向量空间.

定理 5.7.2 $f \in \mathrm{BV}[a,b]$ 的充要条件是它可以表示成 $[a,b]$ 上两个递增函数之差.

证明 充分性. 由例 5.7.1 及定理 5.7.1 可知.

必要性. 令 $g(x) = \bigvee_a^x(f)(a \leqslant x \leqslant b)$, 则当 $a \leqslant x < y \leqslant b$ 时, 由定理 5.7.1(2) 可知

$$g(y) - g(x) = \bigvee_x^y(f) \geqslant 0,$$

故 g 是 $[a,b]$ 上的递增函数. 再令

$$h(x) = g(x) - f(x),$$

则 $f(x) = g(x) - h(x)$ 且当 $a \leqslant x < y \leqslant b$ 时,

$$\begin{aligned} h(y) - h(x) =& (g(y) - g(x)) - (f(y) - f(x)) \\ =& \bigvee_x^y(f) - (f(y) - f(x)). \end{aligned}$$

但由全变差定义知 $\bigvee_x^y(f) \geqslant |f(y) - f(x)|$, 因而 $h(y) - h(x) \geqslant 0$. 所以, h 为 $[a,b]$ 上的递增函数. 证毕.

推论 5.7.1 若 $f \in L[a,b]$, 则它的 L-不定积分是 $[a,b]$ 上的有界变差函数.

因为单调函数是我们比较熟悉的函数, 有了定理 5.7.2, 就容易进一步掌握有界变差函数. 例如, 由此可知, 有界变差函数至多有可数个间断点. 因而, 一般它不能处处可微, 但却有下述重要性质.

定理 5.7.3 (勒贝格定理) 若 f 是 $[a,b]$ 上的递增函数, 则它的导数 $f'(x)$ 几乎处处存在, 并且 $f' \in L[a,b]$, 同时还有

$$\int_a^b f'(x)\mathrm{d}x \leqslant f(b) - f(a). \tag{5.7.10}$$

证明 前半部分证明参见文献 [4], 从略. 以下在 f 几乎处处可微的前提下, 证明不等式 (5.7.10) 成立. 由于这时 $f'(x)$ 是非负可测的, (5.7.10) 中的积分有意义. 对于 $x \in (b, b+1]$, 补充定义 $f(x) = f(b)$, 且定义

$$\varphi_n(x) = n\left[f\left(x + \frac{1}{n}\right) - f(x)\right] \quad (x \in [a,b)).$$

则 $\lim\limits_{n\to\infty} \varphi_n(x) = f'(x)$ a.e. 于 $[a,b]$, 并且每个 φ_n 都在 $[a,b]$ 上非负可积. 对任意正整数 n, 有

$$\int_a^b \varphi_n(x)\mathrm{d}x = n\left(\int_a^b f\left(x + \frac{1}{n}\right)\mathrm{d}x - \int_a^b f(x)\mathrm{d}x\right)$$

$$=n\left(\int_{a+\frac{1}{n}}^{b+\frac{1}{n}} f(x)\mathrm{d}x-\int_{a}^{b} f(x)\mathrm{d}x\right)$$
$$=n\left(f(b)\frac{1}{n}-\int_{a}^{a+\frac{1}{n}} f(x)\mathrm{d}x\right)$$
$$\leqslant f(b)-f(a)$$
$$<\infty.$$

于是, 由法都引理 (定理 5.4.3) 知

$$\int_a^b f'(x)\mathrm{d}x\leqslant \varliminf_{n\to\infty}\int_a^b \varphi_n(x)\mathrm{d}x\leqslant f(b)-f(a).$$

推论 5.7.2 闭区间 $[a,b]$ 上的有界变差函数在 $[a,b]$ 上几乎处处可微, 它的导数在 $[a,b]$ 上是 L-可积的.

证明 应用定理 5.7.2 与定理 5.7.3.

下例说明: 存在连续单调函数, 使得式 (5.7.10) 中的 “$\leqslant$” 成为 “$<$”. 从而, 连续的单调函数 (因而是连续的有界变差函数), 未必满足式 (5.7.5).

例 5.7.3 (康托尔 Θ-函数) 在 $[0,1]$ 上定义函数 Θ 如下.

按照康托尔集的构造程序, 在第一次去掉的开区间 $\left(\dfrac{1}{3},\dfrac{2}{3}\right)$ 上, 定义 $\Theta(x)=\dfrac{1}{2}$; 在第二次去掉的两个开区间 $\left(\dfrac{1}{3^2},\dfrac{2}{3^2}\right)$ 和 $\left(\dfrac{7}{3^2},\dfrac{8}{3^2}\right)$ 上, 分别定义 $f(x)=\dfrac{1}{2^2}$ 和 $\dfrac{3}{2^2}$. 一般地, 在第 n 次去掉的 2^{n-1} 个开区间

$$I_1^{(n)},I_2^{(n)},\cdots,I_k^{(n)},\cdots,I_{2^{n-1}}^{(n)}$$

定义 $\Theta(x)$ 从左到右分别为

$$\frac{1}{2^n},\frac{3}{2^n},\frac{5}{2^n},\cdots,\frac{2k-1}{2^n},\cdots,\frac{2^n-1}{2^n},$$

即

$$\Theta(x)\equiv\frac{2k-1}{2^n}\left(\forall x\in I_k^{(n)}\right).$$

当 $x\in P_0$ 时, 由于 x 是 $G_0=[0,1]\backslash P_0$ 的聚点, 所以可定义

$$\Theta(x)=\sup\{\Theta(t):t\in G_0,t<x\}\,(0<x<1),\quad \Theta(0)=0,\quad \Theta(1)=1.$$

因此, $\Theta(x)$ 在 $[0,1]$ 上处处有定义. 显然, 它是递增函数. 于是, 当 x_0 为 Θ 的间断点时, 必有 $\Theta(x_0-0)<\Theta(x_0+0)$. 因为

$$\left\{\frac{k}{2^n}: k=1,2,\cdots,2^n-1; n=1,2,\cdots\right\}$$

在 $[0,1]$ 中稠密, 所以必有正整数 n_0 和 k_0 使得

$$\Theta(x_0-0)<\frac{2k_0-1}{2^{n_0}}<\Theta(x_0+0).$$

记 $\Theta(x_1)=\dfrac{2k_0-1}{2^{n_0}}$, 则 x_1 必定在开区间 $I_{k_0}^{(n_0)}$ 之中, 且

$$\Theta(x_0-0)<\Theta(x_1)<\Theta(x_0+0).$$

从而

$$\lim_{n\to\infty}\Theta\left(x_0-\frac{1}{n}\right)=\Theta(x_0-0)<\Theta(x_1)<\Theta(x_0+0)=\lim_{n\to\infty}\Theta\left(x_0+\frac{1}{n}\right).$$

因此, 存在 N 使得当 $n>N$ 时, 有

$$\Theta\left(x_0-\frac{1}{n}\right)<\Theta(x_1)<\Theta\left(x_0+\frac{1}{n}\right).$$

再由 Θ 的递增性可知: 当 $n>N$ 时, 有

$$x_0-\frac{1}{n}<x_1<x_0+\frac{1}{n}.$$

由此可见, $x_1=x_0$. 另一方面, 由 $\Theta(x)$ 的定义可知

$$\Theta(x)\equiv\frac{2k_0-1}{2^{n_0}}\left(\forall x\in I_{k_0}^{(n_0)}\right),$$

从而 Θ 在点 x_0 处连续, 矛盾. 故 Θ 在 $[0,1]$ 上处处连续.

由于 $\Theta(x)$ 在 G_0 的每个构成区间上恒为常值, 所以 $\Theta'(x)=0\,(\forall x\in G_0)$. 又因为 $\mathrm{m}([0,1]\backslash G_0)=0$, 所以

$$\int_0^1\Theta'(x)\mathrm{d}x=\int_{G_0}\Theta'(x)\mathrm{d}x=0<1=\Theta(1)-\Theta(0).$$

习 题 5.7

1. 闭区间上的连续函数是否一定是有界变差的?

2. 证明: 若 $f,g\in \mathrm{BV}[a,b]$ 且存在常数 $m>0$ 使得

$$|g(x)|\geqslant m(\forall x\in [a,b]),$$

则函数 $\dfrac{f}{g}\in \mathrm{BV}[a,b]$.

3. 设 $f\in L[a,b]$, 定义

$$F(x)=\int_a^x f(t)\mathrm{d}t\,(a\leqslant x\leqslant b)\,.$$

证明:

$$\overset{b}{\underset{a}{V}}(F)\leqslant \int_a^b |f(x)|\mathrm{d}x.$$

4. 设 f 在 $[a,b]$ 上连续, D 是 $[a,b]$ 的任意分划, 证明:

$$\lim_{\|D\|\to 0} V_D(f)=\overset{b}{\underset{a}{V}}(f).$$

并举例说明 f 不连续时, 此结论不成立.

5. 证明: 若 f 在 $[a,b]$ 上的有界变差函数并且存在可微函数 g 使得

$$f(x)=g'(x)(\forall x\in [a,b]),$$

则 f 必为连续函数.

6. 设 f 是 $[a,b]$ 上的利普希茨 (Lipschitz) 函数, 即存在常数 $L>0$ 使得

$$|f(x)-f(y)|\leqslant L|x-y|(\forall x,y\in [a,b]),$$

证明: f 是 $[a,b]$ 上的有界变差函数.

7. 证明: 区间 $[a,b]$ 上的有界变差函数的间断点之集最多可数.

5.8 绝对连续函数

为了给出上节问题 1 与问题 2 的肯定回答, 我们进一步考察 L-不定积分. 可积函数的 L-不定积分不仅是有界变差函数, 而且还具有绝对连续性. 这就启发我们研究绝对连续函数.

定义 5.8.1 设 f 是定义在 $[a,b]$ 上的实值函数, 若对于任意 $\varepsilon>0$, 存在 $\delta>0$, 使得对于 $[a,b]$ 内任意有限个互不相交的开区间

$$(a_1,b_1),(a_2,b_2),\cdots,(a_n,b_n),$$

当 $\displaystyle\sum_{i=1}^{n}(b_i-a_i)<\delta$ 时, 有

$$\sum_{i=1}^{n}|f(b_i)-f(a_i)|<\varepsilon,$$

则称 f 是 $[a,b]$ 上的**绝对连续函数**(Absolutely continuous function).

用 $\mathrm{AC}[a,b]$ 表示区间 $[a,b]$ 上所有绝对连续函数之集. 容易验证: 绝对连续函数一定是一致连续的, 从而连续且有界; 绝对连续函数的和、差、积仍是绝对连续的 (本节习题第 1 题).

例 5.8.1 设 $f\in L[a,b]$, 则 f 的不定积分 $F(x)=\int_a^x f(t)\mathrm{d}t+C$ 是 $[a,b]$ 上的绝对连续函数.

证明 由于 $f\in L[a,b]$, 所以由积分的绝对连续性知: $\forall\varepsilon>0$, 存在 $\delta>0$, 使得当 $G\subset[a,b]$ 且 $\mathrm{m}G<\delta$ 时, 就有 $\int_G|f(t)|\mathrm{d}t<\varepsilon$. 设

$$(a_1,b_1),(a_2,b_2),\cdots,(a_n,b_n),$$

为 $[a,b]$ 内的任意有限个互不相交的开区间, 满足 $\sum\limits_{i=1}^{n}(b_i-a_i)<\delta$, 则

$$\sum_{i=1}^{n}|F(b_i)-F(a_i)|=\sum_{i=1}^{n}\left|\int_{a_i}^{b_i}f(t)\mathrm{d}t\right|\leqslant\int_G|f(t)|\mathrm{d}t, \tag{5.8.1}$$

其中 $G=\bigcup\limits_{i=1}^{n}(a_i,b_i)$. 由于 $\mathrm{m}G=\sum\limits_{i=1}^{n}(b_i-a_i)<\delta$, 所以由式 (5.8.1) 知

$$\sum_{i=1}^{n}|F(b_i)-F(a_i)|<\varepsilon.$$

故 F 是 $[a,b]$ 上的绝对连续函数. 证毕.

定理 5.8.1 $\mathrm{AC}[a,b]\subset\mathrm{BV}[a,b]$, 即 $[a,b]$ 上的绝对连续函数必是有界变差函数.

证明 设 $f\in\mathrm{AC}[a,b]$, 则对 $\varepsilon=1$, 存在 $\delta_1>0$, 使得对 $[a,b]$ 内的任意有限个互不相交的开区间

$$(a_1,b_1),(a_2,b_2),\cdots,(a_n,b_n),$$

当 $\sum\limits_{i=1}^{n}(b_i-a_i)<\delta_1$ 时, 就有

$$\sum_{i=1}^{n}|f(b_i)-f(a_i)|<\varepsilon. \tag{5.8.2}$$

现在作 $[a,b]$ 的分划

$$D:a=x_0<x_1<\cdots<x_N=b,$$

使每个

$$x_{k+1}-x_k<\delta_1(k=0,1,2,\cdots,N-1).$$

对于区间 $[x_k,x_{k+1}]$ 的任一分划

$$D_k:x_k=t_0<t_1<\cdots<t_n=x_{k+1},$$

由于开区间

$$(t_0,t_1),(t_1,t_2),\cdots,(t_{n-1},t_n)$$

也是 $[a,b]$ 内的有限个互不相交的开区间且其总长度

$$\sum_{i=0}^{n-1}(t_{i+1}-t_i)=x_{k+1}-x_k<\delta_1,$$

所以由式 (5.8.2) 知 $V_{D_k}(f)=\sum\limits_{i=0}^{n-1}|f(t_{i+1})-f(t_i)|\leqslant 1$. 因此,

$$\mathop{V}_{x_k}^{x_{k+1}}(f)\leqslant 1(k=0,1,\cdots,N-1).$$

由定理 5.7.1(2) 知

$$\mathop{V}_{a}^{b}(f)=\sum_{k=0}^{N-1}\mathop{V}_{x_k}^{x_{k+1}}(f)\leqslant N.$$

因此, f 是 $[a,b]$ 上的有界变差函数, 即 $f\in \mathrm{BV}[a,b]$. 证毕.

推论 5.8.1 (1) 绝对连续函数几乎处处可微, 它的导数是 L-可积的;

(2) 绝对连续函数可以表示为两个绝对连续的递增函数之差.

证明 (1) 由定理 5.8.1 及推论 5.7.2 可得.

(2) 设 f 是 $[a,b]$ 上的绝对连续函数, 则根据定理 5.7.2 的证明可知: 函数 f 可以表示为

$$f(x)=g(x)-h(x),$$

其中 $g(x)=\mathop{V}\limits_{a}^{x}(f)(a\leqslant x\leqslant b)$, $h(x)=g(x)-f(x)$ 都是 $[a,b]$ 上的递增函数. 因此, 只需证明 g 是 $[a,b]$ 上的绝对连续函数 (因而 h 也是绝对连续的) 即可.

由于 f 在 $[a,b]$ 上绝对连续, 所以 $\forall\varepsilon>0$, $\exists\delta>0$, 使得对于 $[a,b]$ 内任意有限个互不相交的开区间 $(a_1,b_1),(a_2,b_2),\cdots,(a_n,b_n)$, 当 $\sum\limits_{i=1}^{n}(b_i-a_i)<\delta$ 时, 有

$$\sum_{i=1}^{n}|f(b_i)-f(a_i)|<\frac{\varepsilon}{2}. \tag{5.8.3}$$

下面证明: 对于 $[a,b]$ 内任意有限个互不相交的开区间

$$(a_1,b_1),(a_2,b_2),\cdots,(a_n,b_n),$$

当 $\sum\limits_{k=1}^{n}(b_k-a_k)<\delta$ 时, 有

$$\sum_{k=1}^{n}|g(b_k)-g(a_k)|<\varepsilon. \tag{5.8.4}$$

为证上式, 对每个 $[a_k,b_k]$ 作分划:

$$D_k: a_k=x_0^k<x_1^k<\cdots<x_{m_k}^k=b_k\,(k=1,2,\cdots,n).$$

由于所有的开区间

$$(x_i^k,x_{i+1}^k)(0\leqslant i\leqslant m_k-1,k=1,2,\cdots,n)$$

互不相交且它们的总长度小于 δ, 所以由式 (5.8.3) 知

$$\sum_{k=1}^{n}\sum_{i=0}^{m_k-1}\left|f(x_{i+1}^k)-f(x_i^k)\right|<\frac{\varepsilon}{2}. \tag{5.8.5}$$

因而, 在上式中, 对 $[a_k,b_k]$ 的分划 D_k 取上确界, 得到

$$\sum_{k=1}^{n}|g(b_k)-g(a_k)|=\sum_{k=1}^{n}\overset{b_k}{\underset{a_k}{V}}(f)=\sum_{k=1}^{n}\sup_{D_k}\sum_{i=0}^{m_k-1}\left|f(x_{i+1}^k)-f(x_i^k)\right|\leqslant\frac{\varepsilon}{2}.$$

这就证明了

$$\sum_{k=1}^{n}|g(b_k)-g(a_k)|\leqslant\frac{\varepsilon}{2}<\varepsilon.$$

所以式 (5.8.4) 成立, 因此, g 是 $[a,b]$ 上的绝对连续函数. 证毕.

下面可以对上节中提出的问题作最后的回答, 为此先证一个引理.

引理 5.8.1 若 $f\in L[a,b]$, $F(x)=\int_a^x f(t)\mathrm{d}t+C$ 是 f 的 L-不定积分, 则

$$\int_a^b|F'(t)|\mathrm{d}t\leqslant\int_a^b|f(t)|\mathrm{d}t. \tag{5.8.6}$$

证明 根据例 5.8.1 知 F 在 $[a,b]$ 上绝对连续, 所以由推论 5.8.1 知: $F'(x)$ 在 $[a,b]$ 上几乎处处存在且 $F'\in L[a,b]$. 由于

$$F(x)=\int_a^x f^+(t)\mathrm{d}t-\int_a^x f^-(t)\mathrm{d}t+C=F_1(x)-F_2(x),$$

其中

$$F_1(x)=\int_a^x f^+(t)\mathrm{d}t,\ F_2(x)=\int_a^x f^-(t)\mathrm{d}t-C$$

都是增函数, 所以

$$|F'(x)|=|F_1'(x)-F_2'(x)|\leqslant F_1'(x)+F_2'(x) \text{ a.e. 于}[a,b].$$

由定理 5.7.3 知

$$\begin{aligned}\int_a^b|F'(t)|\mathrm{d}t\leqslant&\int_a^b F_1'(t)\mathrm{d}t+\int_a^b F_2'(t)\mathrm{d}t\\ \leqslant&F_1(b)-F_1(a)+F_2(b)-F_2(a)\\ =&\int_a^b f^+(x)\mathrm{d}x+\int_a^b f^-(x)\mathrm{d}x\\ =&\int_a^b|f(x)|\mathrm{d}x.\end{aligned}$$

定理 5.8.2 若 $f\in L[a,b]$, $F(x)=\int_a^x f(t)\mathrm{d}t+C$ 是 f 的 L-不定积分, 则

$$F'(x)=f(x) \text{ a.e. 于 } [a,b].$$

证明 对任意的 $\varepsilon>0$, 由例 5.3.7 知存在 $[a,b]$ 上的连续函数 g 使得

$$\int_a^b|f(x)-g(x)|\mathrm{d}x<\varepsilon.$$

设

$$G(x)=\int_a^x g(t)\mathrm{d}t,$$

则

$$G'(x)=g(x)(\forall x\in[a,b]) \text{ (因 } g \text{ 连续)},$$

从而

$$\int_a^b|f(x)-G'(x)|\mathrm{d}x<\varepsilon.$$

因此, 由引理 5.8.1 知

$$\begin{aligned}\int_a^b|F'(x)-f(x)|\mathrm{d}x\leqslant&\int_a^b|F'(x)-G'(x)|\mathrm{d}x+\int_a^b|G'(x)-f(x)|\mathrm{d}x\\ \leqslant&\int_a^b|f(x)-g(x)|\mathrm{d}x+\varepsilon\end{aligned}$$

$$<2\varepsilon.$$

因为 ε 可以任意小, 所以

$$\int_a^b |F'(x) - f(x)|\mathrm{d}x = 0.$$

最后, 由习题 5.1 第 1 题知

$$F'(x) - f(x) = 0 \text{ a.e. 于 } [a,b],$$

即 $F'(x) = f(x)$ a.e. 于 $[a,b]$. 证毕.

以上定理给出了上节问题 1 的一个圆满回答. 对于问题 2, 我们知道: 当

$$F(x) = \int_a^x f(t)\mathrm{d}t + C$$

为可积函数 f 的 L-不定积分时, 由定理 5.8.2 知

$$F'(x) = f(x) \text{ a.e. 于 } [a,b].$$

从而

$$\int_a^x F'(t)\mathrm{d}t = \int_a^x f(t)\mathrm{d}t = F(x) - F(a)(\forall x \in [a,b]).$$

由于不定积分必然是绝对连续的, 所以自然要问: 上式对于绝对连续函数 F 是否也成立? 答案是肯定的. 为了证明这一结论, 我们需要下面的引理 (参见文献 [4]), 其证明从略.

引理 5.8.2　若 F 是 $[a,b]$ 上的绝对连续的递增函数且

$$F'(x) = 0 \text{ a.e. 于 } [a,b],$$

则 F 在 $[a,b]$ 上必为常数.

定理 5.8.3　函数 F 在 $[a,b]$ 上绝对连续的充要条件是 $F'(x)$ 在 $[a,b]$ 上几乎处处存在且可积; 此时, 还有

$$F(x) = \int_a^x F'(t)\mathrm{d}t + F(a)(\forall x \in [a,b]). \tag{5.8.7}$$

证明　充分性. 由例 5.8.1 知.

必要性. 设 F 在 $[a,b]$ 上绝对连续, 则由推论 5.8.1(2) 知: F 可以表示为两个绝对连续的递增函数之差. 因此, 不妨设 F 还是 $[a,b]$ 上的递增函数. 从而, 由定理 5.7.3 知: $F'(x)$ 在 $[a,b]$ 上几乎处处存在且可积. 下设

$$G(x) = F(x) - \int_a^x F'(t)\mathrm{d}t(\forall x \in [a,b]),$$

则当 $a \leqslant x_1 < x_2 \leqslant b$ 时, 由定理 5.7.3 知

$$G(x_2) - G(x_1) = F(x_2) - F(x_1) - \int_{x_1}^{x_2} F'(t)\mathrm{d}t \geqslant 0.$$

因此, G 也是 $[a,b]$ 上的递增的绝对连续函数. 由定理 5.8.2 知

$$\frac{\mathrm{d}}{\mathrm{d}x}\int_a^x F'(t)\mathrm{d}t = F'(x) \text{ a.e. 于 } [a,b].$$

因此

$$G'(x) = F'(x) - \frac{\mathrm{d}}{\mathrm{d}x}\int_a^x F'(t)\mathrm{d}t = 0 \text{ a.e. 于 } [a,b].$$

故由引理 5.8.2 知

$$G(x) = C \text{ a.e. 于 } [a,b],$$

其中 C 为常数. 再由 G 的连续性可知: $G(x) = C(\forall x \in [a,b])$. 从而, $C = F(a)$, 因此

$$F(x) = \int_a^x F'(t)\mathrm{d}t + F(a)(\forall x \in [a,b]).$$

证毕.

习 题 5.8

1. 证明: 区间 $[a,b]$ 上的绝对连续函数一定是一致连续的, 从而连续且有界; 绝对连续函数的和、差、积仍是绝对连续的.

2. 设函数 f 在 $(-\infty,\infty)$ 上处处可微且导数有界, 证明: f 在任意闭区间上绝对连续, 并有

$$\int_a^x f'(t)\mathrm{d}t = f(x) - f(a)(\forall x \in (a,\infty)).$$

3. 若函数 f 在 $[a,b]$ 上绝对连续且 $f'(x) \geqslant 0$ a.e. 于 $[a,b]$, 则 f 为 $[a,b]$ 上的递增函数.

4. 设函数 f 在 $[a,b]$ 上绝对连续, 证明: $\forall p > 1$, $|f|^p$ 也在 $[a,b]$ 上绝对连续.

5. 证明: 函数 f 在 $[a,b]$ 上绝对连续的充要条件是 $\forall \varepsilon > 0, \exists \delta > 0$ 使得对于 $[a,b]$内任意互不相交的区间 $\{(a_k,b_k): k = 1,2,\cdots\}$, 当 $\sum_{k=1}^{\infty}(b_k - a_k) < \delta$ 时, 有

$$\sum_{k=1}^{\infty}|f(b_k) - f(a_k)| < \varepsilon.$$

6. 设函数 u,v 在 $[a,b]$ 上绝对连续, 证明:

$$\int_a^b u(x)v'(x)\mathrm{d}x = u(x)v(x)|_a^b - \int_a^b u'(x)v(x)\mathrm{d}x \text{ (分部积分公式)}.$$

总练习题 5

1. 设数项级数 $\sum_{n=1}^{\infty} a_n$ 绝对收敛, 试证: $\sum_{n=1}^{\infty} \frac{a_n}{\sqrt{|x-r_n|}}$ 对于 $x \in [0,1]$ 几乎处处收敛 (其中 $\{r_1, r_2, \cdots, r_n, \cdots\}$ 是 $[0,1]$ 内的全体有理点之集).

2. 设 $\{f_k\}$ 是可测集 E 上的可测函数列, 而且存在 $F \in L(E)$ 使得

$$|f_k(x)| \leqslant F(x)(\forall x \in E, \forall k \geqslant 1),$$

证明:

(1) $\int_E \varliminf_{k\to\infty} f_k(x)\mathrm{d}x \leqslant \varliminf_{k\to\infty} \int_E f_k(x)\mathrm{d}x$;

(2) $\varlimsup_{k\to\infty} \int_E f_k(x)\mathrm{d}x \leqslant \int_E \varlimsup_{k\to\infty} f_k(x)\mathrm{d}x$.

3. 设 f 及 $f_k(k=1,2,\cdots)$ 是可测集 E 上的非负可积函数, 而且

$$\lim_{k\to\infty} f_k(x) = f(x)\,(\forall x \in E)\,,\ \lim_{k\to\infty} \int_E f_k(x)\mathrm{d}x = \int_E f(x)\mathrm{d}x.$$

证明: 对 E 的任何可测子集 A 有

$$\lim_{k\to\infty} \int_A f_k(x)\mathrm{d}x = \int_A f(x)\mathrm{d}x.$$

4. 设 f 在 $[a,b]$ 上 L-可积且处处 $f(x)>0$, $b-a \geqslant \alpha > 0$. 证明:

$$\inf\left\{\int_B f(x)\mathrm{d}x : B \subset [a,b], \mathrm{m}B \geqslant \alpha\right\} > 0.$$

5. 证明: 函数 f 是 $[a,b]$ 上的绝对连续函数的充要条件是 $\overset{x}{\underset{a}{V}}(f)$ 是绝对连续函数.

6. 设 $\{f_k\}$ 是 $[a,b]$ 上的有界变差函数列且

$$\overset{b}{\underset{a}{V}}(f_k) \leqslant M < \infty\,(k=1,2,\cdots)\,.$$

证明: 如果

$$\lim_{k\to\infty} f_k(x) = f(x)(\forall x \in [a,b]),$$

则 f 是 $[a,b]$ 上的有界变差函数且 $\overset{b}{\underset{a}{V}}(f) \leqslant M$.

7. 设 $F \subset \mathbf{R}$ 为闭集且其余集测度有限, $\mu > 0$, 证明: 函数

$$f(x) = \int_{\mathbf{R}} \frac{(\rho(y,F))^{\mu}}{|x-y|^{1+\mu}}\mathrm{d}y$$

在 F 上几乎处处有限, 其中 $\rho(y,F)$ 表示点 y 到点集 F 的距离.

8. 设 f 是 $[a,b]$ 上的利普希茨函数, 即存在常数 $L>0$ 使得

$$|f(x)-f(y)|\leqslant L|x-y|(\forall x,y\in[a,b]),$$

证明: f 是 $[a,b]$ 上的绝对连续函数.

9. 证明: 函数 f 是 $[a,b]$ 上的利普希茨函数当且仅当存在 $[a,b]$ 上的有界可测函数 g 使得

$$f(x)=f(a)+\int_a^x g(t)\mathrm{d}t(\forall x\in[a,b]).$$

10. 设 E 是直线上的有界可测集, 证明

$$\lim_{h\to 0^+}\frac{\mathrm{m}[E\bigcap(x-h,x+h)]}{2h}=1 \text{ a.e. 于 } E.$$

11. 设 $f\in L[0,1]$, 记

$$C_k^i=k\int_{\frac{i}{k}}^{\frac{i+1}{k}} f(t)\mathrm{d}t(i=0,1,2\cdots,k-1),$$

$$f_k(x)=\sum_{i=0}^{k-1}C_k^i\cdot\chi_{[\frac{i}{k},\frac{i+1}{k}]}(x)(\forall x\in[0,1])(k=1,2,\cdots),$$

证明:

(1) $\lim\limits_{k\to\infty}f_k(x)=f(x)$ a.e. 于 $[0,1]$;

(2) $\lim\limits_{k\to\infty}\int_0^1|f_k(x)-f(x)|\mathrm{d}x=0$.

12. 设 f 在 $(0,\infty)$ 上可积且一致连续, 证明: $\lim\limits_{x\to\infty}f(x)=0$.

第6章 空间理论

前言中已经指出, 泛函分析研究的对象是定义在线性空间上的泛函与算子. 为了深入研究泛函与算子, 我们首先要讨论一下它们的定义域空间, 包括: 距离空间、巴拿赫 (Banach) 空间与希尔伯特 (Hilbert) 空间.

在研究某些物理系统时, 往往要用无穷多个参数来决定系统的状态. 例如, 一个物体在一点 τ 处的温度 $\theta(\tau)$ 与某种信号在时刻 t 的频率 $x(t)$ 等都是由无穷多个参数值决定的. 一般来说, 系统的状态可用函数或数列来描述. 因此, 从数学上来看就是要研究某种函数或数列. 为了全面研究系统的变化规律, 不单是考虑个别状态, 而且还要研究某些状态的集合. 从数学上来说, 就是要研究函数或数列之集. 由于两个信号可以叠加, 一个信号可以放大或缩小, 因而在以上的函数或数列之集中引入加法与数乘, 即引入线性空间结构是自然的. 在处理实际问题 (如天气预测等) 过程中, 系统的状态总是通过观测得到, 而观测必有误差, 只能得到近似值. 为了得到合乎实际的结果, 要求近似值可以 "任意逼近" 精确值. 为了准确描述 "任意逼近" 的概念, 还需要在线性空间中引入距离的概念. 这就是所谓的赋范线性空间.

6.1 距离空间

6.1.1 定义与例子

为了描述 "任意逼近" 的概念, 需要引入两个状态 (研究对象) 之间的距离, 用它来刻画两个状态的远近程度. 如果将每个状态叫做一个点, 则距离这个数应满足以下条件:

(1) 任意一点到自身的距离为零, 任意两个不同点之间的距离大于零;

(2) 从 x 到 y 的距离等于从 y 到 x 的距离;

(3) 直线段最短, 即从 x 到 y 的距离不超过从 x 到 z 的距离与从 z 到 y 的距离之和.

由此我们引入以下定义.

定义 6.1.1 设 E 是任一非空集合, ρ: $E\times E\to\mathbf{R}$ 为二元函数, 若 $\forall x,y,z\in E$, 有

(M_1) $\rho(x,y)\geqslant 0$; $\rho(x,y)=0\Leftrightarrow x=y$;

(M_2) $\rho(x,y)=\rho(y,x)$;

(M_3) $\rho(x,y)\leqslant\rho(x,z)+\rho(z,y)$,

则称函数 ρ 是集合 E 上的一个**距离**(Distance), 或**度量**(Metric), 称函数值 $\rho(x,y)$ 是点 x 与 y 之间的距离, 且称二元序对 (E,ρ) 为**距离空间**, 简称 E 是**距离空间**(Distance space), 或**度量空间**(Metric space).

例 6.1.1 在 $\mathbf{R}^n$ 中定义

$$\rho_1(P,Q)=\sum_{i=1}^{n}|x_i-y_i|,$$

$$\rho_2(P,Q)=\left\{\sum_{i=1}^{n}|x_i-y_i|^2\right\}^{\frac{1}{2}},$$

$$\rho_\infty(P,Q)=\max_{1\leqslant i\leqslant n}|x_i-y_i|,$$

则 ρ_1,ρ_2 与 ρ_∞ 都是 $\mathbf{R}^n$ 上的距离.

易见, 对任意 $P=(x_1,x_2,\cdots,x_n)$ 与 $Q=(y_1,y_2,\cdots,y_n)\in\mathbf{R}^n$, 有

$$\rho_2(P,Q)\leqslant\rho_1(P,Q)\leqslant n\rho_\infty(P,Q).$$

一般地,

$$\rho_p(P,Q)=\left\{\sum_{i=1}^{n}|x_i-y_i|^p\right\}^{\frac{1}{p}}\quad(1\leqslant p<\infty)$$

也定义了 $\mathbf{R}^n$ 上的距离. 对于 $\mathbf{C}^n$ 也可类似定义距离 ρ_p, 从而它成为距离空间. 若不特别指明, 则视 $\mathbf{R}^n$ 或 $\mathbf{C}^n$ 均赋以距离 ρ_2.

例 6.1.2 记 $C[a,b]$ 表示 $[a,b]$ 上全体连续函数之集, 对于 $f,g\in C[a,b]$, 定义

$$\rho_1(f,g)=\int_a^b|f(t)-g(t)|\mathrm{d}t,$$

$$\rho_\infty(f,g)=\max_{a\leqslant t\leqslant b}|f(t)-g(t)|,$$

则 ρ_1, ρ_∞ 都是 $C[a,b]$ 上的距离. 若不特别指明, 则视 $C[a,b]$ 上赋以距离 ρ_∞.

例 6.1.3 记 $S(\mathbf{K})=\{\{x_n\}:x_n\in\mathbf{K}\ (n=1,2,\cdots)\}$ 是数域 $\mathbf{K}(=\mathbf{R}$ 或 $\mathbf{C})$ 中的全体数列之集. 对 $x=\{x_n\}$ 与 $y=\{y_n\}\in S(\mathbf{K})$, 定义

$$\rho(x,y)=\sum_{n=1}^{\infty}\frac{|x_n-y_n|}{2^n(|x_n-y_n|+1)},$$

则 $(S(\mathbf{K}),\rho)$ 是距离空间, 称为**序列空间**(Sequence space).

例 6.1.4 设 E 是任一非空集, 定义 $\rho:E\times E\to\mathbf{R}$ 为

$$\rho(x,y)=\begin{cases}1, & x\neq y,\\ 0, & x=y,\end{cases}$$

则 (E,ρ) 是距离空间, 称为**离散空间**(Discrete space).

可见, 任一非空集上都可定义距离使其成为距离空间.

例 6.1.5 若 (E,ρ) 是距离空间, 定义 $\bar\rho: E\times E\to\mathbf{R}$ 为

$$\bar\rho(x,y)=\frac{\rho(x,y)}{1+\rho(x,y)}.$$

则 $\bar\rho$ 也是 E 上的距离, 其证明由函数 $f(t)=\dfrac{t}{1+t}$ 在 $[0,\infty)$ 上的递增性可知. 可见, 一个集上可有很多种距离.

如果 (E,ρ) 是距离空间, E_1 是 E 的非空子集, 那么 ρ 限制在 $E_1\times E_1$ 上成为 E_1 上的距离. 于是, (E_1,ρ) 也是一个距离空间, 称为 (E,ρ) 的**子空间**(Subspace). 例如, $([a,b],\rho_1)$ 是 $(\mathbf{R},\rho_1)$ 的子空间, 其中 $\rho_1(x,y)=|x-y|$.

6.1.2 完备距离空间

在距离空间中, 因为有了距离便可考虑 "任意接近" 的问题即收敛性问题. 数列以及点列是数学分析的重要概念. 因此, 我们有必要将点列的收敛问题引入到一般的距离空间之中.

定义 6.1.2 设 (E,ρ) 是距离空间, $x_n\in E\ (n\in\mathbf{N}^+)$. 若存在 $x_0\in E$ 使得

$$\rho(x_n,x_0)\to 0\ (n\to\infty),$$

则称点列 $\{x_n\}$**收敛**(Convergent), 且称 x_0 为 $\{x_n\}$ 的**极限**(Limit), 记为 $\lim\limits_{n\to\infty}x_n=x_0$, 或记为 $x_n\to x_0\ (n\to\infty)$, 此时亦称 $\{x_n\}$ 收敛于 x_0.

收敛点列的极限是否唯一呢? 若在 (E,ρ) 中, $\lim\limits_{n\to\infty}x_n=x_0$ 且 $\lim\limits_{n\to\infty}x_n=y_0$, 则

$$\lim_{n\to\infty}\rho(x_n,x_0)=\lim_{n\to\infty}\rho(x_n,y_0)=0.$$

于是 $\forall\varepsilon>0$, 存在 N_1 与 N_2, 使得

$$n>N_1\Rightarrow \rho(x_n,x_0)<\frac{\varepsilon}{2},$$

$$n>N_2\Rightarrow \rho(x_n,y_0)<\frac{\varepsilon}{2}.$$

从而, 当 $n>\max\{N_1,N_2\}$ 时, 有

$$\rho(x_0,y_0)\leqslant\rho(x_0,x_n)+\rho(x_n,y_0)<\varepsilon.$$

由于 ε 的任意性, 从而 $\rho(x_0,y_0)=0$, 即 $x_0=y_0$. 可见, 距离空间中收敛点列的极限必唯一. 类似地, 可以证明关于数列的有界性定理与子列定理也成立. 于是, 得到以下定理.

定理 6.1.1 若 $\{x_n\}$ 为距离空间 (E,ρ) 中的收敛点列, 且 $\lim\limits_{n\to\infty} x_n = x_0$, 则

(1) x_0 由 $\{x_n\}$ 唯一确定;

(2) $\{x_n\}$ 的任一子列 $\{x_{n_k}\}$ 也收敛于 x_0;

(3) $\{x_n\}$ 有界, 即存在 $a\in E$ 及 $M>0$ 使得

$$\rho(x_n,a)\leqslant M\ (\forall n\in \mathbf{N}^+).$$

例 6.1.6 (i) $(\mathbf{R}^n,\rho_p)$ 中点列的收敛性等价于按坐标收敛, 即

$$P_k\to P_0\ (n\to\infty)\Leftrightarrow \forall i\in\{1,2,\cdots,n\},\quad 有\quad x_i^{(k)}\to x_i^{(0)}(n\to\infty)\ ,$$

其中

$$P_k=(x_1^{(k)},x_2^{(k)},\cdots,x_n^{(k)}),\quad P_0=(x_1^{(0)},x_2^{(0)},\cdots,x_n^{(0)})\in\mathbf{R}^n.$$

(ii) $(C[a,b],\rho_\infty)$ 中的点列按距离 ρ_∞ 收敛等价于函数列在 $[a,b]$ 上的一致收敛 (应用一致收敛的柯西 (Cauchy) 准则).

(iii) 离散空间 (E,ρ) 中点列 $\{x_n\}$ 收敛于 x_0 当且仅当 $\{x_n\}$ 为最终常点列, 即存在 N 使得 $x_n\equiv x_0\ (n\geqslant N)$.

例 6.1.7 设 $E\subset \mathbf{R}^n$ 是勒贝格可测集且 $mE<\infty$. 记 $M(E)$ 是 E 上所有几乎处处有限的可测函数之集, 其中几乎处处相等的函数视为同一元素. 对 $f,g\in M(E)$, 定义

$$\rho(f,g)=\int_E\frac{|f(t)-g(t)|}{1+|f(t)-g(t)|}\mathrm{d}t,$$

则 ρ 是 $M(E)$ 上的距离且

$$f_n\to f(n\to\infty)\Leftrightarrow f_n(t)\overset{E}{\Rightarrow} f(t)(n\to\infty),$$

其中 $\overset{E}{\Longrightarrow}$ 表示在 E 上依测度收敛.

证明 显然, ρ 满足距离公理的 (M_1) 与 (M_2). 应用函数

$$f(t)=\frac{t}{1+t}=1-\frac{1}{1+t}$$

在 $[0,\infty)$ 上的递增性可知, ρ 也满足 (M_3). 从而, ρ 为 $M(E)$ 上的距离.

设 $f_n,f\in M(E)$, 且 $f_n\to f\ (n\to\infty)$, 则 $\forall\sigma>0$ 有

$$\begin{aligned}\rho(f_n,f)&=\int_E\frac{|f_n(t)-f(t)|}{1+|f_n(t)-f(t)|}\mathrm{d}t\\&\geqslant\int_{E[|f_n-f|\geqslant\sigma]}\frac{|f_n(t)-f(t)|}{1+|f_n(t)-f(t)|}\mathrm{d}t\end{aligned}$$

$$\begin{aligned}&\geqslant \int_{E[|f_n-f|\geqslant\sigma]} \frac{\sigma}{1+\sigma}\mathrm{d}t\\&=\frac{\sigma}{1+\sigma}\cdot \mathrm{m}E[|f_n-f|\geqslant\sigma](n=1,2,\cdots).\end{aligned}$$

因此, $\mathrm{m}E[|f_n-f|\geqslant\sigma]\to 0\ (n\to\infty)$, 故 $f_n(t)\overset{E}{\rightrightarrows} f(t)(n\to\infty)$.

反之, 若 $f_n(t)\overset{E}{\rightrightarrows} f(t)(n\to\infty)$, 则 $\forall\sigma>0$ 有

$$\begin{aligned}\rho(f_n,f)=&\int_{E[|f_n-f|\geqslant\sigma]}\frac{|f_n(t)-f(t)|}{1+|f_n(t)-f(t)|}\mathrm{d}t\\&+\int_{E[|f_n-f|<\sigma]}\frac{|f_n(t)-f(t)|}{1+|f_n(t)-f(t)|}\mathrm{d}t\\&\leqslant \mathrm{m}E[|f_n-f|\geqslant\sigma]+\frac{\sigma}{\sigma+1}\mathrm{m}E.\end{aligned}$$

令 $n\to\infty$, 再令 $\sigma\to 0^+$ 可知

$$\rho(f_n,f)\to 0\ (n\to\infty),$$

故 $f_n\to f(n\to\infty)$. 这证明了在距离空间 $(M(E),\rho)$ 中,

$$f_n\to f\ (n\to\infty)\Leftrightarrow f_n(t)\overset{E}{\rightrightarrows} f(t)(n\to\infty).$$

证毕.

数学分析告诉我们: 数列 $\{x_n\}$ 收敛 $\Leftrightarrow$ $\{x_n\}$ 是柯西列. 即 $\forall\varepsilon>0$, $\exists N\in\mathbf{N}^+$ 使得当 $m,n>N$ 时, 有 $|x_m-x_n|<\varepsilon$. 这一结论在距离空间中是否成立呢? 首先, 我们把基本列的概念推广到距离空间之中.

定义 6.1.3　若距离空间 (E,ρ) 中的点列 $\{x_n\}$ 满足: $\forall\varepsilon>0$, $\exists N\in\mathbf{N}^+$, 使得当 $m,n>N$ 时, 有 $\rho(x_m,x_n)<\varepsilon$, 则称 $\{x_n\}$ 为 (E,ρ) 中的**柯西列**(Cauchy sequence).

柯西列与收敛点列有何关系呢? 若 $\{x_n\}$ 为距离空间 (E,ρ) 中的收敛点列且 $\lim\limits_{n\to\infty}x_n=x_0$, 则 $\forall\varepsilon>0$, $\exists N\in\mathbf{N}^+$, 使得当 $n>N$ 时, 有 $\rho(x_n,x_0)<\dfrac{\varepsilon}{2}$. 从而, 当 $m,\ n>N$ 时, 有

$$\rho(x_m,x_n)\leqslant\rho(x_m,x_0)+\rho(x_n,x_0)<\varepsilon.$$

可见, $\{x_n\}$ 为柯西列. 因此, 收敛点列必为柯西列. 反之如何呢? 容易看出: 点列

$$\left\{\left(1+\frac{1}{n}\right)^n\right\}$$

是 $(\mathbf{Q},\rho_1)$ 中的柯西列 (因为它在 $(\mathbf{R},\rho_1)$ 中收敛). 但它在 $(\mathbf{Q},\rho_1)$ 中不收敛. 这说明在距离空间中, 柯西列不一定收敛. 为此, 我们引入以下定义.

定义 6.1.4　若距离空间 (E,ρ) 中的任一柯西列都收敛, 则称 (E,ρ) 是**完备的**(Complete), 亦称 ρ 是**完备距离**(Complete metric).

例 6.1.8 离散空间 (E,ρ) 是完备的.

事实上, $\{x_n\}$ 为 (E,ρ) 中的柯西列等价于 $\{x_n\}$ 为最终常点列, 即当 n 充分大时, 有 $x_n = x_{n+1} = \cdots$.

例 6.1.9 $(C[a,b],\rho_1)$ 不是完备的, 但 $(C[a,b],\rho_\infty)$ 完备.

证明 记 $c=\dfrac{1}{2}(a+b)$, $f_n(t)=\arctan n(t-c)$, 则 $f_n\in C[a,b]$ $(n=1,2,\cdots)$ 且当 $t\in[a,b]$ 时, 有

$$f_n(t)\to f(t)=\frac{\pi}{2}\operatorname{sgn}(t-c)=\begin{cases}\dfrac{\pi}{2}, & c<t\leqslant b,\\ 0, & t=c,\\ -\dfrac{\pi}{2}, & a\leqslant t<c.\end{cases}$$

由勒贝格控制收敛定理知

$$\rho_1(f_n,f)\to 0\ (n\to\infty).$$

但是 f 既不属于 $C[a,b]$ 也不对等于一个连续函数, 故 $\{f_n\}$ 在 $(C[a,b],\rho_1)$ 中不收敛. 由 $\rho_1(f_n,f)\to 0$ 可知, $\{f_n\}$ 为 $(C[a,b],\rho_1)$ 中的柯西列. 因此, $(C[a,b],\rho_1)$ 是不完备的距离空间. 至于 $(C[a,b],\rho_\infty)$ 的完备性, 可由函数列一致收敛的柯西准则看出.

从直观上来说, 完备距离空间就是柯西收敛准则成立的空间. 在数学分析中我们知道: 柯西准则、闭区间套定理、有限覆盖定理等重要结论在实数系 $\mathbf{R}$ 中成立, 而在有理数系 $\mathbf{Q}$ 中不成立. 基于这点, 我们说实数系 $\mathbf{R}$ 是完备的, 而有理数系 $\mathbf{Q}$ 不完备, 为了克服有理数系的不足, 引入了实数系, 称后者为前者的完备化. 应用这种想法与方法, 我们可将不完备的距离空间完备化.

6.1.3 开集与闭集

在数学分析与实变函数论中, 我们学习了 $(\mathbf{R}^n,\rho_2)$ 中的开集、闭集与紧集的概念, 并利用开集、闭集刻画了函数的连续性. 为了研究距离空间之间映射的连续性, 必须将开集、闭集等概念推广到一般的距离空间.

设 (E,ρ) 是一距离空间, $x_0\in E$, 称 E 中的点集

$$B(x_0,r)=\{x|x\in E,\ \rho(x,x_0)<r\},$$

$$\overline{B}(x_0,r)=\{x|x\in E,\ \rho(x,x_0)\leqslant r\},$$

分别为以点 x_0 为中心、r 为半径的**开球**(Open ball) 与**闭球**(Closed ball). $B(x_0,r)$ 又叫点 x_0 的 $r-$**邻域**(Neighbourhood), 简称为 x_0 的**邻域**. 又称点集

$$S(x_0,r)=\{x|x\in E,\ \rho(x,x_0)=r\}$$

是以点 x_0 为中心、以 r 为半径的**球面**(Surface), 其中 $r>0$.

定义 6.1.5 设 M 是距离空间 (E,ρ) 的子集, 点 $x_0\in E$ 叫做 M 的**内点**(Interior point), 指存在 $B(x_0,r)\subset M$. M 的所有内点之集称为 M 的**内部** (Interior), 记为 M°. 如果 $M=M^{\circ}$, 则称 M 是 (E,ρ) 中的**开集** (Open set).

例 6.1.10 (i) 离散空间 (E,ρ) 中, 任一子集 M 是开集, 因为对于任意 $x_0\in E$, 存在 $\delta>0$ 使得 $B(x_0,\delta)=\{x_0\}\subset M$;

(ii) 在 (E,ρ) 中, 开球 $B(x_0,r)$, E 及 $\varnothing$ 恒为开集;

(iii) 若 $M\subset(E,\rho)$, 则 M 的内部 M° 恒为开集.

证明 与 $(\mathbf{R}^n,\rho_2)$ 中的证明类似. 证毕.

类似于 $(\mathbf{R}^n,\rho_2)$ 中的情况, 可以证明开集具有以下性质.

定理 6.1.2 在距离空间中, 有限多个开集之交是开集, 任意多个开集之并仍为开集.

下面给出聚点与接触点的定义, 由此得到闭集的概念.

定义 6.1.6 设 (E,ρ) 为距离空间, $M\subset E$, $x_0\in E$. 称 x_0 为 M 的**聚点**(Accumulation point), 是指 $\forall r>0$, 有

$$(B(x_0,r)\backslash\{x_0\})\bigcap M\neq\varnothing.$$

称 x_0 为 M 的**接触点**(Cluster point), 是指 $\forall r>0$, 有 $B(x_0,r)\bigcap M\neq\varnothing$. M 的全体接触点之集称为 M 的**闭包**(Closure), 记为 $\overline{M}$. 如果 $M=\overline{M}$, 那么称 M 为**闭集**(Closed set).

若存在 $r>0$, 使得 $B(x_0,r)\bigcap M=\{x_0\}$, 则称 x_0 为 M 的**孤立点**(Isolated point). 显然, 聚点必是接触点, 接触点分为聚点与孤立点.

类似 $\mathbf{R}^n$ 中的相应结果, 可以证明以下定理.

定理 6.1.3 设 (E,ρ) 是距离空间, $x_0\in E$, $M\subset E$, 则

(1) x_0 是 M 的聚点 $\Leftrightarrow$ 存在 $\{x_n\}\subset M\backslash\{x_0\}$, 使得 $x_n\to x_0\ (n\to\infty)$;

(2) x_0 是 M 的接触点 $\Leftrightarrow$ 存在点列 $\{x_n\}\subset M$ 使得 $x_n\to x_0\ (n\to\infty)$.

容易证明: 在任意空间 (E,ρ) 中, E, $\varnothing$, $\overline{B}(x_0,r)$ 与 $S(x_0,r)$ 恒为闭集; 任意集的闭包恒为闭集. 其次, G 是开集 $\Leftrightarrow G^c=E\backslash G$ 是闭集.

下面定理说明, 闭集与开集有着 "对偶" 的关系与性质.

定理 6.1.4 设 M 为距离空间 (E,ρ) 的子集, 则

(1) M 是闭集 $\Leftrightarrow M$ 包含其一切聚点;

(2) M 是闭集 $\Leftrightarrow M^c:=E\backslash M$ 是开集;

(3) E 中任意多个闭集之交是闭集, 有限多个闭集之并是闭集.

由于离散空间中任一集均为开集, 从而由定理 6.1.4(2) 知: 离散空间中的任一子集既是开集又是闭集.

6.1.4 可分距离空间

熟知, 有理数集在实数集中稠密, 即每个实数都可用有理数列任意逼近. 在数学分析中已证明了: $[a,b]$ 上的任一连续函数可用代数多项式任意一致逼近, 又因实系数多项式可用有理系数的多项式一致逼近, 因此 $(C[a,b],\rho_\infty)$ 中的任意元 f 都可用有理系数的多项式一致逼近. 虽然以上两个问题针对不同的对象, 但其实质是用某个可数集中的元素任意逼近另外一些元素. 将这两个问题抽象出来, 我们引入以下定义.

定义 6.1.7 若距离空间 (E,ρ) 中的两个子集 M 与 D 满足: $\overline{D}\supset M$, 则称 D 在 M 中**稠密**(Dense). 若 D 在全空间 E 中稠密, 则称 D 是 (E,ρ) 中的**稠密集**(Dense set). 若 (E,ρ) 有可数的稠密集, 则称 (E,ρ) 是**可分的**(Seperable).

例 6.1.11 (i) 离散空间 (E,ρ) 可分 $\Leftrightarrow E$ 是可数集;

(ii) $(C[a,b],\rho_\infty)$ 是可分的;

(iii) $(\mathbf{R}^n,\rho_p)$ 可分, 因为可数集 $\mathbf{Q}^n$ 是稠密集;

(iv) $(\mathbf{C}^n,\rho_p)$ 可分, 因为可数集

$$\{(r_1,r_2,\cdots r_n)|\mathrm{Re}r_k,\mathrm{Im}r_k\in\mathbf{Q}(k=1,2,\cdots,n)\}$$

是稠密集;

(v) $(S(\mathbf{R}),\rho)$ 可分, 因为可数集

$$D=\{(r_1,r_2,\cdots,r_n,0,0,\cdots)|r_i\in\mathbf{Q},n\in\mathbf{N}^+\}$$

是稠密集.

6.1.5 连续映射

有了距离与收敛的概念, 应用类似于数学分析中的方法, 我们就可以建立连续映射的概念并讨论有关性质.

定义 6.1.8 设 (E_1,ρ_1) 及 (E_2,ρ_2) 是距离空间, $T:E_1\to E_2$ 为映射, 点 $x_0\in E_1$. 若 $\forall x_n\in E_1\ (n=1,2,\cdots)$ 有

$$x_n\to x_0(n\to\infty)\Rightarrow Tx_n\to Tx_0(n\to\infty),$$

则称映射 T 在 x_0 处**连续**(Continuous). 若 T 在 E_1 的每一点都连续, 则称 T 为**连续映射**(Continuous map).

例 6.1.12 (i) 设 (E,ρ) 为距离空间, 则对任何固定的 $a\in E$, $\rho(a,\cdot):E\to\mathbf{R}$ 是连续映射 $(\mathbf{R}=(\mathbf{R},\rho_1))$.

(ii) 设 (E_1,ρ_1) 与 (E_2,ρ_2) 是距离空间, 定义 $E_1\times E_2=\{(x_1,x_2)|x_1\in E_1,$ $x_2\in E_2\}$, 且

$$(\rho_1\times\rho_2)((x_1,x_2),(y_1,y_2))=\rho_1(x_1,y_1)+\rho_2(x_2,y_2),$$

则 $\rho_1 \times \rho_2$ 是 $E_1 \times E_2$ 上的一个距离. 因此, $(E_1 \times E_2, \rho_1 \times \rho_2)$ 是一个距离空间, 称为 (E_1, ρ_1) 与 (E_2, ρ_2) 的**乘积空间**(Product space).

(iii) 对任一距离空间 (E, ρ), 距离函数 $\rho : E \times E \to \mathbf{R}$ 是连续的, 其中 $E \times E$ 赋以乘积距离 $\rho \times \rho$.

证明　(i) 设 $x_n, x_0 \in E$ 且 $x_n \to x_0 (n \to \infty)$, 则

$$\rho(a, x_n) - \rho(a, x_0) \leqslant \rho(a, x_0) + \rho(x_0, x_n) - \rho(a, x_0) = \rho(x_n, x_0).$$

交换 x_n 与 x_0 的位置可得

$$\rho(a, x_0) - \rho(a, x_n) \leqslant \rho(x_n, x_0),$$

从而

$$|\rho(a, x_n) - \rho(a, x_0)| \leqslant \rho(x_n, x_0) (n = 1, 2, \cdots).$$

因此

$$\rho(a, x_n) \to \rho(a, x_0) (n \to \infty).$$

可见, $\rho(a, \cdot) : E \to \mathbf{R}$ 连续.

(ii) 显然

$$\rho_1 \times \rho_2 : (E_1 \times E_2) \times (E_1 \times E_2) \to \mathbf{R}$$

满足距离公理 (M_1) 与 (M_2), 下证它满足 (M_3).

$\forall (x_1, x_2), (y_1, y_2), (z_1, z_2) \in E_1 \times E_2$, 有

$$\begin{aligned}
&(\rho_1 \times \rho_2)((x_1, x_2), (y_1, y_2)) \\
=&\rho_1(x_1, y_1) + \rho_2(x_2, y_2) \\
\leqslant&\rho_1(x_1, z_1) + \rho_1(z_1, y_1) + \rho_2(x_2, z_2) + \rho_2(z_2, y_2) \\
=&[\rho_1(x_1, z_1) + \rho_2(x_2, z_2)] + [\rho_1(z_1, y_1) + \rho_2(z_2, y_2)] \\
=&(\rho_1 \times \rho_2)((x_1, x_2), (z_1, z_2)) + (\rho_1 \times \rho_2)((z_1, z_2), (y_1, y_2)).
\end{aligned}$$

可见, $\rho_1 \times \rho_2$ 为 $E_1 \times E_2$ 上的一个距离.

(iii) 设 $(x_n, y_n), (x_0, y_0) \in E_1 \times E_2$ 且

$$(x_n, y_n) \to (x_0, y_0)\ (n \to \infty).$$

则当 $n \to \infty$ 时, 有

$$(\rho \times \rho)((x_n, y_n), (x_0, y_0)) = \rho(x_n, x_0) + \rho(y_n, x_0) \to 0.$$

可见, $x_n \to x_0, y_n \to y_0 (n \to \infty)$. 这说明: 在 $E_1 \times E_2$ 中的按距离收敛等价于按坐标收敛. 由于

$$|\rho(x_n, y_n) - \rho(x_0, y_0)| \leqslant \rho(x_n, x_0) + \rho(y_n, y_0),$$

从而 $\rho(x_n, y_n) \to \rho(x_0, y_0) (n \to \infty)$. 故 $\rho : E \times E \to \mathbf{R}$ 连续. 证毕.

注 6.1.1 例 6.1.12 中的 (i) 说明距离函数分别连续 (即固定一个变量关于另一变量连续), (iii) 说明距离函数连续.

以上我们用序列的形式给出了映射的连续性定义. 类似于数学分析中的方法, 连续性也可用 "ε-δ" 方法描述.

定理 6.1.5 映射 $T : (E_1, \rho_1) \to (E_2, \rho_2)$ 在点 $x_0 \in E_1$ 处连续当且仅当对任意的 $\varepsilon > 0$, $\exists \delta > 0$ 使得当 $\rho_1(x, x_0) < \delta$ 时, 有 $\rho_2(Tx, Tx_0) < \varepsilon$.

证明 必要性. 设 $T: E_1 \to E_2$ 在 $x_0 \in E_1$ 处连续, 假设对某个 $\varepsilon_0 > 0$ 满足要求的 δ 不存在, 则 $\forall n \in \mathbf{N}$, $\exists x_n \in E_1$ 使得

$$\rho_1(x_n, x_0) < \frac{1}{n}, \quad 但 \quad \rho_2(Tx_n, Tx_0) \geqslant \varepsilon_0.$$

显然 $x_n \to x_0 (n \to \infty)$, 但 Tx_n 不收敛于 $Tx_0 (n \to \infty)$. 这与 T 在 x_0 处连续矛盾.

充分性. 设 $\forall \varepsilon > 0$, 总存在满足要求的 $\delta > 0$, 则当 $x_n \in E_1$ $(n = 1, 2, \cdots)$ 且 $x_n \to x_0 (n \to \infty)$ 时, 对任意 $\varepsilon > 0$, 存在 $N \in \mathbf{N}$, 当 $n > N$ 时, 有 $\rho_1(x_n, x_0) < \delta$, 从而 $\rho_2(Tx_n, Tx_0) < \varepsilon$. 这说明

$$\lim_{n \to \infty} Tx_n = Tx_0.$$

故 T 在 x_0 处连续. 证毕.

设 $T : E_1, \to E_2$ 是任一映射, 对 $A \subset E_1$ 与 $B \subset E_2$, 记

$$T(A) = \{Tx | x \in A\} \ (称为\ A\ 在\ T\ 下的像),$$

$$T^{-1}(B) = \{x \in E_1 | Tx \in B\} \ (称为\ B\ 在\ T\ 下的逆像).$$

由等式

$$\begin{aligned} T^{-1}(B) &= \{x \in E_1 | Tx \notin B^c\} \\ &= \{x \in E_1 | x \notin T^{-1}(B^c)\} \\ &= \left[T^{-1}(B^c)\right]^c, \end{aligned}$$

及开集与闭集的关系知: 在映射 T 下, 开集的逆像是开集当且仅当闭集的逆像是闭集.

设 T 是连续映射, B 为 (E_2,ρ_2) 中的任一开集. 任取 $x_0\in T^{-1}(B)$, 则 $Tx_0\in B$. 由于 B 是开集, 从而存在 $\varepsilon>0$, 使得 $B(Tx_0,\varepsilon)\subset B$. 对此 ε, 根据 T 在 x_0 处的连续性及定理 6.1.5 知, 存在 $\delta>0$ 使得当 $\rho_1(x,x_0)<\delta$ 时, 有 $\rho_2(Tx,Tx_0)<\varepsilon$. 可见 $T(B(x_0,\delta))\subset B(Tx_0,\varepsilon)$, 因此 $B(x_0,\delta)\subset T^{-1}(B(Tx_0,\varepsilon))\subset T^{-1}(B)$. 这说明 x_0 为 $T^{-1}(B)$ 的内点. 由于 x_0 是任意的, 所以 $T^{-1}(B)$ 是 (E_1,ρ_1) 中的开集. 反之, 如果在 T 下任意开集的逆像为开集, 那么 $\forall\varepsilon>0$, $T^{-1}(B(Tx_0,\varepsilon))$ 是 (E_1,ρ_1) 中的开集, 其中 $x_0\in E_1$ 为任意一点. 从而, 存在 $B(x_0,\delta)\subset T^{-1}(B(Tx_0,\varepsilon))$. 可见

$$\rho_1(x,x_0)<\delta\Rightarrow\rho_2(Tx,Tx_0)<\varepsilon,$$

故 T 为连续映射.

由以上推导可得以下定理.

定理 6.1.6 映射 $T:(E_1,\rho_1)\to(E_2,\rho_2)$ 连续 $\Leftrightarrow$ 任意开集在 T 下的逆像是开集 $\Leftrightarrow$ 任意闭集在 T 下的逆像是闭集.

6.1.6 列紧空间

实数域 $\mathbf{R}$ 除了完备性以外, 还有一个重要特性, 就是魏尔斯特拉斯定理成立, 即: 任何有界无穷数列必有收敛子列. 这一命题在一般距离空间中是否仍然成立呢? 请看下面的例子.

例 6.1.13 在 $C[0,1]$ 中令 $A=\{f_n|n\in\mathbf{N}^+\}$, 其中

$$f_n(x)=\begin{cases}1-nx, & 0\leqslant x<n^{-1},\\ 0, & n^{-1}\leqslant x\leqslant 1,\end{cases}$$

则 $\rho_\infty(f_n,0)=1\,(n=1,2,\cdots)$ 且 $\{f_n\}$ 没有收敛的子列. 否则, 若存在 $\{f_{n_k}\}$ 收敛于某个 $f\in C[0,1]$, 则

$$f(x)=\begin{cases}1, & x=0,\\ 0, & 0<x\leqslant 1.\end{cases}$$

这与 f 在 [0,1] 上连续矛盾. 这说明: 包含在闭球

$$\overline{B}(0,1)=\{f\in C[0,1]:\rho_\infty(f,0)\leqslant 1\}$$

之中的点列 $\{f_n\}$ 没有按距离 ρ_∞ 收敛的子列. 可见, 魏尔斯特拉斯定理在一般距离空间中未必成立. 为此, 我们引入以下概念.

定义 6.1.9 设 A 是距离空间 (E,ρ) 中的点集, 则

(i) 当存在 $\overline{B}(x_0,r)\supset A$ 时, 称 A 是**有界集**(Bounded set);

(ii) 当 A 中的任一无穷点列都有收敛子列时, 称 A 是**列紧集**(Sequentially compact set);

(iii) 当 A 是列紧闭集时, 称 A 是**紧集**(Compact set);

(iv) 当 E 本身是列紧集时, 称它是**列紧空间**(Sequentially compact space).

易见, 任一空间 (E,ρ) 中的有限集必是列紧集, 因而是紧集 (有限集没有聚点, 从而为闭集). 由于离散空间 (E,ρ) 中的收敛点列只能是最终常点列, 从而可知: 离散空间 (E,ρ) 是列紧空间当且仅当 E 是有限集. 根据数学分析中的魏尔斯特拉斯聚点定理可知: $\mathbf{R}^n$ 中的有界点集必是列紧集.

下面讨论列紧集的一些性质.

设 $A\subset(E,\rho)$ 是列紧集, 则易见 A 的任意子集 B 必列紧, 即列紧性是遗传的. 从而, A 的内部 A° 也是列紧集. 那么, A 的闭包 $\overline{A}$ 是否列紧呢? 为此, 设 $\{x_n\}$ 是 $\overline{A}$ 中的无穷点列, 则 $B\left(x_n,n^{-1}\right)\bigcap A\neq\varnothing$. 从而, 存在 $y_n\in A$ 使得

$$\rho(x_n,y_n)<n^{-1}(n=1,2,\cdots).$$

由于 A 列紧, 所以存在子列 $y_{n_k}\to y_0\in E\ (k\to\infty)$. 由不等式

$$0\leqslant\rho(x_{n_k},y_0)\leqslant\rho(x_{n_k},y_{n_k})+\rho(y_{n_k},y_0)\ <n_k^{-1}+\rho(y_{n_k},y_0)$$

知 $\{x_{n_k}\}$ 收敛于 y_0. 可见, $\overline{A}$ 是列紧集.

由前面可知, 离散空间 (E,ρ) 是完备的, 但一般不是列紧的, 除非 E 是有限集. 这说明: 完备性不蕴涵列紧性. 反之如何?

设 (E,ρ) 是列紧空间, $\{x_n\}$ 为其中的基本列. 由列紧性知, $\{x_n\}$ 有收敛子列 $\{x_{n_k}\}$. 记 $x_0=\lim\limits_{k\to\infty}x_{n_k}$. 于是, $\forall\varepsilon>0$, $\exists N$, 使得当 $k>N$ 时, 有

$$\rho(x_{n_k},x_0)<\varepsilon,$$

且当 $m,n>N$ 时, 有 $\rho(x_n,x_m)<\varepsilon$. 固定 $n>N$, 取 $k>N$ 使得 $n_k>n$, 则 $\rho(x_{n_k},x_0)<\varepsilon$ 且 $\rho(x_n,x_{n_k})<\varepsilon$. 因此

$$\rho(x_n,x_0)\leqslant\rho(x_n,x_{n_k})+\rho(x_{n_k},x_0)<2\varepsilon.$$

可见 $x_n\to x_0\ (n\to\infty)$. 这说明: (E,ρ) 是完备的.

总结以上讨论, 可得以下定理.

定理 6.1.7 (i) 若 $A\subset(E,\rho)$ 列紧, 则 A°, $\overline{A}$ 及 A 的任意子集是列紧集;

(ii) 若 $A_\alpha\subset(E,\rho)\ (\alpha\in I)$ 且至少一个列紧, 则 $\bigcap\limits_{\alpha\in I}A_\alpha$ 也列紧;

(iii) 若 (E,ρ) 是列紧空间, 则它必完备.

下面给出完备空间中列紧集的一个刻画.

定义 6.1.10 设 A,B 是距离空间 (E,ρ) 中的点集, $\varepsilon>0$, 若 $\forall x\in A$, 存在 $y\in B$ 使得 $x\in B(y,\varepsilon)$, 则称 B 是 A 的 ε-**网**(Net); 又若 B 是列紧集 (或有限集), 则称 B 是 A 的**列紧 (或有限)**ε-**网**(Sequentially compact(finite) net).

显然, B 是 A 的 ε-网 $\Leftrightarrow A\subset \bigcup\limits_{y\in B} B(y,\varepsilon)$.

定理 6.1.8　设 A 是完备距离空间 (E,ρ) 中的点集, 则 A 列紧当且仅当 $\forall\varepsilon>0$, A 有一个有限 ε-网.

证明　必要性. 设 A 列紧, 假设对某个 $\varepsilon_0>0$, A 没有有限的 ε_0-网. 这时, $A\neq\varnothing$, 任取 $x_1\in A$. 由于 $B=\{x_1\}$ 不是 A 的有限 ε_0-网, 从而存在 $x_2\in A$ 使得 $\rho(x_2,x_1)\geqslant\varepsilon_0$. 又因 $B=\{x_1,x_2\}$ 不是 A 的有限 ε_0-网, 从而有 $x_3\in A$ 使得 $\rho(x_3,x_i)\geqslant\varepsilon_0(i=1,2)$. 如此继续, 得到 A 中的点列 $\{x_n\}$, 满足: 当 $m\neq n$ 时, $\rho(x_m,x_n)\geqslant\varepsilon_0$, 于是, $\{x_n\}$ 没有收敛子列, 这与 A 是列紧集矛盾.

充分性. 设 $\forall\varepsilon>0$, A 有一个有限 ε-网. 于是, 对 $\varepsilon_n=n^{-1}(n=1,2,\cdots)$, A 都存在有限 ε_n-网. 任取 A 中的无穷点列 $\{x_n\}$, 记 $B=\{x_n|n=1,2,\cdots\}$. 当 B 是有限集时, $\{x_n\}$ 有一个常值子列 $\{x_{n_k}\}$, 它是收敛的. 下设 B 是无限集. 由于 A 有有限的 ε_1-网, 从而 A 可被有限个半径为 ε_1 的开球覆盖. 由 B 是无限集可知, 必存在半径为 ε_1 的开球 S_1, 使得 $S_1\bigcap B$ 为无穷集. 记 $B_1=B\bigcap S_1$. 又因 B_1 是无限集且 A 有有限的 ε_2-网, 从而可知: 存在某个以 ε_2 为半径的开球 S_2, 使得 $B_2=B_1\bigcap S_2$ 为无穷集. 如此继续, 可以得到一列无穷集 $\{B_n\}$ 与一列开球 $\{S_n\}$ 满足:

$$S_n\supset B_n\supset B_{n+1},\quad B_n=B_{n-1}\cap S_n,$$

其中, S_n 的半径为 $\varepsilon_n(n=1,2,\cdots)$. 任取

$$y_1\in B_1,y_2\in B_2\backslash\{y_1\},\cdots,y_n\in B_n\backslash\{y_1,\cdots,y_{n-1}\},\cdots,$$

则得到 $\{x_n\}$ 的一个子列 $\{y_n\}$. 当 $m>n$ 时, 有 $y_m,y_n\in B_n\subset S_n$. 从而, $\rho(y_m,y_n)<2\varepsilon_n$. 因为 $\varepsilon_n\to0(n\to\infty)$, 所以 $\{y_n\}$ 为完备空间 E 中的基本列, 因此收敛. 故 A 为列紧集. 证毕.

注 6.1.2　以上对必要性的证明中没有用到 E 的完备性. 因此, 若 A 为列紧集, 则它是**完全有界的**(Totally bounded), 即 $\forall\varepsilon>0$, A 都有一个有限 ε-网. 显然, 完全有界集必是有界集. 从而, 列紧集必有界.

推论 6.1.1　若 (E,ρ) 完备, 则 $A\subset E$ 列紧的充要条件是 $\forall\varepsilon>0$, A 有列紧 ε- 网.

证明　必要性. 当 A 列紧时, A 就是 A 的列紧 ε-网.

充分性. 设 $\forall\varepsilon>0$, A 有列紧 ε-网. $\forall\varepsilon>0$, 设 B 是 A 的一个列紧 $\varepsilon/2$-网. 由 B 列紧及定理 6.1.8 知: B 有一个有限 $\varepsilon/2$-网 $C=\{x_1,x_2,\cdots,x_n\}$, 即

$$B\subset\bigcup_{i=1}^{n}B(x_i,\varepsilon/2).$$

根据 B 是 A 的一个 $\varepsilon/2$-网知: $\forall x\in A$, 存在 $y\in B$, 使得 $x\in B(y,\varepsilon/2)$. 因为 C 是 B 的一个 $\varepsilon/2$-网, 所以存在 x_i 使得 $y\in B(x_i,\varepsilon/2)$. 于是, $x\in B(y,\varepsilon/2)\subset B(x_i,\varepsilon)$. 由此可见, C 就是 A 的有限 ε-网. 由定理 6.1.8 知 A 列紧. 证毕.

应该注意, 定理 6.1.8 与推论 6.1.1 中并未要求 A 的有限 (或列紧)ε-网 B 为 A 的子集. 然而, 作为应用, 我们有以下的推论.

推论 6.1.2 若 (E,ρ) 完备, 则 $A\subset E$ 列紧 $\Leftrightarrow \forall\varepsilon>0$, 存在 A 的有限子集 B, 使 $A\subset\bigcup\limits_{x\in B}B(x,\varepsilon)$, 即 A 包含它的一个有限的 ε-网 B.

证明 充分性. 由定理 6.1.8 知.

必要性. 设 A 列紧, 则由定理 6.1.8 知: $\forall\varepsilon>0$, A 有有限的 $\varepsilon/2$-网 $\{x_1,x_2,\cdots,x_n\}\subset E$, 即

$$A\subset\bigcup_{i=1}^{n}B\left(x_i,\varepsilon/2\right).$$

不妨设 $A\bigcap B\left(x_i,\varepsilon/2\right)$ 非空 $(i=1,2,\cdots,n)$, 否则去掉那些 "无用的"x_i, 仍得 A 的有限 $\varepsilon/2$-网. 这样, 任取

$$\bar{x}_i\in A\bigcap B\left(x_i,\varepsilon/2\right)\quad(i=1,2,\cdots,n),$$

则 $B=\{\bar{x}_1,\bar{x}_2,\cdots,\bar{x}_n\}\subset A$ 是 A 的有限 ε-网. 证毕.

类似于推论 6.1.2 可证: 完备空间 (E,ρ) 中的点集 A 列紧当且仅当 $\forall\varepsilon>0$, A 包含它的一个列紧的 ε-网.

定理 6.1.8 与推论 6.1.1、推论 6.1.2 都是检验完备空间中列紧性的重要工具, 例如, 由它们可得以下推论.

推论 6.1.3 集合 $A\subset C[a,b]$ 列紧的充要条件是:

(i) A 是**一致有界的**(Uniformlly bounded), 即存在常数 $M>0$ 使得

$$|f(x)|\leqslant M,\ \forall x\in[a,b],\forall f\in A;$$

(ii) A 是**等度连续的**(Equicontinuous), 即 $\forall\varepsilon>0$, 存在 $\delta>0$, 使得对任意 $f\in A$ 及任何 x_1, $x_2\in[a,b]$, 只要 $|x_1-x_2|<\delta$, 就有

$$|f(x_1)-f(x_2)|<\varepsilon.$$

6.1.7 压缩映射原理

在微分方程、积分方程以及其他各类方程的理论中, 解的存在性、唯一性及近似解的收敛性等都是很重要的问题. 许多问题的解答都归结为求某个映射的不动点. 例如, 求解柯西问题

$$\frac{\mathrm{d}y}{\mathrm{d}x}=f(x,y),\quad y(x_0)=y_0$$

可化为求解积分方程

$$y(x)=y_0+\int_{x_0}^{x}f(t,y)\mathrm{d}t.$$

若记

$$(Ty)(x) = y_0 + \int_{x_0}^{x} f(t, y)\mathrm{d}t,$$

则以上积分方程有解当且仅当映射 T 有不动点. 下面, 我们在一般框架中讨论这个问题.

设 T 是从距离空间 (E, ρ) 到自身的映射. 如果映射 T 不扩大 E 中任意两点的距离, 则 T 可能有不动点. 于是, 我们进一步假设 T 是**压缩映射**(Compressive mapping), 即存在 $0 \leqslant \theta < 1$ 使得: $\forall x, y \in E$, 有

$$\rho(Tx, Ty) \leqslant \theta\rho(x, y).$$

任取 $x_0 \in E$, 令

$$x_1 = Tx_0, x_2 = Tx_1, \cdots, x_{n+1} = Tx_n (n = 1, 2, \cdots).$$

只要证明 T 连续且点列 $\{x_n\}$ 收敛于某个 $\bar{x}$, 则 $\bar{x} = T\bar{x}$, 可见 $\bar{x}$ 为 T 的不动点. 由于 T 是压缩映射, 所以 T 是连续的. 因此, 只要证明 $\{x_n\}$ 收敛即可. 于是, 若还假设空间 (E, ρ) 完备, 则只要证明 $\{x_n\}$ 为柯西列即可. 这时, 有

$$\begin{aligned}
&\rho(x_1, x_0) = \rho(Tx_0, x_0),\\
&\rho(x_2, x_1) = \rho(Tx_1, Tx_0) \leqslant \theta\rho(x_1, x_0) = \theta\rho(Tx_0, x_0),\\
&\rho(x_3, x_2) = \rho(Tx_2, Tx_1) \leqslant \theta\rho(x_2, x_1) \leqslant \theta^2\rho(Tx_0, x_0),\\
&\cdots\\
&\rho(x_{n+1}, x_n) \leqslant \theta^n\rho(Tx_0, x_0)(n = 1, 2, \cdots).
\end{aligned}$$

因此, $\forall n, p \in \mathbf{N}$, 有

$$\begin{aligned}
\rho(x_{n+p}, x_n) \leqslant &\rho(x_{n+p}, x_{n+p-1}) + \rho(x_{n+p-1}, x_{n+p-2})\\
&+ \cdots + \rho(x_{n+1}, x_n)\\
\leqslant &(\theta^{n+p-1} + \theta^{n+p-2} + \cdots + \theta^n)\rho(Tx_0, x_0)\\
\leqslant &\frac{\theta^n}{1-\theta}\rho(Tx_0, x_0).
\end{aligned}$$

由于 $0 \leqslant \theta < 1$, 可见 $\{x_n\}$ 为 (E, ρ) 中的柯西列. 因而, 存在 $\bar{x} \in E$ 使得 $\lim\limits_{n\to\infty} x_n = \bar{x}$. 于是

$$T\bar{x} = T(\lim_{n\to\infty} x_n) = \lim_{n\to\infty} Tx_n = \lim_{n\to\infty} x_{n+1} = \bar{x}.$$

故 $\bar{x}$ 为 T 的不动点. 此外, 如果 T 还有一个不动点 $\bar{y} \in E$, 那么

$$\rho(\bar{x}, \bar{y}) = \rho(T\bar{x}, T\bar{y}) \leqslant \theta\rho(\bar{x}, \bar{y}).$$

由于 $0 \leqslant \theta < 1$, 所以 $\rho(\bar{x}, \bar{y}) = 0$, 即 $\bar{x} = \bar{y}$. 可见, 这时 T 有且只有一个不动点. 总结以上讨论, 我们有以下定理.

定理 6.1.9 设 T 是从完备距离空间 (E,ρ) 到自身的压缩映射, 即存在 $0\leqslant\theta<1$, 使得 $\forall x,y\in E$ 有

$$\rho(Tx,Ty)\leqslant\theta\rho(x,y),$$

则 T 有唯一的不动点, 即存在唯一的 $\bar{x}\in E$, 使得 $T\bar{x}=\bar{x}$.

这个定理常称为**压缩映射原理**(Compressive mapping principle), 它有很广泛的应用.

例 6.1.14 常微分方程解的存在性与唯一性. 考虑微分方程

$$\frac{\mathrm{d}y}{\mathrm{d}x}=f(x,y),\quad y|_{x_0}=y_0,\tag{6.1.1}$$

其中 f 在闭区域

$$D=\{(x,y)|x_0-r\leqslant x\leqslant x_0+r,-\infty<y<\infty\}$$

上连续且关于 y 满足**利普希茨条件**(Lipschitz condition), 即存在 $k>0$ 使得

$$|f(x,y')-f(x,y'')|\leqslant k|y'-y''|,\quad\forall(x,y'),\ (x,y'')\in D,\tag{6.1.2}$$

则存在常数 $\delta>0$ 使得方程 (6.1.1) 有且只有一个解 $y\in C[x_0-\delta,x_0+\delta]$.

事实上, 微分方程 (6.1.1) 等价于积分方程

$$y(x)=y_0+\int_{x_0}^{x}f(t,y)\mathrm{d}t.\tag{6.1.3}$$

取 $\delta\in(0,r)$, 使得 $0<k\delta<1$. 定义映射

$$T:C[x_0-\delta,x_0+\delta]\to C[x_0-\delta,x_0+\delta]$$

如下

$$(Ty)(x)=y_0+\int_{x_0}^{x}f(t,y)\mathrm{d}t,$$

则 $\forall y_1,y_2\in C[x_0-\delta,x_0+\delta]$, 有

$$\begin{aligned}\rho_\infty(Ty_1,Ty_2)&=\max_{|x-x_0|\leqslant\delta}\left|\int_{x_0}^{x}[f(t,y_1)-f(t,y_2)]\mathrm{d}t\right|\\&\leqslant\max_{|x-x_0|\leqslant\delta}\left|\int_{x_0}^{x}k\cdot|y_1(t)-y_2(t)|\mathrm{d}t\right|\\&\leqslant k\delta\cdot\rho_\infty(y_1,y_2).\end{aligned}$$

由于 $0<k\delta<1$, 从而 T 是完备空间 $C[x_0-\delta,x_0+\delta]$ 上的压缩映射, 根据定理 6.1.9 知 T 有唯一的不动点 $y\in C[x_0-\delta,x_0+\delta]$. 因此, 方程 (6.1.1) 有且只有一个解 $y\in C[x_0-\delta,x_0+\delta]$.

例 6.1.15　积分方程解的存在性与唯一性. 考察积分方程

$$x(t)=f(t)+\lambda\int_a^b K(t,s)x(s)\mathrm{d}s, \tag{6.1.4}$$

其中 λ 是参数, f 在 $[a,b]$ 上可测, K 在 $D=[a,b]\times[a,b]$ 上可测且

$$\int_a^b |f(t)|^2\mathrm{d}t<\infty,\quad \alpha=\iint\limits_D |K(s,t)|^2\mathrm{d}s\mathrm{d}t<\infty.$$

则对 $|\lambda|$ 充分小的 λ, 积分方程 (6.1.4) 有唯一解 x 满足

$$\int_a^b |x(t)|^2\mathrm{d}t<\infty.$$

事实上, 令

$$L^2[a,b]=\{\, f|f \text{ 在 } [a,b] \text{ 上可测且} \int_a^b |f(x)|^2\mathrm{d}x<\infty \,\}.$$

对任意 $f,g\in L^2[a,b]$, 定义

$$\rho_2(f,g)=\sqrt{\int_a^b |f-g|^2(t)\mathrm{d}t},$$

且规定

$$f=g \Leftrightarrow f(x)=g(x) \text{ a.e. } x\in[a,b].$$

容易验证: $(L^2[a,b],\rho_2)$ 是完备距离空间 (参见例 5.3.6). 定义

$$(Tx)(t)=f(t)+\lambda\int_a^b K(t,s)x(s)\mathrm{d}s.$$

可以证明: T 是 $L^2[a,b]$ 到 $L^2[a,b]$ 的映射.

由于 $\forall x,y\in L^2[a,b]$, 有

$$\begin{aligned}\rho_2(Tx,Ty)=&|\lambda|\left(\int_a^b\left|\int_a^b K(t,s)(x(s)-y(s))\mathrm{d}s\right|^2\mathrm{d}t\right)^{\frac{1}{2}}\\ \leqslant&|\lambda|\left(\int_a^b\left[\int_a^b |K(t,s)|^2\mathrm{d}s\int_a^b |x(s)-y(s)|^2\mathrm{d}s\right]\mathrm{d}t\right)^{\frac{1}{2}}\\ =&|\lambda|\left(\int_a^b\mathrm{d}t\int_a^b |K(t,s)|^2\mathrm{d}s\right)^{\frac{1}{2}}\left(\int_a^b |x(s)-y(s)|^2\mathrm{d}s\right)^{\frac{1}{2}}\end{aligned}$$

$$=|\lambda|\alpha\cdot\rho_2(x,y).$$

因此, 当 $|\lambda|\alpha<1$ 时, 由定理 6.1.9 知: 映射 T 有唯一的不动点 $x\in L^2[a,b]$. 这个 x 就是方程 (6.1.4) 满足要求的唯一的解.

习 题 6.1

1. 应用赫尔德不等式

$$\sum_{i=1}^{n}|a_ib_i|\leqslant\left\{\sum_{i=1}^{n}|a_i|^p\right\}^{\frac{1}{p}}\cdot\left\{\sum_{i=1}^{n}|b_i|^q\right\}^{\frac{1}{q}},$$

其中 a_i,b_i 为任意数, $p,q>1$ 且 $\dfrac{1}{p}+\dfrac{1}{q}=1$, 推出闵可夫斯基不等式:

$$\left\{\sum_{i=1}^{n}|x_i+y_i|^p\right\}^{\frac{1}{p}}\leqslant\left\{\sum_{i=1}^{n}|x_i|^p\right\}^{\frac{1}{p}}+\left\{\sum_{i=1}^{n}|y_i|^p\right\}^{\frac{1}{p}},$$

其中 x_i,y_i 为任意数, $p\geqslant1$, 进而证明: $\mathbf{R}^n$ 按照距离

$$\rho_p(x,y)=\left\{\sum_{i=1}^{n}|x_i-y_i|^p\right\}^{\frac{1}{p}}$$

构成完备、可分的距离空间.

2. 设 $l^p(\mathbf{K})$ 是满足条件 $\left\{\sum\limits_{i=1}^{\infty}|x_i|^p\right\}^{\frac{1}{p}}<\infty$ 的 $\mathbf{K}(=\mathbf{R}$ 或 $\mathbf{C})$ 中的全体数列 $x=\{x_i\}$ 之集. 应用本节第 1 题中的不等式证明: $l^p(\mathbf{K})$ 是 $\mathbf{K}$ 上的线性空间且关于

$$\rho_p(x,y)=\left\{\sum_{i=1}^{\infty}|x_i-y_i|^p\right\}^{\frac{1}{p}}$$

成为完备、可分的距离空间, 其中 $1\leqslant p<\infty$.

3. 设 (E,ρ) 是距离空间, $A\subset E$ 非空, 定义

$$f(x)=\inf\{\rho(x,y)|y\in A\},\quad \forall x\in E.$$

证明: $f:(E,\rho)\to\mathbf{R}$ 连续; $f(x)=0\Leftrightarrow x\in\overline{A}$. 我们称 $f(x)$ 为点 x 到集 A 之距离, 并记为 $f(x)=\rho(x,A)$.

4. 证明: 在距离空间 (E,ρ) 中, 闭集可以表示为可数个开集之交; 开集可以表示为可数个闭集之并.

5. 设 (E,ρ) 是距离空间, F_1 与 F_2 是 E 中非空不相交的闭集, 证明存在 E 上的连续函数 f 使得

$$f(F_1)=\{0\},\quad f(F_2)=\{1\}.$$

提示: $f(x)=\dfrac{\rho(x,F_1)}{\rho(x,F_1)+\rho(x,F_2)}$.

6. 设 F_1,F_2 是距离空间 (E,ρ) 中的不交闭集. 试证存在 E 中的不交开集 G_1 与 G_2 使得 $G_i\supset F_i(i=1,2)$.

提示: 考虑 $G_1=\{x\in E|\rho(x,F_1)-\rho(x,F_2)>0\}$ 等.

7. 设 $T:(E_1,\rho_1)\to(E_2,\rho_2)$ 是连续映射, $A\subset E_1$. 证明

(i) 若 A 是 E_1 的稠子集, 则 $T(A)$ 是 E_2 的稠子集.

(ii) 若 A 是紧子集 (列紧闭集), 则 $T(A)$ 是 E_2 的紧子集.

8. 若 (E,ρ) 为完备距离空间, $A\subset E$ 非空. 证明: 空间 (A,ρ) 完备当且仅当 A 是 E 的闭子集.

9. 在距离空间中证明: (i) 柯西列必有界; (ii) 列紧集是有界集; (iii) 紧集的闭子集是紧集.

10. 设 (E,ρ) 是列紧空间, $f:E\to\mathbf{R}$ 连续, 则

(i) f 在 E 上一致连续, 即 $\forall\varepsilon>0$, $\exists\delta>0$ 使得对任意 $x_1,x_2\in E$, 当 $\rho(x_1,x_2)<\delta$ 时, 有 $|f(x_1)-f(x_2)|<\varepsilon$;

(ii) f 在 E 上有界, 即存在 $K>0$ 使得

$$|f(x)|\leqslant K\ (\forall x\in E);$$

(iii) f 在 E 上取得最大、最小值.

提示: 这时, f 的值域 $f(E)$ 是 $\mathbf{R}$ 的紧子集, 从而是有界闭集.

11. 设 F_1,F_2 是完备空间 (E,ρ) 中的非空紧子集, 证明: 必存在一点 $(x_0,y_0)\in F_1\times F_2$ 使得 $\rho(x_0,y_0)=\rho(F_1,F_2)$, 其中

$$\rho(F_1,F_2)=\inf\{\rho(x,F_2)|x\in F_1\}$$

是 F_1 与 F_2 之间的距离.

12. (隐函数存在定理) 设函数 $f(x,y)$ 在 $G=[a,b]\times\mathbf{R}$ 上连续且 $f_y(x,y)$ 存在, 试证: 若在常数 m 与 M 使得对任意 $(x,y)\in G$ 有 $0<m<f_y(x,y)<M$, 则方程 $f(x,y)=0$ 确定 $[a,b]$ 上唯一连续的隐函数 $y=\varphi(x)$, 即存在唯一 $\varphi\in C[a,b]$, 对任意 $x\in[a,b]$, 有 $f(x,\varphi(x))\equiv 0$.

提示: 考虑映射 $(T\varphi)(x)=\varphi(x)-\dfrac{1}{M}f(x,\varphi(x))$, 应用压缩映射原理.

13. (闭球套定理) 设 E 是完备距离空间, $\{x_n\}$ 为 E 中的点列, 记

$$F_n=\overline{B}(x_n,\varepsilon_n)=\{x\in E|\rho(x,x_n)\leqslant\varepsilon_n\}(n=1,2,\cdots).$$

证明: 如果 $\{F_n\}$ 满足:

(i) $F_1\supset F_2\supset\cdots\supset F_n\supset\cdots$;

(ii) $\varepsilon_n\to 0(n\to\infty)$,

那么存在唯一 $x_0\in E$ 使得 $x_0\in F_n(n=1,2,\cdots)$.

提示：证明 $\{x_n\}$ 为 E 中的柯西列, 记 $x_0=\lim\limits_{n\to\infty}x_n$.

14. 设 G 是 $\mathbf{R}^n$ 中的非空开集, 证明：存在 $\mathbf{R}^n$ 中一列非空的有界闭集 $\{K_i\}$ 使得

$$G=\bigcup_{i=1}^{\infty}K_i \text{ 且 } K_i\subset(K_{i+1})^{\circ}\ (i=1,2,\cdots).$$

15. 设 G 与 $\{K_i\}$ 如习题 14, $C(G)$ 为 G 上所有连续实值函数之集, 且

$$\rho_n(f,g)=\max\{|f(x)-g(x)|:x\in K_n\}.$$

对 $f,g\in C(G)$, 定义

$$\rho(f,g)=\sum_{n=1}^{\infty}\frac{1}{2^n}\frac{\rho_n(f,g)}{1+\rho_n(f,g)},$$

证明:

(i) ρ 是 $C(G)$ 上的距离;

(ii) $\{f_n\}$ 是 $C(G)$ 中的柯西列当且仅当 $\forall i\in\mathbf{N}^+$, $\{f_n|_{K_i}\}$ 是 $(C(K_i),\rho_i)$ 中的柯西列, 其中 $f_n|_{K_i}$ 是 f_n 在 K_i 上的限制;

(iii) $\forall f_n,f\in C(G)\ (n=1,2,\cdots)$, 有 $f_n\to f(n\to\infty)\Leftrightarrow\forall i$, $\{f_n(x)\}$ 在 K_i 上一致收敛于 $f(x)$;

(iv) $(C(G),\rho)$ 是完备距离空间.

6.2 赋范线性空间

6.2.1 定义与例子

为了描述“任意逼近”的概念, 我们引入了“距离”的概念. 由此定义了收敛性、映射的连续性等. 从而精确地描述了“x_n 可以任意逼近 x”, 即 x_n 与 x 的距离 $\rho(x_n,x)$ 趋于零. 在前言中已经指出, 为了确切、全面地描述状态空间的性质, 还必须引入代数运算. 最简单的运算是加法与数乘, 即线性运算, 这相当于在线性空间中引入距离的概念. 为了使距离与代数运算很好地联系起来, 必须要求数域 $\mathbf{K}$ 上的线性空间 V 上的距离 ρ 具有以下基本属性:

(1) 平移不变性:

$$\forall x,y,z\in V,\quad \rho(x+z,y+z)=\rho(x,y);$$

(2) 正齐次性:

$$\forall x,y\in V,\lambda\in\mathbf{K},\quad \rho(\lambda x,\lambda y)=|\lambda|\rho(x,y);$$

(3) 加法连续性:

$$\rho(x_n,x)\to0,\rho(y_n,y)\to0\Rightarrow\rho(x_n+y_n,x+y)\to0;$$

(4) 数乘连续性：

$$\rho(x_n, x) \to 0, |\lambda_n - \lambda| \to 0 \Rightarrow \rho(\lambda_n x_n, \lambda x) \to 0.$$

容易证明：性质 (1) 与性质 (2)$\Rightarrow$ 性质 (3) 与性质 (4). 因此, 只要 ρ 满足 (1) 与 (2) 即可.

设线性空间 V 上的距离满足以上条件, 记 $||x|| = \rho(x, 0)$ $(x \in V)$, 则函数 $||\cdot|| : V \to \mathbf{R}$ 满足以下条件：$\forall \lambda \in \mathbf{K}$,$\forall x, y \in V$, 有

1° $||x|| \geqslant 0$, $||x|| = 0 \Leftrightarrow x = 0$($V$ 中的零元);

2° $||\lambda x|| = |\lambda| \cdot ||x||$;

3° $||x + y|| \leqslant ||x|| + ||y||$.

这说明：在线性空间 V 中有满足条件 (1) 与 (2) 的距离, 必有满足条件 1° – 3° 的函数 $||\cdot|| : V \to \mathbf{R}$. 反之, 若存在满足条件 1° – 3° 的函数 $||\cdot|| : V \to \mathbf{R}$, 则函数 $\rho(x, y) = ||x - y||$ 定义了 V 上满足条件 (1) 与 (2) 的距离 ρ. 因此, 为了在 V 上引入满足条件 (1) 与 (2) 的距离 ρ, 只需引入满足条件 1° – 3° 的函数 $||\cdot||$. 由此我们引入以下概念.

定义 6.2.1 设 V 是数域 $\mathbf{K}$ 上的线性空间, 如果函数 $||\cdot|| : V \to \mathbf{R}$ 满足条件：$\forall x, y \in V$ 与 $\lambda \in \mathbf{K}$,

(N_1) $||x|| \geqslant 0$, $||x|| = 0 \Leftrightarrow x = 0$;

(N_2) $||\lambda x|| = |\lambda| \cdot ||x||$;

(N_3) $||x + y|| \leqslant ||x|| + ||y||$,

则称 $||\cdot||$ 是线性空间 V 上的**范数**(Norm), 称 $||x||$ 为向量 x 的范数, 且称序对 $(V, ||\cdot||)$ 是 $\mathbf{K}$ 上的**赋范线性空间**(Normed linear space), 简称 V 是**赋范空间**(Normed space).

如前所述, 当 $(V, ||\cdot||)$ 是赋范线性空间时, 定义 $\rho(x, y) = ||x - y||$, 则 ρ 是 V 上的距离且满足条件 (1) 至 (4). 既然 V 是距离空间, 因此就可在 V 中引入收敛性、连续性、有界性、可分性、开集与闭集等概念. 例如, 对于 $x_n, x \in V$, 当 $n \to \infty$ 时, $x_n \to x$ 指：$||x_n - x|| \to 0(n \to \infty)$; 这时, 称点列 $\{x_n\}$ 依范数收敛于 x 或称 $\{x_n\}$**强收敛于**(Strongly convergent)x. 映射 $T : (V_1, ||\cdot||_1) \to (V_2, ||\cdot||_2)$ 连续是指

$$||x_n - x||_1 \to 0(n \to \infty) \Rightarrow ||Tx_n - Tx||_2 \to 0(n \to \infty).$$

应用范数公理 $(N_1) \sim (N_3)$, 可以证明以下定理.

定理 6.2.1 设 $(V, ||\cdot||)$ 是数域 $\mathbf{K}$ 上的赋范空间, 则

(i) 范数是连续的, 即

$$x_n \to x(n \to \infty) \Rightarrow ||x_n|| \to ||x||(n \to \infty);$$

(ii) 加法是连续的, 即

$$x_n \to x, y_n \to y(n \to \infty) \Rightarrow x_n + y_n \to x + y(n \to \infty);$$

(iii) 数乘是连续的, 即

$$x_n \to x, \lambda_n \to \lambda(n \to \infty) \Rightarrow \lambda_n x_n \to \lambda x(n \to \infty),$$

其中 $x_n, x, y_n, y \in V$, $\lambda_n, \lambda \in \mathbf{K}(n = 1, 2, \cdots)$.

证明 由于

$$||x|| \leqslant ||x - y|| + ||y||, \quad ||y|| \leqslant ||y - x|| + ||x||,$$

所以

$$\Big|||x|| - ||y||\Big| \leqslant ||x - y||.$$

由此可知 (i) 成立. 又因为

$$||(x_n + y_n) - (x + y)|| \leqslant ||x_n - x|| + ||y_n - y||,$$

从而 (ii) 成立. 最后, 由不等式

$$\begin{aligned} ||\lambda_n x_n - \lambda x|| &\leqslant ||\lambda_n(x_n - x)|| + ||(\lambda_n - \lambda)x|| \\ &\leqslant (|\lambda_n - \lambda| + |\lambda|)||x_n - x|| + ||x|| \cdot |\lambda_n - \lambda| \end{aligned}$$

知 (iii) 成立.

这个定理表明: 在赋范线性空间中, 范数与线性运算是自动连续的.

如果赋范空间 $(V, ||\cdot||)$ 作为距离空间 (即赋距离 $\rho(x, y) = ||x - y||$) 是完备的, 那么称它为**巴拿赫**(Banach)**空间**.

下面介绍几个古典的巴拿赫空间.

例 6.2.1 空间 $\mathbf{R}^n$.

对 $x = (x_1, x_2, \cdots, x_n)$, $y = (y_1, y_2, \cdots, y_n) \in \mathbf{R}^n$, 定义

$$x + y = (x_1 + y_1, x_2 + y_2, \cdots, x_n + y_n),$$

$$\alpha x = (\alpha x_1, \alpha x_2, \cdots, \alpha x_n), \quad \forall \alpha \in \mathbf{R},$$

则 $\mathbf{R}^n$ 成为 $\mathbf{R}$ 上的线性空间. 又若定义

$$||x||_p = \left\{ \sum_{i=1}^{n} |x_i|^p \right\}^{\frac{1}{p}}, \quad \forall x = (x_1, x_2, \cdots, x_n) \in \mathbf{R}^n,$$

其中 $1 \leqslant p < \infty$, 则 $(\mathbf{R}^n, ||\cdot||_p)$ 成为 $\mathbf{R}$ 上的巴拿赫空间.

类似地, 可在 $\mathbf{C}^n = \{(\lambda_1, \lambda_2, \cdots, \lambda_n) | \lambda_i \in \mathbf{C}\}$ 中定义线性运算与范数 $||\cdot||_p$ 使其成为 $\mathbf{C}$ 上的巴拿赫空间. 易见, 在 $\mathbf{R}^n$ 或 $\mathbf{C}^n$ 中的强收敛等价于按坐标收敛.

例 6.2.2　空间 $l^p(\mathbf{K})$(习题 6.1 第 2 题).

对 $x = (x_1, x_2, \cdots, x_n, \cdots) \in l^p(\mathbf{K})$, $y = (y_1, y_2, \cdots, y_n, \cdots) \in l^p(\mathbf{K})$, 定义

$$x + y = (x_1 + y_1, x_2 + y_2, \cdots, x_n + y_n, \cdots),$$

$$\alpha x = (\alpha x_1, \alpha x_2, \cdots, \alpha x_n, \cdots), \ \forall \alpha \in \mathbf{K},$$

$$||x||_p = \left\{ \sum_{i=1}^{\infty} |x_i|^p \right\}^{\frac{1}{p}}, \quad 1 \leqslant p < \infty,$$

则 $(l^p(\mathbf{K}), ||\cdot||_p)$ 成为 $\mathbf{K}$ 上的巴拿赫空间.

例 6.2.3　空间 $l^\infty(\mathbf{K}) = \{(x_1, x_2, \cdots, x_n, \cdots) | x_n \in \mathbf{K}, \sup\limits_{n \geqslant 1} |x_n| < \infty\}$.

对 $x = (x_1, x_2, \cdots, x_n, \cdots) \in l^\infty(\mathbf{K})$ 与 $y = (y_1, y_2, \cdots, y_n, \cdots) \in l^\infty(\mathbf{K})$, 定义加法与乘数如例 6.2.2, 且定义

$$||x||_\infty = \sup\{|x_n| : n = 1, 2, \cdots\},$$

则 $(l^\infty(\mathbf{K}), ||\cdot||_\infty)$ 成为 $\mathbf{K}$ 上的巴拿赫空间.

例 6.2.4　空间 $C[a, b]$(例 6.1.2).

对 $x, y \in C[a, b]$ 及 $\alpha \in \mathbf{R}$, 定义

$$(x + y)(t) = x(t) + y(t), \quad (\alpha x)(t) = \alpha x(t), \quad ||x||_\infty = \max_{a \leqslant t \leqslant b} |x(t)|,$$

则 $(C[a, b], ||\cdot||_\infty)$ 成为 $\mathbf{R}$ 上的巴拿赫空间. 如果定义

$$||x||_1 = \int_a^b |x(t)| \mathrm{d}t,$$

那么 $(C[a, b], ||\cdot||_1)$ 成为 $\mathbf{R}$ 上的赋范线性空间, 但不是巴拿赫空间 (例 6.1.9).

例 6.2.5　空间 $L^p[a, b] (1 \leqslant p < \infty)$.

记

$$L^p[a, b] = \{f : f \text{ 在 } [a, b] \text{ 上可测且 } \int_a^b |f(x)|^p \mathrm{d}x < +\infty\}.$$

规定

$$f = 0 \Leftrightarrow f(x) = 0 \text{ a. e. 于 } [a, b],$$

则容易证明 (习题 6.2 第 3 题)：关于函数的加法与数乘 (如例 6.2.4), $L^p[a,b]$ 成为 $\mathbf{R}$ 上的线性空间. 对于 $f\in L^p[a,b]$, 定义

$$\|f\|_p=\left(\int_a^b|f(x)|^p\mathrm{d}x\right)^{\frac{1}{p}}\quad(\text{勒贝格积分}),$$

则 $(L^p[a,b],\|\cdot\|_p)$ 成为 $\mathbf{R}$ 上的可分巴拿赫空间 (习题 6.2 第 4 题).

例 6.2.6 空间 $L^\infty[a,b]$.

记

$$L^\infty[a,b]=\{f|f:[a,b]\to\mathbf{R}\ \text{可测且}\ ||f||_\infty<\infty\},$$

其中

$$||f||_\infty=\inf_{\mathrm{m}E_0=0}\sup_{t\in[a,b]\setminus E_0}|f(t)|,$$

称为 f 在 $[a,b]$ 上的本性上确界. 函数的加法与数乘如例 6.2.4 且规定：

$$f=0\Leftrightarrow f(x)=0\ \text{a. e. 于}\ [a,b],$$

则 $(L^\infty[a,b],||\cdot||_\infty)$ 成为不可分的巴拿赫空间.

例 6.2.7 空间 $C^{(k)}[a,b]$.

记

$$C^{(k)}[a,b]=\{f|f:[a,b]\to\mathbf{R}\ \text{有连续的}\ k\ \text{阶导数}\},$$

定义加法与数乘如例 6.2.4, 且定义

$$||f||=\sum_{i=0}^{k}||f^{(i)}||_\infty,$$

其中 $f^{(i)}$ 是 f 的 i 阶导函数, 则由一致收敛的函数列的性质可以证明：$(C^{(k)}[a,b],||\cdot||_\infty)$ 是 $\mathbf{R}$ 上的巴拿赫空间.

以上的函数空间

$$C[a,b],C^{(k)}[a,b]\ \text{和}\ L^p[a,b](1\leqslant p\leqslant\infty)$$

均考虑实值函数 $f:[a,b]\to\mathbf{R}$. 对复值函数也可引入类似的空间, 得到复的巴拿赫空间.

6.2.2 有限维赋范线性空间

设 $(V,||\cdot||)$ 是赋范线性空间. 如果作为线性空间, V 是有限维的, 则称 $(V,||\cdot||)$ 是有限维赋范线性空间; 否则, 称它是无限维的. 前面的几个例子当中, 除了 $\mathbf{R}^n$ 与 $\mathbf{C}^n$ 外都是无限维的. 有限维空间具有由有限个线性无关向量构成的基底, 讨论起来比较方便. 在 6.1 节中已经指出: $\mathbf{R}^n$ 与 $\mathbf{C}^n$ 中的有界闭集是紧集. 但是, 这一性质在无穷维空间不再成立 (如 $C[0,1]$ 中). 下面将看到 "有界闭集是紧集" 这一性质完全刻画了空间的有限维性质. 另外, 还将证明任意 n 维赋范线性空间都与 $\mathbf{R}^n$ 或 $\mathbf{C}^n$ 同构且同胚.

设 $(V,||\cdot||)$ 是 $\mathbf{K}$ 上的 n 维赋范线性空间, 它有基底 $\{e_1,e_2,\cdots,e_n\}$. 在线性代数中已经知道:

$$\pi x=(\xi_1,\xi_2,\cdots,\xi_n),\quad \forall x=\sum_{i=1}^n \xi_i e_i\in V$$

定义了线性同构 $\pi: V\to\mathbf{K}^n$. 因此, V 与 $\mathbf{K}^n$ 线性同构. 可见, V 与 $\mathbf{K}^n$ 中的代数运算规律完全相同. 那么, 收敛性是否一致呢? 即下列命题是否成立?

$$x_k,x\in V,x_k\to x(k\to\infty)\Leftrightarrow \pi x_k\to\pi x(k\to\infty).$$

为此, 我们设 $x\in V$, 则 x 可表为 $x=\sum\limits_{i=1}^n \xi_i e_i$, 其中 $\xi_i\in\mathbf{K}$. 从而, 由范数的性质知

$$\begin{aligned}||x||&=\left\|\sum_{i=1}^n \xi_i e_i\right\|\leqslant\sum_{i=1}^n||\xi_i e_i||\\&=\sum_{i=1}^n|\xi_i|\cdot||e_i||\leqslant\left\{\sum_{i=1}^n|\xi_i|^2\right\}^{\frac12}\left\{\sum_{i=1}^n||e_i||^2\right\}^{\frac12}\\&=m||\pi x||_2,\end{aligned}$$

其中

$$m=\left\{\sum_{i=1}^n||e_i||^2\right\}^{\frac12}$$

与 x 无关且非零 (因为 $e_1,e_2,\cdots,e_n$ 非零). 从而, $\|x_k-x\|\leqslant m\|\pi x_k-\pi x_2\|_2$. 这说明:

$$\pi x_k\to\pi x(k\to\infty)\Rightarrow x_k\to x(k\to\infty).$$

反之, 对任 $x=\sum\limits_{i=1}^n\xi_i e_i$ 及 $y=\sum\limits_{i=1}^n\eta_i e_i\in V$, 有

$$\left|||x||-||y||\right|\leqslant||x-y||\leqslant m||\pi x-\pi y||_2=m\left\{\sum_{i=1}^n|\xi_i-\eta_i|^2\right\}^{\frac12}.$$

这说明: 公式

$$f(\xi_1,\xi_2,\cdots,\xi_n)=||x||\left(\forall x=\sum_{i=1}^{n}\xi_i e_i\right)$$

定义了连续函数 $f:S(0,1)\to\mathbf{R}$, 其中 $S(0,1)$ 是 $(\mathbf{R}^n,||\cdot||_2)$ 中的单位球面: $\xi_1^2+\xi_2^2+\cdots+\xi_n^2=1$. 由于 $S(0,1)$ 是 $(\mathbf{R}^n,||\cdot||_2)$ 中的紧子集 (即有界闭集), 从而 f 在 $S(0,1)$ 上取到最小值 m'. 由于 f 为正值连续函数, 从而 $m'>0$. 因此, 对任意 $x=\sum\limits_{i=1}^{n}\xi_i e_i$, 当 $x\neq 0$ 时, $\pi x=(\xi_1,\xi_2,\cdots,\xi_n)$ 也非零, 因而

$$\left\{\sum_{i=1}^{n}|\xi_i|^2\right\}^{\frac{1}{2}}=||\pi x||_2\neq 0.$$

因此

$$f\left(\frac{1}{||\pi x||_2}\xi_1,\frac{1}{||\pi x||_2}\xi_2,\cdots,\frac{1}{||\pi x||_2}\xi_n\right)\geqslant m',$$

即

$$\left\|\frac{1}{||\pi x||_2}x\right\|=\frac{1}{||\pi x||_2}||x||\geqslant m'.$$

可见, $||x||\geqslant m'||\pi x||_2$. 易见, 当 $x=0$ 时, 这个不等式成立. 故

$$\frac{1}{m}\cdot||x||\leqslant||\pi x||_2\leqslant\frac{1}{m'}\cdot||x||,\quad \forall x\in V.$$

总结以上讨论, 得到以下定理.

定理 6.2.2 设 $(V,||\cdot||)$ 是 $\mathbf{K}$ 上的 n 维赋范线性空间, 则存在线性同构 $\pi:V\to\mathbf{K}^n$ 及常数 $M,M'>0$ 使得

$$M\cdot||x||\leqslant||\pi x||_2\leqslant M'||x||,\quad \forall x\in V.$$

这时, 有 $x_k\to x\Leftrightarrow\pi x_k\to\pi x(k\to\infty)$, 从而 π 与其逆映射 $\pi^{-1}:\mathbf{K}^n\to V$ 都连续. 此时, π 为同胚映射, 且称 $(V,||\cdot||)$ 与 $(\mathbf{K}^n,||\cdot||_2)$**同构**(Isomorphic).

如果 V_1 是赋范线性空间 $(V,||\cdot||)$ 的 n 维子空间, 那么由定理 6.2.2 知 $(V_1,||\cdot||)$ 与 $(\mathbf{K}^n,||\cdot||_2)$ 线性同构且同胚. 由于后者是完备的, 从而 $(V_1,||\cdot||)$ 是完备的, 因此, V_1 是 V 的闭子空间. 由此可见: 在赋范线性空间中, 任意有限维子空间必是闭的.

为了给出有限维赋范线性空间的刻画, 先介绍一个很重要的引理 —— 里斯引理.

引理 6.2.1 (里斯 (Riesz) 引理) 设 V_0 是赋范线性空间 $(V,||\cdot||)$ 的真闭线性子空间, 则 $\forall 0<\varepsilon<1$, $\exists x_0\in V$, 使得

$$||x_0||=1 \quad 且 \quad ||x_0-x||>\varepsilon,\quad \forall x\in V_0.$$

证明　任取 $x_1 \in V\backslash V_0$, 记

$$d = \rho(x_1, V_0) = \inf_{x \in V_0} ||x - x_1||,$$

由习题 6.1 第 3 题知 $d > 0$(否则 $x_1 \in \overline{V}_0 = V_0$ 矛盾). 对任意 $0 < \varepsilon < 1$, 有 $\dfrac{d}{\varepsilon} > d$, 从而, 存在 $x_1' \in V_0$ 使得

$$0 < ||x_1 - x_1'|| < \frac{d}{\varepsilon}, \quad 即 \quad \frac{d}{||x_1 - x_1'||} > \varepsilon.$$

令

$$x_0 = \frac{1}{||x_1 - x_1'||}(x_1 - x_1'),$$

则 $x_0 \in V$ 且 $||x_0|| = 1$. 任取 $x \in V_0$, 有

$$||x_1' - x_1||x + x_1' \in V_0,$$

因此

$$\begin{aligned} ||x - x_0|| =& \frac{1}{||x_1 - x_1'||} \Big\| ||x_1' - x_1||x + x_1' - x_1 \Big\| \\ \geqslant& \frac{1}{||x_1 - x_1'||} d \\ >& \varepsilon. \end{aligned}$$

证毕.

定理 6.2.3　赋范线性空间 $(V, ||\cdot||)$ 是有限维的当且仅当 V 的任一有界闭集是紧集.

证明　必要性. 设 V 是有限维的, 记 n 是 V 的维数. 由定理 6.2.2 知存在线性同构与同胚 $\pi : V \to \mathbf{K}^n$. 设 E 为 $(V, ||\cdot||)$ 中的有界闭集, 则 $\pi(E)$ 是 $(\mathbf{K}^n, ||\cdot||_2)$ 中的有界闭集, 从而是紧集. 因此, 由习题 6.1 第 7 题知 $E = \pi^{-1}(\pi(E))$ 是 $(V, ||\cdot||)$ 中的紧子集.

充分性. 设 V 中任一有界闭集是紧集. 令 $S = \{x \in V|\ ||x|| = 1\}$, 则 S 为 $(V, ||\cdot||)$ 中的有界闭集, 从而是紧集. 假设 V 是无限维的. 任取 $x_1 \in S$, 记 V_1 是由 x_1 生成的子空间, 则 V_1 是 V 的有限维的 (实际上是 1 维的) 真子空间. 由定理 6.2.2 之后的讨论可知 V_1 是 V 真闭子空间. 从而, 由引理 6.2.1 知: 存在 $x_2 \in S$, 使得 $||x - x_2|| \geqslant \dfrac{1}{2}(\forall x \in V_1)$, 特别, 有 $||x_1 - x_2|| \geqslant \dfrac{1}{2}$. 记 V_2 是由 x_1 与 x_2 生成的V 的真闭子空间. 再由引理 6.2.1 知: 存在 $x_3 \in S$, 使得对一切 $x \in V_2$, 有 $||x - x_3|| \geqslant \dfrac{1}{2}$. 特别, 有

$$||x_i - x_3|| \geqslant \frac{1}{2}(i = 1, 2).$$

如此继续, 可得 $x_n \in S(n=1,2,\cdots)$, 使得 $||x_n - x_m|| \geqslant \frac{1}{2}(m \neq n)$. 显然, S中的无穷点列 $\{x_n\}$ 没有收敛子列, 这与 S 列紧矛盾. 故 V 是有限维的. 证毕.

习 题 6.2

1. 设 $c(\mathbf{K})$ 是全体收敛数列 $x=(x_1,x_2,\cdots,x_n,\cdots)$ 之集, 其中 $x_n \in \mathbf{K}$. 对 $x=(x_1,x_2,\cdots,x_n,\cdots) \in c(\mathbf{K})$, 定义

$$||x||_\infty = \sup\{|x_n| \ : n \in \mathbf{N}^+\},$$

则 $c(\mathbf{K})$ 关于类似于 $S(\mathbf{K})$ 中的运算及范数 $||\cdot||_\infty$ 为 $\mathbf{K}$ 上可分的巴拿赫空间.

2. 设 $l^\infty(\mathbf{K})$ 表示数域 $\mathbf{K}$ 中的全体有界数列 $x=(x_1,x_2,\cdots,x_n,\cdots)$ 之集. 对 $x=(x_1,x_2,\cdots,x_n,\cdots) \in l^\infty(\mathbf{K})$, 定义

$$||x||_\infty = \sup\{|x_n| : n \in \mathbf{N}^+\}.$$

证明: 关于类似于 $S(\mathbf{K})$ 中的运算, $(l^\infty(\mathbf{K}), ||\cdot||_\infty)$ 为可分的巴拿赫空间且 $c(\mathbf{K})$ 是 $l^\infty(\mathbf{K})$ 的真闭子空间.

3. 证明: (i) 若 $y=\varphi(x)$ 在 $[0,\infty)$ 上严格递增, $\varphi(0)=0$, 且 $x=\psi(y)$ 是 $y=\varphi(x)$ 的反函数, 则 $\forall a,b \geqslant 0$ 有

$$ab \leqslant \int_0^a \varphi(x)\mathrm{d}x + \int_0^b \psi(y)\mathrm{d}y.$$

提示: 应用定积分的几何意义.

(ii) 对 $\varphi(x)=x^{p-1}$ 与 $\psi(y)=y^{\frac{1}{p-1}}$ 应用 (i) 证明

$$ab \leqslant \frac{1}{p}a^p + \frac{1}{q}b^q,$$

其中 $a,b \geqslant 0$, $p>1$, $q=\dfrac{p}{p-1}$.

(iii) 对于 $f \in L^p[a,b]\backslash\{0\}$ 与 $g \in L^q[a,b]\backslash\{0\}$, 记

$$a = \frac{|f(x)|}{||f||_p} \text{ 与 } b = \frac{|g(x)|}{||g||_q},$$

应用 (ii) 中的不等式证明赫尔德不等式

$$\int_a^b |f(x)g(x)|\mathrm{d}x \leqslant ||f||_p \cdot ||g||_q,$$

其中 $p>1$, $q=\dfrac{p}{p-1}$(注意: 不等式对 $f=0$ 或 $g=0$ 也成立).

(iv) 证明不等式

$$|\alpha+\beta|^p \leqslant (|\alpha|+|\beta|)^p \leqslant (2\max\{|\alpha|,|\beta|\})^p \leqslant 2^p(|\alpha|^p+|\beta|^p).$$

由此证明: $L^p[a,b]$ 是 $\mathbf{K}$ 上的线性空间且

$$||f+g||_p \leqslant 2\left[(||f||_p)^p + (||g||_p)^p\right]^{\frac{1}{p}}, \quad \text{其中 } p>1.$$

(v) 对 $g, f \in L^p[a,b]$, 应用不等式

$$|f+g|^p \leqslant (|f|+|g|)^{p-1} \cdot |f| + (|f|+|g|)^{p-1} \cdot |g|$$

与赫尔德不等式, 证明闵可夫斯基不等式

$$||f+g||_p \leqslant ||f||_p + ||g||_p.$$

(vi) 证明: $L^p[a,b](p \geqslant 1)$ 是 $\mathbf{K}$ 上的赋范线性空间, 且有理系数的多项式之集在 $L^p[a,b]$ 中稠密, 从而 $L^p[a,b]$ 可分.

4. 设 $\{f_n\}$ 是 $L^p[a,b]$ 中的柯西列, 证明:

(i) 存在子列 $\{f_{n_k}\}$ 使得 $\sum\limits_{k=1}^{\infty} ||f_{n_{k+1}} - f_{n_k}||_p < \infty$;

(ii) 应用逐项积分定理与赫尔德不等式证明 (i) 中得到的子列 $\{f_{n_k}\}$ 使得函数项级数

$$\sum_{k=1}^{\infty} \left[f_{n_{k+1}}(t) - f_{n_k}(t)\right]$$

在 $[a,b]$ 上几乎处处绝对收敛;

(iii) 证明: $\{f_{n_k}(t)\}$ 在 $[a,b]$ 上几乎处处收敛于某个可测函数 $f(t)$;

(iv) 应用法都引理证明: $\forall \varepsilon > 0, \exists N$ 使得

$$n \geqslant N \Rightarrow ||f_n - f||_p < \varepsilon;$$

(v) 证明: $f \in L^p[a,b]$ 且 $\{f_n\}$ 强收敛于 f;

(vi) 证明: $L^p[a,b](1 \leqslant p < \infty)$ 是巴拿赫空间.

5. 证明: 有限维线性空间 V 上的任意两个范数 $||\cdot||_1$ 与 $||\cdot||_2$ 等价, 即存在正数 L 与 L' 使得

$$L||x||_2 \leqslant ||x||_1 \leqslant L'||x||_2, \forall x \in V.$$

提示: 应用定理 6.2.2.

6. 设 $(V, ||\cdot||)$ 是赋范线性空间, 证明:

(i) 对 V 中任一柯西列 $\{x_n\}$, 存在子列 $\{x_{n_k}\}$ 使得

$$\sum_{k=1}^{\infty} ||x_{n_{k+1}} - x_{n_k}|| < \infty;$$

(ii) 若 V 中的柯西列 $\{x_n\}$ 有收敛子列, 则 $\{x_n\}$ 必收敛;

(iii) 若 $\forall x_n \in V (n=1,2,\cdots)$ 有

$$\sum_{n=1}^{\infty} ||x_n|| \text{ 收敛 } \Rightarrow \sum_{n=1}^{\infty} x_n \text{ 收敛 (即} \sum_{k=1}^{n} x_k \text{收敛)},$$

则 $(V, ||\cdot||)$ 必完备;

(iv) 若 $(V, ||\cdot||)$ 完备, 则级数 $\sum_{n=1}^{\infty} x_n$ 收敛当且仅当对于任意 $\varepsilon > 0$, $\exists N$, 使得当 $m > n > N$ 时, 有 $\left\|\sum_{k=n+1}^{m} x_k\right\| < \varepsilon$;

这是数学分析中级数收敛的柯西准则的推广.

(v) 若 $(V, ||\cdot||)$ 完备, 则 V 中绝对收敛的级数必收敛, 即

$$\sum_{n=1}^{\infty} ||x_n|| \text{ 收敛 } \Rightarrow \sum_{n=1}^{\infty} x_n \text{ 收敛}.$$

以上的记号 $\sum_{n=1}^{\infty} x_n$ 称为**向量值级数**(Vector-valued series), 简称**级数**(Series).

7. 设 M 为数域 $\mathbf{K}$ 上的赋范空间 V 的闭子空间, 即闭的线性子空间, 记

$$[x] = \{y \in V | x - y \in M\}, \quad V/M = \{[x] | x \in V\},$$

规定: $[x] + [y] = [x + y], \alpha[x] = [\alpha x](\alpha \in \mathbf{K})$, 且

$$|||[x]||| = \rho(x, M) = \inf\{||x - y|| : y \in M\}.$$

证明:

(i) V/M 中的运算定义合理, 即

$$x' \in [x], y' \in [y] \Rightarrow [x' + y'] = [x + y], [\alpha x'] = [\alpha x];$$

(ii) 在以上线性运算下, V/M 成为 $\mathbf{K}$ 上的线性空间且 M 为零元;

(iii) $|||\cdot|||$ 的定义合理, 即

$$x' \in [x] \Rightarrow \rho(x', M) = \rho(x, M);$$

(iv) $(V/M, |||\cdot|||)$ 是 $\mathbf{K}$ 上的赋范空间;

(v) 若 V 完备, 则 V/M 也完备;

(vi) 若定义 $\pi : V \to V/M$ 为 $\pi x = [x]$, 则 π 是线性映射且

$$|||\pi x||| \leqslant ||x||(x \in V),$$

从而 π 连续.

8. 设 X 为赋范线性空间, $\sum_{n=1}^{\infty} x_n$ 为 X 中的级数, 若部分和的极限

$$\lim_{n\to\infty} \sum_{k=1}^{n} x_k$$

存在, 则称级数 $\sum_{n=1}^{\infty} x_n$ 收敛, 并称这个极限为级数的和; 若正项级数 $\sum_{n=1}^{\infty} \|x_n\|$ 收敛, 则称级数 $\sum_{n=1}^{\infty} x_n$ 绝对收敛. 证明:

(1) 若 X 为巴拿赫空间, 则 X 中的任一绝对收敛的级数必收敛;

(2) X 为巴拿赫空间当且仅当 X 中的任一绝对收敛的级数都收敛.

6.3 内积空间

在 6.1 节与 6.2 节中, 我们介绍了距离空间与赋范线性空间的概念与基本理论. 通过许多问题的讨论, 我们看到: 距离的概念实质上是 $\mathbf{R}^n$ 中距离概念的推广, 范数实际上是 $\mathbf{R}^n$ 中向量长度的推广, 其方法是: 在任一非空集上定义任意两点的距离, 从而得到距离空间. 在线性空间中, 引入向量的范数, 得到了赋范线性空间. 在这两种空间中, 讨论的许多问题实际上是 $\mathbf{R}^n$ 中相应问题的推广与一般化. 但是, 在 n 维欧氏空间 $\mathbf{R}^n$ 中, 除了向量的长度

$$\|x\| = \sqrt{\sum_{i=1}^{n} |x_i|^2}$$

之外, 还有一个重要概念就是 "内积". 正是由于 $\mathbf{R}^n$ 具有 "内积", 才使得它具有非常好的几何性质 (如正交性、投影、直交分解等). 本节, 我们将内积的概念推广到一般线性空间, 从而得到内积空间. 内积空间具有与 $\mathbf{R}^n$ 类似的许多几何性质, 使得空间的结构更加直观.

6.3.1 内积空间的概念与基本性质

为了在线性空间中引入内积, 首先回顾一下欧氏空间

$$\mathbf{K}^n = \{(x_1, x_2, \cdots, x_n) | x_i \in \mathbf{K}\}$$

中的内积及其性质, 其中 $\mathbf{K} = \mathbf{R}$ 或 $\mathbf{C}$.

对 $x = (x_1, x_2, \cdots, x_n)$, $y = (y_1, y_2, \cdots, y_n) \in \mathbf{K}^n$, x 与 y 的内积定义为

$$\langle x, y \rangle = \sum_{i=1}^{n} x_i \overline{y_i},$$

其中 $\overline{y_i}$ 表示复数 y_i 的共轭, 并且内积与长度有以下关系:

$$\|x\| = \left(\sum_{i=1}^{n} |x_i|^2 \right)^{\frac{1}{2}} = \sqrt{\langle x, x \rangle}.$$

由定义易见内积具有以下性质: $\forall \alpha, \beta \in \mathbf{K}$, $x, y, z \in \mathbf{K}^n$,

1° $\langle x,x\rangle \geqslant 0;\langle x,x\rangle=0\Leftrightarrow x=0$(零向量);

2° $\langle \alpha x+\beta y,z\rangle=\alpha\langle x,z\rangle+\beta\langle y,z\rangle$;

3° $\langle x,y\rangle=\overline{\langle y,x\rangle}$.

在 $\mathbf{K}^n$ 中讨论的许多几何问题 (正交性、夹角等) 完全由内积性质 1°-3° 决定. 实际上, 内积是满足以上条件 1°—3° 的一个二元函数

$$\langle x,y\rangle:\mathbf{K}^n\times\mathbf{K}^n\to\mathbf{K}.$$

定义 6.3.1 设 V 是 $\mathbf{K}$ 上的线性空间, 如果二元函数 $\langle\cdot,\cdot\rangle:V\times V\to\mathbf{K}$ 满足条件:

(I_1) $\forall x\in V,\langle x,x\rangle\geqslant 0;\langle x,x\rangle=0\Leftrightarrow x=0$($V$ 中零元);

(I_2) $\forall x,y,z\in V$ 及 $\alpha,\beta\in\mathbf{K}$, 有

$$\langle \alpha x+\beta y,z\rangle=\alpha\langle x,z\rangle+\beta\langle y,z\rangle;$$

(I_3) $\forall x,y\in V$, 有 $\langle x,y\rangle=\overline{\langle y,x\rangle}$,

则称 $\langle\cdot,\cdot\rangle$ 为线性空间 V 上的**内积**(Inner product), 称 $\langle x,y\rangle$ 是 x 与 y 的**内积**, 且称序对 $(V,\langle\cdot,\cdot\rangle)$ 为 $\mathbf{K}$ 上的一个**内积空间**(Inner product space). 简称 V 是 $\mathbf{K}$ 上的一个内积空间.

由定义可知: 当 V 是 $\mathbf{K}$ 上的一个内积空间时, $\forall x,y,z\in V$ 及 $\alpha,\beta\in\mathbf{K}$, 有

$$\langle x,\alpha y+\beta z\rangle=\overline{\langle \alpha y+\beta z,x\rangle}=\overline{\alpha\langle y,x\rangle+\beta\langle z,x\rangle}=\overline{\alpha}\langle x,y\rangle+\overline{\beta}\langle x,z\rangle.$$

特别地,

$$\langle \alpha x,\alpha x\rangle=\alpha\langle x,\alpha x\rangle=\alpha\overline{\alpha}\langle x,x\rangle=|\alpha|^2\langle x,x\rangle.$$

于是, 函数 $||x||=\sqrt{\langle x,x\rangle}$ 满足范数公理 (N_1) 与 (N_2). 为了证明 $||\cdot||$ 满足条件

$$||x+y||\leqslant||x||+||y||,$$

先证明以下引理.

引理 6.3.1 (施瓦茨 (Schwarz) 不等式) 设 $V\equiv(V,\langle\cdot,\cdot\rangle)$ 是 $\mathbf{K}$ 上的内积空间, 则 $\forall x,y\in V$ 有

$$|\langle x,y\rangle|\leqslant||x||\cdot||y||,$$

且等号成立 $\Leftrightarrow x$ 与 y 线性相关.

证明 设 $x,y\in V$. 若 $y=0$, 则

$$\langle x,y\rangle=\langle x,0\rangle=\langle x,0\cdot x\rangle=0\langle x,x\rangle=0.$$

可见不等式成立; 若 $y\neq 0$, 则在不等式

$$\begin{aligned}0\leqslant&\langle x-\alpha y,x-\alpha y\rangle\\=&\langle x,x\rangle-\overline{\alpha}\langle x,y\rangle-\alpha(\langle y,x\rangle-\overline{\alpha}\langle y,y\rangle)\end{aligned}$$

中取 $\alpha=\dfrac{\langle x,y\rangle}{\langle y,y\rangle}$, 得

$$0\leqslant\langle x,x\rangle-\frac{\overline{\langle x,y\rangle}}{\langle y,y\rangle}\cdot\langle x,y\rangle,$$

即 $||x||^2||y||^2\geqslant|\langle x,y\rangle|^2$. 从而, $||x||\cdot||y||\geqslant|\langle x,y\rangle|$. 由此可见: 施瓦茨不等式成立.

如果 x 与 y 线性相关, 比如 $y=\alpha x$ $(\alpha\in\mathbf{K})$, 那么不等式中的等号成立. 反之, 若等号成立, 则当 $y\neq 0$ 时, 由以上的证明过程可知 $\langle x-\alpha y,x-\alpha y\rangle=0$, 即 $x=\alpha y$, 其中 $\alpha=\dfrac{\langle x,y\rangle}{\langle y,y\rangle}$, 可见 x 与 y 线性相关. 证毕.

由施瓦茨不等式可得: $\forall x,y\in V,\lambda\in\mathbf{K}$, 用 $\mathrm{Re}\lambda$ 表示 λ 的实部, 则

$$\begin{aligned}||x+y||^2&=\langle x+y,x+y\rangle\\&=\langle x,x\rangle+2\mathrm{Re}\langle x,y\rangle+\langle y,y\rangle\\&\leqslant||x||^2+2||x||\cdot||y||+||y||^2\\&=(||x||+||y||)^2.\end{aligned}$$

因此, $||x+y||\leqslant||x||+||y||$. 这就得到以下定理.

定理 6.3.1 若 V 是内积空间, 则 $||x||=\sqrt{\langle x,x\rangle}$ 定了 V 上的范数, 从而 $\langle V,||\cdot||\rangle$ 是赋范空间.

由此可见: 内积空间必为赋范空间. 完备的内积空间称为**希尔伯特空间**(Hilbert space). 从而, 可在内积空间中讨论各种与范数有关的问题 (如收敛性与连续性等). 那么, 自然要问: 赋范空间一定是内积空间吗? 为了回答这个问题, 首先必须研究一下内积空间中范数与内积的关系. 应用内积的性质可以证明在内积空间 V 中, 以下等式成立:

(a) $||x+y||^2+||x-y||^2=2\left(||x||^2+||y||^2\right)$;

(b) 当 $\mathbf{K}=\mathbf{C}$ 时, 有

$$\langle x,y\rangle=\frac{1}{4}\left\{||x+y||^2-||x-y||^2+\mathrm{i}||x+\mathrm{i}y||^2-\mathrm{i}||x-\mathrm{i}y||^2\right\};$$

(c) 当 $\mathbf{K}=\mathbf{R}$ 时, 有

$$\langle x,y\rangle=\frac{1}{4}(||x+y||^2-||x-y||^2).$$

公式 (a) 称为**平行四边形公式**(Parallelogram formula), 它是通常 “平行四边形的对角线平方和等于各边平方之和” 这一性质的推广. 公式 (b) 与公式 (c) 称为**极化恒等式**(Polar identity), 它给出了内积与范数的联系.

可以证明: 如果赋范空间 V 中的范数 $||\cdot||$ 满足公式 (a), 那么由公式 (b) 或公式 (c) 就可确定 V 中的内积 $\langle\cdot,\cdot\rangle$ 使得 $||x||=\sqrt{\langle x,x\rangle}(\forall x\in V)$. 因此, 平行四边形公式是内积空间的特征性质.

前面已经知道, 距离空间中的距离 ρ 与赋范空间中的范数 $||\cdot||$ 都是自动连续的, 那么自然要问: 内积空间中的内积连续吗? 设 $\langle\cdot,\cdot\rangle$ 是线性空间 V 中的内积, 由它可得到两个映射

$$x \mapsto \langle x, y_0\rangle : V \to \mathbf{K} \text{ 与 } (x,y) \mapsto \langle x, y\rangle : V \times V \to \mathbf{K},$$

其中 $y_0 \in V$ 是任一固向量, $V \times V$ 上赋予范数 $\|(x,y)\| = ||x|| + ||y||$. 问题是: 这两个映射连续吗?

设 $x_n, y_n,\ x, y \in V\ (n \in \mathbf{N}^+)$ 满足 $x_n \to x, y_n \to y\ (n \to \infty)$, 则由施瓦茨不等式及范数的连续性知

$$|\langle x_n, y_0\rangle - \langle x, y_0\rangle| = |\langle x_n - x, y_0\rangle| \leqslant ||y_0|| \cdot ||x_n - x|| \to 0\ (n \to \infty)$$

并且

$$\begin{aligned}&|\langle x_n, y_n\rangle - \langle x, y\rangle|\\=&|\langle x_n, y_n - y\rangle + \langle x_n - x, y\rangle|\\\leqslant&||x_n|| \cdot ||y_n - y|| + ||x_n - x|| \cdot ||y||\\\to&0\ (n \to \infty).\end{aligned}$$

因此, $\lim\limits_{n\to\infty} \langle x_n, y_0\rangle = \langle x, y_0\rangle$ 且 $\lim\limits_{n\to\infty} \langle x_n, y_n\rangle = \langle x, y\rangle$. 可见, 内积函数分别连续 (即固定一个变量关于另一个变量连续) 且联合连续 (即关于两个变量连续).

下面给出一些常用的例子.

例 6.3.1 线性空间 $\mathbf{K}^n$ 关于内积 $\langle x, y\rangle = \sum\limits_{i=1}^{n} x_i\overline{y_i}$ 为希尔伯特空间.

例 6.3.2 线性空间 $L^2[a,b]$ 关于内积

$$\langle f, g\rangle = \int_a^b f(x)\overline{g(x)}\mathrm{d}x$$

是希尔伯特空间.

例 6.3.3 线性空间 $l^2(\mathbf{K})$ 关于 $\langle x, y\rangle = \sum\limits_{i=1}^{\infty} x_i\overline{y_i}$ 为希尔伯特空间.

若赋范空间 $(V, ||\cdot||)$ 中存在内积 $\langle\cdot,\cdot\rangle$, 使得

$$||x|| = \sqrt{\langle x, x\rangle}\ (\forall x \in V),$$

则称 $(V, ||\cdot||)$**可内积化**(Innerization); 否则, 称 $(V, ||\cdot||)$**不可内积化**(Uninnerization). 于是, $(V, ||\cdot||)$ 可内积化当且仅当 V 中的范数满足平行四边形公式.

例 6.3.4 当 $p \neq 2$ 时, 赋范空间 $l^p(\mathbf{K})$ 不可内积化, 因为

$$x = (1, 1, 0, 0, \cdots), \quad y = (1, -1, 0, 0, \cdots) \in l^p(\mathbf{K})$$

不满足平行四边形公式.

例 6.3.5 巴拿赫空间 $(C[a,b], ||\cdot||_\infty)$ 不可内积化, 因为函数

$$x(t) \equiv 1, \quad y(t) = \frac{t-a}{b-a} \in C[a,b]$$

不满足平行四边形公式. 然而, $C[a,b]$ 作为 $L^2[a,b]$ 的子空间, 关于内积

$$\langle f, g \rangle = \int_a^b f(x)\overline{g(x)}\mathrm{d}x$$

成为内积空间, 但不完备.

6.3.2 正交分解

在通常的三维空间 $\mathbf{R}^3$ 中, 任取一个过原点的平面 M, 则空间中的任一向量 x 都分解为 M 的法线上的一个向量 y 与 M 中的一个向量 z 之和 : $x = y + z$, 其中 y 是 x 在法线上的投影, 而 z 是 x 在 M 中的投影. 显然, y 与 z 正交, 即 $\langle y, z \rangle = 0$. 在这种特殊情况启发下, 问这种分解在一般内积空间中是否成立?

既然 z 是向量 x 在 M 中的投影, 那么向量 z 的终点就是 x 的终点到平面 M 的最近点, 即

$$||x - z|| = \rho(x, M) = \inf\{||x - m|| : \ m \in M\}.$$

因此, 只要找到这个最近点, 投影也就找到了, 为了在一般内积空间中讨论向量的正交分解问题, 先引入两个向量正交与正交分解的概念, 并研究它们的一些性质.

定义 6.3.2 内积空间 V 中的两个向量 x 与 y 叫做**正交的**(Orthogonal), 是指它们的内积为零, 即 $\langle x, y \rangle = 0$, 这时记为 $x \perp y$. 对 V 的子集 M 及 $x \in V$, 如果 x 与 M 中的任一元素正交, 则称 x 与 M**正交**(Orthogonal), 记为 $x \perp M$. V 中与 M 正交的所有元素之集记为 $M^\perp$, 称为 M 的**正交补**(Orthogonal complement).

命题 6.3.1 设 V 为内积空间, 则

(i) 当 $x_1 \perp x_2$ 时, $||x_1 \pm x_2||^2 = ||x_1||^2 + ||x_2||^2$;

(ii) $x = 0 \Leftrightarrow x$ 与 V 的一个稠子集正交;

(iii) 对任一 $M \subset V$, $M^\perp$ 是 V 的闭子空间;

(iv) 当 M 为希尔伯特空间 V 的闭子空间时, 对于任意 $x \in V$, 存在 $x_0 \in M$ 使得

$$||x - x_0|| = \rho(x, M) = \inf\{||x - m|| : m \in M\},$$

并且 $x - x_0 \in M^\perp$.

证明 (i) 由等式

$$||x_1 \pm x_2||^2 = ||x_1||^2 \pm 2\mathrm{Re}\langle x_1, x_2 \rangle + ||x_2||^2$$

知：当 $x_1 \perp x_2$ 时，$||x_1 \pm x_2||^2 = ||x_1||^2 + ||x_2||^2$.

(ii) 必要性显然. 为了证充分性，设 x 与 V 的稠子集 D 正交. 由于 $x \in V = \overline{D}$，从而存在 $x_n \in D\ (n = 1, 2, \cdots)$，使得 $x_n \to x(n \to \infty)$. 于是，由施瓦茨不等式知

$$0 \leqslant \langle x, x\rangle = \langle x, x - x_n\rangle \leqslant ||x|| \cdot ||x - x_n|| \to 0(n \to \infty).$$

从而，$\langle x, x\rangle = 0$，即 $x = 0$.

(iii) 设 $x_1, x_2 \in M^\perp$ 及 $\alpha, \beta \in \mathbf{K}$，则 $\forall x \in M$ 有

$$\langle \alpha x_1 + \beta x_2, x\rangle = \alpha\langle x_1, x\rangle + \beta\langle x_2, x\rangle = 0.$$

因此，$\alpha x_1 + \beta x_2 \in M^\perp$. 可见，$M^\perp$ 是 V 的线性子空间. 为证 $M^\perp$ 是闭的，任取 $x_0 \in \overline{M^\perp}$，则存在 $x_n \in M^\perp(n = 1, 2, \cdots)$ 使得 $x_n \to x_0\ (n \to \infty)$. 于是，$\forall x \in M$，有

$$\langle x_0, x\rangle = \langle \lim_{n\to\infty} x_n, x\rangle = \lim_{n\to\infty} \langle x_n, x\rangle = 0.$$

因而 $x_0 \perp x$. 由 $x \in M$ 的任意性可知 $x_0 \in M^\perp$. 这就证明 $M^\perp$ 是 V 的闭子空间.

(iv) 首先由下确界的定义知：存在 $x_n \in M\ (n = 1, 2, \cdots)$，使得

$$||x_n - x|| \to \alpha = \rho(x, M)(n \to \infty).$$

由于 $\dfrac{x_m + x_n}{2} \in M$，所以

$$\left\|x - \frac{x_m + x_n}{2}\right\| \geqslant \alpha\ (m, n \in \mathbf{N}).$$

再应用平行四边形公式知

$$\begin{aligned}||x_m - x_n||^2 =&||(x_m - x) + (x - x_n)||^2\\ =&2||x_m - x||^2 + 2||x - x_n||^2 - 4\left\|x - \frac{x_m + x_n}{2}\right\|^2\\ \leqslant&2||x_m - x||^2 + 2||x_n - x||^2 - 4\alpha^2 \to 0(m, n \to \infty).\end{aligned}$$

可见，$\{x_n\}$ 是完备空间 M(因 M 是完备空间 V 的闭子空间) 中的柯西列. 于是，存在 $x_0 \in M$，使得 $x_n \to x_0\ (n \to \infty)$. 从而

$$||x - x_0|| = ||\lim_{n\to\infty} (x - x_n)|| = \lim_{n\to\infty} ||x - x_n|| = \rho(x, M).$$

下证 $x - x_0 \in M^\perp$. 若不然，则存在向量 $y \in M$ 使得 $\langle x - x_0, y\rangle \neq 0$. 显然 $y \neq 0$. 另一方面，$\forall \alpha \in \mathbf{K}$ 有

$$||x - x_0 - \alpha y||^2 =\langle x - x_0 - \alpha y, x - x_0 - \alpha y\rangle$$

$$=\langle x-x_0,x-x_0\rangle-\overline{\alpha}\langle x-x_0,y\rangle-\alpha(\langle y,x-x_0\rangle-\overline{\alpha}\langle y,y\rangle).$$

特别地, 取 $\alpha=\dfrac{\langle x-x_0,y\rangle}{\langle y,y\rangle}$ 代入上式, 得

$$||x-x_0-\alpha y||^2=||x-x_0||^2-\frac{|\langle x-x_0,y\rangle|^2}{\langle y,y\rangle}<[\rho(x,M)]^2.$$

又因为 $x_0+\alpha y\in M$, 所以

$$||x-x_0-\alpha y||^2\geqslant[\rho(x,M)]^2,$$

矛盾. 因此, $x-x_0\in M^{\perp}$. 证毕.

以下讨论正交分解问题. 设 M 是希尔伯特空间 V 的闭子空间, 则由命题 6.3.1(iv) 知: $\forall x\in V$ 可分解为 $x=x_1+x_2$, 其中 $x_1\in M$, $x_2\in M^{\perp}$, 显然 $x_1\perp x_2$. 这种分解是否唯一呢? 为此, 设 x 又可分解为

$$x=y_1+y_2,\ 其中\ y_1\in M,y_2\in M^{\perp},$$

则 $x_1-y_1\in M$ 且 $x_2-y_2\in M^{\perp}$. 因此, 由命题 6.3.1(i) 知

$$\begin{aligned}0=&||x-x||^2=||x_1+x_2-y_1-y_2||^2\\=&||(x_1-y_1)+(x_2-y_2)||^2\\=&||x_1-y_1||^2+||x_2-y_2||^2.\end{aligned}$$

因此, $x_1=y_1$ 且 $x_2=y_2$. 可见, 以上分解式还是唯一的.

由上面的讨论可得以下定理.

定理 6.3.2 (正交分解)　设 M 是希尔伯特空间 V 的闭子空间, 则 V 中任一元 x 可唯一地分解为 $x=x_1+x_2$, 其中 $x_1\in M,x_2\in M^{\perp}$.

此定理的结论可表述为 $V=M\oplus M^{\perp}$, 称之为 V 的**正交分解**(Orthogonal decomposition).

6.3.3　正规正交系

n 维欧氏空间 $\mathbf{K}^n$ 中有一个标准正交基 $\{e_1,e_2,\cdots,e_n\}$, 其中

$$e_1=(1,0,\cdots,0),\ e_2=(0,1,0,\cdots,0),\cdots,e_n=(0,0,\cdots,0,1),$$

使得 $\mathbf{K}^n$ 中任一向量 $x=(x_1,x_2,\cdots,x_n)$ 可唯一地表示为

$$x=\sum_{i=1}^{n}x_ie_i.$$

受这一事实的启示, 我们自然要问: 在一般无穷维内积空间中是否有类似的展开式呢? 为了讨论这一问题, 先介绍正规正交系的概念, 并讨论其基本性质.

定义 6.3.3 设 M 是内积空间 V 中的不含零元的非空子集, 如果 M 中的任何两个不同的向量彼此正交, 则称 M 是 V 的**正交系**(Orthogonal system), 又若 M 中的每个向量的范数都是 1, 则称 M 为 V 中的**正规正交系**(Orthonormal system).

由定义可知 $M=\{e_i|i=1,2,\cdots,n\}$ 是 $\mathbf{K}^n$ 中的正规正交系. 三角函数系

$$M=\left\{\frac{1}{\sqrt{2}},\cos x,\sin x,\cos 2x,\sin 2x,\cdots,\cos nx,\sin nx,\cdots\right\}$$

是 $L^2[0,2\pi]$ 中的正规正交系, 其中内积定义为

$$\langle f,g\rangle=\frac{1}{\pi}\int_0^{2\pi}f(x)\overline{g(x)}\mathrm{d}x.$$

三角函数系 M 中的元素依次记为

$$c_0(x),c_1(x),s_1(x),c_2(x),s_2(x),\cdots,c_n(x),s_n(x),\cdots.$$

下面讨论正交系的基本性质.

命题 6.3.2 设 M 为内积空间 V 中的正交系, 则

(i) 对任意 $x_1,x_2,\cdots,x_n\in M$, 有

$$\left\|\sum_{i=1}^n x_i\right\|^2=\sum_{i=1}^n\|x_i\|^2;$$

(ii) M 是 V 中的线性无关集, 即 M 中任意有限多个向量必线性无关.

证明 (i) 由等式

$$\left\|\sum_{i=1}^n x_i\right\|^2=\left\langle\sum_{i=1}^n x_i,\sum_{j=1}^n x_j\right\rangle=\sum_{i,j=1}^n\langle x_i,x_j\rangle=\sum_{i=1}^n\langle x_i,x_i\rangle=\sum_{i=1}^n\|x_i\|^2$$

可知 (i) 成立.

(ii) 任取不同的元素 $x_1,\ x_2,\ \cdots,\ x_n\in M$, 如果存在 $\alpha_i\in\mathbf{K}$ 使得 $\sum\limits_{i=1}^n\alpha_i x_i=0$, 那么由 M 的正交性可知: $\forall j\in\{1,2,\cdots,n\}$ 有

$$0=\left\langle\sum_{i=1}^n\alpha_i x_i,x_j\right\rangle=\alpha_j\langle x_j,x_j\rangle=\alpha_j\|x_j\|^2.$$

于是 $\alpha_j=0\ (j=1,2,\cdots,n)$. 因此, $x_1,x_2,\cdots,x_n$ 线性无关. 证毕.

有了正规正交系之后, 就可以考虑空间中任意向量的展开式. 为此, 先引入赋范空间中收敛级数的概念.

定义 6.3.4　设 $x_1, x_2, \cdots, x_n, \cdots$ 是赋范空间 $(V, ||\cdot||)$ 中的一列点, 则称记号

$$x_1 + x_2 + \cdots + x_n + \cdots = \sum_{n=1}^{\infty} x_n$$

是 V 中的**级数**(Series). 如果其部分和点列 $S_n = \sum_{k=1}^{n} x_k$ 在 V 中收敛于向量 x, 那么称级数 $\sum_{n=1}^{\infty} x_n$ **收敛**(Convergent), 且称 x 为这个级数之**和**(Sum), 记为 $\sum_{n=1}^{\infty} x_n = x$. 否则, 称 $\sum_{n=1}^{\infty} x_n$ **发散**(Divergent).

若 M 为内积空间 V 中的正规正交系, 且 $e_1, e_2, \cdots, e_n, \cdots$ 为 M 中可数个互不相同的元素, $x = \sum_{i=1}^{\infty} \alpha_i e_i$, 则由内积的连续性可知, $\forall j \in \{1, 2, \cdots\}$, 都有

$$\langle x, e_j \rangle = \left\langle \sum_{i=1}^{\infty} \alpha_i e_i, e_j \right\rangle = \sum_{i=1}^{\infty} \alpha_i \langle e_i, e_j \rangle = \alpha_j.$$

因此, $x = \sum_{j=1}^{\infty} \langle x, e_j \rangle e_j$. 这说明: 若 x 可用可数个正规正交元素的无穷线性组合表示, 则表示的系数由 x 与这可数个正交向量的内积唯一确定. 一般地, 引入以下傅里叶 (Fourier) 系数的概念.

定义 6.3.5　若 M 是内积空间 V 中的正规正交系, $x \in V$, 则称内积 $\langle x, e \rangle (e \in M)$ 是向量 x 关于 M 的**傅里叶系数**.

例如, 在 $L^2[0, 2\pi]$ 中定义内积为

$$\langle f, g \rangle = \frac{1}{\pi} \int_0^{2\pi} f(x) \overline{g(x)} \mathrm{d}x,$$

则函数 $f \in L^2[0, 2\pi]$ 关于三角函数系 $\{c_0, c_1, s_1, c_2, s_2, \cdots, c_n, s_n, \cdots\}$ 的傅里叶系数为

$$a_0 = \left\langle f, \frac{1}{\sqrt{2}} \right\rangle = \frac{1}{\sqrt{2}\pi} \int_0^{2\pi} f(t) \mathrm{d}t,$$

$$a_n = \langle f, c_n \rangle = \frac{1}{\pi} \int_0^{2\pi} f(t) \cos nt \mathrm{d}t,$$

$$b_n = \langle f, s_n \rangle = \frac{1}{\pi}\int_0^{2\pi} f(t)\sin nt\mathrm{d}t.$$

这正是通常的傅里叶系数.

下面讨论傅里叶系数的性质.

定理 6.3.3 设 $M = \{e_i, e_2, \cdots\}$ 是希尔伯特空间 V 中的正规正交系, 则

(i) $\forall x \in V$, 有贝塞尔 (Bessel) 不等式成立, 即 $\sum\limits_{i=1}^{\infty} |\langle x, e_i \rangle|^2 \leqslant ||x||^2$;

(ii) 若 $x = \sum\limits_{i=1}^{\infty} \alpha_i e_i$, 则 $\alpha_i = \langle x, e_i \rangle$ $(i \in \mathbf{N}^+)$;

(iii) 级数 $\sum\limits_{i=1}^{\infty} \alpha_i e_i$ 收敛 $\Leftrightarrow \sum\limits_{i=1}^{\infty} |\alpha_i|^2$ 收敛;

(iv) $\forall x \in V$, 级数 $\sum\limits_{i=1}^{\infty} \langle x, e_i \rangle e_i$ 恒收敛.

证明 (i) 对任一 $n \in \mathbf{N}^+$, 有

$$0 \leqslant \left\| x - \sum_{i=1}^{n} \alpha_i e_i \right\|^2 = ||x||^2 - 2\mathrm{Re}\sum_{i=1}^{n} \overline{\alpha_i}\langle x, e_i \rangle + \sum_{i=1}^{n} |\alpha_i|^2.$$

把 $\alpha_i = \langle x, e_i \rangle$ 代入上式, 得

$$\left\| \sum_{i=n+1}^{m} \alpha_i e_i \right\|^2 = \sum_{i=1}^{n} |\alpha_i|^2 \leqslant \|x\|^2.$$

令 $n \to \infty$, 即得贝塞尔不等式.

(ii) 前面已证.

(iii) 由等式

$$\left\| \sum_{i=n+1}^{m} \alpha_i e_i \right\|^2 \sum_{i=n+1}^{m} |\alpha_i|^2 (m > n \geqslant 1)$$

及习题 6.2 第 6 题 (v) 可知.

(iv) 由 (i) 及 (iii) 可知. 证毕.

由此可见, 若希尔伯特空间 V 有可数的正规正交系 $\{e_n | n \in \mathbf{N}^+\}$, 则对任意 $x \in V$, 级数 $\sum\limits_{n=1}^{\infty} \langle x, e_n \rangle e_n$ 都收敛. 自然要问: 这个级数是否一定收敛到 x 本身呢?

若对每个 $x \in V$, 由它导出的级数 $\sum\limits_{n=1}^{\infty} \langle x, e_n \rangle e_n$(称为 x 关于 $\{e_n | n \in \mathbf{N}^+\}$ 的傅里叶级数) 都收敛于 x, 即

$$x = \lim_{n \to \infty} \sum_{i=1}^{n} \langle x, e_i \rangle e_i,$$

则 x 必属于由 $\{e_n | n \in \mathbf{N}^+\}$ 生成的闭子空间. 由 $x \in V$ 的任意性可知 $\{e_n | n \in \mathbf{N}^+\}$ 生成的子空间 L 在 V 中的稠密. 反之, 若 L 在 V 中的稠密, 则由命题 6.3.1 知: $\forall x, y \in V$, 有

$$\langle x, e_n \rangle = \langle y, e_n \rangle \ (n \in \mathbf{N}^+) \Leftrightarrow \langle x - y, e_n \rangle = 0 \ (n \in \mathbf{N})$$

$$\Leftrightarrow (x - y) \perp e_n \ (n \in \mathbf{N}^+) \Leftrightarrow x - y \perp L \Leftrightarrow x = y.$$

可见, V 中任一向量由其傅里叶系数完全确定. 又由定理 6.3.3(iv) 知: $\forall x \in V$, 傅里叶级数 $\sum\limits_{n=1}^{\infty} \langle x, e_n \rangle e_n$ 恒收敛. 设 $y = \sum\limits_{n=1}^{\infty} \langle x, e_n \rangle e_n$, 则由定理 6.3.3(ii) 知

$$\langle y, e_n \rangle = \langle x, e_n \rangle \ (n \in \mathbf{N}^+).$$

由此可知 $x = y$, 从而 $x = \sum\limits_{n=1}^{\infty} \langle x, e_n \rangle e_n$. 这就证明了: V 中任一向量的傅里叶级数收敛于这个向量当且仅当 $\{e_n | n \in \mathbf{N}^+\}$ 生成的子空间 L 在 V 中稠密. 又由等式

$$\left\| x - \sum_{i=1}^{n} \alpha_i e_i \right\|^2 = ||x||^2 - \sum_{i=1}^{n} |\alpha_i|^2 \ (\alpha_i = \langle x, e_i \rangle)$$

可知

$$x = \sum_{n=1}^{\infty} \langle x, e_n \rangle e_n \Leftrightarrow ||x||^2 = \sum_{n=1}^{\infty} |\alpha_n|^2 = \sum_{n=1}^{\infty} |\langle x, e_n \rangle|^2.$$

综合上述讨论可得以下定理.

定理 6.3.4　设 $\{e_n | n \in \mathbf{N}^+\}$ 为希尔伯特空间 V 中的正规正交系, 则以下等价:

(i) $\forall x \in V$, x 可展开为傅里叶级数, 即 $x = \sum\limits_{n=1}^{\infty} \langle x, e_n \rangle e_n$;

(ii) $\forall x \in V$, 有帕塞瓦尔 (Parseval) 等式成立, 即 $||x||^2 = \sum\limits_{n=1}^{\infty} |\langle x, e_n \rangle|^2$;

(iii) $\{e_n\}$ 生成的子空间在 V 中稠密.

满足以上定理条件 (i)—(iii) 之一的正规正交系 $\{e_n\}$ 称为 V 中的**完备系** (Complete syestem), 也称为 V 的**正规正交基** (Orthonormal basis). 易见

$$e_i = (\delta_{i1}, \delta_{i2}, \cdots, \delta_{in}, \cdots)(i = 1, 2, \cdots),$$

是 $l^2(\mathbf{K})$ 中的完备系, 其中

$$\delta_{ij} = \begin{cases} 1, & i = j, \\ 0, & i \neq j. \end{cases}$$

三角函数系是 $L^2[0, 2\pi]$ 中的完备系吗? 为了回答这一问题, 只要证明三角函数系在 $L^2[0, 2\pi]$ 中稠密即可. 应用鲁金定理可以证明: 区间 $[0, 2\pi]$ 上的全体连续函数之集 $C[0, 2\pi]$ 在 $L^2[0, 2\pi]$ 中稠密, 从而对任意 $f \in L^2[0, 2\pi]$ 及 $\varepsilon > 0$, 存在 $g \in C[0, 2\pi]$ 使得 $||f - g||_2 < \varepsilon$. 又存在周期为 2π 的连续函数 g_1, 使得 $\|g - g_1\|_2 < \varepsilon$. 对于 g_1, 存在分段光滑、周期为 2π 的连续函数 g_2 使得 $||g_1 - g_2|| < \varepsilon$. 由于 g_2 的傅里叶级数一致收敛于 g_2, 因此存在 n 使得

$$S_n(x) = a_0 + \sum_{k=1}^{n} (a_k \cos kx + b_k \sin kx),$$

(其中 a_0, a_k, b_k 是 g_2 的傅里叶系数) 满足 $||g_2 - S_n|| < \varepsilon$. 因此,

$$\|f - S_n\|_2 \leqslant \|f - g\|_2 + \|g - g_1\|_2 + \|g_1 - g_2\|_2 + \|g_2 - S_n\|_2 \ < 4\varepsilon.$$

可见, 三角函数系生成的子空间在 $L^2[0, 2\pi]$ 中稠密, 故它为 $L^2[0, 2\pi]$ 中的完备系. 于是, 对每个 $f \in L^2[0, 2\pi]$, 有

$$f(x) = \sum_{n=0}^{\infty} (a_n \cos nx + b_n \sin nx)\ (b_0 = 0)$$

在 $L^2[0, 2\pi]$ 中范数收敛意义下成立, 且帕塞瓦尔等式成为

$$\frac{1}{\pi} \int_0^{2\pi} |f(x)|^2 dx = a_0^2 + \sum_{n=1}^{\infty} (a_n^2 + b_n^2).$$

注 6.3.1 本段讨论中, 视 $L^2[0, 2\pi]$ 为实的内积空间, 其内积为

$$\langle f, g \rangle = \frac{1}{\pi} \int_0^{2\pi} f(x) g(x) \mathrm{d}x.$$

应用格拉姆–施密特 (Gram-Schmidt) 正交化方法可以证明: 任一可分无穷维希尔伯特空间 V 都有完备的正规正交系 $\{e_n\}_{n \in \mathbf{N}^+}$. 定义映射

$$T: V \to l^2(\mathbf{K})$$

为

$$Tx = (\alpha_1, \alpha_2, \cdots, \alpha_n, \cdots),$$

其中 $\alpha_n = \langle x, e_n \rangle$ 为 x 的傅里叶系数. 易见, T 是线性映射, 即 $\forall x, y \in V$ 及 $\alpha, \beta \in \mathbf{K}$ 有

$$T(\alpha x + \beta y) = \alpha Tx + \beta Ty.$$

又对于任意 $x, y \in V$, 由 $\{e_n\}$ 完备知

$$x = \sum_{n=1}^{\infty} \langle x, e_n \rangle e_n, \quad y = \sum_{n=1}^{\infty} \langle y, e_n \rangle e_n.$$

再由内积的连续性可知

$$\langle x, y \rangle = \lim_{n\to\infty} \sum_{i=1}^{n} \langle x, e_i \rangle \cdot \overline{\langle y, e_i \rangle} = \sum_{n=1}^{\infty} \langle x, e_n \rangle \overline{\langle y, e_n \rangle} = \langle Tx, Ty \rangle.$$

特别

$$||x|| = \sqrt{\langle x, x \rangle} = \sqrt{\langle Tx, Tx \rangle} = ||Tx||_2.$$

可见, $T: V \to l^2(\mathbf{K})$ 是保持范数、保持内积的线性同构. 在这种情况下, 称 V 与 $l^2(\mathbf{K})$**等距同构**(Isometrically isomorphic).

习　题　6.3

1. 证明: 若 V 是内积空间, 则对任何 $x, y \in V$, 平行四边形公式与极化恒等式成立.

2. 设 $\langle \cdot, \cdot \rangle$ 是线性空间 V 上的内积, 证明: 对任何正数 $\alpha \in \mathbf{R}$, $(x, y) = \alpha \langle x, y \rangle$ 也定义了 V 中的内积 $(\cdot, \cdot)$. 这表明: 内积函数不是唯一的.

3. 设线性空间 V 有可数基, 即存在 V 中可数个元素 $e_1, e_2, \cdots, e_n, \cdots$ 使得 V 中任一向量都是有限个 e_i 的线性组合, 试证: V 中存在内积使其成为内积空间.

4. 设 M 是内积空间 V 的有限维子空间, 则

(i) M 有正规正交基 $e_1, e_2, \cdots, e_n$, 其中 n 为 M 的维数.

(ii) $\forall x \in V$, 有

$$\rho(x, M) = \left\| x - \sum_{k=1}^{n} \langle x, e_k \rangle e_k \right\|.$$

(iii) $M^{\perp\perp} = (M^{\perp})^{\perp} = M$.

5. 设 V 是实的内积空间, $x, y \in V$, 试证:

$$x \perp y \Leftrightarrow ||x + y||^2 = ||x||^2 + ||y||^2$$

6. 设 x, y 为复内积空间 V 中两个向量, 证明

$$x \perp y \Leftrightarrow \forall \alpha \in K, \quad ||x + \alpha y|| \geqslant ||x||.$$

提示: 证明充分性时, 取 α 为实数, 证明 $\operatorname{Re}\langle x,y\rangle=0$, 再取 α 为纯虚数, 证明 $\operatorname{Im}\langle x,y\rangle=0$.

7. 设 $M=\{e_i|i\in I\}$ 为希尔伯特空间 V 中的正规正交系, $x\in V$, 证明

(i) $I_\delta=\{i|i\in I$ 且 $|\langle x,e_i\rangle|\geqslant\delta\}$ 是有限集, 其中 $\delta>0$;

(ii) $\{i|i\in I$ 且 $\langle x,e_i\rangle\neq 0\}$ 最多可数.

提示: (i) 用反证法及贝塞尔不等式, (ii) 用 (i).

8. 设 M 是希尔伯特空间 V 中的闭子空间, 应用正交分解定理证明: $\forall x_0\in V$ 有

$$\rho(x_0,M)=\sup\left\{|\langle x_0,y\rangle|:y\in M^\perp \text{ 且 } ||y||=1\right\}.$$

9. 设 $\{x_n\}$ 为内积空间 V 中的点列, $x\in V$, 证明:

$$x_n\to x(n\to\infty)\Leftrightarrow ||x_n||\to||x|| \quad \text{且} \quad \langle x_n,x\rangle\to\langle x,x\rangle(n\to\infty).$$

10. 设 M 是希尔伯特空间 V 中的闭子空间, $V=M\oplus M^\perp$ 是 V 中的正交分解. 定义 $P:V\to M$ 如下

$$P(x_1+x_2)=x_1,\forall x_1\in M,\forall x_2\in M^\perp.$$

证明:

(i) P 是线性映射;

(ii) $||Px||\leqslant||x||(\forall x\in V)$, 从而 P 连续;

(iii) $P(V)=M,P(M)=M,\ker(P)=M^\perp$; 其中

$$\ker(P)=\{x\in V|P(x)=0\}$$

是 P 的零空间;

(iv) $P^2=P$, 即 P 与 P 的复合是 P;

(v) $\forall x,y\in V$, 有

$$\langle Px,Py\rangle=\langle Px,y\rangle=\langle x,Py\rangle;\langle x,x\rangle\geqslant\langle Px,x\rangle\geqslant 0;$$

(vi) $\forall x=x_1+x_2,y=y_1+y_2\in M\oplus M^\perp=V$, 有

$$\langle x,y\rangle=\langle x_1,y_1\rangle+\langle x_2,y_2\rangle,||x||^2=||x_1||^2+||y_1||^2,$$

其中 $x_1,y_1\in M,x_2,y_2\in M^\perp$;

(vii) $\forall x\in V,||x||=\sqrt{||Px||^2+||x-Px||^2}$.

这里的 P 称为 V 到 M 上的**正交投影**(Orthogonal projection).

6.4 拓扑空间简介

6.4.1 拓扑空间

前面已经指出, 在一个集上引入距离的目的是为了确切表达 “任意逼近”, 也就是定义极限. 通过引入适当的距离, 我们看到: 数学分析与实变函数论中的许多重

要极限 (如一致收敛性, 依测度收敛性) 都可以用依距离的收敛性统一起来. 但是, 并非所有的收敛性都可以用距离来描述. 例如, 当 X 为无限不可数集时, 函数列 $\{f_n(x)\}$ 在集 X 上的逐点收敛 (即处处收敛) 就无法用距离来描述. 由此可见, 距离并非是刻画收敛性的万能工具. 为了描述更多的收敛性, 必须寻找更广泛的方法. 这种方法就是在集合上引入适当的 "拓扑".

定义 6.4.1 设 X 为一非空集, $\Im$ 是 X 的一些子集之集. 如果 $\Im$ 满足:

(i) $\varnothing, X \in \Im$;

(ii) 当 $A, B \in \Im$ 时, 有 $A \bigcap B \in \Im$;

(iii) 当 $A_\alpha \in \Im (\alpha \in I)$ 时, 有 $\bigcup\limits_{\alpha \in I} A_\alpha \in \Im$,

则称 $\Im$ 为 X 上的一个**拓扑**(Topology), 且称序对 $(X, \Im)$ 为一个**拓扑空间**(Topological space), 称拓扑 $\Im$ 中的元素为 X 的**开集**. X 的子集 E 称为**闭集**, 是指其余集 $E^c := X \backslash E$ 为开集.

例 6.4.1 设 (E, ρ) 为距离空间, $\Im$ 为 E 的全体开子集之集, 则 $\Im$ 为 E 上的一个拓扑, 称为由距离 ρ 诱导的拓扑.

例 6.4.2 设 X 为任意非空集, $\Im$ 为 X 的一切子集之集, 则易见 $\Im$ 为 X 上的拓扑. 在这个拓扑下, X 的任一子集既是开集又是闭集, 称这个拓扑为离散拓扑.

例 6.4.3 设 $X \neq \varnothing$, 则 $\Im = \{\varnothing, X\}$ 为 X 上的拓扑, 称为 X 上的平凡拓扑.

例 6.4.4 设 $X = (-\infty, \infty)$, 令

$$\Im = \{S | S \subset X, \overline{\overline{X \backslash S}} \leqslant \aleph_0\} \bigcup \{\varnothing\},$$

则 $\Im$ 为 X 上的拓扑.

定义 6.4.2 设 $(X, \Im)$ 是一拓扑空间, $x \in X$, 如果 U 是 X 中含 x 的一个开集, 那么称 U 为点 x 的一个**邻域**, x 的全体邻域之集记为 $N(x)$.

例如, 若在 $X = \{1, 2, 3\}$ 上赋以离散拓扑, 则点 1 的邻域有

$$\{1\}, \quad \{1,2\}, \quad \{1,3\}, \quad \{1,2,3\}.$$

定义 6.4.3 设 $\{x_n\}$ 是拓扑空间 $(X, \Im)$ 中的一个点列, $x_0 \in X$. 如果 $\forall U \in N(x_0), \exists N \in \mathbf{N}^+$, 使得当 $n \geqslant N$ 时, 有 $x_n \in U$, 那么称 $\{x_n\}$ 依拓扑 $\Im$ 收敛于 x_0, 记为 $x_n \xrightarrow{\Im} x_0 (n \to \infty)$ 或简记为 $x_n \to x_0$, 此时, 称 x_0 为 $\{x_n\}$ 的**极限**.

例 6.4.5 设 $\{x_n\}$ 为拓扑空间 $(X, \Im)$ 中的点列, $x_0 \in X$. 如果 $\Im$ 为 X 上的离散拓扑, 那么

$$x_n \xrightarrow{\Im} x_0 (n \to \infty) \Leftrightarrow \exists N, \text{当 } n \geqslant N \text{ 时, 有 } x_n = x_N.$$

从而, 此时收敛点列的极限是唯一的. 如果 $\Im$ 为 X 上的平凡拓扑, 那么 $\{x_n\}$ 收敛到 X 中任一元素 x_0(因为 $N(x_0)=\{X\}$). 可见, 此时极限不唯一除非 X 为单点集.

例 6.4.6 设 X 是非空集 E 上的某些复值函数组成的非空集, 对每个 $f\in X$ 及 $\gamma>0$, 定义

$$U(f;x_1,\cdots,x_n,\gamma)=\{g|g\in X,\max_{1\leqslant i\leqslant n}|g(x_i)-f(x_i)|<\gamma\},$$

其中 $x_1,\cdots,x_n$ 为 E 中的任意 n 个点. 记 $\Im$ 是所有形如

$$U(f;x_1,\cdots,x_n,\gamma)$$

的集的有限交的任意并得到的 X 的子集类, 并且添上空集 $\varnothing$. 容易证明: $\Im$ 是集合 E 上的一个拓扑, 且

$$f_n,f\in X(n=1,2,\cdots),f_n\xrightarrow{\Im}f$$

当且仅当

$$\forall x\in E,f_n(x)\to f(x)(n\to\infty).$$

因此, 这种收敛等价于逐点收敛, 故这种拓扑称为 E 上的逐点收敛拓扑.

由例 6.4.5 可见, 拓扑空间中收敛点列的极限不一定唯一. 为了保证极限的唯一性, 必须对拓扑作一定的限制, 为此引入以下定义.

定义 6.4.4 设 $(X,\Im)$ 为一拓扑空间, 如果对 X 中任意两个不同的点 x 与 y, 都存在各自的邻域 $U\in N(x)$ 与 $V\in N(y)$ 使得 $U\cap V=\varnothing$, 则称 $\Im$ 为 X 上的**豪斯多夫拓扑**(Hausdorff topology), 且称 $(X,\Im)$ 为**豪斯多夫空间**(Hausdorff space).

例如, 离散空间必为豪斯多夫空间; 任一距离空间 (以距离诱导的拓扑) 都是豪斯多夫空间; 当 X 至少含两个不同点时, 其上的平凡拓扑不是豪斯多夫拓扑.

由定义可证: 若拓扑空间 $(X,\Im)$ 是豪斯多夫空间, 则其中收敛点列的极限必唯一.

定义 6.4.5 设 $(X_1,\Im_1)$ 与 $(X_2,\Im_2)$ 是两个拓扑空间, 定义

$$\Im_1\times\Im_2=\{U_1\times U_2|U_i\in\Im_i(i=1,2)\}.$$

易见, $\Im_1\times\Im_2$ 是 $X_1\times X_2$ 上的一个拓扑, 称为 $\Im_1$ 与 $\Im_2$ 的**乘积拓扑**(Product topology), 且称 $(X_1\times X_2,\Im_1\times\Im_2)$ 为 $(X_1,\Im_1)$ 与 $(X_2,\Im_2)$ 的**乘积空间**(Product space).

例如, 依通常的距离拓扑, $\mathbf{R}^2$ 是 $\mathbf{R}$ 与 $\mathbf{R}$ 的乘积空间. 一般地, $\mathbf{R}^n$ 是 $\mathbf{R}^p$ 与 $\mathbf{R}^q(p+q=n)$ 的乘积空间.

6.4.2　连续映射与同胚

定义 6.4.6　设 $(X_1,\Im_1)$ 与 $(X_2,\Im_2)$ 是两个拓扑空间, 称映射 $f:X_1\to X_2$ 在 $x_0\in X_1$ 处**连续**, 是指: $\forall V\in N(f(x_0))$, 存在 $U\in N(x_0)$, 使得 $f(U)\subset V$. 如果 f 在 X_1 的每一点连续, 那么称 f 为**连续映射**(Continuous map).

容易证明:

$$f:(X_1,\Im_1)\to(X_2,\Im_2)\quad \text{连续当且仅当 } \forall V\in\Im_2,\ \text{有 } f^{-1}(V)\in\Im_1.$$

定义 6.4.7　若 $f:X_1\to X_2$ 为一一对应, 且

$$f:(X_1,\Im_1)\to(X_2,\Im_2) \text{ 与 } f^{-1}:(X_2,\Im_2)\to(X_1,\Im_1)$$

都连续, 则称 f 为 $(X_1,\Im_1)$ 与 $(X_2,\Im_2)$ 之间的**同胚映射**(Homeomorphism), 且称这两个拓扑空间**同胚**(Homeomorphic), 记为 $(X_1,\Im_1)\overset{f}{\cong}(X_2,\Im_2)$.

由定义可证: 若 $(X_1,\Im_1)\overset{f}{\cong}(X_2,\Im_2)$, 则

(i) $\Im_1$ 是豪斯多夫拓扑 $\Leftrightarrow$ $\Im_2$ 是豪斯多夫拓扑.

(ii) V 是 X_1 中的开集 (闭集)$\Leftrightarrow$ $f(V)$ 是 X_2 中的开集 (闭集).

(iii) $\forall x_n, x_0\in X_1$, 有

$$x_n\xrightarrow{\Im_1}x_0\Leftrightarrow f(x_n)\xrightarrow{\Im_2}f(x_0).$$

由此可见, 同胚的拓扑空间其性质完全类似, 因而可以看作是相同的.

拓扑空间的内容非常丰富, 本节仅作一点介绍, 有兴趣的读者可参看有关的专门书籍.

习　题　6.4

1. 设 (E,ρ) 为距离空间, $\Im$ 为 E 的全体开子集之集, 则 $\Im$ 为 E 上的一个拓扑 (称为由距离 ρ 诱导的拓扑).

2. 设 X 为任一非空集, $\Im$ 为 X 的一切子集之集 (称为 X 的**幂集**(Power set), 记为 $P(X)$), 证明: $\Im$ 为 X 上的一个拓扑 (称其为 X 上的为**离散拓扑**(Discrete topology)).

3. 设 $X\neq\varnothing$, 证明: $\Im=\{\varnothing,X\}$ 为 X 上的拓扑 (称其为 X 上的**平凡拓扑**(Trivial topology)).

4. 设 $X=(-\infty,\infty)$, 令

$$\Im=\left\{S:S\subset X,\overline{\overline{X\backslash S}}\leqslant\aleph_0\right\}\cup\{\varnothing\},$$

证明: $\Im$ 为 X 上的拓扑.

5. 证明: 离散空间必为豪斯多夫空间; 任一距离空间关于其距离诱导的拓扑是豪斯多夫空间. 当 X 至少含两个不同点时, 其上的平凡拓扑不是豪斯多夫拓扑.

6. 证明: 若 $(X,\Im)$ 是豪斯多夫空间, 则其中收敛点列的极限必唯一.

7. 设 f 为从 $(X_1,\Im_1)$ 到 $(X_2,\Im_2)$ 上的同胚映射, 证明:

(1) $\Im_1$ 是豪斯多夫拓扑 $\Leftrightarrow$ $\Im_2$ 是豪斯多夫拓扑;

(2) V 是 X_1 中的开集 (闭集) $\Leftrightarrow$ $f(V)$ 是 X_2 中的开集 (闭集);

(3) $\forall x_n, x_0\in X_1$, 有 $x_n\xrightarrow{\Im_1}x_0 \Leftrightarrow f(x_n)\xrightarrow{\Im_2}f(x_0)$.

8. 设 $(X,\Im)$ 是拓扑空间, X 的子集 C 称为**紧集**(Compact set), 是指:

$$O_i\in\Im(i\in I), C\subset\bigcup_{i\in I}O_i\Longrightarrow\exists i_1,i_2,\cdots,i_n\in I \text{ s.t. } C\subset\bigcup_{k=1}^{n}O_{i_k},$$

(即对 C 的有限覆盖定理成立), 证明:

(1) 当 $(X,\Im)$ 是豪斯多夫空间时, 其中的任一紧子集都是闭的;

(2) 离散空间 $(X,P(X))$ 中的子集 C 为紧集当且仅当 C 为有限集;

(3) 平凡空间 $(X,\{\varnothing,X\})$ 中的任一子集 C 都是紧集;

(4) 若 $f:(X_1,\Im_1)\to(X_2,\Im_2)$ 为连续映射, C 为 X_1 的紧子集, 则 $f(C)$ 为 X_2 的紧子集;

(5) 若 $f:(X,\Im)\to\mathbf{R}$ 为连续函数且 $(X,\Im)$ 为紧空间, 则 f 在 X 上必有界, 且存在最大值与最小值.

总练习题 6

1. 设 $S(\mathbf{K})$ 是数域 $\mathbf{K}$ 中所有数列之集, $0<r<1$, 定义

$$d(x,y)=\sum_{n=1}^{\infty}r^n\frac{|x_n-y_n|}{1+|x_n-y_n|},\quad \forall x=\{x_n\}_{n=1}^{\infty}, y=\{y_n\}_{n=1}^{\infty}\in S(\mathbf{K}),$$

证明:

(1) d 是 $S(\mathbf{K})$ 上的一个度量 (即距离);

(2) 若对一个序列 $\{\alpha_k\}_{k=1}^{\infty}\subset S(\mathbf{K})$, 记 $\alpha_k=\{x_n^k\}_{n=1}^{\infty}$, 则 $\{\alpha_k\}_{k=1}^{\infty}$ 是 $(S(\mathbf{K}),d)$ 中的柯西列当且仅当对任一 n, $\{x_n^k\}_{k=1}^{\infty}$ 是数域 $\mathbf{K}$ 中的一个柯西列;

(3) 在 $(S(\mathbf{K}),d)$ 中,

$$\alpha_k=\{x_n^k\}_{n=1}^{\infty}\to x=\{x_n\}_{n=1}^{\infty}(k\to\infty)$$

当且仅当对任一 n, 有 $x_n^k\to x_n(k\to\infty)$;

(4) $(S(\mathbf{K}),d)$ 是完备的距离空间.

2. 设 D 是复数域 $\mathbf{C}$ 中的单位开圆盘, $H^2(D)$ 表示在 D 内解析且满足条件

$$\iint_D|u(x+\mathrm{i}y)|^2\mathrm{d}x\mathrm{d}y<\infty$$

的全体复值函数之集, 证明:

(1) 关于函数的加法与数乘, $H^2(D)$ 是 $\mathbf{C}$ 上的线性空间;

(2) 公式

$$(u,v)=\iint_D u(x+\mathrm{i}y)\overline{v(x+\mathrm{i}y)}\mathrm{d}x\mathrm{d}y$$

定义了 $H^2(D)$ 上的一个内积 $(\cdot,\cdot)$;

(3) 如果 $H^2(D)$ 中的函数 u 的泰勒展开式是 $u(z)=\sum\limits_{k=0}^{\infty}b_kz^k$, 那么

$$\sum_{k=0}^{\infty}\frac{|b_k|^2}{1+k}<\infty;$$

(4) 设 $u,v\in H^2(D)$ 的泰勒展开式是

$$u(z)=\sum_{k=0}^{\infty}a_kz^k,\ v(z)=\sum_{k=0}^{\infty}b_kz^k,$$

则

$$(u,v)=\pi\sum_{k=0}^{\infty}\frac{a_k\overline{b}_k}{1+k};$$

(5) $\forall u\in H^2(D)$, 以下不等式成立:

$$|u(z)|\leqslant\frac{||u||}{\sqrt{\pi}(1-|z|)}(\forall|z|<1);$$

(6) $H^2(D)$ 是 $\mathbf{C}$ 上的希尔伯特空间.

3. 设 P_n 为次数不超过 n 的全体多项式之集, 证明: $\forall f\in C[a,b],\exists P_0\in P_n$ 使得

$$\max_{a\leqslant x\leqslant b}|f(x)-P_0(x)|=\inf_{P\in P_n}\max_{a\leqslant x\leqslant b}|f(x)-P_(x)|.$$

4. 设 $\{x_n\}_{n=1}^{\infty}$ 是数域 $\mathbf{K}$ 上的巴拿赫空间 X 中的序列, $\{x_n\}_{n=1}^{\infty}$ 为 X 的一个绍德尔 (Schauder) 基, 即 X 中的任一向量 x 都可唯一地表示为

$$x=\sum_{n=1}^{\infty}c_nx_n=\lim_{n\to\infty}\sum_{k=1}^{n}c_kx_k.$$

证明: 具有绍德尔 (Schauder) 基的巴拿赫空间必是可分的.

5. 在巴拿赫空间

$$l^p(\mathbf{K})=\left\{\{x_n\}_{n=1}^{\infty}|x_n\in\mathbf{K}(n\in\mathbf{N}^+),\sum_{n=1}^{\infty}|x_n|^p<\infty\right\}\ (1\leqslant p<\infty)$$

中取向量

$$e_1=(1,0,0,\cdots,0,\cdots),e_2=(0,1,0,\cdots,0,\cdots),\cdots,e_n=(0,0,0,\cdots,0,1,0,\cdots),$$

证明: $\{e_1,e_2,\cdots,e_n,\cdots\}$ 为 $l^p(\mathbf{K})$ 的一个绍德尔基.

6. 设 $f=\{f_n\}_{n=1}^{\infty}$ 是数域 $\mathbf{K}$ 上的希尔伯特空间 H 中的序列, 若存在正常数 M_f 使得

$$\sum_{n=1}^{\infty}|\langle x,f_n\rangle|^2\leqslant M_f\,\|x\|^2,\ \forall x\in H,$$

则称 f 为 H 中的一个贝塞尔 (Bessel) 列. 用 B_H 表示 H 中的所有贝塞尔列之集. 对任意的 $f=\{f_n\}_{n=1}^{\infty}$, $g=\{g_n\}_{n=1}^{\infty}\in B_H$, 定义

$$\alpha f+\beta g=\left\{\overline{\alpha}f_n+\overline{\beta}g_n\right\}_{n\in I},\quad \forall\alpha,\beta\in\mathbf{K};$$

$$\|f\|=\sup_{\|x\|\leqslant 1}\left(\sum_{n=1}^{\infty}|\langle x,f_n\rangle|^2\right)^{\frac{1}{2}}.$$

证明: B_H 关于以上定义的运算及范数构成 $\mathbf{K}$ 上的巴拿赫空间.

7. 设 $M_n(\mathbf{K})$ 为数域 $\mathbf{K}$ 上所有 n 阶矩阵之集, 对任一 $A=[a_{ij}]\in M_n(\mathbf{K})$, 定义

$$\|A\|_1=\sum_{i,j=1}^{n}|a_{ij}|,$$

证明: $\left(M_n(\mathbf{K}),\|\cdot\|_1\right)$ 是数域 $\mathbf{K}$ 上的巴拿赫空间.

第 7 章　巴拿赫空间上的有界线性算子理论

当讨论许多物理系统时, 系统的状态可用某个线性空间中的向量表示. 为了研究系统的运动或变化情况, 往往需要考虑两个状态之间的依赖关系, 这种关系常用状态空间 (线性空间) 之间的映射来描述. 例如, 在通信系统中, 输入信号 $r(t)$ 与输出信号 $c(t)$ 都是时间 t 的函数, 而系统的作用则是将 $r(t)$ 变成 $c(t)$ 的变换: $c = Tr$. 又如, 在现代控制系统中, 系统本身用算子 T 描述, 这个算子将输入信号 $u(t)$ 映成输出信号 $y(t)$, 即 $y = Tu$.

在最简单的情况下, 经常认为描述系统的那个算子 T(映射) 是 "线性的", 即当某个输入信号是两个信号 φ_1 与 φ_2 的叠加时, 认为输出信号也是相应的叠加, 即

1° $T(\varphi_1 + \varphi_2) = T\varphi_1 + T\varphi_2$.

又当输入信号放大或缩小 λ 倍时, 认为输出也放大或缩小同样的倍数, 即

2° $T(\lambda\varphi) = \lambda T\varphi$.

满足条件 1° 与 2° 的映射称为线性映射, 在泛函分析当中, 称 T 为**线性算子** (Linear operator).

在处理实际问题时, 由于人们对自然现象的认识总是近似的, 加之许多数据只能靠观测或实验得到, 这就要求一个有效的系统 (即一个线性算子 T) 能将相差不大的两个状态变成相差不大的另两个状态, 即

$$x \approx y \Rightarrow Tx \approx Ty.$$

抽象地说, 当考虑从一个赋范空间 $(V_1, \|\cdot\|_1)$ 到另一赋范空间 $(V_2, \|\cdot\|_2)$ 的线性算子 T 时, 要求

$$\|x - y\|_1 \text{ 很小} \Rightarrow \|Tx - Ty\|_2 \text{ 也很小}.$$

由于 T 是线性的, 这等价于

$$\|x\|_1 \text{ 很小} \Rightarrow \|Tx\|_2 \text{ 也很小}.$$

为此, 只要存在常数 $M > 0$ 使得

3° $\|Tx\|_2 \leqslant M \|x\|_1, \forall x \in V_1$.

满足条件 3° 的线性算子称为**有界线性算子** (Bounded linear operator). 有界线性算子是本章讨论的主要对象. 当像空间 V_2 是数域 $\mathbf{K}$ 时, 称以上的有界线性算子为**有界线性泛函** (Bounded linear functional).

除了以上的实际问题外，数学本身也提出许多线性算子的问题. 本章的目的就是给出有界线性算子 (泛函) 的严格定义与例子，并给出几个重要的基本定理 (如泛函延拓定理、开映射原理与闭图像定理等).

7.1 有界线性算子

7.1.1 定义、例子与基本性质

本节及以后的讨论中，若不引起混乱，两个不同空间中的范数使用同一记号 $\|\cdot\|$. 读者根据考虑的元素不同，可以看出使用那个空间中的范数.

定义 7.1.1 设 V_1 与 V_2 是同一数域 $\mathbf{K}$ 上的赋范线性空间，D 是 V_1 的线性子空间，$T: D \to V_2$ 是一映射. 若 T 满足:

1° $\forall x, y \in D,\ T(x+y) = Tx + Ty$,

则称 T 是**可加的** (Additive). 如果 T 满足:

2° $\forall x \in D$ 及 $\lambda \in \mathbf{K},\quad T(\lambda x) = \lambda Tx$,

则称 T 是**齐次的** (Homogeneous). 若 T 既是可加的又是齐次的，则称 T 是一个**线性算子** (Linear operator)，其中 D 称为 T 的定义域，记为 $D(T)$，即 $D(T) = D$. 若 T 是线性算子且存在常数 $M > 0$ 使得

3° $\forall x \in D(T),\ \|Tx\| \leqslant M\|x\|$,

则称 T 为**有界线性算子** (Bounded linear operator). 特别地，当 V_2 是数域 $\mathbf{K}$ 时，则称有界线性算子 T 为**有界线性泛函** (Bounded linear functional).

下面介绍几个简单例子.

例 7.1.1 设 V 是赋范空间，定义

$$I: V \to V,\quad Ix = x(\forall x \in V),\quad \theta: V \to V,\quad \theta x = 0(\forall x \in V),$$

则 I 与 θ 都是 V 上 (即 V 到 V) 的有界线性算子，分别称为**恒等算子** (Indentity operator) 与**零算子** (Zero operator)，零算子 θ 常记为 0(与数零用同一记号).

例 7.1.2 解析几何中的旋转变换:

$$T:(x,y) \to (x',y'),\quad \begin{cases} x' = x\cos\theta - y\sin\theta, \\ y' = x\sin\theta + y\cos\theta \end{cases}$$

是实二维空间 $\mathbf{R}^2$ 上的有界线性算子，因为

$$\|T(x,y)\| = \sqrt{x'^2 + y'^2} = \sqrt{x^2 + y^2} = \|(x,y)\|.$$

例 7.1.3 令

$$e_i = (\delta_{i1}, \delta_{i2}, \cdots, \delta_{in})(i = 1, 2, \cdots, n),$$

则 $\{e_1, e_2, \cdots, e_n\}$ 成为巴拿赫空间 $\mathbf{K}^n$ 的一个基, 且 $\forall x = (\xi_1, \xi_2, \cdots, \xi_n) \in \mathbf{K}^n$, 有

$$x = \sum_{k=1}^{n} \xi_k e_k \text{ 且 } \|x\| = \sqrt{\sum_{k=1}^{n} |\xi_k|^2}.$$

对数域 $\mathbf{K}$ 上的任一 $n \times n$ 矩阵 $A = [a_{ij}]$, 定义 $T_A : \mathbf{K}^n \to \mathbf{K}^n$ 为

$$T_A x = \left(A x^{\mathrm{T}}\right)^{\mathrm{T}} = (\eta_1, \eta_2, \cdots, \eta_n), \tag{7.1.1}$$

其中, x^{T} 表示行向量 x 的转置, 它是 n 维列向量, 且

$$\eta_i = \sum_{j=1}^{n} a_{ij} \xi_j (i = 1, 2, \cdots, n).$$

于是, $\forall x = (\xi_1, \xi_2, \cdots, \xi_n) \in \mathbf{K}^n$, 有

$$\begin{aligned} \|T_A x\| &= \sqrt{\sum_{i=1}^{n} |\eta_i|^2} = \sqrt{\sum_{i=1}^{n} \left|\sum_{j=1}^{n} a_{ij} \xi_j\right|^2} \\ &\leqslant \sqrt{\sum_{i=1}^{n} \sum_{j=1}^{n} |a_{ij}|^2} \sqrt{\sum_{j=1}^{n} |\xi_j|^2} \\ &= \alpha \|x\|, \end{aligned}$$

其中

$$\alpha = \sqrt{\sum_{i=1}^{n} \sum_{j=1}^{n} |a_{ij}|^2}. \tag{7.1.2}$$

可见, T_A 是 $\mathbf{K}^n$ 上的有界线性算子. 因此, $\mathbf{K}$ 上的任意 $n \times n$ 矩阵 A 定义了 $\mathbf{K}^n$ 上的一个有界线性算子 T_A. 由定义知: $T_A x = x A^{\mathrm{T}}$, $\forall x \in \mathbf{K}^n$.

反之, 若 T 为 $\mathbf{K}^n$ 上的线性算子, 令

$$T e_j = (a_{1j}, a_{2j}, \cdots, a_{nj}) = \sum_{i=1}^{n} a_{ij} e_i (j = 1, 2, \cdots, n),$$

则得到 $n \times n$ 矩阵 $A = [a_{ij}]$. 显然, $a_{ij} = \langle e_j, T e_i \rangle$, 当 $x \in \mathbf{K}^n$ 时, 记 $x = \sum_{j=1}^{n} \xi_j e_j$, 则

$$T x = \sum_{j=1}^{n} \xi_j T e_j = \sum_{j=1}^{n} \xi_j \sum_{i=1}^{n} a_{ij} e_i = \sum_{i=1}^{n} \left(\sum_{j=1}^{n} a_{ij} \xi_j\right) e_i$$

$$= \left(\sum_{j=1}^{n} a_{1j}\xi_j, \sum_{j=1}^{n} a_{2j}\xi_j, \cdots, \sum_{j=1}^{n} a_{nj}\xi_j \right) = (Ax^{\mathrm{T}})^{\mathrm{T}}.$$

这表明：

$$Tx = (Ax^{\mathrm{T}})^{\mathrm{T}} = xA^{\mathrm{T}} = T_A x, \quad \forall x \in \mathbf{K}^n, \quad 即\ T_A = T.$$

由以上讨论得知：$\mathbf{K}^n$ 上的线性算子必有界；且线性算子 T 与 $n \times n$ 矩阵 A 按上面的关系 $A \mapsto T_A$ 是一一对应的. 据此，我们将矩阵 A 与算子 T_A 等同.

例 7.1.4 定义 $T : C[a,b] \to C[a,b]$ 如下：

$$(Tx)(t) = \int_a^t x(\tau)\mathrm{d}\tau, \quad \forall t \in [a,b],$$

则 T 是有界线性算子，称为**积分算子** (Integral operator).

例 7.1.5 记 $C^1[a,b] = \{f : f' \in C[a,b]\}$ 并赋范数 $\|\cdot\|_\infty$，我们定义算子 $D : C^1[a,b] \to C[a,b]$ 如下：$(Dx)(t) = x'(t)$, $\forall t \in [a,b]$，则 D 是线性算子，但无界 (即不是有界的). 因为，若 D 有界，则存在常数 $M > 0$ 使得

$$\|Dx\|_\infty \leqslant M\|x\|_\infty, \quad \forall x \in C^1[a,b]. \tag{7.1.3}$$

但对 $\varphi_n(t) = \sin n(t-a)$, $\psi_n(t) = \cos n(t-a)$，有

$$\varphi_n \in C^1[a,b] (n = 1, 2, \cdots),$$

且对任一 $n \in \mathbf{N}^+$，由式 (7.1.3) 知

$$n = \|n\psi_n\|_\infty = \|D\varphi_n\|_\infty \leqslant M \|\varphi_n\|_\infty \leqslant M.$$

这是不可能的. 这里的算子 D 称为**微分算子** (Differential operator).

例 7.1.6 定义 $f : C[a,b] \to \mathbf{R}$ 如下：

$$f(x) = \int_a^b x(t)\mathrm{d}t,$$

则 f 是 $C[a,b]$ 上的有界线性泛函.

例 7.1.7 对于内积空间 $(V, \langle\cdot,\cdot\rangle)$ 中的任一向量 y，定义泛函 $f : V \to \mathbf{K}$ 如下：

$$f(x) = \langle x, y \rangle, \quad \forall x \in V,$$

由施瓦茨不等式知，f 是有界线性泛函.

下面，我们讨论线性算子的有界性与连续性有何关系.

设 V_1 与 V_2 是赋范线性空间, D 是 V_1 的线性子空间, 且线性算子 $T:D\to V_2$ 是有界的. 于是, 存在常数 $M>0$, 使得 $\|Tx\|\leqslant M\|x\|\,(\forall x\in D)$. 设

$$x_n, x\in D(n\in \mathbf{N}^+),\quad x_n\to x(n\to\infty),$$

则由 T 的线性性质可知

$$\|Tx_n - Tx\| = \|T(x_n - x)\| \leqslant M\|x_n - x\| \to 0\,(n\to\infty).$$

因此, $Tx_n\to Tx(n\to\infty)$. 从而, T 是连续的. 这说明: 对于线性算子来说,

有界性 $\Rightarrow$ 连续性.

反之如何? 设线性算子 $T:D\to V_2$ 连续. 如果 T 不是有界的, 那么 $\forall n\in\mathbf{N}^+$, 存在 $x_n\in D$, 使得 $\|Tx_n\|>n\|x_n\|$. 显然, $x_n\neq 0(n=1,2,\cdots)$. 令

$$y_n=\frac{x_n}{n\|x_n\|}(n=1,2,\cdots),$$

则 $y_n\in D(n=1,2,\cdots)$ 且 $\|y_n\|=\dfrac{1}{n}(n=1,2,\cdots)$. 可见, $y_n\to 0(n\to\infty)$. 但是

$$\|Ty_n\|=\frac{\|Tx_n\|}{n\|x_n\|}>1(n=1,2,\cdots),$$

显然, $T0=0$. 于是, $\|Ty_n - T0\|>1(n=1,2,\cdots)$. 由此可见, $\lim\limits_{n\to\infty}Ty_n\neq T0$. 这与 T 连续矛盾. 这表明: 对于线性算子来说,

连续性 $\Rightarrow$ 有界性.

因此, 线性算子的有界性与连续性是等价的, 从而得到以下结论.

定理 7.1.1 设 V_1 与 V_2 是赋范线性空间, D 是 V_1 的线性子空间, 且 $T:D\to V_2$ 为线性算子, 则 T 有界当且仅当 T 连续.

在数学分析中, 称函数 $f:D\to\mathbf{R}$ 是有界的, 是指存在常数 $M>0$, 使得 $\forall x\in D$, 有 $|f(x)|\leqslant M$, 即 $f(D)$ 是 $\mathbf{R}$ 中的有界集. 有界函数的概念自然可以推广到一般映射 (算子). 例如, 对映射 $T:D\to V_2(D\subset V_2$ 为任一非空子集), 若存在常数 $M>0$ 使得

$$\|Tx\|\leqslant M(\forall x\in D),$$

则称 T 是**有界映射** (Bounded map). 那么为什么不用这种方式定义线性算子的有界性呢? 事实上, 若线性算子 $T:D\to V_2$ 满足条件:

$$\exists M>0 \text{ 使得 } \forall x\in D,\ \text{有}\quad \|Tx\|\leqslant M,$$

则 $Tx=0(\forall x\in D)$, 即 T 为零算子. 否则, 若有 $x_0\in D$ 使得 $Tx_0\neq 0$, 则 $\forall\lambda\in\mathbf{R}^+$(表示正实数之集), 有

$$\lambda\|Tx_0\|=\|\lambda Tx_0\|\leqslant M.$$

但当 $\lambda\to\infty$ 时, 上式左边趋于 ∞, 这显然不可能. 由此可见, 如此定义的有界性仅对恒为零的算子适合, 显然是没有意义的. 这样自然要问: 有界算子与有界映射有何关系呢? 下面的定理回答了这一问题.

定理 7.1.2 设 V_1 与 V_2 是赋范线性空间, D 是 V_1 的线性子空间, 且 $T:D\to V_2$ 为线性算子, 则 T 是有界线性算子当且仅当 T 将 D 中的任一有界集映成 V_2 中的有界集, 即对任一 D 的有界子集 S, $T(S)$ 是 V_2 中的有界集, 等价地, $T|_S$ 是有界映射.

证明 必要性. 设 $T:D\to V_2$ 有界, 则存在 $M>0$ 使得对任意 $x\in D$ 有 $\|Tx\|\leqslant M\|x\|$. 设 S 为 D 的有界子集, 则存在 $K>0$ 使得 $\forall x\in S_D$, 有 $\|x\|\leqslant K$. 从而 $\forall x\in S_D$, 有

$$\|Tx\|\leqslant M\|x\|\leqslant MK.$$

可见 $T(S)$ 为 V_2 中的有界集.

充分性. 设 $S_D=\{x\in D:\|x\|=1\}$ 为 D 中的单位球面, 则由假设知 $T(S_D)$ 为 V_2 中的有界集, 即存在 $M>0$, 使得 $\forall x\in S$ 有 $\|Tx\|\leqslant M$. $\forall y\in D\backslash\{0\}$, 令 $x=\dfrac{y}{\|y\|}$, 则 $x\in S$. 从而

$$M\geqslant\|Tx\|=\left\|T\left(\frac{1}{\|y\|}y\right)\right\|=\frac{1}{\|y\|}\|Ty\|.$$

从而, $\|Ty\|\leqslant M\|y\|(\forall y\in D)$. 因此, T 是有界线性算子. 证毕.

由以上定理的证明可知: 线性算子 $T:D\to V_2$ 有界当且仅当 $T(S_D)$ 是有界集, 即 $T|_{S_D}$ 是有界映射.

7.1.2 有界线性算子的范数

前面已经指出: 线性算子 $T:D\to V_2$ 是有界的是指存在常数 $M>0$, 使得 $\|Tx\|\leqslant M\|x\|(\forall x\in D)$. 这样的 M 如果存在, 则有无穷多个. 自然我们感兴趣的是这样的 M 中最小的那一个, 因为比它再小的任一正数就不满足要求了. 由此我们引入有界线性算子范数的概念.

定义 7.1.2 设 $T:D\to V_2$ 是有界线性算子, 称

$$\sup\left\{\frac{\|Tx\|}{\|x\|}:x\in D\backslash\{0\}\right\}$$

为 T 的**范数** (Norm), 记为 $\|T\|$, 即

$$\|T\|=\sup\left\{\frac{\|Tx\|}{\|x\|}:x\in D\backslash\{0\}\right\}. \tag{7.1.4}$$

显然, 算子范数 $\|\cdot\|$ 有以下性质:

1° $0 \leqslant \|T\| < \infty, \forall x \in D, \|Tx\| \leqslant \|T\| \cdot \|x\|$;

2° $\|T\| = 0 \Leftrightarrow T$ 是零算子;

3° $\|T\| = \sup\left\{\|Tx\| : x \in D \text{ 且 } \|x\| \leqslant 1\right\}$
$= \sup\left\{\|Tx\| : x \in D \text{ 且 } \|x\| = 1\right\}$.

由于数域 $\mathbf{K}$ 中的范数就是通常的绝对值或复数的模, 从而线性泛函 $f: D \to \mathbf{K}$(D 为赋范空间 V 的线性子空间) 是有界当且仅当存在 $M > 0$ 使得

$$|f(x)| \leqslant M\|x\|, \quad \forall x \in D.$$

相应的范数为

$$\begin{aligned}\|f\| &= \sup\left\{\frac{|f(x)|}{\|x\|} : x \in D\backslash\{0\}\right\} \\ &= \sup\{\,|f(x)| : x \in D, \|x\| = 1\} \\ &= \sup\{\,|f(x)| : x \in D, \|x\| \leqslant 1\}.\end{aligned} \tag{7.1.5}$$

例如, 例 7.1.1 中的算子 I(恒等算子) 与 0(零算子) 的范数分别为 $\|I\| = 1$ 与 $\|0\| = 0$. 例 7.1.2 中的算子 T 的范数为 $\|T\| = 1$. 例 7.1.3 中由 $n \times n$ 矩阵 $A = [a_{ij}]$ 定义的算子 $Tx = (Ax^{\mathrm{T}})^{\mathrm{T}}$ 的范数 $\|T\|$ 满足

$$\max_{1 \leqslant i \leqslant n} \sqrt{\sum_{j=1}^{n} |a_{ij}|^2} \leqslant \|T\| \leqslant \sqrt{\sum_{i=1}^{n}\sum_{j=1}^{n} |a_{ij}|^2}. \tag{7.1.6}$$

事实上, 由例 7.1.3 知, 右边不等式成立, 下证左边不等式. 对任一固定的自然数 $i \in \{1, 2, \cdots, n\}$, 令 $\xi_j = \overline{a_{ij}}(1 \leqslant j \leqslant n)$, 那么 $x = (\xi_1, \xi_2, \cdots, \xi_n) \in \mathbf{K}^n$ 满足

$$\|T\| \cdot \sqrt{\sum_{j=1}^{n} |a_{ij}|^2} \geqslant \|Tx\| = \sqrt{\sum_{k=1}^{n} \left|\sum_{j=1}^{n} a_{kj}\xi_j\right|^2} \geqslant \left|\sum_{j=1}^{n} a_{ij}\xi_j\right| = \sum_{j=1}^{n} |a_{ij}|^2.$$

从而, 左边不等式也成立.

对于例 7.1.4 中的积分算子 T, 显然 $\|T\| \leqslant (b-a)$. 又 $x_0(t) \equiv 1$ 满足 $\|x_0\|_\infty = 1$, 且

$$\|Tx_0\|_\infty = \max_{a \leqslant t \leqslant b} (t - a) = b - a.$$

可见, $\|T\| = b - a$. 同理可得: 例 7.1.6 中的线性泛函 f 的范数 $\|f\| = b - a$. 对例 7.1.7 中的泛函 $f(x) = \langle x, y\rangle$, 由施瓦茨不等式知

$$|f(x)| = |\langle x, y\rangle| \leqslant \|x\|\,\|y\|, \tag{7.1.7}$$

从而 $\|f\| \leqslant \|y\|$. 于是, 当 $y=0$ 时, 有 $f=0$. 从而, $\|f\|=0=\|y\|$. 当 $y \neq 0$ 时, 令 $x=\dfrac{y}{\|y\|}$, 则 $x \in V$ 且 $\|x\|=1$. 从而

$$|f(x)|=\left\langle \frac{y}{\|y\|}, y\right\rangle=\frac{1}{\|y\|}\langle y, y\rangle=\|y\|.$$

因此, $\|f\|=\|y\|$.

例 7.1.8 在插值理论中, 常用拉格朗日 (Lagrange) 公式来求已知连续函数的插值多项式. 设 $x \in C[a,b]$, 在 $[a,b]$ 内任取几个点 $a=t_1<t_2<\cdots<t_n=b$, 作多项式

$$l_k(t)=\frac{(t-t_1)(t-t_2)\cdots(t-t_{k-1})(t-t_{k+1})\cdots(t-t_n)}{(t_k-t_1)(t_k-t_2)\cdots(t_k-t_{k-1})(t_k-t_{k+1})\cdots(t_k-t_n)}(k=1,2,\cdots,n).$$

令

$$y=L_n x: y(t)=\sum_{k=1}^{n} x(t_k) l_k(t),$$

则 L_n 是 $C[a,b]$ 到自身的有界线性算子且

$$\|L_n\|=\max_{a \leqslant t \leqslant b} \sum_{k=1}^{n}|l_k(t)|. \tag{7.1.8}$$

证明 显然, L_n 是线性的. 又对任一 $x \in C[a,b]$ 有

$$\begin{aligned}
\|L_n x\|_{\infty} &= \max_{a \leqslant t \leqslant b}\left|\sum_{k=1}^{n} x(t_k) l_k(t)\right| \leqslant \max_{a \leqslant t \leqslant b} \sum_{k=1}^{n}|x(t_k)| \cdot|l_k(t)| \\
&\leqslant \max_{a \leqslant t \leqslant b}|x(t)| \cdot \max_{a \leqslant t \leqslant b} \sum_{k=1}^{n}|l_k(t)|.
\end{aligned}$$

可见, $\|L_n x\|_{\infty} \leqslant \alpha\|x\|_{\infty}$, 其中

$$\alpha=\max_{a \leqslant t \leqslant b} \sum_{k=1}^{n}|l_k(t)|.$$

因此, L_n 是有界线性算子且 $\|L_n\| \leqslant \alpha$.

另一方面, 由于 $\sum\limits_{k=1}^{n}|l_k(t)|$ 是 $[a,b]$ 上的连续函数, 从而存在 $t_0 \in [a,b]$ 使得 $\alpha=\sum\limits_{k=1}^{n}|l_k(t_0)|$. 作连续折线 $x_0 \in C[a,b]$ 使得 $\|x_0\|_{\infty}=1$ 且

$$x_0(t_k)=\operatorname{sgn} l_k(t_0)\,(k=1,2,\cdots,n).$$

则

$$\|L_n\| \geqslant \|L_n x_0\|_\infty \geqslant |(L_n x_0)(t_0)| = \left|\sum_{k=1}^{n} l_k(t_0)\cdot \mathrm{sgn} l_k(t_0)\right| = \alpha.$$

故 $\|L_n\| = \alpha$, 即式 (7.1.8) 成立.

例 7.1.9 设 $K(s,t)$ 是在 $D=[a,b]\times[a,b]$ 上连续的实值函数, 在实连续函数空间 $C[a,b]$ 中定义积分算子:

$$(Tx)(t) = \int_a^b K(s,t)x(s)\mathrm{d}s, \tag{7.1.9}$$

则 T 是 $C[a,b]$ 到自身的有界线性算子且

$$\|T\| = \alpha = \max_{a\leqslant t\leqslant b}\int_a^b |K(s,t)|\mathrm{d}s. \tag{7.1.10}$$

证明 由含参量积分的性质可知: 当 $x\in C[a,b]$ 时, 我们有 $Tx\in C[a,b]$. 显然, T 是线性的. 对任意 $x\in C[a,b]$, 有

$$\|Tx\| = \max_{a\leqslant t\leqslant b}\left|\int_a^b K(s,t)x(s)\mathrm{d}s\right| \leqslant \alpha\|x\|.$$

因此, T 是有界线性算子且 $\|T\|\leqslant\alpha$.

由于

$$\phi(t) = \int_a^b |K(s,t)|\mathrm{d}s$$

是 $[a,b]$ 上的连续函数, 从而存在 $t_0\in[a,b]$ 使得

$$\alpha = \int_a^b |K(s,t_0)|\mathrm{d}s.$$

构造函数 $z_0(s)=\mathrm{sgn}K(s,t_0)$, 则 z_0 在 $[a,b]$ 上可测且 $|z_0(s)|\leqslant 1(\forall s\in[a,b])$. 由鲁金定理知, 对每个 $n\in\mathbf{N}$, 存在 $x_n\in C[a,b]$ 使得

(i) $|x_n(t)|\leqslant \sup\limits_{a\leqslant t\leqslant b}|z_0(t)|\leqslant 1,\ \forall t\in[a,b]$;

(ii) 存在 $E_n\subset[a,b]$ 使得 $mE_n<(2Mn)^{-1}$, 其中 $M=\sup\limits_{(s,t)\in D}|K(s,t)|+1$;

(iii) 当 $t\in[a,b]\backslash E_n$ 时, $x_n(t)=z_0(t)$.

于是

$$\begin{aligned}\left|\int_a^b K(s,t_0)z_0(s)\mathrm{d}s\right| &\leqslant \left|\int_a^b K(s,t_0)x_n(s)\mathrm{d}s\right| + \int_a^b |K(s,t_0)|\cdot|z_0(s)-x_n(s)|\mathrm{d}s \\ &\leqslant \|Tx_n\| + 2M\cdot mE_n\end{aligned}$$

$$
\begin{aligned}
&< \|T\| \cdot \|x_n\| + \frac{1}{n} \\
&\leqslant \|T\| + \frac{1}{n}.
\end{aligned}
$$

又因为

$$\alpha = \int_a^b |K(s,t_0)|\mathrm{d}s = \int_a^b K(s,t_0)z_0(s)\mathrm{d}s,$$

从而

$$\alpha \leqslant \|T\| + \frac{1}{n}\,(n = 1, 2, \cdots).$$

令 $n \to \infty$ 得 $\alpha \leqslant \|T\|$, 故 $\|T\| = \alpha$. 这就证明了 (7.1.10) 成立. 证毕.

7.1.3 算子空间与巴拿赫代数

前面我们介绍了有界线性算子的概念, 并研究了单个算子的基本性质, 如有界性、连续性、有界与连续的关系、范数等. 在许多实际问题与理论研究中, 常常需要研究某些算子的共同属性与相互关系. 这就使得我们不仅要研究单个算子的性质, 而且还要考虑若干算子的整体性质. 研究单个算子的方法称为**算子论**(Operator theory) 方法, 研究某些算子的整体性的方法称为**算子代数** (Operator algebra) 方法.

设 X 与 Y 是 $\mathbf{K}$ 上两个赋范线性空间, 记 $B(X,Y)$ 是由 X 到 Y 中的全体有界线性算子之集. 类似于函数的运算, 在 $B(X,Y)$ 中定义

$$(A+B)x = Ax + Bx, \quad (\alpha A)x = \alpha Ax, \quad \forall x \in X, \tag{7.1.11}$$

其中 $A, B \in B(X,Y), \alpha \in \mathbf{K}$. 易见, $B(X,Y)$ 关于以上运算为 $\mathbf{K}$ 上的线性空间, 且以零算子 $0 : x \mapsto 0$ 为零元. 又对 $B(X,Y)$ 中任一元素, 即有界线性算子, 定义其范数为算子范数, 则

$$
\begin{aligned}
\|A+B\| &= \sup_{\|x\|=1} \|(A+B)x\| = \sup_{\|x\|=1} \|Ax+Bx\| \\
&\leqslant \sup_{\|x\|=1} \|Ax\| + \sup_{\|x\|=1} \|Bx\| \\
&= \|A\| + \|B\|.
\end{aligned}
$$

同时, $\forall \alpha \in \mathbf{K}$, 有

$$\|\alpha A\| = \sup_{\substack{\|x\|=1 \\ x \in X}} \|\alpha Ax\| = |\alpha|\,\|A\|.$$

因此, 算子范数的确为线性空间 $B(X,Y)$ 上的范数, 故 $B(X,Y)$ 为赋范线性空间, 称它其为**算子空间** (Operator space). 当 X 与 Y 相同时, 记 $B(X,X)$ 为 $B(X)$. 当 $Y = \mathbf{K}$ 时, 称算子空间 $B(X,\mathbf{K})$ 为赋范空间 X 的**共轭空间** (Conjugate space) 或**对偶空间** (Dual space), 记为 X^*.

定理 7.1.3 当 Y 是巴拿赫空间时, 算子空间 $B(X,Y)$ 也是巴拿赫空间. 特别地, 共轭空间 X 恒为巴拿赫空间.

证明 设 $\{T_n\}$ 为 $B(X,Y)$ 中的任一基本列, 则由定义可知: $\forall\varepsilon>0$, $\exists N$, 当 $m>n>N$ 时, 有 $\|T_m-T_n\|<\varepsilon$. 于是, 对任意 $x\in X$, 当 $m>n>N$ 时, 有

$$\begin{aligned}\|T_mx-T_nx\| &= \|(T_m-T_n)x\|\\ &\leqslant \|T_m-T_n\|\cdot\|x\|\\ &\leqslant \|x\|\varepsilon.\end{aligned}$$

因此, $\{T_nx\}$ 是巴拿赫空间 Y 中的柯西列, 从而存在 $y\in Y$, 使得 $\lim\limits_{n\to\infty}T_nx=y$. 显然, 这个 y 由 x 唯一确定. 于是, 可定义映射 $T:X\to Y$ 如下:

$$Tx=y=\lim_{n\to\infty}T_nx,\quad \forall x\in X. \tag{7.1.12}$$

显然, T 是线性的, 在不等式

$$\|T_mx-T_nx\|\leqslant\|x\|\varepsilon(m,n>N)$$

中, 固定 $x\in X$, 令 $m\to\infty$ 可得, 当 $n>N$ 时,

$$\|(T_n-T)x\|\leqslant\varepsilon\|x\|. \tag{7.1.13}$$

由于 $\varepsilon>0$ 与 x 无关, 故 $\|T_n-T\|\leqslant\varepsilon(n>N)$. 任取 $n>N$, 则由式 (7.1.13) 可知 $T_n-T\in B(X,Y)$. 由于 $B(X,Y)$ 是线性空间, 从而

$$T=(T-T_n)+T_n\in B(X,Y).$$

由不等式

$$\|T_n-T\|\leqslant\varepsilon(n>N)$$

及 $\varepsilon>0$ 的任意性, 知 $T_n\to T(n\to\infty)$. 因此, $B(X,Y)$ 是完备的赋范线性空间, 即巴拿赫空间. 最后, 由于数域 $\mathbf{K}$ 是完备的, 从而由已证结论知共轭空间 $X^*=B(X,\mathbf{K})$ 完备. 证毕.

类似于函数的复合运算, 定义两个算子的即复合: 对 $A\in B(X,Z)$, $B\in B(Z,Y)$ 定义

$$(B\circ A)x=B(Ax),\quad \forall x\in X. \tag{7.1.14}$$

显然, $B\circ A$ 是 X 到 Y 的线性算子且

$$\|B\circ A\|=\sup_{\|x\|=1}\|B(Ax)\|\leqslant\|B\|\sup_{\|x\|=1}\|Ax\|=\|B\|\,\|A\|. \tag{7.1.15}$$

从而 $B\circ A$ 是 X 到 Y 的有界线性算子, 即 $B\circ A\in B(X,Y)$, 并称 $B\circ A$ 是 B 与 A 的复合, 简记为 BA. 特别地, 同一空间上的任何两个算子可以复合. 此时, 称 AB 为 A 与 B 的乘积. 例如, 对任意 $A\in B(X)$, A 的 n 次幂

$$A^n=\overbrace{A\cdot A\cdot\cdots\cdot A}^{n\text{个}}$$

有意义且由式 (7.1.15) 知: $\|A^n\|\leqslant\|A\|^n(n=1,2,\cdots)$.

由此可见, 在算子空间 $B(X)$ 中, 不仅有线性运算 (加法与数乘), 而且还有乘法运算. 又如连续函数空间 $C[a,b]$ 与有界数列空间 $l^\infty(\mathbf{K})$(见习题 6.2 第 2 题) 中也有自然的乘法运算且满足

$$\|fg\|_\infty\leqslant\|f\|_\infty\|g\|_\infty\text{与}\|xy\|_\infty\leqslant\|x\|_\infty\|y\|_\infty,$$

其中 $f,g\in C[a,b],x,y\in l^\infty(\mathbf{K})$. 由此我们抽象出以下概念.

定义 7.1.3 设 A 是 $\mathbf{K}$ 上的线性空间, 对 A 中任意两个元素 x, y, 存在唯一元素 $x\cdot y\in A$(称为 x 与 y 的乘积, 简记为 xy), 满足:

(i) 结合律: $\forall x,y,z\in A$, $(x\cdot y)\cdot z=x\cdot(y\cdot z)$;

(ii) 分配律: $\forall x,y,z\in A$, 有

$$x\cdot(y+z)=x\cdot y+x\cdot z,\quad (x+y)\cdot z=x\cdot z+y\cdot z;$$

(iii) $\forall\alpha\in\mathbf{K}$, $\forall x,y\in A$, 有

$$(\alpha x)\cdot y=\alpha(x\cdot y)=x\cdot(\alpha y),$$

则称 A 是 $\mathbf{K}$ 上的一个**代数** (Algebra). 如果 $(A,\|\cdot\|)$ 又是赋范空间且对任意 $x,y\in A$ 有

(iv) $\|x\cdot y\|\leqslant\|x\|\cdot\|y\|$,

那么称 A 是一个**赋范代数** (Normed algebra). 又若 A 完备, 则称 A 为**巴拿赫代数** (Banach algebra). 又若 $\forall x,y\in A$ 有 $xy=yx$, 则称 A 是交换巴拿赫代数.

因此, $B(X)$ 是赋范代数, 称为 X 上的算子代数. 当 X 完备时, $B(X)$ 成为巴拿赫代数. 一般地 $B(X)$ 是非交换的, 即存在 $A,B\in B(X)$, 使得 $AB\neq BA$. 但 $C[a,b]$, $l^\infty(\mathbf{K})$ 都是交换巴拿赫代数, 即 $\forall x,y\in C[a,b]$ 或 $l^\infty(\mathbf{K})$, 我们都有 $xy=yx$.

巴拿赫代数与巴拿赫空间一样, 是泛函分析研究的重要对象之一, 它是算子代数理论的基础, 这里我们不可能过多地介绍. 但为以后的需要, 我们证明下面定理.

定理 7.1.4 设 a 是赋范代数 A 中的元素, 则

$$\lim_{n\to\infty}\sqrt[n]{\|a^n\|}=\inf_{n\in\mathbf{N}}\sqrt[n]{\|a^n\|},\tag{7.1.16}$$

其中 a^n 为 n 个 a 的乘积, 称为 a 的 n 次幂.

证明　记 $r_a = \inf\limits_{n\in\mathbf{N}} \sqrt[n]{\|a^n\|}$, 则

$$\varliminf_{n\to\infty} \sqrt[n]{\|a^n\|} \geqslant r_a. \tag{7.1.17}$$

从而, 只要证明 $\varlimsup\limits_{n\to\infty} \sqrt[n]{\|a^n\|} \leqslant r_a$ 即可. 由下确界定义知: $\forall\varepsilon > 0$, $\exists m \in \mathbf{N}^+$ 使得

$$\sqrt[m]{\|a^m\|} < r_a + \varepsilon.$$

对任一 $n \in \mathbf{N}^+, \exists k_n \in \{0,1,2,\cdots\}$, $l_n \in \{0,1,\cdots,m-1\}$ 使得 $n = mk_n + l_n$. 由不等式

$$\|a^k\| \leqslant \|a\|^k (k \in \mathbf{N}^+)$$

知

$$\begin{aligned}\sqrt[n]{\|a^n\|} &= \sqrt[n]{\|a^{mk_n} \cdot a^{l_n}\|} \leqslant \sqrt[n]{\|a^{mk_n}\|} \cdot \sqrt[n]{\|a^{l_n}\|}\\ &\leqslant \left(\|a^m\|^{\frac{1}{m}}\right)^{\frac{mk_n}{n}} \|a\|^{\frac{l_n}{n}}\\ &\leqslant (r_a + \varepsilon)^{\frac{mk_n}{n}} \|a\|^{\frac{l_n}{n}}\\ &= (r_a + \varepsilon)^{1-\frac{l_n}{n}} \|a\|^{\frac{l_n}{n}}.\end{aligned}$$

当 $a = 0$ 时, 式 (7.1.16) 显然成立. 当 $a \neq 0$ 时, 由 $0 \leqslant l_n < m$ 知

$$\frac{l_n}{n} \to 0, \quad \|a\|^{\frac{l_n}{n}} \to 1 (n \to \infty),$$

从而

$$\varlimsup_{n\to\infty} \sqrt[n]{\|a^n\|} \leqslant r_a + \varepsilon.$$

令 $\varepsilon \to 0^+$ 得 $\varlimsup\limits_{n\to\infty} \sqrt[n]{\|a^n\|} \leqslant r_a$. 故由式 (7.1.17) 知

$$\lim_{n\to\infty} \sqrt[n]{\|a^n\|} = r_a = \inf_{n\geqslant 1} \sqrt[n]{\|a^n\|}.$$

证毕.

注 7.1.1　定理 7.1.4 中的数值 r_a 称为元素 a 的**谱半径** (Spectral radius), 也可记为 $r(a)$.

习　题　7.1

1. 设 $T : X \to Y$ 是有界线性算子. 证明 T 的零空间 $\ker(T)$ 是 X 的闭子空间, 其中

$$\ker(T) = \{x \in X | Tx = 0\}.$$

2. 设 T 是从赋范空间 X 到赋范空间 Y 的线性映射, 证明: T 连续 $\Leftrightarrow T$ 在 X 的某一点 x_0 处连续 $\Leftrightarrow T$ 在 0 处连续.

3. 设 f 是赋范空间 X 上的线性泛函, 则 f 连续当且仅当 $\ker(f)$ 是 X 中的闭子空间.

4. 设 $D: C^1[a,b] \to C[a,b]$ 是微分算子: $(Dx)(t) = x'(t)$, 证明: D 的零空间 $\ker(D)$ 是 $C^1[a,b]$ 的闭子空间, 但 D 不连续, 这说明了上题中的结论对一般线性算子不成立.

5. 设 T 是实连续函数空间 $C[a,b]$ 上的正线性算子, 即 T 是线性的且对任意 $f \geqslant 0$ 都有 $Tf \geqslant 0$, 其中 $f \geqslant 0$ 是指 $f(t) \geqslant 0 (a \leqslant t \leqslant b)$. 证明

(i) $\forall f, g \in C[a,b]$, $f \leqslant g \Rightarrow Tf \leqslant Tg$;

(ii) $\forall f \in C[a,b]$, $t \in [a,b]$, 有 $|(Tf)(t)| \leqslant \|f\|_\infty (T1)(t)$, 其中 1 是 $[a,b]$ 上恒为 1 的函数;

(iii) T 是有界线性算子.

6. 设 $A, B \in B(X)$, 定义 δ_A,$\delta_{A,B}$:$B(X) \to B(X)$ 为

$$\delta_A T = TA - AT, \quad \delta_{A,B} T = ATB, \quad \forall T \in B(X).$$

证明

(i) δ_A, $\delta_{A,B}$ 都是有界线性算子且

$$\|\delta_A\| \leqslant 2\|A\|, \quad \|\delta_{A,B}\| \leqslant \|A\| \cdot \|B\|;$$

(ii) $\forall S, T \in B(X)$, $\delta_A(ST) = S(\delta_A T) + (\delta_A S)T$;

(iii) $\|\delta_A - \delta_B\| \leqslant 2\|A - B\|$;

(iv) $\delta_A + \delta_B = \delta_{A+B}$, $\delta_{\lambda A} = \lambda \delta_A (\lambda \in \mathbf{K})$;

(v) 对任意 $A \in B(X)$, 定义 $\pi A = \delta_A$, 证明 π 是由 $B(X)$ 到 $B(B(X))$ 的有界线性算子.

7. 设 T 是从有限维赋范空间 V 到赋范空间 Y 的线性算子. 应用定理 6.2.2 证明: T 必然连续.

8. 在 $l^p(\mathbf{K}) (1 \leqslant p < \infty)$ 中定义算子列 $\{T_n\}$ 如下:

$$T_n(x_1, x_2, \cdots, x_k, \cdots) = (x_n, x_{n+1}, \cdots, x_{n+k} \cdots)(n \in \mathbf{N}^+).$$

证明:

(i) $\forall n \in \mathbf{N}^+$, $T_n : l^p(\mathbf{K}) \to l^p(\mathbf{K})$ 是有界线性算子且 $\|T_n\| \leqslant 1$;

(ii) $\forall x \in l^p(\mathbf{K})$, $\lim\limits_{n\to\infty} T_n x = 0$;

(iii) $\lim\limits_{n\to\infty} \|T_n - 0\| \neq 0$.

9. 设 X 为巴拿赫空间, $\{a_n\}$ 为一数列, 对任一算子 $T \in B(X)$, 作 $B(X)$ 中的 “幂级数”

$$\sum_{n=0}^{\infty} a_n T^n = a_0 I + a_1 T + \cdots + a_n T^n + \cdots.$$

记 $\rho = \left(\overline{\lim\limits_{n\to\infty}} \sqrt[n]{|a_n|}\right)^{-1}$, 称为这个幂级数的收敛半径. 证明:

(i) 当 $\|T\| < \rho$ 时, $\sum\limits_{n=0}^{\infty} a_n T^n$ 以 $B(X)$ 中的范数收敛于某个 $S \in B(X)$;

(ii) 当 $r(T) := \lim\limits_{n\to\infty} \sqrt[n]{\|T^n\|} < 1$ 时, 级数 $\sum\limits_{n=0}^{\infty} T^n$ 收敛. 记 $S = \sum\limits_{n=0}^{\infty} T^n$, 证明:

$$(I-T)S = S(I-T) = I.$$

提示: 应用习题 6.2 第 6 题及正项级数收敛的根式判别法.

10. 设 A 是赋范代数, 试证: (i) 对任一 $x \in A$, $r_x \leqslant \|x\|$; (ii) 当 $a, b \in A$ 可换 (即 $ab = ba$) 时, 有 $r_{ab} \leqslant r_a r_b$.

11. 设 A 是赋范代数, 证明: A 中的乘法自动连续, 即: 当 $x_n, y_n, x, y \in A$ 且 $x_n \to x, y_n \to y (n \to \infty)$ 时, 有 $x_n y_n \to xy (n \to \infty)$.

7.2 哈恩–巴拿赫延拓定理

上节中引入了赋范空间 X 的共轭空间 X^*, 它是 X 上所有有界线性泛函的全体, 是一个巴拿赫空间. 那么自然要问 X^* 中是否只有零泛函呢? 即当空间 $X \neq \{0\}$ 时, X 上是否存在非零有界线性泛函. 这是本节讨论的主要问题.

7.2.1 线性泛函的延拓

设 X 是非平凡 (即 X 中有非零元) 的赋范空间, 考虑 X 上是否存在 "足够多" 的有界线性泛函. 设 $x_0 \in X, x_0 \neq 0$, 记 $X_0 = \{\lambda x_0 | \lambda \in \mathbf{K}\}$ 是由 x_0 张成的一维子空间. 定义 $f_0 : X_0 \to \mathbf{K}$ 如下:

$$f_0(\lambda x_0) = \lambda\ (\lambda \in \mathbf{K}),$$

易见, f_0 是赋范空间 X_0 上的线性泛函且

$$|f_0(\lambda x_0)| = |\lambda| = \frac{1}{\|x_0\|}\|\lambda x_0\|\ (\lambda \in \mathbf{K}).$$

可见, f_0 是有界线性泛函且 $\|f_0\| = \dfrac{1}{\|x_0\|}$. 显然 $f_0 \neq 0$, 但 f_0 仅定义在 X 的子空间 X_0 上, 是否能将 f_0 延拓到整个 X 上且保持范数不变呢? 如果可以, 那么就得到 X 上的非零有界线性泛函. 因此, 问题转化为:

若 f 是赋范空间 X 的子空间 Z 上的非零有界线性泛函, 问是否存在 X 上的有界线性泛函 $\tilde{f}$, 使得 $\tilde{f}$ 是 f 的保范延拓, 即

1° $\forall x \in Z, \tilde{f}(x) = f(x)$;

2° $\|\tilde{f}\| = \|f\|_z, \|f\|_z$ 是 $f : Z \to \mathbf{K}$ 的范数;

若这样的 $\tilde{f}$ 存在, 则

$$|f(x)| \leqslant \|f\|_z \|x\| (\forall x \in Z), \quad 且 \quad |\tilde{f}(x)| \leqslant \|f\|_z \|x\| (\forall x \in X).$$

这说明: 泛函 f 与 $\tilde{f}$ 均被泛函 $p(x) = \|f\|_z \|x\|$ 控制. 显然, p 满足条件:

3° $p(\alpha x) = |\alpha| p(x), \forall \alpha \in \mathbf{K}, \forall x \in X$;

4° $p(x+y) \leqslant p(x)+p(y), \forall x, y \in X$.
当 $\mathbf{K}=\mathbf{R}$ 时, 满足条件 3° 与 4° 的泛函 $p: X \to \mathbf{R}^+$ 称为**次线性泛函** (Sublinear functional). 当 $\mathbf{K}=\mathbf{R}$(或)$\mathbf{C}$ 时, 满足条件 3° 与 4° 的泛函 $p: X \to \mathbf{R}^+$ 称为**半范数** (Seminorm). 这样, 问题又可化为下面的一般问题:

设 f 是线性空间 X 的子空间 Z 上定义的线性泛函, p 是 X 上的次线性泛函或半范数满足: $\forall x \in Z$ 有 $|f(x)| \leqslant p(x)$, 问: 是否存在 X 上的线性泛函 $\tilde{f}$, 使得当 $x \in X$ 时有 $|\tilde{f}(x)| \leqslant p(x)$?

为了简单, 先看数域 $\mathbf{K}=\mathbf{R}$ 的情况. 这时, 由于 f 是线性的, 所以由性质 3° 知

$$|f(x)| \leqslant p(x)(\forall x \in Z) \Leftrightarrow f(x) \leqslant p(x)(\forall x \in Z),$$

同理

$$|\tilde{f}(x)| \leqslant p(x)(\forall x \in X) \Leftrightarrow \tilde{f}(x) \leqslant p(x)(\forall x \in X).$$

下面的定理肯定地回答了以上的问题.

定理 7.2.1 设 X 是实的线性空间, f 是 X 的子空间 Z 上定义的实线性泛函. 如果存在 X 上的次线性泛函 p 使得 $\forall x \in Z$ 有 $f(x) \leqslant p(x)$, 那么存在 X 上的实线性泛函 $\tilde{f}$ 使得

(i) 当 $x \in Z$ 时, $\tilde{f}(x)=f(x)$, 即 $\tilde{f}$ 是 f 的延拓,

(ii) 当 $x \in X$ 时, $\tilde{f}(x) \leqslant p(x)$, 即 $\tilde{f}$ 仍被 p 控制.

证明 若 $Z=X$, 则取 $\tilde{f}=f$ 即可. 若 $Z \neq X$, 则存在 $x_0 \in X$ 但 $x_0 \notin Z$. 记 Y 是由 x_0 与 Z 生成的子空间:

$$Y=\{x+tx_0 | x \in Z, t \in \mathbf{R}\}.$$

易见, Y 中任一元 y 有唯一的表示: $y=x+tx_0$ $(x \in Z,\ t \in \mathbf{R})$. 先将 f 延拓为 Y 上的线性泛函 g, 使它仍被 p 控制. 如果这样的 g 已找到, 那么 $\forall y=x+tx_0 \in Y$, 有

$$g(y)=g(x)+tg(x_0)=f(x)+tg(x_0). \tag{7.2.1}$$

可见, 为了确定 g 在 y 处的值, 只要确定 $g(x_0)$, 使得 $\forall y \in Y$ 都有 $g(y) \leqslant p(y)$, 即 $\forall x \in Z$ 及 $t \in \mathbf{R}$ 有

$$f(x)+tg(x_0) \leqslant p(x+tx_0). \tag{7.2.2}$$

当 $t>0$ 时, 不等式 (7.2.2) 相当于

$$g(x_0) \leqslant \frac{1}{t}[p(x+tx_0)-f(x)]=p\left(\frac{x}{t}+x_0\right)-f\left(\frac{x}{t}\right),$$

即

$$g(x_0) \leqslant p(x'+x_0)-f(x'), \quad 其中 \quad x'=\frac{x}{t}.$$

当 $t<0$ 时, 式 (7.2.2) 相当于

$$g(x_0) \geqslant \frac{1}{t}[p(x+tx_0)-f(x)] = -p\left(-\frac{x}{t}-x_0\right)+f\left(-\frac{x}{t}\right),$$

即

$$g(x_0) \geqslant -p(x''-x_0)+f(x''), \quad 其中 \quad x''=-\frac{x}{t}.$$

可见, $\forall x\in Z$ 及 $t\in \mathbf{R}$, 不等式 (7.2.2) 成立等价于: $\forall x',x''\in Z$, 有

$$-p(x''-x_0)+f(x'') \leqslant g(x_0) \leqslant p(x'+x_0)-f(x'). \tag{7.2.3}$$

因此, 存在满足条件 (7.2.3) 的实数 $g(x_0)$ 等价于: $\forall x',x''\in Z$, 有

$$-p(x''-x_0)+f(x'') \leqslant p(x'+x_0)-f(x'),$$

即

$$f(x'')+f(x') \leqslant p(x''-x_0)+p(x'+x_0). \tag{7.2.4}$$

由于 $\forall x',x''\in Z$, 有

$$f(x'')+f(x') = f(x''+x') \leqslant p(x''+x') \leqslant p(x''-x_0)+p(x_0+x'),$$

从而, 不等式 (7.2.4) 成立. 这样, 对给定的 $y=x+tx_0\in Y$, 只要选取满足不等式 (7.2.3) 的任一实数 $g(x_0)$, 定义 $g(y)=f(x)+tg(x_0)$, 则 g 是 Y 上的实线性泛函, 且当 $y\in Z$, 即 $y=y+0\cdot x_0$ 时, 有 $g(y)=f(y)$. 由以上的讨论知

$$g(y) \leqslant p(y)(\forall y\in Y).$$

如果 $Y=X$, 那么定理得证. 否则, 再取 $x_1\in X$ 但 $x_1\notin Y$, 记 Y_1 是由 x_1 与 Y 生成的子空间. 由前面的证明可知, 存在 Y_1 上的实线性泛函 g_1 使得当 $x\in Y$ 时, 有 $g_1(x)=g(x)$ 且当 $y\in Y_1$ 时, 有 $g_1(y)\leqslant p(y)$. 如果 $Y_1=X$, 那么定理得证. 否则, 如此继续下去, 最后总能将 f 延拓成 X 上的实线性泛函 $\tilde{f}$ 使定理中的条件 (i) 与 (ii) 满足. 证毕.

注 7.2.1 事实上, 上面最后一段的论述是不严格的, 因为 X 中除了 Z 之外可以有不可数个元, 这样, 延拓可能要做 "不可数次". 因此, 不能使用通常的数学归纳法完成证明. 为了把这种无限次延拓的可能性确切表达出来, 需要使用半序集中的佐恩 (Zorn) 引理. 为了不增加过多的预备知识, 我们将在附录中介绍半序集及佐恩引理, 并完成以上定理的严格论证.

当数域为复数域 $\mathbf{C}$ 时, 有下面的定理.

定理 7.2.2 设 X 是复线性空间, f 是定义在 X 的子空间 Z 上的复线性泛函. 若存在 X 上的半范数 p, 使得 $\forall x \in Z, |f(x)| \leqslant p(x)$, 则存在 X 上的复线性泛函 $\tilde{f}$ 使得:

(i) 当 $x \in Z$ 时, $\tilde{f}(x) = f(x)$(即 $\tilde{f}$ 为 f 的延拓) ;

(ii) 当 $x \in X$ 时, $|\tilde{f}(x)| \leqslant p(x)$(即 $\tilde{f}$ 仍被 p 控制).

证明 设法化成实的情况, 应用定理 7.2.1 之结论. 类似于复数可表成 $a + \mathrm{i}b(a, b \in \mathbf{R})$ 的形式, 复线性泛函 f 可表示成

$$f(x) = f_1(x) + \mathrm{i}f_2(x), \quad \forall x \in Z,$$

其中

$$f_1(x) = \frac{1}{2}\left[f(x) + \overline{f(x)}\right], \quad f_2(x) = \frac{1}{2\mathrm{i}}\left[f(x) - \overline{f(x)}\right]$$

分别为复数 $f(x)$ 的实部与虚部. 容易验证: f_1 与 f_2 都是 Z 上的实线性泛函且

$$f_1(x) \leqslant |f_1(x)| = |\mathrm{Re} f(x)| \leqslant |f(x)| \leqslant p(x), \quad \forall x \in Z.$$

由于 X 也是实线性空间, 所以根据定理 7.2.1 知: 存在 X 上的实线性泛函 $\tilde{f}_1$, 使得当 $x \in Z$ 时, $\tilde{f}_1(x) = f_1(x)$; 当 $x \in X$ 时, $\tilde{f}_1(x) \leqslant p(x)$. 又因 $\forall x \in Z$ 有

$$\mathrm{i}[f_1(x) + \mathrm{i}f_2(x)] = \mathrm{i}f(x) = f(\mathrm{i}x) = f_1(\mathrm{i}x) + \mathrm{i}f_2(\mathrm{i}x),$$

所以比较实部得知: 当 $x \in Z$ 时, $f_2(x) = -f_1(\mathrm{i}x)$. 从而

$$f(x) = f_1(x) - \mathrm{i}f_1(\mathrm{i}x), \quad \forall x \in Z.$$

令 $\tilde{f}(x) = \tilde{f}_1(x) - \mathrm{i}\tilde{f}_1(\mathrm{i}x), \forall x \in X$. 显然, 当 $x \in Z$ 时, 有

$$\tilde{f}(x) = f_1(x) - \mathrm{i}f_1(\mathrm{i}x) = f(x).$$

可见 $\tilde{f}$ 满足条件 (i). 由于 $\tilde{f}_1$ 是可加, 从而 $\tilde{f}$ 可加. 因为 $\tilde{f}_1$ 是实线性的, 所以 $\forall \alpha \in \mathbf{R}$ 有 $\tilde{f}(\alpha x) = \alpha \tilde{f}(x)(x \in X)$. 又因为对于任意 $x \in X$, 有

$$\tilde{f}(\mathrm{i}x) = \tilde{f}_1(\mathrm{i}x) - \mathrm{i}\tilde{f}_1(x) = \mathrm{i}[\tilde{f}_1(x) - \mathrm{i}\tilde{f}_1(\mathrm{i}x)] = \mathrm{i}f(x),$$

于是, 对任一复数 $\alpha + \mathrm{i}\beta$ 有

$$\tilde{f}((\alpha + \mathrm{i}\beta)x) = \tilde{f}(\alpha x) + \tilde{f}(\mathrm{i}\beta x) = (\alpha + \mathrm{i}\beta)\tilde{f}(x).$$

因此, X 是复线性泛函且满足 (i). 最后, 证明 $\tilde{f}$ 也满足条件 (ii). 任取 $x \in X$, 当 $\tilde{f}(x) = 0$ 时, 显然有

$$|\tilde{f}(x)| = 0 \leqslant p(x).$$

当 $\tilde{f}(x) \neq 0$ 时, 记 θ 为复数 $\tilde{f}(x)$ 的一个辐角, 则

$$\tilde{f}(x) = \mathrm{e}^{\mathrm{i}\theta}|\tilde{f}(x)|.$$

从而, 由 $\tilde{f}$ 的定义及半范数 p 的条件 3° 知

$$\begin{aligned}|\tilde{f}(x)| &= \mathrm{e}^{\mathrm{i}\theta}\tilde{f}(x) = \tilde{f}(\mathrm{e}^{\mathrm{i}\theta}x) = \mathrm{Re}\tilde{f}(\mathrm{e}^{\mathrm{i}\theta}x) = \tilde{f}_1(\mathrm{e}^{\mathrm{i}\theta}x)\\ &\leqslant p(\mathrm{e}^{\mathrm{i}\theta}x) = |\mathrm{e}^{\mathrm{i}\theta}|p(x) = p(x).\end{aligned}$$

故 $\tilde{f}$ 也满足条件 (ii). 证毕.

以上两个定理均讨论线性空间中的线性泛函的 "保控延拓" 问题. 应用它们立即可得赋范空间上有界线性泛函的 "保范延拓" 定理.

定理 7.2.3(哈恩–巴拿赫延拓定理) 设 X 是赋范空间, f 是定义在 X 的子空间 Z 上的有界线性泛函, $\|f\|_Z$ 是 f 的范数, 即

$$\|f\|_Z = \sup\{|f(x)| : x \in Z, \|x\| = 1\},$$

则存在 X 上的有界线性泛函 $\tilde{f}$ 使得

(i) 当 $x \in Z$ 时, $\tilde{f}(x) = f(x)$(即 $\tilde{f}$ 为 f 的延拓);

(ii) $\|\tilde{f}\| = \|f\|_Z$(即保持范数).

证明 由范数的定义知, 对任意 $x \in Z$, 都有 $|f(x)| \leqslant \|f\|_Z\|x\|$. 令 $p(x) = \|f\|_Z\|x\|$, 则 p 为 X 上的半范数且 $\forall x \in Z$ 有 $|f(x)| \leqslant p(x)$. 于是, 当 X 是实线性空间时, 有

$$f(x) \leqslant |f(x)| \leqslant p(x)(\forall x \in Z).$$

从而, 由定理 7.2.1 或定理 7.2.2 知: 存在 X 上的线性泛函 $\tilde{f}$, 使得

$$\tilde{f}(x) = f(x)(\forall x \in Z), \text{且 } |\tilde{f}(x)| \leqslant p(x)\ (\forall x \in X).$$

下证 $\tilde{f}$ 有界且 $\|\tilde{f}\| = \|f\|_Z$. 其实

$$|\tilde{f}(x)| \leqslant p(x)\ (\forall x \in X)$$

即就是

$$|\tilde{f}(x)| \leqslant \|f\|_Z\|x\|\ (\forall x \in X).$$

因此, $\tilde{f}$ 是 X 上的一个有界线性泛函, 且 $\|\tilde{f}\| \leqslant \|f\|_Z$. 又因为

$$\|f\|_Z = \|\tilde{f}\|_Z \leqslant \|\tilde{f}\|,$$

所以 $\|\tilde{f}\| = \|f\|_Z$. 证毕.

7.2.2 有界线性泛函的存在性

有了哈恩–巴拿赫延拓定理, 就可以解决本节开始提出的问题.

设 X 是非零赋范空间, $x_0 \in X\backslash\{0\}$. 记 $Z=\{\lambda x_0|\lambda\in\mathbf{K}\}$, 且在 Z 上定义

$$f_1(\lambda x_0)=\lambda\|x_0\|, \quad \forall\lambda\in\mathbf{K},$$

则 f_1 为线性子空间 Z 上的一个有界线性泛函且 $\|f_1\|_Z=1$. 由哈恩–巴拿赫延拓定理知 f_1 可以保范延拓成 X 上的有界线性泛函 f. 显然, $f\neq 0$ 且 $f(x_0)=\|x_0\|$, $\|f\|=1$. 这样, 便证明了非零赋范空间上确实存在 "足够多" 的非零有界线性泛函. 由以上讨论可得以下结论.

定理 7.2.4 设 x_0 为赋范空间 X 中的非零元, 则存在 X 上的非零有界线性泛函 f 使得

(i) $f(x_0)=\|x_0\|$;

(ii) $\|f\|=1$.

应用这个定理可证下面一些重要的结果.

定理 7.2.5 设 X 为赋范空间且 $x_0\in X$, 则

$$x_0=0\Leftrightarrow \forall f\in X^*, \text{ 有 } f(x_0)=0.$$

证明 充分性用反证法, 应用定理 7.2.4, 必要性显然. 证毕.

定理 7.2.6 设 G 是赋范空间 X 的子空间, 且 $x_0\in X$ 使得 $\rho(x_0,G)>0$, 则存在 X 上的有界线性泛函 f 满足条件:

(i) $f(G)=\{0\}$;

(ii) $f(x_0)=\rho(x_0,G)$;

(iii) $\|f\|=1$.

证明 考虑由 G 与 x_0 生成的子空间

$$Z=\{x+tx_0|x\in G, t\in\mathbf{K}\}.$$

由 $\rho(x_0,G)>0$, 可知 $x_0\notin G$. 因此可以验证 Z 中任意元素 z 有唯一的表示 $z=x+tx_0$, 其中 $x\in G, t\in\mathbf{K}$. 我们在 Z 上定义 $g:Z\to\mathbf{K}$ 如下:

$$g(x+tx_0)=t\rho(x_0,G), \forall x\in G, \quad \forall t\in\mathbf{K}.$$

因此 g 为 Z 上的线性泛函且 $g(G)=\{0\}$, $g(x_0)=\rho(x_0,G)$. 又因为对于任意 $z=x+tx_0\in Z$ 有 (设 $t\neq 0$)

$$\|z\|=\|x+tx_0\|=|t|\left\|x_0-\frac{-x}{t}\right\|\geqslant|t|\rho(x_0,G)=|g(z)|$$

当 $t=0$ 时, $z=x\in G$, 从而 $|g(z)|=0\leqslant\|z\|$. 因此 $\forall z\in Z$ 有 $|g(z)|\leqslant\|z\|$. 故 $\|g\|_Z\leqslant 1$. 由哈恩–巴拿赫延拓定理知存在 X 上的有界线性泛函 f, 使得 f 为 g 的保范延拓, 即 $\forall x\in Z$

$$f(x)=g(x) \text{ 且 } \|f\|=\|g\|_Z,$$

显然 f 满足条件 (i) 和 (ii). 另一方面, 由 $\rho(x_0,G)$ 的定义知: 存在 $x_n\in G(n=1,2,\cdots)$ 使得

$$\|x_n-x_0\|\to\rho(x_0,G)(n\to\infty).$$

由于 $f:X\to\mathbf{K}$ 连续, 所以当 $n\to\infty$ 时, 有

$$\begin{aligned}\rho(x_0,G)=f(x_0)&=f(x_0-x_n)=|f(x_0-x_n)|\\&\leqslant\|f\|\|x_n-x_0\|\to\|f\|\rho(x_0,G).\end{aligned}$$

从而

$$\rho(x_0,G)\leqslant\|f\|\cdot\rho(x_0,G).$$

由于 $\rho(x_0,g)>0$, 于是 $\|f\|\geqslant 1$. 又 $\|f\|=\|g\|_Z\leqslant 1$, 故 $\|f\|=1$, 这就证明了 f 也满足条件 (iii). 证毕.

习 题 7.2

1. 设 G 是赋范线性空间 X 的子空间, 则

$$x_0\in\overline{G}\Leftrightarrow\rho(x_0,G)=0\Leftrightarrow\forall f\in X^*, \text{只要 } f(G)=\{0\}, \text{就有 } f(x_0)=0.$$

2. 设 X 是赋范空间, 则

(i) $\forall x_0\in X$, 有

$$\|x_0\|=\sup\{|f(x_0)|:f\in X^* \text{ 且 } \|f\|=1\};$$

(ii) $\forall x,y\in X$, 有 $x=y\Leftrightarrow\forall f\in X^*, f(x)=f(y)$.

3. 在 $\mathbf{R}^2$ 中定义如下的范数:

$$\|(x_1,x_2)\|=|x_1|+|x_2|,\quad\forall(x_1,x_2)\in\mathbf{R}^2.$$

令 $G=\{(x_1,0)|x_1\in\mathbf{R}\}$, $\alpha\in\mathbf{R}$ $(|\alpha|\leqslant 1)$, 定义

$$f(x)=x_1,\quad\forall x=(x_1,0)\in G;\quad\tilde{f}_\alpha(x)=x_1+\alpha x_2,\quad\forall x=(x_1,x_2)\in\mathbf{R}^2.$$

试证:

(i) f 为 G 上的有界线性泛函且 $\|f\|_G=1$;

(ii) $\tilde{f}_\alpha$ 为 $\mathbf{R}^2$ 上的有界线性泛函且 $\|\tilde{f}_\alpha\|=\|f\|_G$;

(iii) 当 $x\in G$ 时, $\tilde{f}_\alpha(x)=f(x)$.

此时说明: 同一泛函的保范延拓可有无限多个.

4. 设 X 为赋范空间, Y 为巴拿赫空间. 如果 T 是定义在 X 的稠密子空间 D 上、值域包含在 Y 中的有界线性算子, 证明: 存在唯一的有界线性算子 $\tilde{T}:X\to Y$ 使得

(i) 当 $x\in D$ 时, $\tilde{T}x=Tx$(即 $\tilde{T}$ 为 T 的延拓),

(ii) $\|\tilde{T}\|=\|T\|_D=\sup\{\|Tx\|:x\in D \text{ 且 } \|x\|=1\}$(即保范).

7.3 有界线性泛函的表示

在 7.2 节中, 我们应用哈恩–巴拿赫延拓定理证明了任一非零赋范空间上都有"足够多"的非零有界线性泛函. 本节将讨论某些具体空间上的有界线性泛函的具体形式.

7.3.1 n 维空间 $\mathbf{K}^n$ 上的有界线性泛函

设

$$e_1=(1,0,\cdots,0),\ e_2=(0,1,0,\cdots,0),\cdots,e_n=(0,0,\cdots,0,1)$$

是 $\mathbf{K}^n$ 上的标准基底, 则任一 $x=(\xi_1,\xi_2,\cdots,\xi_n)\in\mathbf{K}^n$ 有唯一的表示

$$x=\sum_{k=1}^n \xi_k e_k.$$

如果 f 是 $\mathbf{K}^n$ 上任一线性泛函, 那么

$$f(x)=\sum_{k=1}^n \xi_k f(e_k),\quad \forall x=\sum_{k=1}^n \xi_k e_k\in\mathbf{K}^n.$$

从而

$$\begin{aligned}|f(x)|&\leqslant\sum_{k=1}^n|\xi_k|\cdot|f(e_k)|\\&\leqslant\left(\sum_{k=1}^n|f(e_k)|^2\right)^{\frac12}\left(\sum_{k=1}^n|\xi_k|^2\right)^{\frac12}\\&=\|y\|\,\|x\|,\end{aligned}$$

其中 $y=(f(e_1),f(e_2),\cdots,f(e_n))\in\mathbf{K}^n$. 这就证明了 f 是有界线性泛函且其范数满足 $\|f\|\leqslant\|y\|$. 取 $\xi_k=\overline{f(e_k)}(k=1,2,\cdots,n)$, 则 $x=(\xi_1,\xi_2,\cdots,\xi_n)\in\mathbf{K}^n$ 满足:

$$f(x)=\sum_{k=1}^n|f(e_k)|^2=\|y\|^2.$$

又因为

$$|f(x)|=f(x)\leqslant\|f\|\,\|x\|=\|f\|\,\|y\|,$$

所以 $\|f\|\geqslant\|y\|$, 因此 $\|f\|=\|y\|$.

反之, 对任一 $y=(\eta_1,\eta_2,\cdots,\eta_n)\in\mathbf{K}^n$, 定义

$$f(x)=\sum_{k=1}^n\xi_k\eta_k,\quad\forall x=(\xi_1,\xi_2,\cdots,\xi_n)\in\mathbf{K}^n,$$

则用类似的方法可以证明 f 是 $\mathbf{K}^n$ 上的有界线性泛函数, 且 $\|f\|=\|y\|$.

由以上讨论可得以下定理.

定理 7.3.1 $f\in(\mathbf{K}^n)^*$ 当且仅当存在唯一的 $y=(\eta_1,\eta_2,\cdots,\eta_n)\in\mathbf{K}^n$ 使得

$$f(x)=\sum_{k=1}^{n}\xi_k\eta_k,\quad \forall x=(\xi_1,\xi_2,\cdots,\xi_n)\in\mathbf{K}^n; \tag{7.3.1}$$

此时 $\|f\|=\|y\|$.

定义映射 $\pi:(\mathbf{K}^n)^*\to\mathbf{K}^n$ 为 $\pi f=y$, 其中 $f\in(\mathbf{K}^n)^*, y\in\mathbf{K}^n$ 满足式 (7.3.1). 容易验证 π 是线性映射且

$$\|\pi f\|=\|f\|,\quad \forall f\in(\mathbf{K}^n)^*.$$

这说明: π 是等距线性同构. 在这种意义下, 我们将 $\mathbf{K}^n$ 上的线性泛函与其中的元素不加区别, 即视 $(\mathbf{K}^n)^*=\mathbf{K}^n$.

7.3.2 $l^p(\mathbf{K})$ 上的有界线性泛函 $(1<p<\infty)$

设

$$\begin{aligned} e_1&=(1,0,0,\cdots),\\ e_2&=(0,1,0,\cdots),\\ &\cdots\\ e_n&=(\overbrace{0,\cdots,0,1}^{n\text{个}},0,\cdots),\\ &\cdots \end{aligned}$$

则 $\{e_1,e_2,\cdots,e_n,\cdots\}$ 是 $l^p(\mathbf{K})$ 中的一列线性无关向量, 且对任一 $x=(\xi_1,\cdots,\xi_n,\cdots)\in l^p(\mathbf{K})$, 有 $x=\sum\limits_{k=1}^{\infty}\xi_k e_k$. 其实, 由于 $x\in l^p(\mathbf{K})$, 从而 $\sum\limits_{k=1}^{\infty}|\xi_k|^p$ 收敛. 于是

$$\left\|x-\sum_{k=1}^{n}\xi_k e_k\right\|_p^p=\sum_{k=n+1}^{\infty}|\xi_k|^p\to 0(n\to\infty).$$

可见, $\sum\limits_{k=1}^{\infty}\xi_k e_k$ 收敛于 x, 即 $x=\sum\limits_{k=1}^{\infty}\xi_k e_k$.

如果 f 是 $l^p(\mathbf{K})$ 上的有界线性泛函, 那么由 f 的连续性可知

$$f(x)=f\left(\sum_{k=1}^{\infty}\xi_k e_k\right)=\sum_{k=1}^{\infty}\xi_k f(e_k),\quad \forall x=(\xi_1,\xi_2,\cdots)\in l^p(\mathbf{K}).$$

令

$$\eta_k=f(e_k)(k=1,2,\cdots),\quad y=(\eta_1,\eta_2,\cdots),$$

则

$$f(x)=\sum_{k=1}^{\infty}\xi_k\eta_k,\quad \forall x=(\xi_1,\xi_2,\cdots)\in l^p(\mathbf{K}). \tag{7.3.2}$$

对任一固定的 n, 令 $x_n=(\xi_1^{(n)},\cdots,\xi_k^{(n)},0,0,\cdots)$, 其中

$$\xi_k^{(n)}=\begin{cases}|\eta_k|^q\eta_k^{-1}, & \eta_k\neq 0\\ 0, & \eta_k=0\end{cases}\ (1\leqslant k\leqslant n),\quad q=\frac{p}{p-1}.$$

显然, $x_n\in l^p(\mathbf{K})$, $|f(x_n)|=\sum_{k=1}^{n}|\eta_k|^q$ 且

$$|f(x_n)|\leqslant\|f\|\cdot\|x_n\|_p=\|f\|\left(\sum_{k=1}^{n}|\xi_k^{(n)}|^p\right)^{\frac{1}{p}}.$$

由 $\xi_k^{(n)}$ 的定义知

$$\left(\sum_{k=1}^{n}|\xi_k^{(n)}|^p\right)^{\frac{1}{p}}=\left(\sum_{k=1}^{n}|\eta_k|^{p(q-1)}\right)^{\frac{1}{p}}=\left(\sum_{k=1}^{n}|\eta_k|^q\right)^{\frac{1}{p}}.$$

从而

$$\sum_{k=1}^{n}|\eta_k|^q\leqslant\|f\|\cdot\left(\sum_{k=1}^{n}|\eta_k|^q\right)^{\frac{1}{p}},$$

因此

$$\left(\sum_{k=1}^{n}|\eta_k|^q\right)^{\frac{1}{q}}\leqslant\|f\|.$$

令 $n\to\infty$ 得

$$\left(\sum_{k=1}^{\infty}|\eta_k|^q\right)^{\frac{1}{q}}\leqslant\|f\|.$$

可见, $y=(\eta_1,\eta_2,\cdots)\in l^q(\mathbf{K})$ 且 $\|y\|_q\leqslant\|f\|$. 再用赫尔德不等式 (习题 6.1 第 1 题) 可知 $\|f\|\leqslant\|y\|_q$, 从而 $\|y\|_q=\|f\|$.

反之, 对任一 $y=(\eta_1,\eta_2,\cdots,\eta_n,\cdots)\in l^q(\mathbf{K})$, 定义

$$f(x)=\sum_{k=1}^{\infty}\xi_k\eta_k,\forall x=(\xi_1,\xi_2,\cdots)\in l^p(\mathbf{K}). \tag{7.3.3}$$

应用赫尔德不等式可知 $f(x)$ 有限, 且

$$|f(x)|\leqslant\sum_{k=1}^{\infty}|\xi_k||\eta_k|\leqslant\left(\sum_{k=1}^{\infty}|\xi_k|^p\right)^{\frac{1}{p}}\left(\sum_{k=1}^{\infty}|\eta_k|^q\right)^{\frac{1}{q}}=\|y\|_q\|x\|_p.$$

因此, f 是 $l^p(\mathbf{K})$ 上的有界线性泛函且 $\|f\| \leqslant \|y\|_q$. 由于 f 有表示式 (7.3.2), 所以由上面的推导可知 $\|y\|_q \leqslant \|f\|$. 故式 (7.3.3) 定义了唯一的 $f \in (l^p(\mathbf{K}))^*$ 且 $\|f\| = \|y\|_q$.

总结上面的讨论, 有以下定理.

定理 7.3.2 设 $1 < p < \infty$, 则 $f \in (l^p(\mathbf{K}))^*$ 当且仅当存在唯一的 $y \in l^q(\mathbf{K})$ 使得

$$f(x) = \sum_{k=1}^{\infty} \xi_k \eta_k, \quad \forall x = (\xi_1, \xi_2, \cdots, \xi_n, \cdots) \in l^p(\mathbf{K});$$

此时 $\|y\|_q = \|f\|$, 其中 $y = (\eta_1, \eta_2, \cdots)$.

定义 $\pi : (l^p(\mathbf{K}))^* \to l^q(\mathbf{K})$ 为 $\pi f = y$, 其中 $y = (f(e_1), f(e_2), \cdots)$, 则 $\forall f \in (l^p(\mathbf{K}))^*$, 有 $\|\pi f\|_q = \|f\|$. 于是, π 是等距线性同构. 在这种意义下, 我们将 $l^p(\mathbf{K})$ 上的有界线性泛函看作 $l^q(\mathbf{K})$ 中的元素. 从而, $(l^p(\mathbf{K}))^* = l^q(\mathbf{K})$. 类似可证: $(l^1(\mathbf{K}))^* = l^\infty(\mathbf{K})$ (本节习题第 3 题). 但值得注意的是: $(l^\infty(\mathbf{K}))^* \neq l^1(\mathbf{K})$.

7.3.3 $L^p[a,b]$ 上的有界线性泛函 $(1 < p < \infty)$

定理 7.3.3 $f \in (L^p[a,b])^* \Leftrightarrow$ 存在唯一的 $y \in L^q[a,b]$ 使得

$$f(x) = \int_a^b x(t)y(t)\mathrm{d}t, \quad \forall x \in L^p[a,b]; \tag{7.3.4}$$

此时 $\|f\| = \|y\|_q$, 其中 $q = \dfrac{p}{p-1}$.

证明 充分性. 设 $y \in L^q[a,b]$, 令 $f(x) = \displaystyle\int_a^b x(t)y(t)\mathrm{d}t$, 则 $\forall x \in L^p[a,b]$, 由赫尔德不等式知

$$|f(x)| \leqslant \int_a^b |x(t)| \cdot |y(t)|\mathrm{d}t \leqslant \|y\|_q \cdot \|x\|_p$$

从而, f 是 $L^p[a,b]$ 上的有界线性泛函且 $\|f\| \leqslant \|y\|_q$.

必要性. 设 f 为 $L^p[a,b]$ 上的有界线性泛函, 以下寻找满足要求的 $y \in L^q[a,b]$. 若 $y \in L^q[a,b]$ 使得式 (7.3.4) 成立, 则对

$$X_s(t) = \begin{cases} 1, & a \leqslant t \leqslant s, \\ 0, & s < t \leqslant b, \end{cases}$$

有

$$f(X_s) = \int_a^b X_s(t)y(t)\mathrm{d}t = \int_a^s y(t)\mathrm{d}t.$$

从而

$$y(t) = \frac{\mathrm{d}}{\mathrm{d}s} f(X_s) \text{ a.e. 于 } [a,b].$$

这样, 只要如此定义 y, 再证明它满足要求即可.

设函数 X_s 如上定义, 则显然 $X_s \in L^p[a,b]$. 令 $g(s) = f(X_s)$, 下证 g 在 $[a,b]$ 上绝对连续. 对 $[a,b]$ 中任意 n 个没有公共同内点的闭区间 $\delta_j = [s_j, t_j](1 \leqslant j \leqslant n)$, 记 $\varepsilon_j = \operatorname{sgn}[g(t_j) - g(s_j)]$, 则

$$\begin{aligned}\sum_{j=1}^{n} |g(t_j) - g(s_j)| &= \sum_{j=1}^{n} \varepsilon_j [g(t_j) - g(s_j)] \\ &= f\left(\sum_{j=1}^{n} \varepsilon_j [X_{t_j} - X_{s_j}]\right) \\ &\leqslant \|f\| \cdot \left\|\sum_{j=1}^{n} \varepsilon_j [X_{t_j} - X_{s_j}]\right\|_p \\ &= \|f\| \left\{\int_a^b \left|\sum_{j=1}^{n} \varepsilon_j [X_{t_j}(\tau) - X_{s_j}(\tau)]\right|^p \mathrm{d}\tau\right\}^{\frac{1}{p}} \\ &\leqslant \|f\| \left\{\sum_{j=1}^{n} \int_{\delta_j} \mathrm{d}\tau\right\}^{\frac{1}{p}} \\ &= \|f\| \left\{\sum_{j=1}^{n} (t_j - s_j)\right\}^{\frac{1}{p}}.\end{aligned}$$

故函数 g 在 $[a,b]$ 上绝对连续, 从而几乎处处可导 (定理 5.8.3). 令 $y(s) = g'(s)$, 则 $y \in L[a,b]$. 由 X_s 的定义知

$$f(X_s) = \int_a^s y(\tau)\mathrm{d}\tau = \int_a^b X_s(\tau) y(\tau)\mathrm{d}\tau. \tag{7.3.5}$$

$\forall s < t$, 令

$$X_{(s,t]}(\tau) = \begin{cases} 1, & \tau \in (s,t], \\ 0, & \tau \notin (s,t], \end{cases}$$

则有 $X_{(s,t]} = X_t - X_s$. 从而, 由式 (7.3.5) 知

$$f(X_{(s,t]}) = \int_a^b X_{(s,t]}(\tau) y(\tau)\mathrm{d}\tau, \quad \forall a \leqslant s < t \leqslant b. \tag{7.3.6}$$

于是, 对任意阶梯函数

$$x(\tau) = \sum_{i=1}^{n} c_i X_{(t_{i-1},t_i]}(\tau)(a \leqslant \tau \leqslant b), \quad x(a) = c_1,$$

由式 (7.3.6) 知

$$f(x)=\sum_{i=1}^{n}c_i f(X_{(t_{i-1},t_i]})=\int_a^b x(\tau)y(\tau)\mathrm{d}\tau. \tag{7.3.7}$$

设 x 为 $[a,b]$ 上的任一有界可测函数, 应用鲁金定理可以证明存在 $[a,b]$ 上一列阶梯函数 $\{x_n(t)\}$, 使得 $x_n(t)\to x(t)$ a.e. 于 $[a,b]$ 且

$$|x_n(t)|\leqslant \sup_{a\leqslant t\leqslant b}|x(t)|<\infty.$$

由式 (7.3.7) 得知

$$f(x_n)=\int_a^b x_n(\tau)y(\tau)\mathrm{d}\tau(n=1,2,\cdots).$$

应用勒贝格控制收敛定理可得: 当 $n\to\infty$ 时, 有

$$f(x_n)=\int_a^b x_n(\tau)y(\tau)\mathrm{d}\tau\to\int_a^b x(\tau)y(\tau)\mathrm{d}\tau,$$

$$\|x_n-x\|_p=\left(\int_a^b|x_n(\tau)-x(\tau)|^p\mathrm{d}\tau\right)^{\frac{1}{p}}\to 0.$$

再由 f 的连续性知

$$f(x)=\lim_{n\to\infty}f(x_n)=\int_a^b x(\tau)y(\tau)\mathrm{d}\tau. \tag{7.3.8}$$

为证式 (7.3.8) 对任一 $x\in L^p[a,b]$ 成立, 先证以上找到的 $y\in L^q[a,b]$. 作如下有界可测函数:

$$x_n(t)=\begin{cases}|y(t)|^{q-1}\mathrm{sgn}y(t), & |y(t)|\leqslant n\\ 0, & |y(t)|>n\end{cases}\quad(n=1,2,\cdots),$$

则 x_n 为有界可测函数. 由式 (7.3.8) 可知

$$f(x_n)=\int_a^b x_n(t)y(t)\mathrm{d}t=\int_{E_n}|y(t)|^q\mathrm{d}t=\int_a^b\chi_{E_n}(t)|y(t)|^q\mathrm{d}t,$$

其中 $E_n=\{t\in[a,b]:|y(t)|\leqslant n\}$. 显然 E_n 可测且 $E_n\subset E_{n+1}(n=1,2,\cdots)$. 由莱维定理可知

$$\lim_{n\to\infty}f(x_n)=\lim_{n\to\infty}\int_a^b\chi_{E_n}(t)|y(t)|^q\mathrm{d}t=\int_a^b|y(t)|^q\mathrm{d}t. \tag{7.3.9}$$

另一方面,

$$|f(x_n)|\leqslant\|f\|\cdot\|x_n\|_p$$

$$= \|f\| \left\{ \int_a^b |x_n(t)|^p \mathrm{d}t \right\}^{\frac{1}{p}}$$

$$= \|f\| \left[\int_{E_n} |y(t)|^q \mathrm{d}t \right]^{\frac{1}{p}}.$$

由式 (7.3.9) 知

$$\int_a^b |y(t)|^q \mathrm{d}t \leqslant \|f\| \left(\int_a^b |y(t)|^q \mathrm{d}t \right)^{\frac{1}{p}}.$$

从而

$$\left(\int_a^b |y(t)|^q \mathrm{d}t \right)^{\frac{1}{q}} = \left(\int_a^b |y(t)|^q \mathrm{d}t \right)^{1-\frac{1}{p}} \leqslant \|f\| < \infty.$$

因此, $y \in L^q[a,b]$ 且 $\|y\|_q \leqslant \|f\|$.

最后, 证明式 (7.3.4) 对一切 $x \in L^p[a,b]$ 成立. 我们任取 $x \in L^p[a,b]$, 令

$$x_n(t) = \begin{cases} x(t), & |x(t)| \leqslant n, \\ n, & |x(t)| > n, \end{cases} \qquad n = 1, 2, \cdots, t \in [a,b],$$

则 $|x_n(t)| \leqslant |x(t)|$ 且 $|x_n(t)| \leqslant n (a \leqslant t \leqslant b)(n = 1, 2, \cdots)$. 由勒贝格控制收敛定理知

$$\|x_n - x\|_p = \left(\int_a^b |x_n(t) - x(t)|^p \mathrm{d}t \right)^{\frac{1}{p}} \to 0 (n \to \infty).$$

由式 (7.3.8) 及 f 的连续性知

$$f(x) = \lim_{n\to\infty} f(x_n) = \lim_{n\to\infty} \int_a^b x_n(t) y(t) \mathrm{d}t = \int_a^b x(t) y(t) \mathrm{d}t$$

因此, 式 (7.3.4) 对一切 $x \in L^p[a,b]$ 成立. 再由赫尔德不等式可知 $\|f\| \leqslant \|y\|_q$, 从而 $\|f\| = \|y\|_q$. 证毕.

定义 $\pi : (L^p[a,b])^* \to L^q[a,b]$ 为 $\pi f = y$, 其中 y 是由式 (7.3.4) 确定的 $L^q[a,b]$ 中元素, 则

$$\|\pi f\|_q = \|f\|, \quad \forall f \in (L^p[a,b])^*.$$

因此, π 是等距线性同构. 视 f 与 πf 相同, 则有 $(L^p[a,b])^* = L^q[a,b]$.

用类似的方法可证: $(L^1[a,b])^* = L^\infty[a,b]$, 但 $(L^\infty[a,b])^* \neq L^1[a,b]$.

7.3.4　$C[a,b]$ 上的有界线性泛函

应用与 7.3.3 节中类似的思想可以证明下列定理.

定理 7.3.4　$f \in (C[a,b])^*$ 当且仅当存在 $[a,b]$ 上的有界变差函数 v, 使得

$$f(x) = \int_a^b x(t)\mathrm{d}v(t), \forall x \in C[a,b];\ \text{此时}\ \|f\| = \overset{b}{\underset{a}{V}}(v),$$

其中的积分为黎曼–斯蒂尔切斯 (Riemann–Stieltjes) 积分, $\overset{b}{\underset{a}{V}}(v)$ 是函数 v 的全变差.

由于本定理的证明要用到黎曼–斯蒂尔切斯积分的某些性质, 故从略.

7.3.5　希尔伯特空间上有界线性泛函的表示

定理 7.3.5(里斯表示定理)　设 H 为希尔伯特空间, 则 $f \in H^*$ 当且仅当存在唯一 $y \in H$ 使得

$$f(x) = \langle x, y\rangle, \quad \forall x \in H;\ \text{此时},\ \|f\| = \|y\|. \tag{7.3.10}$$

证明　充分性. 任取 $y \in H$, 令 $f(x) = \langle x, y\rangle\ x \in H$. 由内积的性质知 f 为 H 上的线性泛函. 又由施瓦茨不等式知

$$|f(x)| = |\langle x, y\rangle| \leqslant \|x\| \cdot \|y\|, \forall x \in H.$$

因此, f 为 H 上的有界线性泛函且 $\|f\| \leqslant \|y\|$.

必要性. 设 $f \in H^*$, 以下寻找 $y \in H$ 使得 $f(x) = \langle x, y\rangle (\forall x \in H)$. 如果 $f = 0$, 则取 $y = 0$ 就满足要求. 如果 $f \neq 0$, 令

$$M = \{x \in H | f(x) = 0\} = \ker(f)$$

是 f 的零空间. 显然 M 是 H 的真闭子空间 (因为 $f \neq 0$ 且 f 连续). 于是存在非零向量 $x_0 \in H$ 使得 $x_0 \perp M$. 因此 $x_0 \notin M$, 故 $f(x_0) \neq 0$. 记 $\delta = f(x_0)$, 则对于任意 $x \in H$ 有

$$f(\delta x - f(x)x_0) = \delta f(x) - f(x)f(x_0) = 0.$$

于是 $\delta x - f(x)x_0 \in M$, 从而 $\langle \delta x - f(x)x_0, x_0\rangle = 0$, 即

$$f(x) = \frac{\delta}{\|x_0\|^2}\langle x, x_0\rangle, \quad \forall x \in H.$$

令 $y = \dfrac{\delta}{\|x_0\|^2}x_0$, 得到

$$f(x) = \langle x, y\rangle, \ \forall x \in H.$$

又若存在 $y' \in H$ 使得

$$f(x)=\langle x,y'\rangle, \quad \forall x\in H,$$

则 $\langle x,y-y'\rangle=0, \forall x\in H$, 故 $y'=y$. 可见, 满足条件的 y 是唯一的. 由上面充分性的证明知: $\|f\|\leqslant\|y\|$. 又因为

$$\|f\|\cdot\|y\|\geqslant f(y)=\langle y,y\rangle=\|y\|^2,$$

从而 $\|f\|\geqslant\|y\|$, 故 $\|f\|=\|y\|$. 证毕.

定义 $\pi: H^*\to H$ 为 $\pi f=y$, 其中 y 是 $f\in H^*$ 由定理 7.3.5 确定的 H 中的向量, 即满足

$$f(x)=\langle x,y\rangle, \quad \forall x\in H.$$

又若 $\pi g=z$, 则 $\forall x\in H$ 有

$$(f+g)(x)=f(x)+g(x)=\langle x,y\rangle+\langle x,z\rangle=\langle x,y+z\rangle,$$

从而 $\pi(f+g)=y+z$. 因为 $\forall x\in H$, 有

$$(\alpha f)(x)=\alpha f(x)=\alpha\langle x,y\rangle=\langle x,\overline{\alpha}y\rangle\ (\forall\alpha\in\mathbf{K}),$$

所以 $\pi(\alpha f)=\overline{\alpha}\pi f$. 于是, $\pi: H^*\to H$ 是共轭线性同构, 即 π 为一一对应且

$$\pi(f+g)=\pi f+\pi g, \pi(\alpha f)=\overline{\alpha}\pi f(\forall f,g\in H^*,\forall\alpha\in\mathbf{K}).$$

同时, π 还是保范的, 即 $\|\pi f\|=\|f\|(\forall f\in H^*)$. 在这样的对应下, 视 $f\in H^*$ 与 πf 相同, 从而 $H^*=H$.

习 题 7.3

1. 设 $x\in L^p[a,b]\ (1<p<\infty)$, 试证:

$$x(t)=0 \text{ a.e. 于}[a,b]\Leftrightarrow\forall y\in L^q[a,b]\text{有}\int_a^b x(t)y(t)\mathrm{d}t=0,$$

其中 $1<q<\infty$ 满足 $\dfrac{1}{p}+\dfrac{1}{q}=1$.

2. 设 f 是希尔伯特空间 H 的子空间 Z 上定义的有界线性泛函, 应用里斯表示定理证明: 存在唯一的 $\tilde{f}\in H^*$ 使得

(i) 当 $x\in Z$ 时, $\tilde{f}(x)=f(x)$(即 $\tilde{f}$ 为 f 的延拓);

(ii) $\|\tilde{f}\|=\|f\|_Z$.

3. 求出空间 $c(\mathbf{K})$ 与 $l^1(\mathbf{K})$ 上有界线性泛函的一般形式, 并证明 $(l^1(\mathbf{K}))^*=l^\infty(\mathbf{K})$(空间 $c(\mathbf{K})$ 如习题 6.2 第 1 题所述).

4. 设 X 是 n 维赋范线性空间, 求出 X 上有界线性泛函的一般形式, 并证明: X 上任一线性泛函自动连续.

5. 证明: $(L^1[a,b])^*=L^\infty[a,b]$.

7.4　共轭空间与共轭算子

7.4.1　共轭空间

前面引入了赋范线性空间 X 的共轭空间 X^*. 由于 X^* 本身又是一个赋范线性空间, 从而它也有自己的共轭空间 $(X^*)^*$. 记 $X^{**}=(X^*)^*$, 称为原空间 X 的二次共轭空间. 类似地可定义 X^{***} 等. 于是, 对于数域 $\mathbf{K}$ 上的赋范空间 X, 可得一列空间:

$$X, X^*, X^{**}, X^{***}, \cdots, \tag{7.4.1}$$

它们之间必有某种联系.

先讨论 X 与 X^{**} 的关系. 对每个点 $x\in X$ 与每个泛函 $f\in X^*$, 有 $f(x)\in\mathbf{K}$. 如果固定 f 让 x 取遍 X, 就得到 X 上的有界线性泛函 f. 如果固定 x, 让 f 取遍 X^*, 则得到 X^* 上的一个泛函, 记为 x^{**}, 则

$$x^{**}(f)=f(x),\quad \forall f\in X^*. \tag{7.4.2}$$

对任意 $f,g\in X^*$ 及 $\alpha\in\mathbf{K}$, 有

$$x^{**}(\alpha f)=(\alpha f)(x)=\alpha f(x)=\alpha x^{**}(f)$$

与

$$x^{**}(f+g)=(f+g)(x)=f(x)+g(x)=x^{**}(f)+x^{**}(g).$$

可见, x^{**} 是 X^* 上的线性泛函. 显然

$$|x^{**}(f)|=|f(x)|\leqslant\|f\|\,\|x\|,\quad \forall f\in X^*.$$

因此, x^{**} 是 X^* 上的一个有界线性泛函, 从而 $x^{**}\in X^{**}$ 且有 $\|x^{**}\|\leqslant\|x\|$. 如果 $x=0$, 那么 $x^{**}=0$, 从而 $\|x^{**}\|=\|x\|$. 如果 $x\neq 0$, 那么由定理 7.2.4 知: 存在 $f\in X^*$ 使得 $\|f\|=1$ 且 $f(x)=\|x\|$, 即 $x^{**}(f)=\|x\|$, 因此 $\|x^{**}\|=\|x\|$. 进一步, 对任意 $x,y\in X$ 及 $f\in X^*$, 有

$$\begin{aligned}(x+y)^{**}(f)&=f(x+y)=f(x)+f(y)\\&=x^{**}(f)+y^{**}(f)\\&=(x^{**}+y^{**})(f).\end{aligned}$$

从而 $(x+y)^{**}=x^{**}+y^{**}$. 同理可证: 对任意 $\alpha\in\mathbf{K}$, 有 $(\alpha x)^{**}=\alpha x^{**}$. 这表明: $J_X: x\mapsto x^{**}$ 是 X 到 X^{**} 中的线性映射且

$$\|J_X x\|=\|x^{**}\|=\|x\|\,(\forall x\in X).$$

因此, J_X 是 X 到 X^{**} 中的**等距线性映射** (Isometric linear mapping)(称为空间 X 的**典型嵌入映射** (Canonical imbedding mapping)), 从而 J_X 是一对一的.

总结以上讨论可得以下定理.

定理 7.4.1 设 X 是赋范线性空间, 对每个 $x \in X$ 定义

$$x^{**}(f) = f(x), \quad \forall f \in X^*,$$

则 $x^{**} \in X^{**}$ 且 $\|x^{**}\| = \|x\|$. 又若定义 $J_X x = x^{**}(\forall x \in X)$, 则 $J_X : X \to X^{**}$ 是等距线性映射, 进而是单射.

在这个定理的意义下, 视 x 与 x^{**} 相同, 从而可视 X 为 X^{**} 的子空间, 即 $X \subset X^{**}$, 如果 $X = X^{**}$, 即

$$X^{**} = J_X(X) = \{x^{**} | x \in X\},$$

则称 X 是**自反的** (Reflexive). 显然, 自反空间必完备.

在 7.3 节中我们证明了: 当 $1 < p < \infty$ 时, 在等距同构的意义下, 有

$$(l^p(\mathbf{K}))^* = l^q(\mathbf{K}) \text{ 与 } (L^p[a,b])^* = L^q[a,b],$$

其中 $q = \dfrac{p}{p-1}$. 于是

$$(l^p(\mathbf{K}))^{**} = (l^q(\mathbf{K}))^* = l^p(\mathbf{K})$$

与

$$(L^p[a,b])^{**} = (L^q[a,b])^* = L^p[a,b].$$

因此, 空间 $l^p(\mathbf{K})$ 与 $L^p[a,b](1 < p < \infty)$ 都是自反巴拿赫空间.

由上面的关系也可看出: 当 $p = 2$ 时, 有 $q = 2$, 因此

$$(l^2(\mathbf{K}))^* = l^2(\mathbf{K}), \quad (L^2[a,b])^* = L^2[a,b].$$

一般地, 若赋范线性空间 $X = X^*$ (等距同构), 则称 X 是**自共轭**(Self-conjugate) 的. 又如空间 $\mathbf{K}^n$ 及任意希尔伯特空间 H 都是自共轭的. 显然, 自共轭空间必自反.

上面讨论的是空间序列 (7.4.1) 中空间 X 与空间 X^{**} 的关系. 一般地可得

$$\begin{cases} X \subset X^{**} \subset X^{****} \subset \cdots, \\ X^* \subset X^{***} \subset X^{*****} \subset \cdots, \end{cases} \tag{7.4.3}$$

其中 $\subset$ 表示等距嵌入. 这是式 (7.4.1) 中相间的两个空间的大小关系. 为了讨论相邻空间的属性关系, 只要讨论 X 与 X^* 的关系即可.

定理 7.4.2 设 X 是赋范空间, 则当 X^* 可分时, X 也可分.

证明 设 D 是 X^* 中的可数稠密集, 则 $\overline{D}=X^*$. 记

$$S=\{f\in X^*:\|f\|=1\},\quad D_1=\left\{f\in D:\|f\|\geqslant\frac{1}{2}\right\}.$$

容易验证 D_1 是可数集且在 S 中稠密. 记 $D_1=\{f_n|n\in\mathbf{N}^+\}$, 则对每个 n, 由 $\|f_n\|$ 的定义知: 存在 $x_n\in X$ 使得 $\|x_n\|=1$ 且 $|f_n(x_n)|\geqslant\frac{1}{3}$. 设

$$X_0=\bigcup_{n=1}^{\infty}\left\{\sum_{i=1}^{n}\lambda_i x_i:\lambda_i\in\mathbf{K}\right\},\quad Y=\bigcup_{n=1}^{\infty}\left\{\sum_{i=1}^{n}r_i x_i:r_i\in\mathbf{K}_0\right\},$$

其中 $\mathbf{K}$ 为 X 的数域, 且

$$\mathbf{K}_0=\begin{cases}\mathbf{Q}, & \mathbf{K}=\mathbf{R},\\ \mathbf{Q}+\mathrm{i}\mathbf{Q}, & \mathbf{K}=\mathbf{C},\end{cases}$$

这里, $\mathbf{Q}+\mathrm{i}\mathbf{Q}=\{p+\mathrm{i}q:p,q\in\mathbf{Q}\}$ 为全体 “有理复数集”. 易见, X_0 是 X 的线性子空间且 Y 在 X_0 中稠, 即 $\overline{Y}\supset X_0$. 从而 $\overline{Y}\supset\overline{X}_0$. 由于 $\mathbf{K}_0$ 可数, 所以 Y 是可数集. 下证 Y 在 X 中稠. 只要证明 X_0 在 X 中稠, 即 $\overline{X}_0=X$. 否则, $\overline{X}_0$ 是 X 的真闭子空间, 则由定理 7.2.6 知: 存在 $f\in X^*$, 使得 $f(\overline{X}_0)=\{0\}$, 且 $\|f\|=1$. 于是 $\forall n\in\mathbf{N}^+$, 有

$$\|f_n-f\|\geqslant|f_n(x_n)-f(x_n)|=|f_n(x_n)|\geqslant\frac{1}{3}.$$

可见$B\left(f,\frac{1}{3}\right)\bigcap D_1=\varnothing$, 但 $f\in S$. 这与 D_1 在 S 中稠密矛盾. 故 X 有可数稠密子集 Y, 因而 X 可分. 证毕

由定理 7.4.2 可知: $L^1[a,b]$ 不自反. 事实上, 若不然, 则由

$$L^\infty[a,b]=(L^1[a,b])^*(\text{习题 7.3 第 5 题})$$

知

$$(L^\infty[a,b])^*=(L^1[a,b])^{**}=L^1[a,b].$$

进而, 由 $L^1[a,b]$ 可分知 $(L^\infty[a,b])^*$. 根据定理 7.4.2 知 $L^\infty[a,b]$ 可分. 于是, 它有可数稠子集 D. 令

$$\chi_{[a,s]}(t)=\begin{cases}1, & a\leqslant t\leqslant s,\\ 0, & s<t\leqslant b,\end{cases}$$

则 $\chi_{[a,s]}\in L^\infty[a,b](a<s<b)$ 且当 $a<s'<s''<b$ 时, 有

$$\|\chi_{[a,b]}-\chi_{[a,s'']}\|_\infty=1.$$

记 $D=\{x_1,x_2,\cdots\}$, 则 $\forall f\in L^\infty[a,b]$, 有 $B\left(f,\dfrac{1}{3}\right)\bigcap D\neq\varnothing$. 从而

$$\bigcup_{n=1}^{\infty}B\left(x_i,\frac{1}{3}\right)=L^\infty[a,b]\supset\{\chi_{[a,s]}:a<s<b\}.$$

由于 $\chi_{[a,s]}(a<s<b)$ 有不可数个, 从而必有某个开球 $B\left(x_i,\dfrac{1}{3}\right)$ 包含两个不同的 $\chi_{[a,s']}$ 与 $\chi_{[a,s'']}$, 这是不可能的. 因此, $L^\infty[a,b]$ 不可分, 进而知 $L^1[a,b]$ 不自反. 而且也证明了:

$$(L^\infty[a,b])^*\neq L^1[a,b].$$

关于自反性, 我们有以下结论.

定理 7.4.3 设 X 为巴拿赫空间, 则 X 自反当且仅当 X^* 自反.

证明 必要性. 设 X 自反, 则 $X^{**}=X$ 即

$$\{x^{**}|x\in X\}=X^{**}, \tag{7.4.4}$$

其中 $x^{**}(f)=f(x),\forall f\in X^*$ 及 $x\in X$. 下证 $X^{***}=X^*$ 即

$$\{g^{**}|g\in X^*\}=(X^*)^{**}=X^{***}. \tag{7.4.5}$$

任取 $f\in X^{***}$, 定义

$$g(x)=f(x^{**}),\quad \forall x\in X,$$

其中 $x^{**}=J_Xx$. 从而 $g=f\circ J_X\in X^*$. 由式 (7.4.4) 知: $\forall x^{**}\in X^{**},\exists x\in X$ 使得 $X^{**}=J_Xx$, 从而

$$f(x^{**})=g(x)=x^{**}(g)=(J_{X^*}g)x^{**}=g^{**}(x^{**}),$$

其中 $g^{**}=J_{X^*}g$. 所以, $f=g^{**}$, 可见 $f\in\{g^{**}|g\in X^*\}$. 又因为

$$\{g^{**}|g\in X^*\}\subset X^{***},$$

从而式 (7.4.5) 成立. 故 X^* 自反.

充分性. 设 X^* 自反, 则 $(X^*)^{**}=X^*$ 即式 (7.4.5) 成立. 为证 X 自反, 只要证明式 (7.4.4) 成立. 记 $\hat{X}=J_X(X)=\{x^{**}|x\in X\}(x^{**}=J_Xx)$, 则 $\hat{X}\subset X^{**}$. 由于 $J_X:x\mapsto x^{**}$ 是完备空间 X 到赋范空间 $\hat{X}$ 的等距同构, 从而 $\hat{X}$ 也完备. 因此, $\hat{X}$ 是 X^{**} 中的闭子空间 (应用习题 6.1 第 8 题). 如果 $\hat{X}\neq X^{**}$, 则存在 $h\in X^{**}$ 但 $h\notin\hat{X}$. 由于 $\hat{X}$ 是闭子集, 所以 $\rho(h,\hat{X})>0$(应用习题 6.1 第 3 题). 根据定理 7.2.6 知: 存在 $f\in(X^{**})^*=X^{***}$, 使得 $f(\hat{X})=\{0\}$ 但 $f\neq0$. 由于式 (7.4.5) 成立. 故存在 $g\in X^*$ 使得 $g^{**}=f$, 于是,$\forall x\in X$ 有 $g^{**}(x^{**})=0$ 即 $g(x)=x^{**}(g)=0$, 因而 $g=0$, 于是 $f=g^{**}=0$. 这与 $f\neq0$ 矛盾. 故 $\hat{X}=X^{**}$ 即式 (7.4.4) 成立. 证毕.

7.4.2　共轭算子

设 $T: X \to Y$ 是有界线性算子, 对每个 $g \in Y^*$ 定义

$$f(x) = g(Tx), \quad \forall x \in X. \tag{7.4.6}$$

显然, $f = g \circ T \in X^*$. 再定义

$$T^*g = f = g \circ T, \quad \forall g \in Y^*,$$

其中 f 是 g 由式 (7.4.6) 决定的唯一的 X^* 中的元素. 于是, 得到一个映射 $T^*: Y^* \to X^*$, 满足

$$(T^*g)(x) = g(Tx), \quad \forall g \in Y^*, \forall x \in X. \tag{7.4.7}$$

有时, 将上式记为

$$\langle x, T^*g \rangle = \langle Tx, g \rangle, \quad \forall g \in Y^*, \forall x \in X,$$

其中 $\langle a, b \rangle = b(a)$, 表示泛函 b 在 a 处的值.

定义 7.4.1　设 $T \in B(X, Y)$, 则称由式 (7.4.7) 所确定的映射

$$T^*: Y^* \to X^*$$

为算子 T 的**共轭算子**(Conjugate operator), **或伴随算子** (Adjoint operator).

定理 7.4.4　共轭算子有下面的性质:

1° T^* 是 $Y^* \to X^*$ 的有界线性算子且 $\|T^*\| = \|T\|$;

2° $\forall \alpha \in \mathbf{K}, (\alpha T)^* = \alpha T^*$;

3° $(T_1 + T_2)^* = T_1^* + T_2^*$, 这里 $T_i \in B(X, Y)$;

4° $(T_2 T_1)^* = T_1^* T_2^*$, 这里 $T_1 \in B(X, Y), T_2 \in B(Y, Z)$;

5° $\|(T^*)^*\| = \|T\|$.

证明　1° 先证 $T^*: Y^* \to X^*$ 是线性的. $\forall f, g \in Y^*$, 由式 (7.4.7) 得 $\forall x \in X$ 有

$$\begin{aligned}[T^*(f+g)](x) &= (f+g)(Tx) = f(Tx) + g(Tx) \\ &= (T^*f)(x) + (T^*g)(x) \\ &= (T^*f + T^*g)(x).\end{aligned}$$

从而 $T^*(f+g) = T^*f + T^*g$. 可见, T^* 是可加的. 类似可证 T^* 是齐次的. 下证 T^* 有界. 由式 (7.4.7) 知: 对每个 $f \in Y^*$ 有

$$|(T^*f)(x)| = |f(Tx)| \leqslant \|f\| \cdot \|Tx\| \leqslant \|f\| \cdot \|T\| \cdot \|x\|, \quad \forall x \in X.$$

从而 $\|T^*f\| \leqslant \|T\| \cdot \|f\|$. 由于 $f \in Y^*$ 任意, 所以 T^* 有界且 $\|T^*\| \leqslant \|T\|$. 另一方面, 对任一 $x \in X$, 由定理 7.2.4 知: 存在 $f_0 \in Y^*$, 使得

$$f_0(Tx) = \|Tx\| \text{ 且 } \|f_0\| = 1.$$

(注: 当 $Tx = 0$ 时, 任取 $f_0 \in Y^*$ 即可). 于是

$$\begin{aligned}\|Tx\| = |f_0(Tx)| = |(T^*f_0)(x)| \leqslant \|T^*f_0\| \cdot \|x\| \\ \leqslant \|T^*\| \cdot \|f_0\| \cdot \|x\| = \|T^*\| \cdot \|x\|.\end{aligned}$$

因此, $\|T\| \leqslant \|T^*\|$, 故 $\|T^*\| = \|T\|$.

性质 2°—4° 直接验证即可, 留作练习. 下证性质 5°. 由性质 1° 知

$$\|(T^*)^*\| = \|T^*\| \text{ 及 } \|T^*\| = \|T\|,$$

从而 $\left\|(T^*)^*\right\| = \|T\|$. 证毕.

记 $T^{**} = (T^*)^*$, 称其为算子 T 的二次共轭算子.

在某些情况下, 常常需要求出共轭算子的具体形式, 现举两例以说明其方法.

例 7.4.1 设 $A = [a_{ij}]$ 是 $m \times n$ 实距阵, 定义 $T : \mathbf{R}^n \to \mathbf{R}^m$ 如下:

$$Tx = (Ax^{\mathrm{T}})^{\mathrm{T}} = xA^{\mathrm{T}},$$

其中 x^{T} 是行向量 x 的转置, 视为 $n \times 1$ 矩阵. 若记

$$Tx = (\eta_1, \eta_2, \cdots, \eta_m),$$

则

$$\eta_i = \sum_{j=1}^{n} a_{ij}\xi_j (i = 1, 2, \cdots, m).$$

容易验证: T 是有界线性算子 (参见例 7.1.3). 由于 $(\mathbf{R}^m)^* = \mathbf{R}^m$, $(\mathbf{R}^n)^* = \mathbf{R}^n$, 从而 T^* 是 $\mathbf{R}^m$ 到 $\mathbf{R}^n$ 的有界线性算子. 对任一 $f \in (\mathbf{R}^m)^* = \mathbf{R}^m$, 记 $f = (c_1, c_2, \cdots, c_m)$, 即

$$f(y) = \sum_{i=1}^{m} c_i\eta_i, \quad \forall y = (\eta_1, \eta_2, \cdots, \eta_m) \in \mathbf{R}^m.$$

于是, $\forall x = (\xi_1, \xi_2, \cdots, \xi_n) \in \mathbf{R}^n$, 有

$$\begin{aligned}(T^*f)(x) = f(Tx) &= \sum_{i=1}^{m} c_i\eta_i \\ &= \sum_{i=1}^{m} c_i \sum_{j=1}^{n} a_{ij}\xi_j = \sum_{j=1}^{n}\left(\sum_{i=1}^{m} a_{ij}c_i\right)\xi_j.\end{aligned}$$

将 i,j 交换得

$$(T^*f)(x)=\sum_{i=1}^{n}\left(\sum_{j=1}^{m}a_{ji}c_j\right)\xi_i=\sum_{i=1}^{n}d_i\xi_i,$$

其中

$$d_i=\sum_{j=1}^{m}a_{ji}c_i(i=1,2,\cdots,n).$$

因此, $T^*f=(d_1,d_2,\cdots,d_n)$. 这就证明了:

$$T^*f=\left(A^{\mathrm{T}}f^{\mathrm{T}}\right)^{\mathrm{T}}=fA.$$

可见, $T^*:\mathbf{R}^m\to\mathbf{R}^n$ 由矩阵 A 的转置阵 A^{T} 定义.

例 7.4.2　设 $k(t,s)$ 是 $D=[a,b]\times[a,b]$ 上的可测实值函数满足:

$$\iint\limits_D |k(t,s)|^q\mathrm{d}t\mathrm{d}s<\infty, \tag{7.4.8}$$

其中 $1<q<\infty$, 定义

$$(Tx)(t)=\int_a^b k(t,s)x(s)\mathrm{d}s,\quad \forall x\in L^p[a,b], \tag{7.4.9}$$

其中 $p=\dfrac{q}{q-1}$.

由赫尔德不等式得: $\forall x\in L^p[a,b],\quad \forall t\in[a,b]$, 有

$$|(Tx)(t)|\leqslant\left(\int_a^b|k(t,s)|^q\mathrm{d}s\right)^{\frac{1}{q}}\left(\int_a^b|x(s)|^p\mathrm{d}s\right)^{\frac{1}{p}}.$$

从而 $(Tx)(t)$ 有限且

$$|(Tx)(t)|^q\leqslant\left(\int_a^b|k(t,s)|^q\mathrm{d}s\right)\cdot\|x\|_p^q,\quad \forall a\leqslant t\leqslant b.$$

因此

$$\|Tx\|_q=\left(\int_a^b|(Tx)(t)|^q\mathrm{d}t\right)^{\frac{1}{q}}\leqslant\alpha\|x\|_p,$$

其中

$$\alpha=\left(\iint\limits_D|k(t,s)|^q\mathrm{d}t\mathrm{d}s\right)^{\frac{1}{q}}.$$

由式 (7.4.8) 知, $\alpha<\infty$, 可见 $Tx\in L^q[a,b]$. 因此, T 是从 $L^p[a,b]$ 到 $L^q[a,b]$ 中的映射. 显然, T 是线性的, 从而 T 是有界线性算子且 $\|T\|\leqslant\alpha$. 由于 $L^p[a,b]$ 与 $L^q[a,b]$ 互为共轭空间, 从而 T^* 是从 $(L^q[a,b])^*=L^p[a,b]$ 到 $(L^p[a,b])^*=L^q[a,b]$ 中的有界线性算子. 由定理 7.3.3 知, $\forall f\in(L^q[a,b])^*$, 存在唯一 $y\in L^p[a,b]$, 使得 $\forall z\in L^q[a,b]$, 有

$$f(z)=\int_a^b z(t)y(t)\mathrm{d}t.$$

故对任一 $x\in L^p[a,b]$, 有

$$\begin{aligned}(T^*f)(x)=f(Tx)&=\int_a^b y(t)\left[\int_a^b k(t,s)x(s)\mathrm{d}s\right]\mathrm{d}t\\&=\int_a^b x(s)\left[\int_a^b k(t,s)y(t)\mathrm{d}t\right]\mathrm{d}s\ (\text{富比尼定理})\\&=\int_a^b x(t)\left[\int_a^b k(s,t)y(s)\mathrm{d}s\right]\mathrm{d}t\ (\text{交换 } s,t).\end{aligned}$$

于是, 依照 $(L^p[a,b])^*=L^q[a,b]$ 的实际含义有

$$(T^*f)(t)=\int_a^b k(s,t)y(s)\mathrm{d}s.$$

视 $f=y$, 则 $\forall y\in L^p[a,b]$, 有

$$(T^*y)(t)=\int_a^b k(s,t)y(s)\mathrm{d}s. \tag{7.4.10}$$

这就是共轭算子 T^* 的表示式, 它由函数 $k(s,t)$ 定义.

由式 (7.4.9) 与 (7.4.10) 得到的算子 T 与 T^* 都是积分算子, 分别具有积分核 $k(t,s)$ 与 $k_1(t,s):=k(s,t)$.

由定理 7.3.5 后的注可知: 当 H 为希尔伯特空间时, 可视 $H^*=H$. 从而, 当 $T\in B(H)$ 时, $T^*\in B(H)$. 有关性质见本节习题第 13 题.

习 题 7.4

1. 设 X 为赋范线性空间, 证明:

$$\dim X=n\Leftrightarrow\dim X^*=n,$$

其中 dim 表示维数, n 是自然数.

2. 设 X 为赋范线性空间, 证明:

$$\dim X = \infty \Leftrightarrow \dim X^* = \infty.$$

3. 设 X 是巴拿赫空间, 证明: X 自反 $\Leftrightarrow$ X 的某次共轭空间自反.

4. 若赋范线性空间 X 的某次共轭空间可分, 则 X 可分.

5. 举例说明: X 可分不能推出 X^* 可分.

6. 证明共轭算子的性质 2° 与 3°.

7. 求数乘算子 $\alpha I \in B(X)$ 的共轭算子, 其中 α 为任一数, I 是恒等算子.

8. 证明: 有限维赋范空间必自反.

9. 设 X 为赋范线性空间, 对 X 的每个非空子集 E, 定义

$$E^{\perp} = \{f \in X^* | f(E) = \{0\}\}.$$

证明:

(i) $E^{\perp}$ 是 X 的闭子空间;

(ii) $(\overline{E})^{\perp} = E^{\perp}$, 其中 $\overline{E}$ 为 $E \subset X$ 的闭包;

(iii) $E^{\perp} = \{0\} \Leftrightarrow E$ 在 X 中稠密;

(iv) $E^{\perp} = X^* \Leftrightarrow E = \{0\}$.

10. 设 $T \in B(X, Y)$, 证明:

(i) $\ker(T^*) = \overline{T(x)}^{\perp}$;

(ii) T^* 是单射 $\Leftrightarrow T$ 具有稠值域.

11. 对任一非空子集 $A \subset X^*$, 定义

$$A^{\circ} = \{x \in X | f(x) = 0 (\forall f \in A)\}.$$

证明

(i) $A^{\circ} = \bigcap\limits_{f \in A} \ker(f)$, 从而 A° 为 X^* 的闭子空间;

(ii) $(\overline{A})^{\circ} = A^{\circ}$;

(iii) $A^{\circ} = X \Leftrightarrow A = \{0\}$;

(iv) 当 X 自反时, $A^{\circ} = \{0\} \Leftrightarrow A$ 在 X^* 中稠密.

12. 设 $T \in B(X, Y)$, 证明: $\ker(T) = [T^*(Y^*)]^{\circ}$, 进而证明: 当 X 自反时, T 是单射 $\Leftrightarrow T^*$ 具有稠值域即 $\overline{T^*(Y^*)} = X^*$.

13. 设 H 为希尔伯特空间, 视 $H = H^*$, 即 $y(x) = \langle x, y \rangle$, 则 $\forall T \in B(H)$, 有

(i) $\forall x, y \in H$, 有

$$\langle Tx, y \rangle = \langle x, T^* y \rangle, \ \langle T^* x, y \rangle = \langle x, Ty \rangle;$$

(ii) $T^{**} = T$, $\forall x, y \in H$, $\langle T^* T x, y \rangle = \langle Tx, Ty \rangle$;

(iii) $\forall x \in H$, $\langle T^* T x, x \rangle = \|Tx\|^2$;

(iv) $\|T^* T\| = \|T T^*\| = \|T\|^2$.

提示: 应用定理 7.3.5.

7.5 逆算子定理与开映射定理

7.5.1 逆算子的概念与基本性质

有许多应用与理论问题归结为求解算子方程 $Tx = y$, 其中 x, y 是适当线性空间 E, F 中的向量, T 是 E 到 F 的算子. 研究的主要问题是: 是否对每个 y 都存在唯一的 x 满足方程: $Tx = y$, 显然这等价于映射 T 有逆映射 T^{-1}, 这时解为 $x = T^{-1}y$. 由于实际问题的需要, 往往要求: 当 y 变化不大时, 解 x 也变化不大, 这个相当于要求逆映射 T^{-1} 是连续的. 因此, 有必要研究一个算子在什么情况下有逆算子且逆算子是连续的.

定义 7.5.1 设 $T \in B(X,Y)$, 且对每个 $y \in Y$, 存在唯一 $x \in X$ 使得 $Tx = y$, 于是可定义 $T^{-1} : Y \to X$ 如下:

$$T^{-1}y = x. \tag{7.5.1}$$

称 T^{-1} 为 T 的**逆算子** (Inverse operator).

显然, 逆算子也是线性的, 但不一定是有界的. 若 T^{-1} 存在且有界, 则称 T 是**可逆的** (Invertible). 一个算子何时可逆呢?

设 $T \in B(X,Y)$ 的逆算子 T^{-1} 存在, 则由逆算子的定义式 (7.5.1) 知

$$TT^{-1} = I_Y, \quad T^{-1}T = I_X, \tag{7.5.2}$$

其中, I_X, I_Y 分别是 X, Y 上的恒等算子.

反之, 若有线性算子 $S : Y \to X$, 使得

$$TS = I_Y, \quad ST = I_X, \tag{7.5.3}$$

则 $\forall y \in Y$, $T(Sy) = y$. 从而, 由式 (7.5.3) 中第一式知 T 是满射. 由第二式知, 当 $Tx = 0$ 时, 有 $0 = S0 = STx = x$, 所以 T 是单射. 因此, T 是一一对应, 从而逆算子 T^{-1} 存在. 又由式 (7.5.2) 及 (7.5.3) 知

$$T^{-1} = T^{-1}(TS) = (T^{-1}T)S = S.$$

这表明: 满足式 (7.5.3) 的算子 S 必是 T 的逆算子. 于是, 我们得到以下定理.

定理 7.5.1 设 $T \in B(X,Y)$, 则 T 可逆当且仅当存在有界线性算子 $S : Y \to X$ 使得

$$TS = I_Y, ST = I_X. \tag{7.5.4}$$

此时, $S = T^{-1}$.

由此可证：若 $T \in B(X,Y)$ 与 $S \in B(Y,Z)$ 都可逆，则 $ST \in B(X,Z)$ 也可逆且有 $(ST)^{-1} = T^{-1}S^{-1}$. 利用共轭算子的定义还可以证明：若 $T \in B(X,Y)$ 可逆，则 $T^* \in B(Y^*,X^*)$ 也可逆，且 $(T^*)^{-1} = (T^{-1})^*$.

7.5.2　逆算子的有界性

下面讨论一个有界线性算子具有有界逆算子即可逆的条件.

定理 7.5.2　设 X 是巴拿赫空间，$T \in B(X)$ 且 $\|T\| < 1$，则 $I - T$ 有有界逆算子且

(1) $(I-T)^{-1} = \sum\limits_{n=0}^{\infty} T^n$;

(2) $\left\|(I-T)^{-1}\right\| \leqslant (1-\|T\|)^{-1}$.

证明　考虑 $B(X)$ 中的级数

$$\sum_{n=0}^{\infty} T^n = I + T + T^2 + \cdots + T^n + \cdots. \tag{7.5.5}$$

因为 $\|T^n\| \leqslant \|T\|^n$ 及 $\|T\| < 1$，从而可知级数 $\sum\limits_{n=0}^{\infty} \|T^n\|$ 收敛. 于是，由定理 7.1.3 及习题 6.2 第 6 题知：级数 (7.5.5) 收敛. 易见

$$\begin{aligned} &(I-T)(I+T+T^2+\cdots+T^n) \\ =&(I+T+T^2+\cdots+T^n)(I-T) \\ =&I - T^{n+1}. \end{aligned}$$

令 $n \to \infty$，并注意到 $T^{n+1} \to 0$，由上式可得

$$(I-T)\left(\sum_{n=0}^{\infty} T^n\right) = \left(\sum_{n=0}^{\infty} T^n\right)(I-T) = I.$$

于是，由定理 7.5.1 知，$I-T$ 可逆且 $(I-T)^{-1} = \sum\limits_{n=0}^{\infty} T^n$. 进而

$$\left\|(I-T)^{-1}\right\| = \left\|\sum_{n=0}^{\infty} T^n\right\| \leqslant \sum_{n=0}^{\infty} \|T\|^n = (1-\|T\|)^{-1}.$$

证毕.

由上面的证明可知：当 $\|T\| < 1$ 时，有 $I-T$ 可逆且

$$(I-T)^{-1} = \sum_{n=0}^{\infty} T^n.$$

这与几何级数

$$\sum_{n=0}^{\infty} r^n = (1-r)^{-1}(|r|<1)$$

非常类似.

推论 7.5.1 如果 X 为巴拿赫空间, $T \in B(X)$ 具有有界逆算子, 那么对于任意 $\Delta T \in B(X)$, 当 $\|\Delta T\| < \left\|T^{-1}\right\|^{-1}$ 时, 算子 $S = T + \Delta T \in B(X)$ 有有界逆算子, 且

$$S^{-1} = \sum_{n=0}^{\infty} (-T^{-1} \cdot \Delta T)^n T^{-1}.$$

证明 因为 $S = T(I + T^{-1} \cdot \Delta T)$ 且

$$\left\|T^{-1} \cdot \Delta T\right\| \leqslant \left\|T^{-1}\right\| \cdot \|\Delta T\| < 1,$$

所以由定理 7.5.2 知: $I - (-T^{-1}\Delta T) = I + T^{-1}\Delta T$ 有有界逆算子, 且

$$(I + T^{-1}\Delta T)^{-1} = \sum_{n=0}^{\infty} (-T^{-1}\Delta T)^n.$$

因此, S 有有界逆算子且

$$S^{-1} = (I + T^{-1} \cdot \Delta T)^{-1} T^{-1} = \sum_{n=0}^{\infty} (-T^{-1} \cdot \Delta T)^n T^{-1}.$$

证毕.

推论 7.5.2 若 X 为巴拿赫空间, $T \in B(X)$ 且 $|\lambda| > \|T\|$, 则 $\lambda I - T$ 有有界逆算子.

记

$$G(X) = \{T \in B(X) : T \text{ 有有界的逆算子}\},$$

则由推论 7.5.1 可知: 当 $T \in G(X)$ 时, 以 T 为中心、$\|T^{-1}\|^{-1}$ 为半径的 $B(X)$ 中的开球

$$B\left(T, \left\|T^{-1}\right\|^{-1}\right) \subset G(X).$$

这表明: $G(X)$ 是 $B(X)$ 中的一个开集.

推论 7.5.3 若 X 为巴拿赫空间, $S, T \in B(X,Y)$, S 具有有界逆算子且

$$\|T\| < \left\|S^{-1}\right\|^{-1},$$

则 $S + T$ 有有界逆算子.

为了证明另一重要定理 —— 巴拿赫逆算子定理, 需要下面两个引理.

设 (E,p) 是距离空间, $S\subset E$, 如果 $(\overline{S})^\circ=\varnothing$(即 S 的闭包没有内点), 那么称 S 是 E 中的**疏朗集** (**或无处稠密集**) (Nowhere dense set). 如果 E 可以表示成可数个疏朗集之并, 那么称 E 是**第一纲的** (First category); 否则, 称 E 是**第二纲的** (Second category).

引理 7.5.1 (贝尔 (Baire) 纲定理)　完备的距离空间是第二纲的.

证明　假设 E 是完备距离空间, 但不是第二纲的, 则存在 E 中可数个疏朗集

$$M_1,M_2,\cdots,M_n,\cdots,$$

使得

$$E=\bigcup_{n=1}^{\infty}M_n.$$

由于 M_n 是疏朗集, 所以

$$M_n^\circ=(\overline{M}_n)^\circ=\varnothing(n=1,2,\cdots).$$

$\forall a\in E$, 由于 a 不是 $\overline{M_1}$ 的内点, 从而有

$$B(a,1)\bigcap\overline{M_1}^c\neq\varnothing.$$

任取 $a_1\in B(a,1)\bigcap\overline{M_1}^c$, 则存在闭球 $\overline{B}(a_1,\delta_1)\subset B(a,1)$ 且

$$\overline{B}(a_1,\delta_1)\bigcap M_1=\varnothing,$$

可设 $0<\delta_1<1$. 又因 M_2 是疏朗集, 从而 a_1 不是 $\overline{M_2}$ 的内点, 于是

$$B(a_1,\delta_1)\bigcap\overline{M}_2^c\neq\varnothing.$$

任取 $a_2\in B(a_1,\delta_1)\bigcap\overline{M_2}^c$, 则存在闭球

$$\overline{B}(a_2,\delta_2)\subset B(a_1,\delta_1)\subset\overline{B}(a_{1,}\delta_1),$$

使得

$$\overline{B}(a_2,\delta_2)\bigcap M_2=\varnothing,$$

可设 $0<\delta_2<\dfrac{1}{2}$. 如此继续, 可得到一列闭球:

$$\overline{B}(a_1,\delta_1)\supset\overline{B}(a_2,\delta_2)\supset\cdots\supset\overline{B}(a_n,\delta_n)\supset\cdots.$$

满足条件:

$$0<\delta_n<n^{-1},\ \overline{B}(a_n,\delta_n)\bigcap M_n=\varnothing(n=1,2,\cdots).$$

显然 $\delta_n \to 0(n\to\infty)$. 由闭球套定理 (习题 6.1 第 13 题) 知：存在唯一的

$$x_0 \in \overline{B}(x_n,\delta_n)(n=1,2,\cdots).$$

于是, $x_0 \notin M_n(n=1,2,\cdots)$, 但是, $x_0\in E$. 这与 $E=\bigcup\limits_{n=1}^{\infty} M_n$ 矛盾, 证毕.

引理 7.5.2 设 X,Y 是巴拿赫空间, T 是从 X 到 Y 上的有界线性满射, 则 X 中的开单位球

$$B_0=B(0,1)=\{x\in X:\|x\|<1\}$$

在 T 下的像 $T(B_0)$ 包含一个以零为中心的开球.

证明 分三步完成.

结论 (i): 开球 $B_1=B\left(0,2^{-1}\right)$ 的像的闭包 $\overline{T(B_1)}$ 含一个开球 $B^*=B(y_0,\varepsilon)$.

为证此结论, 我们引入记号：设 $A\subset X, w\in X, \lambda\in K$, 定义

$$\lambda A=\{\lambda x\,|x\in A\},\quad A+w=\{x+w|x\in A\}.$$

由于对任意 $x\in X$, 存在自然数 $k>2\|x\|$, 从而 $x\in kB_1$, 因此 $X=\bigcup\limits_{k=1}^{\infty} kB_1$. 于是

$$Y=T(X)=T\left(\bigcup_{k=1}^{\infty} kB_1\right)=\bigcup_{k=1}^{\infty} kT(B_1).$$

由于 Y 是完备的, 从而由贝尔纲定理 (引理 7.5.1) 知：存在 k_0 使 $k_0(TB_1)$ 不是疏朗集, 即 $\overline{k_0T(B_1)}$ 含有一个开球. 因此 $\overline{T(B_1)}$ 也含一个开球 $B^*=B(y_0,\varepsilon)$(这里用到：当 $\alpha\neq 0$ 时, $\overline{\alpha A}=\alpha\overline{A}$).

结论 (ii): 开球 $B_n=B\left(0,2^{-n}\right)$ 的像的闭包 $\overline{T(B_n)}$ 含有以 $0\in Y$ 为中心的开球 $B\left(0,\varepsilon 2^{-n}\right)$, 即 $B(0,\varepsilon 2^{-n})\subset\overline{T(B_n)}(n=1,2,\cdots)$.

由于 $B^*=B(y_0,\varepsilon)\subset\overline{T(B_1)}$, 所以

$$B(0,\varepsilon)=B(y_0,\varepsilon)-y_0\subset\overline{T(B_1)}-y_0. \tag{7.5.6}$$

下证 $\overline{T(B_1)}-y_0\subset\overline{T(B_0)}$. 设 $y\in\overline{T(B_1)}-y_0$, 则 $y+y_0\in\overline{T(B_1)}$, 从而存在 $u_n\in T(B_1)(n=1,2,\cdots)$, 使得 $u_n\to y+y_0(n\to\infty)$. 又因为 $y_0\in\overline{T(B_1)}$, 于是存在 $v_n\in T(B_1)(n=1,2,\cdots)$ 使得 $v_n\to y_0(n\to\infty)$. 记 $u_n=Tw_n, v_n=Tz_n$, 其中 $w_n,z_n\in B_1(n=1,2,\cdots)$, 则

$$Tw_n\to y+y_0,\quad Tz_n\to y_0(n\to\infty).$$

又由

$$\|w_n-z_n\|\leqslant\|w_n\|+\|z_n\|<\frac{1}{2}+\frac{1}{2}=1$$

可知 $w_n - z_n \in B_0(n=1,2,\cdots)$. 但是

$$T(w_n - z_n) \to y(n \to \infty),$$

因此 $y \in \overline{T(B_0)}$. 这就证明了

$$\overline{T(B_1)} - y_0 \subset \overline{T(B_0)},$$

因而由式 (7.5.6) 知 $B(0,\varepsilon) \subset \overline{T(B_0)}$. 最后, 由关系

$$\overline{T(B_n)} = \overline{2^{-n}T(B_0)} = 2^{-n}\overline{T(B_0)} \supset 2^{-n}B(0,\varepsilon) = B\left(0, 2^{-n}\varepsilon\right)$$

可知 $\overline{T(B_n)} \supset B\left(0, 2^{-n}\varepsilon\right)$.

结论 (iii): $T(B_0)$ 含以 $0 \in Y$ 为中心的开球.

令 $V_n = B\left(0, 2^{-n}\varepsilon\right)(n=1,2,\cdots)$, 下证 $V_1 \subset 2T\left(B_0\right)$. 任取 $y \in V_1$, 设法寻找 $x \in B_0$ 使得 $2Tx = y$. 由结论 (ii) 知 $V_1 \subset \overline{T(B_1)}$, 于是 $y \in \overline{T(B_1)}$, 因此存在 $x_1 \in B_1$ 使得 $\|y - Tx_1\| < \dfrac{\varepsilon}{4}$, 即 $y - Tx_1 \in V_2 \subset \overline{T(B_2)}$. 于是, 存在 $x_2 \in B_2$ 使得

$$\|y - Tx_1 - Tx_2\| < \frac{\varepsilon}{2^3},$$

即 $y - Tx_1 - Tx_2 \in V_3$. 如此继续, 可以找到 $x_n \in B_n$ 使得

$$\left\|y - T\left(\sum_{k=1}^{n} x_k\right)\right\| < \frac{\varepsilon}{2^n}, \quad n=1,2,\cdots. \tag{7.5.7}$$

由 $x_n \in B_n$ 知 $\|x_n\| < 2^{-n}(n=1,2,\cdots)$. 从而, 应用 X 的完备性及习题 6.2 第 6 题 (v) 知: 级数 $\sum\limits_{n=1}^{\infty} x_n$ 以范数收敛于某个 $x \in X$, 即 $x = \sum\limits_{n=1}^{\infty} x_n$. 由于

$$\|x\| \leqslant \sum_{n=1}^{\infty} \|x_n\| \leqslant \sum_{n=1}^{\infty} 2^{-n} = 1 < 2,$$

可见 $x \in 2B_0$. 再由 T 连续及式 (7.5.7) 知

$$T\left(\sum_{k=1}^{n} x_k\right) \to Tx, \quad T\left(\sum_{k=1}^{n} x_k\right) \to y(n \to \infty),$$

可知 $y = Tx \in T(2B_0)$. 由 $y \in V_1$ 的任意性可知

$$V_1 \subset T(2B_0) = 2T\left(B_0\right),$$

故 $T(B_0) \supset \dfrac{1}{2}V_1 = B\left(0, \dfrac{\varepsilon}{4}\right)$. 证毕.

定理 7.5.3 (巴拿赫逆算子定理) 设 X 与 Y 是巴拿赫空间, $T \in B(X,Y)$ 是一一对应即双射, 则逆算子 $T^{-1} \in B(Y,X)$.

证明 只要证明 $T^{-1}: Y \to X$ 连续即可. 由定理 6.1.6 知, 只要证明: 对任一开集 $A \subset X, (T^{-1})^{-1}(A) = T(A)$ 是 Y 中的开集即可, 也就是 T 将开集映为开集. 设 $A \subset X$ 是开集, 若 $A = \varnothing$, 则 $T(A) = \varnothing$ 为 Y 中的开集; 若 $A \neq \varnothing$, 则任取 $y \in T(A)$. 于是, 存在 $x \in A$, 使得 $Tx = y$. 由于 A 是开集, 从而存在 $\varepsilon > 0$ 使得 $B(x,\varepsilon) \subset A$. 于是

$$B(0,\varepsilon) = B(x,\varepsilon) - x \subset A - x.$$

可见

$$T(B(0,1)) \subset \varepsilon^{-1}T(A-x) = \varepsilon^{-1}(T(A) - Tx).$$

由引理 7.5.2 知: 存在 $\delta > 0$ 使得

$$B(0,\delta) \subset T(B(0,1)) \subset \varepsilon^{-1}T(A) - \varepsilon^{-1}y.$$

因此 $B(y,\delta\varepsilon) \subset T(A)$, 故 $T(A)$ 为开集, 从而 T^{-1} 有界. 证毕.

注 7.5.1 以上证明: "$A \subset X$ 为开集 $\Rightarrow T(A) \subset Y$ 是开集" 的过程中没有用到 T 是单射, 只用到 T 是满射.

一般地, 若 T 是从距离空间 E 到距离空间 F 中的映射, 且 T 将开集映成开集, 则称 T 为**开映射** (Open mapping). 由以上的注可得以下定理.

定理 7.5.4 (开映射定理) 若 T 是从巴拿赫空间 X 到巴拿赫空间 Y 上的有界线性满射, 则 T 是开映射.

习 题 7.5

1. 设 $T \in B(X,Y)$ 有有界的逆算子, 证明: T^* 也有有界的逆算子, 且

$$(T^*)^{-1} = (T^{-1})^*.$$

2. 设 $\{T_n\}$ 为巴拿赫空间 X 上一列有界线性算子且 $T_n \to T(n \to \infty)$(依算子范数), 证明: 若 T 有有界逆算子, 则当 n 充大时, T_n 都有有界的逆算子.

3. 设线性空间 X 上有两个范数 $\|\cdot\|_1$ 与 $\|\cdot\|_2$ 且 X 关于这两个范数都是巴拿赫空间, 证明: 若存在常数 $c_1 > 0$ 使得

$$\|x\|_1 \leqslant c_1\|x\|_2, \quad \forall x \in X$$

则必存在常数 $c_2 > 0$ 使得

$$\|x_2\| \leqslant c_2\|x\|_1, \quad \forall x \in X.$$

提示: 证明恒等算子 $I: (X,\|\cdot\|_2) \to (X,\|\cdot\|_1)$ 有界, 再用巴拿赫逆算子定理.

4. 设 X 是巴拿赫空间, $T \in B(X)$ 满足

$$r(T) := \lim_{n\to\infty} (\|T^n\|)^{\frac{1}{n}} < 1,$$

证明: $I-T$ 有有界的逆算子, 且 $(I-T)^{-1} = \sum_{n=0}^{\infty} T^n$.

5. 设 X 是巴拿赫空间, 则 $\forall T \in B(X)$, 存在数 $r > 0$, 使的当 $\lambda \in K$ 满足 $|\lambda| > r$ 时, $\lambda I - T$ 有有界逆算子.

6. 设 X 是巴拿赫空间, $T_0 \in B(X)$ 且当 $\|T - T_0\| < r$ 时, T 有有界逆算子, 又若定义映射

$$f : D = \{T \in B(X) : \|T - T_0\| < r\} \to B(X)$$

为 $f(T) = T^{-1} (\forall T \in D)$, 证明 f 是连续的.

提示: 证明如果 $T_2, T_1 \in D$, 则 $T_1^{-1} - T_2^{-1} = T_1^{-1}(T_2 - T_1)T_2^{-1}$.

7. 证明定理 7.5.2 的推论 7.5.2 及推论 7.5.3.

7.6　闭图像定理与一致有界原理

7.6.1　闭算子与闭图像定理

一元函数 $y = f(x)(x \in D)$ 的图像是平面上的一条曲线 L, 它由平面上所有点 $(x, f(x))(x \in D)$ 组成, 即

$$L = \{(x, f(x))|x \in D\}.$$

类似地, 我们也可定义线性算子的图像.

设 X 与 Y 是同一数域 $\mathbf{K}$ 上的赋范空间, 定义它们的乘积空间 (也称直和空间) 为

$$X \times Y = \{(x, y)|x \in X, y \in Y\},$$

其中, 线性运算按坐标定义, 范数定义为 $\|(x, y)\| = \|x\| + \|y\|$. 容易验证: $X \times Y$ 成为数域 $\mathbf{K}$ 上的赋范空间; 当 X 与 Y 都完备时, $X \times Y$ 也是完备的.

定义 7.6.1　设 $T : D \to Y$ 为线性算子, 其中 D 是 X 的子空间, 则称 $X \times Y$ 中的点集

$$G_T = \{(x, Tx)|x \in D\}$$

为线性算子 T 的**图像** (Graph). 如果 G_T 是闭子空间, 则称 T 为**闭算子** (Closed operator).

易见, 线性算子的图像 G_T 恒为子空间, 因此 $T : D \to Y$ 是闭算子当且仅当 G_T 是闭集当且仅当对任意 $x_n \in D\,(n = 1, 2, \cdots)$, 只要 $\lim_{n\to\infty} x_n = x$ 且 $\lim_{n\to\infty} Tx_n = y$, 就有 $x \in D$ 且 $Tx = y$.

下面, 我们讨论一个算子的闭性与有界性之间的关系.

若 $T:D\to Y$ 是有界线性算子, 则 $\forall x_n\in D(n=1,2,\cdots)$, 只要

$$x_n\to x, Tx_n\to y(n\to\infty),$$

就有 $x\in\overline{D}$. 于是, 如果 D 又是 X 的闭子空间, 那么必有 $x\in D$. 进而, 由 T 在 x 连续知 $Tx_n\to Tx(n\to\infty)$, 因此 $Tx=y$, 故 T 是闭算子.

由以上讨论我们得到以下定理.

定理 7.6.1 设 X,Y 为赋范空间, D 是 X 的线性子空间, $T:D\to Y$ 是线性算子, 则

(i) T 是闭算子 $\Leftrightarrow\forall x_n\in D(n=1,2,\cdots)$, 只要 $x_n\to x$, $Tx_n\to y(n\to\infty)$, 就有 $x\in D$ 且 $Tx=y$;

(ii) 如果 T 是有界线性算子且定义域 D 是闭的, 则 T 是闭算子.

那么, 闭算子是否一定有界呢?

例 7.6.1 考察微分算子

$$T:C^1[a,b]\to C[a,b],\quad (Tx)(t)=x'(t).$$

视 $C^1[a,b]$ 为 $C[a,b]$ 的子空间, 在 7.1 节中已经知道 T 是无界算子. 下面, 我们证明 T 是闭算子. 为此, 设

$$x_n\in C^1[a,b](n=1,2,\cdots),\quad x_n\to x,\quad Tx_n\to y(n\to\infty),$$

即在区间 $[a,b]$ 上, 有

$$x_n(t)\xrightarrow{u}x(t),\quad {x'}_n(t)\xrightarrow{u}y(t)(n\to\infty),$$

其中 $\xrightarrow{u}$ 表示一致收敛. 由数学分析中的定理可知 $x\in C^1[a,b]$ 且 $Tx=y$. 故由定理 7.6.1 知: T 是闭算子.

此例说明: 闭算子不一定有界. 但是, 当定义域与值域空间都完备时, 闭算子必有界, 即有下面的定理.

定理 7.6.2(闭图像定理) 设 X,Y 都是巴拿赫空间, $T:X\to Y$ 是闭算子, 则 T 必有界.

证明 易见, $X\times Y$ 也是巴拿赫空间. 由于 T 是闭算子, 从而其图像 G_T 是巴拿赫空间 $X\times Y$ 的闭子空间, 因此 G_T 本身也是巴拿赫空间. 现定义算子 $\overline{T}:G_T\to X$ 如下: $\overline{T}(x,Tx)=x$, $\forall x\in X$. 显然, $\overline{T}$ 是从巴拿赫空间 G_T 到巴拿赫空间 X 上的线性满射. 由于

$$\forall x\in X,\quad \|\overline{T}(x,Tx)\|=\|x\|\leqslant\|x\|+\|Tx\|=\|(x,Tx)\|,$$

因此, $\overline{T}$ 是有界线性满射. 应用巴拿赫逆算子定理 (定理 7.5.3) 知 $\overline{T}^{-1}$ 有界, 从而

$$\|Tx\| \leqslant \|(x,Tx)\| = \|\overline{T}^{-1}x\| \leqslant \|\overline{T}^{-1}\| \cdot \|x\| (\forall x \in X).$$

故 T 有界且 $\|T\| \leqslant \|\overline{T}^{-1}\|$. 证毕.

闭图像定理不仅指出了闭算子与有界算子的深刻联系, 而且也给出了判别线性算子有界性的一个重要方法.

7.6.2 一致有界原理及其应用

设 $T_\alpha \in B(X,Y)(\alpha \in I)$ 是一族有界线性算子, 如果存在常数 $M>0$ 使得

$$\|T_\alpha\| \leqslant M (\forall \alpha \in I),$$

那么称 $\{T_\alpha\}_{\alpha\in I}$**一致有界** (Uniformly bounded). 此时, 对每个 $x\in X$, 有

$$\|T_\alpha x\| \leqslant \|T_\alpha\| \cdot \|x\| \leqslant M \cdot \|x\| (\forall \alpha \in I).$$

可见, 对每个 $x \in X$, $\{T_\alpha x\}_{\alpha\in I}$ 是 Y 中的有界集; 此时, 称 $\{T_\alpha\}_{\alpha\in I}$ **逐点有界** (Pointwise bounded). 反之对吗? 即

$$\forall x \in X, \sup_{\alpha\in I} \|T_\alpha x\| < \infty \Rightarrow \sup_{\alpha\in I}\|T_\alpha\| < \infty$$

是否成立? 下面的定理回答了这个问题.

定理 7.6.3(一致有界原理) 设 X 是巴拿赫空间, $T_\alpha \in B(X,Y)(\alpha\in I)$. 若 $\forall x\in X$, 有 $\sup\limits_{\alpha\in I}\|T_\alpha x\| < \infty$, 则 $\sup\limits_{\alpha\in I}\|T_\alpha\| < +\infty$.

证明 令 $P(x) = \sup\limits_{\alpha\in I}\|T_\alpha x\|$ $(\forall x\in X)$, 则 P 是 X 上的半范数. 因为对任何 $k>0$ 有

$$P(x) \leqslant k \Leftrightarrow \|T_\alpha x\| \leqslant k \ (\forall \alpha\in I),$$

从而

$$M_k := \{x\in X | P(x) \leqslant k\} = \bigcap_{\alpha\in I} \{x \in X : \|T_\alpha x\| \leqslant k\}.$$

又因 T_α 连续, 故 $\{x\in X \mid \|T_\alpha x\| \leqslant k\} = T_\alpha^{-1}(\overline{B}(0,k))$ 是闭集. 由此可见, M_k 为闭集 $(k>0)$. 易见 $X = \bigcup\limits_{k\in\mathbf{N}} M_k$. 由于 X 完备, 故由贝尔纲定理知: 存在 $k_0\in\mathbf{N}$ 使得 $\overline{M}_{k_0}^{\circ} \neq \varnothing$. 于是, 存在开球 $B(x_0,r_0) \subset \overline{M_{k_0}} = M_{k_0}$. 对任一向量 $x\in X\backslash\{0\}$, 有

$$x_0 \pm \frac{r_0}{2\|x\|}x \in B(x_0,r_0) \subset M_{k_0}.$$

所以 $P\left(x_0 \pm \dfrac{r_0}{2\|x\|}x\right) \leqslant k_0$. 从而

$$\begin{aligned}P\left(\frac{r_0}{\|x\|}x\right) &= P\left(\frac{r_0}{2\|x\|}x + x_0 + \frac{r_0}{2\|x\|}x - x_0\right)\\ &\leqslant P\left(\frac{r_0}{2\|x\|}x + x_0\right) + P\left(\frac{r_0}{2\|x\|}x - x_0\right)\\ &\leqslant 2k_0.\end{aligned}$$

于是, $P(x) \leqslant \dfrac{2k_0}{r_0}\|x\|\ (\forall x \in X)$. 因此

$$\|T_\alpha x\| \leqslant P(x) \leqslant \frac{2k_0}{r_0}\|x\|(\forall x \in X, \forall \alpha \in I).$$

可见 $\|T_\alpha\| \leqslant \dfrac{2k_0}{r_0}(\forall \alpha \in I)$, 所以 $\sup\limits_{\alpha\in I}\|T_\alpha\| \leqslant \dfrac{2k_0}{r_0} < \infty$. 证毕.

一致有界原理又称共鸣定理, 它在泛函分析及其他方面有着深刻的应用.

例 7.6.2 傅里叶级数的发散问题. 设 $C_{2\pi}$ 是 $(-\infty, \infty)$ 上全体周期为 2π 的连续实值函数之集, 在 $C_{2\pi}$ 中定义范数

$$\|x\| = \sup_{-\infty<t<\infty} |x(t)|.$$

容易证明 $C_{2\pi}$ 成为一个巴拿赫空间. 在傅里叶级数的研究中, 一个有趣的问题是: 是否每个周期为 2π 的连续函数的傅里叶级数处处收敛呢? 下面应用共鸣定理给出这一问题的否定回答.

设 $x \in C_{2\pi}$ 的傅里叶级数是

$$\frac{1}{2}a_0 + \sum_{n=1}^{\infty}(a_n \cos nt + b_n \sin nt),$$

则由数学分析知其前 n 项和为

$$S_n(x,t) = \int_{-\pi}^{\pi} K_n(s,t)x(s)\mathrm{d}s,$$

其中

$$K_n(s,t) = \frac{\sin\left(\dfrac{1}{2}+n\right)(s-t)}{2\pi\sin\dfrac{1}{2}(s-t)},$$

称为**狄利克雷** (Dirichlet) 核. 令

$$f_n(x) = \int_{-\pi}^{\pi} K_n(s,0)x(s)\mathrm{d}s,\ \forall x \in C_{2\pi},$$

则 $\{f_n\}$ 为 $C_{2\pi}$ 上的一列有界线性泛函且

$$\|f_n\| = \int_{-\pi}^{\pi} |K_n(s,0)|\mathrm{d}s.$$

由于

$$\begin{aligned}
\int_{-\pi}^{\pi} |K_n(s,0)|\mathrm{d}s &= \int_{0}^{2\pi} |K_n(s,0)|\mathrm{d}s \\
&= \frac{1}{2\pi}\int_0^{2\pi} \frac{\left|\sin\left(n+\dfrac{1}{2}\right)s\right|}{\left|\sin\dfrac{1}{2}s\right|}\mathrm{d}s \\
&= \frac{1}{\pi}\int_0^{\pi} \frac{|\sin(2n+1)t}{\sin t}\mathrm{d}t \\
&\geqslant \frac{1}{\pi}\int_0^{\pi} \frac{|\sin(2n+1)t|}{t}\mathrm{d}t \\
&= \frac{1}{\pi}\int_0^{(2n+1)\pi} |\frac{\sin u}{u}|\mathrm{d}u,
\end{aligned}$$

且$\dfrac{1}{\pi}\displaystyle\int_0^{\infty}\left|\frac{\sin u}{u}\right|\mathrm{d}u = \infty$, 所以 $\sup\limits_{n\geqslant 1}\|f_n\| = \infty$. 根据共鸣定理知: 存在 $x_0 \in C_{2\pi}$ 使得 $\sup\limits_{n\geqslant 1}|f_n(x_0)| = \infty$, 即 $\sup\limits_{n\geqslant 1}|S_n(x_0,0)| = \infty$. 这说明: x_0 的傅里叶级数在 $t_0 = 0$ 处发散.

实际上, 通过精细的论证可知: 有 "很多很多" 的周期为 2π 的连续函数, 它们的傅里叶级数在 "很多很多" 点处发散. 这里的 "很多" 可以用稠密来理解.

习 题 7.6

1. 设 X, Y 为赋范线性空间, $T: X \to Y$ 是线性算子, 证明

(i) T 是闭算子当且仅当 $\forall x_n \in X(n=1,2,\cdots)$ 只要 $x_n \to 0, Tx_n \to y$, 就有 $y=0$;

(ii) 若 $S: X \to Y$ 是有界线性算子, 则 T 是闭算子当且仅当 $S+T$ 是闭算子.

2. 设 X, Y 是巴拿赫空间, $T: X \to Y$ 是线性算子, 称

$$S(T) = \{y \in Y | \exists \{x_n\} \subset X \text{ s.t. } x_n \to 0, Tx_n \to y\}$$

为算子 T 的**分离空间** (Separating space), 证明:

(i) $S(T)$ 是 Y 的闭子空间;

(ii) T 连续 $\Leftrightarrow S(T) = \{0\}$;

(iii) 若 $A \in B(X), B \in B(Y)$ 且 $TA = BT$, 则 $B(S(T)) \subset S(T)$.

3. 设 $1<p,q<\infty,\dfrac{1}{p}+\dfrac{1}{q}=1$, 函数 f 在 $[a,b]$ 上可测且对任一 $g\in L^q[a,b]$, 都有 $fg\in L^1[a,b]$, 证明: $f\in L^p[a,b]$.

提示：记

$$g_n(t)=\begin{cases} g(t), & |g(t)|\leqslant n, \\ n, & |g(t)|>n, \end{cases}\quad \Lambda_n(g)=\int_a^b f(t)g_n(t)\mathrm{d}t,$$

证明: $\lim\limits_{n\to\infty}\Lambda_n(g)=\Lambda(g)$ 存在, 再应用 $(L^q[a,b])^*=L^p[a,b]$ 及共鸣定理即可.

4. 设 $y=\{\eta_n\}$ 为一数列且对一切 $x=\{\xi_n\}\in l^q(K)$, 级数 $\sum\limits_{n=1}^{\infty}\eta_n\xi_n$ 收敛, 证明：$y\in l^p(K)$, 其中 p, q 同上题.

5. 设 $\{x_n\}$ 为赋范空间 X 中的点列, 且对任一 $f\in X^*$ 都有 $\sum\limits_{n=1}^{\infty}f(x_n)$ 绝对收敛, 证明：存在正数 $M>0$ 使得

$$\sum_{n=1}^{\infty}|f(x_n)|\leqslant M\|f\|,\quad \forall f\in X^*.$$

提示：定义 $P(f)=\sum\limits_{n=1}^{\infty}|f(x_n)|=\sup\limits_{n\geqslant 1}\sum\limits_{k=1}^{n}|f(x_k)|$, 证明 P 是 X^* 上的半范数, 应用与共鸣定理之证的类似方法, 证明 $P(f)\leqslant\dfrac{2k_0}{r_0}\|f\|$.

7.7 强弱收敛与弱 * 收敛

7.7.1 点列的弱收敛

从前面的讨论中, 可以看出：由于引入了距离或范数, 因而很好地描述了“任意逼近”的概念. 例如：点列 $\{x_n\}$ 可任意逼近点 x 用距离 $p(x_n,x)\to 0$ 或用范数 $\|x_n-x\|\to 0$ 来刻画. 由于考虑的对象 (例如函数或数列) 常常组成线性空间. 因此, 用范数考虑问题更为合适. 然而, 确实存在这样的点列, 它似乎可与某个点任意接近, 但这种“任意接近”却不能用范数表述, 请看下面的例子.

例 7.7.1 在希尔伯特空间 $l^2(\mathbf{K})$ 中, 考察点列:

$$e_n=(\overbrace{0,0,\cdots,0}^{n-1},1,0,\cdots)(n=1,2,\cdots).$$

从形式上来看, 当 n 越来越大时, e_n 中的“0 项”也就越来越多. 因而, 点列 $\{e_n\}$ 似乎应当趋近于零:

$$\theta=(0,0,\cdots,0,\cdots),$$

也就是, $\|e_n-\theta\|=\|e_n\|\to 0(n\to\infty)$. 但实际上, $\|e_n\|=1(n=1,2,\cdots)$.

此例说明：距离或范数虽然是描述“任意逼近”的极好方法, 但它却不能描述所有的“任意逼近”问题. 因此, 有必要寻找别的“较弱的”方法来描述“任意逼近”

即收敛问题. 当然, 应当保证: 找到的那些 "较弱的" 方法应当包括已有的收敛性, 亦即, 如果按 "老的意义" 可以 "任意逼近", 那么按 "新的意义" 也必然可以 "任意逼近".

对上例中的点列, 如果稍加考虑就会发现: e_n 与 $l^2(\mathbf{K})$ 中每个向量 $y=(\eta_1,\eta_2,\cdots)$ 的内积趋于零:

$$\langle e_n,y\rangle=\eta_n\to 0(n\to\infty). \tag{7.7.1}$$

这是因为级数 $\sum\limits_{k=1}^{\infty}|\eta_k|^2$ 收敛, 从而通项 $\eta_n\to 0(n\to\infty)$. 应用里斯表示定理 (定理 7.3.5) 可知: 以上事实等价于

$$f(e_n)\to f(0)\ (n\to\infty), \tag{7.7.2}$$

对每个 $l^2(\mathbf{K})$ 上的有界线性泛函 f 都成立. 也就是, 用任意一个 f 去影响、作用 e_n 之后可与用 f 影响、作用 0 之后任意接近, 在这种意义下, 我们当然可以说点列 $\{e_n\}$ 以这种方式收敛于零. 受此例的启发, 一般地我们引入以下 "弱收敛" 的概念.

定义 7.7.1　设 $\{x_n\}$ 是赋范空间 X 中的点列, $x\in X$ 使得

$$\lim_{n\to\infty}f(x_n)=f(x),\forall f\in X^*,$$

则称点列 $\{x_n\}$ 弱收敛于点 x, 记为

$$x_n\xrightarrow{w}x\ (n\to\infty).$$

此时, 称 x 是 $\{x_n\}$ 的**弱极限** (Weak limit).

应用弱收敛的概念, 例 7.7.1 中的问题可表述成: 点列 $\{e_n\}$ 弱收敛于零.

定义 7.7.2　设 $\{x_n\}$ 是赋范空间 X 中的点列, 若 $\|x_n-x\|\to 0(n\to\infty)$, 则称点列 $\{x_n\}$ 强收敛于点 x, 并且记为 $x_n\xrightarrow{s}x\ (n\to\infty)$. 此时, 称 x 是 $\{x_n\}$ 的**强极限** (Strong limit).

显然, 强收敛点列的极限必唯一. 现在考虑的问题是: 弱极限是否唯一, 弱收敛与强收敛有何关系, 以及弱收敛点列有哪些性质. 这些问题将由下面的定理来回答.

定理 7.7.1　设 $\{x_n\}$ 是赋范线性空间 X 中的点列, 则

(i) 若 $x_n\xrightarrow{w}x_0\ (n\to\infty), x_n\xrightarrow{w}y_0\ (n\to\infty)$, 则 $x_0=y_0$, 即弱极限是唯一的;

(ii) 若 $x_n\xrightarrow{s}x_0\ (n\to\infty)$, 则 $x_n\xrightarrow{w}x_0\ (n\to\infty)$, 即强收敛蕴涵弱收敛;

(iii) 若 $x_n\xrightarrow{w}x_0\ (n\to\infty)$, 则点列 $\{x_n\}$ 有界.

证明　(i) 由定义知: $\forall f\in X^*$, 有

$$f(x_0)=\lim_{n\to\infty}f(x_n)=f(y_0).$$

可见, $f(x_0-y_0)=0\ (\forall f\in X^*)$, 由定理 7.2.5 知 $x_0=y_0$.

(ii) 由于 $\forall f\in X^*$ 有 $|f(x_n)-f(x)|\leqslant\|f\|\,\|x_n-x\|$, 因此强收敛蕴涵弱收敛.

(iii) 应用 7.4 节中的记号、结果和共鸣定理得

$$
\begin{aligned}
& x_n \xrightarrow{w} x\ (n\to\infty)\\
\Rightarrow & \forall f\in X^*, f(x_n)\to f(x)\ (n\to\infty)\\
\Rightarrow & \forall f\in X^*,\ x_n^{**}(f)\to x^{**}(f)\ (n\to\infty)\\
\Rightarrow & \forall f\in X^*,\ \text{数列}\ \ \{x_n^{**}(f)\}\ \text{有界}\\
\Rightarrow & \{\,\|x_n^{**}\|\,\}\ \text{有界}\\
\Rightarrow & \{\,\|x_n\|\,\}\ \text{有界}.
\end{aligned}
$$

证毕.

7.7.2 算子列的强、弱收敛

定义 7.7.3 设 X,Y 是赋范空间, $\{T_n\}$ 是 X 到 Y 的一列有界线性算子. 作为赋范空间 $B(X,Y)$ 中的点列, $\{T_n\}$ 是收敛于 T 是指 $\|T_n-T\|\to\infty\ (n\to\infty)$, 这时, 称算子列 $\{T_n\}$ 以**范数收敛** (Norm-convergent) 于 T, 记为 $T_n\to T(n\to\infty)$.

应用范数的定义

$$\|T_n-T\|=\sup_{\|x\|=1}\|T_nx-Tx\|$$

可知, $\{T_n\}$ 以算子范数收敛于 T 当且仅当 $\{T_n\}$ 在 X 的单位球面

$$S=\{x\in X\,|\,\|x\|=1\}$$

上一致收敛于 T, 即 $\forall\varepsilon>0$, $\exists N$, 当 $n>N$ 时, 对一切 $x\in S$, 有

$$\|T_nx-Tx\|<\varepsilon.$$

有许多问题说明: 算子列的 “以范数收敛” 要求太强, 不能适应更广泛的收敛问题. 为此, 我们引入以下强、弱收敛的概念.

定义 7.7.4 设 $T_n,T\in B(X,Y)\ (n=1,2,\cdots)$, 定义

(i) 若 $\forall x\in X$, 点列 $T_nx\xrightarrow{s}Tx\ (n\to\infty)$, 则称算子列 $\{T_n\}$**强收敛** (Strongly convergent) 于 T, 记为 $T_n\xrightarrow{s}T\ (n\to\infty)$;

(ii) 若 $\forall x\in X$, 点列 $T_nx\xrightarrow{w}Tx\ (n\to\infty)$, 则称算子列 $\{T_n\}$**弱收敛** (Weakly convergent) 于 T, 记为 $T_n\xrightarrow{w}T\ (n\to\infty)$.

显然

$$T_n\to T\ (n\to\infty)\Rightarrow T_n\xrightarrow{s}T\ (n\to\infty)\ \Rightarrow T_n\xrightarrow{w}T\ (n\to\infty).$$

但是, 反之不真.

例 7.7.2　设 $X=Y=l^2(\mathbf{K})$, 对于任意 $x=(\xi_1,\xi_2,\cdots)\in X$, 定义

$$T_nx=(\overbrace{0,0,\cdots,0}^{n},\xi_{n+1},\xi_{n+2},\cdots),$$

则 $T_n\in B(X,Y)$ $(n=1,2,\cdots)$, 且 $T_n\xrightarrow{s}0$ $(n\to\infty)$. 但是,

$$\|T_n-0\|=1(n=1,2,\cdots).$$

其实, 由于

$$\|T_nx\|=\left\{\sum_{k=n+1}^{\infty}|\xi_k|^2\right\}^{\frac{1}{2}}\leqslant\|x\|,$$

因此, $T_n\in B(X,Y)$ 且 $\|T_n\|\leqslant 1$. 同时, 由 $\sum\limits_{n=1}^{\infty}|\xi_n|^2$ 收敛可知, $\|T_nx\|\to 0$, 即

$$\|T_nx-0\cdot x\|\to 0\ (n\to\infty).$$

这表明, 算子列 $\{T_n\}$ 强收敛于零算子. 另一方面, 对 $e_n\in X$ (如例 7.7.1), 由

$$\|T_ne_{n+1}\|=1\ (n=1,2,\cdots)$$

知 $\|T_n\|\geqslant 1$, 故 $\|T_n\|=1,(n=1,2,\cdots)$. 可见, $\{T_n\}$ 不以范数收敛于零算子. 因此, 由 $\{T_n\}$ 强收敛于 T 不能得到 $\{T_n\}$ 以范数收敛 T.

例 7.7.3　设 X,Y 均为 $l^2(\mathbf{K}),\forall x=(\xi_1,\xi_2,\cdots)\in l^2(\mathrm{K})$, 定义

$$T_nx=(\overbrace{0,0,\cdots,0}^{n},\xi_1,\xi_2,\cdots),$$

则 $T_n\in B(X,Y)$, $\|T_n\|=1(n=1,2,\cdots)$, 且 $\{T_n\}$ 弱收敛于 0, 但是不强收敛于 0.

事实上, $\forall x\in l^2(\mathbf{K})$ 有 $\|T_nx\|=\|x\|$, 从而 $\|T_n\|=1(n=1,2,\cdots)$. 设

$$f\in l^2(\mathbf{K})^*=l^2(\mathbf{K}),$$

记 $f=(\eta_1,\eta_2,\cdots)$, 则 $\forall x\in l^2(\mathbf{K})$ 有

$$|f(T_nx)|=|\langle T_nx,f\rangle|=|\sum_{k=1}^{\infty}\xi_k\overline{\eta_{k+n}}|\leqslant\|x\|\cdot\left[\sum_{k=1}^{\infty}|\eta_{k+n}|^2\right]^{\frac{1}{2}}.$$

而且

$$\sum_{k=1}^{\infty}|\eta_{k+n}|^2=\sum_{i=n+1}^{\infty}|\eta_i|^2\to 0\ (n\to\infty),$$

从而

$$f(T_nx) \to 0 \ (n \to \infty), \forall f \in \ell^2(\mathbf{K})^*.$$

因此, $T_nx \xrightarrow{w} 0 \ (n \to \infty)$, $\forall x \in \ell^2(\mathbf{K})$. 由定义知 $\{T_n\}$ 弱收敛于零. 但是当 $m \neq n$ 时, 有

$$\|T_ne_1 - T_me_1\| = \|e_{n+1} - e_{m+1}\| = \sqrt{2}.$$

因此, 点列 $\{T_ne_1\}$ 不是柯西列, 于是, 它不强收敛. 由定义知 $\{T_n\}$ 不强收敛于零算子. 因此, 由 $T_n \xrightarrow{w} T \ (n \to \infty)$ 不能得到 $T_n \xrightarrow{s} T \ (n \to \infty)$.

关于算子列强收敛的条件有以下定理.

定理 7.7.2 设 X, Y 为巴拿赫空间, $T_n \in B(X,Y) \ (n = 1, 2, \cdots)$, 则 $\{T_n\}$ 强收敛的充分必要条件是

(i) $\{\|T_n\|\}$ 有界;

(ii) 对 X 的某个稠子集 D 中的每个 x, 点列 $\{T_nx\}$ 强收敛.

证明 必要性. 设 $T_n \xrightarrow{s} T \ (n \to \infty)$, 则对任意 $x \in X$ 都有

$$T_nx \xrightarrow{s} Tx \ (n \to \infty).$$

从而 $\{T_nx\}$ 有界, 即 $\sup\{\|T_nx\| : n \in \mathbf{N}\} < \infty$. 于是, 由共鸣定理可知 $\{\|T_n\|\}$ 有界, 可见 (i) 成立. 对于 (ii), 只要取 $D = X$ 即可.

充分性. 设条件 (i) 与 (ii) 满足, 则存在 $M > 0$ 使得 $\forall n \in \mathbf{N}^+$ 有 $\|T_n\| \leqslant M$. 由于 $\overline{D} = X$, 所以对每个 $x \in X$ 及 $\forall \varepsilon > 0$, 存在 $y \in D$ 使得$\|x - y\| < \dfrac{\varepsilon}{3M}$. 由于点列 $\{T_ny\}$ 收敛, 所以它是柯西列. 于是, 存在 N 使得当 $m > n > N$ 时, 有

$$\|T_my - T_ny\| < \frac{\varepsilon}{3}.$$

因此, 当 $m > n > N$ 时, 有

$$\begin{aligned}\|T_mx - T_nx\| &\leqslant \|T_mx - T_my\| + \|T_my - T_ny\| + \|T_ny - T_nx\| \\ &\leqslant \|T_m\| \cdot \|x - y\| + \frac{\varepsilon}{3} + \|T_n\| \cdot \|x - y\| \\ &< \varepsilon.\end{aligned}$$

可见, 点列 $\{T_nx\}$ 为 Y 中的柯西列. 由于 Y 完备, 从而 $\{T_nx\}$ 收敛于唯一的 $y \in Y$. 定义 $Tx = y$, 易见 $T : X \to Y$ 是线性的且 $\forall x \in X$ 有

$$\|Tx\| = \left\|\lim_{n\to\infty} T_nx\right\| = \lim_{n\to\infty} \|T_nx\| \leqslant \varliminf_{n\to\infty} \|T_n\| \cdot \|x\| \leqslant M \|x\|.$$

因此, T 有界, 且 $\|T\| \leqslant \varliminf\limits_{n\to\infty} \|T_n\|$. 由 T 的定义知: $\forall x \in X$ 有 $T_nx \xrightarrow{s} Tx \ (n \to \infty)$. 故算子列 $\{T_n\}$ 强收敛于 T. 证毕.

由以上证明知：算子列 $\{T_n\}$ 的强极限 T 满足

$$\|T\| \leqslant \varliminf_{n\to\infty} \|T_n\|.$$

7.7.3 泛函列的强、弱收敛与弱 $*$ 收敛

有界线性泛函列作为算子列的特殊情形，当然适合定义 7.7.3. 针对这种特殊情况，我们引入以下定义.

定义 7.7.5 设 X 为赋范空间，对 $f_n \in X^*(n=1,2,\cdots)$ 及 $f\in X$，定义

(i) 若 $\|f_n - f\| \to 0\ (n\to\infty)$，那么称 $\{f_n\}$**强收敛** (Strongly convergent) 于 f，记为

$$f_n \xrightarrow{s} f\ (n\to\infty),$$

并称 f 为 $\{f_n\}$ 的**强极限**.

(ii) 若 $\forall x\in X$ 有 $|f_n(x)-f(x)|\to 0\ (n\to\infty)$，那么称 $\{f_n\}$ 弱 $*$-收敛于 f，记为 $f_n \xrightarrow{w^*} f\ (n\to\infty)$，并称 f 为 $\{f_n\}$ **的弱 $*$ 极限** (Weak$*$-limit).

(iii) 若 $\forall F\in X^{**}$ 有 $F(f_n)\to F(f)(n\to\infty)$，则称 $\{f_n\}$ 弱收敛于 f，记为 $f_n \xrightarrow{w} f\ (n\to\infty)$，且称 f 为 $\{f_n\}$ 的**弱极限**.

由上述定义可知，泛函列 $\{f_n\}$ 的强收敛与弱收敛都是将它作为空间 X^* 中的点列时的强收敛与弱收敛. 于是，由定理 7.7.1 知，泛函列的强、弱极限是唯一的 (如果存在的话)，且强、弱收敛的泛函列将必有界. 另外，这里的弱 $*$ 收敛实际上是将泛函作为算子考虑时的强收敛，即逐点收敛. 因此，由定理 7.7.2 得到泛函列弱 $*$-收敛的条件.

定理 7.7.3 设 X 为巴拿赫空间，$f, f_n\in X^*\ (n=1,2,\cdots)$，则 $\{f_n\}$ 弱 $*$-收敛于 f 的充要条件是

(i) $\{\|f_n\|\}$ 有界;

(ii) 存在 X 的稠子集 D 使得 $\forall x\in D$，有 $\{f_n(x)\}$ 收敛.

本节引入了强收敛、弱收敛与弱 $*$ 收敛，由于考虑的对象不同，同一概念可能有不同的含义，请读者自己总结.

习 题 7.7

1. 设 $\{x_n\}$, $\{y_n\}$ 是赋范空间 X 中的点列，证明：

(i) $x_n \xrightarrow{w} x \Leftrightarrow \forall T\in B(X)$ 有 $Tx_n \xrightarrow{w} Tx$;

(ii) $x_n \xrightarrow{w} x \Leftrightarrow \{x_n\}$ 的任一子列 $\{x_{n_k}\}$ 弱收敛于 x;

(iii) 若 $x_n \xrightarrow{w} x$, $y_n \xrightarrow{w} y$，则 $\lambda x_n + y_n \xrightarrow{w} \lambda x + y$，其中 $\lambda\in\mathbf{K}$.

2. 设 H 为希尔伯特空间，证明：

(i) $x_n \xrightarrow{w} x \Leftrightarrow \forall y\in H$ 有 $\langle x_n, y\rangle \to \langle x, y\rangle$;

(ii) 算子列 $T_n \in B(H)$ 弱收敛于 $T \in B(H)$ 当且仅当

$$\forall x, y \in H \text{ 有 } \langle T_n x, y\rangle \to \langle Tx, y\rangle;$$

(iii) 泛函列 $\{f_n\} \subset H^*$ 弱收敛于 $f \in H^*$ 当且仅当 $f_n \xrightarrow{w^*} f$.

3. 设 X 是自反巴拿赫空间, $f_n, f \in X^*(n \in \mathbf{N}^+)$, 则

$$f_n \xrightarrow{w} f\ (n \to \infty) \Leftrightarrow f_n \xrightarrow{w^*} f\ (n \to \infty).$$

4. 设 $1 < p,\ q < \infty,\ \dfrac{1}{p} + \dfrac{1}{q} = 1, y_n \in L^q[a,b]\ (n = 1, 2, \cdots)$ 且对每个 $x \in L^p[a,b]$ 都有

$$\lim_{n\to\infty} \int_a^b x(t) y_n(t) \mathrm{d}t$$

存在且有限, 证明:

(i) 存在常数 $M > 0$, 使得

$$\int_a^b |y_n(t)|^q \mathrm{d}t \leqslant M(n = 1, 2, \cdots);$$

(ii) 存在 $y \in L^q[a,b]$ 使得 $\forall x \in L^q[a,b]$ 有

$$\lim_{n\to\infty} \int_a^b x(t) y_n(t) \mathrm{d}t = \int_a^b x(t) y(t) \mathrm{d}t.$$

5. 设 X 是巴拿赫空间, $x_n \in X(n = 1, 2, \cdots)$, 证明 $\{x_n\}$ 弱收敛的充分必要条件是

(i) $\{\|x_n\|\}$ 有界;

(ii) 对 X^* 的某个稠子集中的每个 f, 有 $\{f(x_n)\}$ 在数域 $\mathbf{K}$ 中收敛.

7.8 紧 算 子

前面几节中, 我们讨论了有界线性算子的许多重要性质. 然而, 确实有许多线性算子比有界线性算子性质更好, 更便于研究. 这就是所谓的紧算子.

7.8.1 定义与例子

定义 7.8.1 设 X, Y 是赋范空间, $T: X \to Y$ 是线性算子. 如果 T 将 X 中的任一有界集 A 映成 Y 中的列紧集 $T(A)$, 那么称 T 是**紧算子** (Compact operator).

由定义易知: 紧算子有下面的基本性质:

(1) 紧算子必为有界算子, 从而连续;

(2) $T: X \to Y$ 是紧算子等价于 $T(S_X)$ 是列紧集, 其中

$$S_X = \{x \in X : \|x\| \leqslant 1\}$$

是 X 中的闭单位球.

其实, 由于列紧集必有界 (习题 6.1 第 9 题), 从而紧算子 T 将有界集映成有界集, 因此是有界的, 可见 (1) 真. 若 $T: X \to Y$ 为紧算子, 则由定义知, $T(S_X)$ 是 Y 中的列紧集. 反之, 若 $T(S_X)$ 是列紧集, 则对 X 中的任一有界集 A, 存在充分大的正数 M, 使得 $M^{-1}A \subset S_X$, 从而

$$T(A) \subset M\,T(S_X).$$

由于 $T(S_X)$ 列紧, 易见 $MT(S_X)$ 也列紧. 因此, $T(A)$ 为列紧集的子集, 它必然是列紧集, 故 T 是紧算子. 可见, 结论 (2) 也成立.

下面介绍几个例子.

例 7.8.1　设 $T \in B(X,Y)$ 且 X 与 Y 中至少一个是有限维, 则 T 是紧算子.

证明　(1) 如果 Y 是有限维赋范空间, 那么 Y 中的单位球 $S_Y = \{y : \|y\| \leqslant 1\}$ 是列紧集 (定理 6.2.3). 由于 $T(S_X)$ 有界, 且

$$\|Tx\| \leqslant \|T\|\ \|x\| \leqslant (\|T\| + 1), \forall x \in S_X,$$

从而

$$(\|T\| + 1)^{-1}T(S_X) \subset S_Y.$$

因此, $(\|T\| + 1)^{-1}T(S_X)$ 列紧, 故 $T(S_X)$ 也列紧. 再由上述性质 (2) 知 T 是紧算子.

(2) 若 X 是有限维赋范空间, 则 $T(X)$ 是 Y 的有限维子空间, 由情形 (1) 知: 作为 X 到 $T(X)$ 上的有界线性算子, T 将 X 中的闭单位球 S_X 映成 $T(X)$ 中的列紧集 $T(S_X)$. 因此, $T(S_X)$ 也是 Y 中的列紧集, 故 T 是紧算子.

如果 $T \in B(X,Y)$ 的值域 $T(X)$ 是有限维的, 则称 T 是**有限秩算子**(Finite rank operator). 根据例 7.8.1 可知: 有限秩算子必是紧算子.

例 7.8.2　设 $\varepsilon_1, \varepsilon_2, \cdots, \varepsilon_n$ 为赋范空间 X 中的向量,

$$f_1, f_2, \cdots, f_n \in X^*,$$

定义

$$T_f x = \sum_{i=1}^{n} f_i(x)\varepsilon_i, \quad \forall x \in X,$$

则 T_f 是 X 上的有限秩算子, 因而是紧算子.

其实, 由于

$$\|T_f x\| \leqslant \left(\sum_{i=1}^{n} \|f_i\| \cdot \|\varepsilon_i\|\right) \|x\|,$$

从而 $T_f \in B(X)$. 又 $\dim T(X) \leqslant n$, 因此, T 是有限秩的, 故为紧算子.

例 7.8.3 设 $K(s,t)$ 是 $D=[a,b]\times[a,b]$ 上的连续二元函数, 定义算子

$$T: C[a,b]\to C[a,b]$$

如下:

$$(Tx)(t)=\int_a^b x(s)K(s,t)\mathrm{d}s,\quad \forall x\in C[a,b],$$

则 $T\in B(C[a,b])$ 且 T 是紧算子.

7.8.2 紧算子的性质

设 X,Y 是赋范线性空间, 用 $K(X,Y)$ 表示一切从 X 到 Y 的紧算子之集, 当 $X=Y$ 时, 记 $K(X,Y)=K(X)$.

定理 7.8.1 若 Y 完备, 则 $K(X,Y)$ 是 $B(X,Y)$ 的闭子空间.

证明 显然 $0\in K(X,Y)$. 设 A, $B\in K(X,Y)$, α, β 是任意非零数, 则 $A(S_X)$ 与 $B(S_X)$ 都是 Y 中的列紧集. 取 $(\alpha A+\beta B)(S_X)$ 中的一个点列

$$\{(\alpha A+\beta B)(x_n)\},\ 其中\ x_n\in S_X(n=1,2,\cdots).$$

因为 $Ax_n\in A(S_X)$ $(n=1,2,\cdots)$, 从而它有收敛子列 $\{Ax_{n_k}\}$. 相应的

$$Bx_{n_k}\in B(S_X)\ (k=1,2,\cdots)$$

也有收敛子列 $\{Bx_{n_{k_i}}\}$. 因此, $\{(\alpha A+\beta B)x_n\}$ 有收敛子列 $\{(\alpha A+\beta B)x_{n_{k_i}}\}$, 可见, $(\alpha A+\beta B)(S_X)$ 列紧, 故

$$\alpha A+\beta B\in K(X,Y).$$

因此, $K(X,Y)$ 是 $B(X,Y)$ 的线性子空间. 设 $A_n\in K(X,Y)(n=1,2,\cdots)$ 且

$$A_n\to A\in B(X,Y)\ (n\to\infty),$$

则 $\forall\varepsilon>0,\exists n$ 使得 $\|A_n-A\|<\dfrac{\varepsilon}{3}$. 从而对于任意 $x\in S_X$ 有

$$\|A_nx-Ax\|<\frac{\varepsilon}{3}.$$

因为 A_n 是紧算子, 所以由推论 6.1.2 知 $A_n(S_X)$ 有有限的 $\dfrac{\varepsilon}{3}$-网

$$\{A_nx_1,A_nx_2,\cdots,A_nx_m\},$$

其中, $\{x_1,x_2,\cdots,x_m\}\subset S_X$. 设 $x\in S_X$, 则存在 $1\leqslant j\leqslant m$ 使得

$$\|A_nx-A_nx_j\|<\frac{\varepsilon}{3}.$$

因此

$$\|Ax - Ax_j\| \leqslant \|Ax - A_n x\| + \|A_n x - A_n x_j\| + \|A_n x_j - Ax_j\| < \varepsilon.$$

所以, $\{Ax_1, Ax_2, \cdots, Ax_m\}$ 是 $A(S_X)$ 的有限 ε-网. 再由推论 6.1.2 知, $A(S_X)$ 是 Y 中的列紧集, 故 A 紧算子. 从而 $K(X,Y)$ 是闭的. 证毕.

定理 7.8.2　设 $A \in K(X,Y)$, 则

(i) 当 $B \in B(Y,Z)$, $C \in B(E,X)$ 时, $BA \in K(X,Z)$ 且 $AC \in K(E,Y)$;

(ii) $A^* \in K(Y^*, X^*)$.

证明　(i) 设 D 是 X 中的有界集, 则 $A(D)$ 是 Y 中的列紧集. 设 $\{By_n\}$ 为 $(BA)(D)$ 中的点列, 其中 $\{y_n\}$ 为 $A(D)$ 的点列, 由于 $A(D)$ 列紧, 从而存在 $y_{n_k} \to y_0(k \to \infty)$. 因为 B 连续, 从而

$$By_{n_k} \to By_0(k \to \infty),$$

故 $(BA)(D)$ 是 Z 中的列紧集, 因此, $BA \in K(X,Z)$, 同理可证 $AC \in K(E,Y)$.

(ii) 设 D 是 Y^* 中的有界集, 则存在 $M > 0$ 使得 $\|f\| \leqslant M(\forall f \in D)$, 根据定理 6.1.8, 只要证明: $\forall \varepsilon > 0, T^*(D)$ 有有限的 ε-网. 记

$$S = \{x \in X \,|\, \|x\| \leqslant 1\},$$

则 S 为 X 中的有界集, 由于 $T: X \to Y$ 是紧算子, 从而 $T(S)$ 是 Y 中的列紧集, 根据定理 6.1.8 证明后面的注, 对 $\eta = \dfrac{\varepsilon}{4M}$($\varepsilon$ 为任一正数), $T(S)$ 有有限的 η-网

$$B = \{y_1, y_2, \cdots, y_n\}.$$

根据推论 6.1.2 的必要性的证明知, 可假设 $B \subset T(S)$. 于是, 存在 S 中的子集 $\{x_1, x_2, \cdots, x_n\}$, 使得

$$Tx_i = y_i(i = 1, 2, \cdots, n).$$

因此, $\forall x \in S, \exists k \in \{1, 2, \cdots, n\}$, 有

$$\|Tx - Tx_k\| < \eta. \tag{7.8.1}$$

现定义 $P: Y^* \to \mathbf{K}^n$ 如下:

$$Pf = (f(Tx_1), f(Tx_2), \cdots, f(Tx_n)) = ((T^*f)(x_1), (T^*f)(x_2), \cdots, (T^*f)(x_n)),$$

从而 P 为线性算子, 且由 $\dim \mathbf{K}^n = n < \infty$ 与例 7.8.1 知: P 是紧算子, 因此 $P(D)$ 是 $\mathbf{K}^n$ 中的列紧集. 于是, 由推论 6.1.2 可知: 点集 $P(D)$ 含有有限的 $\dfrac{\varepsilon}{4}$-网 $\{Pf_1, Pf_2, \cdots, Pf_m\}$, 其中

$$f_i \in D(i = 1, 2, \cdots, m).$$

下证 $\{T^*f_1, T^*f_2, \cdots, T^*f_m\}$ 是 $T^*(D)$ 的有限 ε-网.

首先, $\forall f \in D, \exists i \in \{1, 2, \cdots, m\}$, 有

$$\|Pf - Pf_i\| < \frac{\varepsilon}{4}. \tag{7.8.2}$$

从而,

$$|(T^*f)(x_k) - (T^*f_i)(x_k)|^2 \leqslant \sum_{k=1}^{m} |f(Tx_k) - f_i(Tx_k)|^2 = \|P(f - f_i)\|^2 < \left(\frac{\varepsilon}{4}\right)^2.$$

于是, 由式 (7.8.1) 知

$$\begin{aligned}
&|(T^*f)(x) - (T^*f_i)(x)| \\
\leqslant &|(T^*f)(x) - (T^*f)(x_k)| + |(T^*f)(x_k) - (T^*f_i)(x_k)| \\
&+ |(T^*f_i)(x_k) - (T^*f_i)(x)| \\
\leqslant &\|f\| \ \|Tx - Tx_k\| + \frac{\varepsilon}{4} + \|f_i\| \ \|Tx_k - Tx\| \\
\leqslant &M \cdot \frac{\varepsilon}{4M} + \frac{\varepsilon}{4} + M \cdot \frac{\varepsilon}{4M} \\
= &\frac{3}{4}\varepsilon.
\end{aligned}$$

因此$\|T^*f - T^*f_i\| \leqslant \dfrac{3}{4}\varepsilon < \varepsilon$, 从而 $\{T^*f_1, T^*f_2, \cdots, T^*f_m\}$ 是 $T^*(D)$ 的一个有限 ε-网, 故 $T^*(D)$ 是 X^* 中的列紧集. 从而 $T^* : Y^* \to X^*$ 是紧算子. 证毕.

推论 7.8.1 若 X 为巴拿赫空间, 则 $K(X)$ 是巴拿赫代数 $B(X)$ 中的闭的双侧理想, 即

(i) 若 $A, B \in K(X)$, 则 $\forall \alpha, \beta \in \mathbf{K}, \alpha A + \beta B \in K(X)$;

(ii) 若 $A \in K(X)$, 则 $\forall B \in B(X), AB, BA \in K(X)$;

(iii) 若 $A_n \in K(X)(\forall n \in \mathbf{N})$, $A_n \to A \in B(X)(n \to \infty)$, 则 $A \in K(X)$.

习 题 7.8

1. 设 $T \in B(X, Y)$, 证明: T 是有限秩算子当且仅当存在 $f_1, \cdots, f_n \in X^*$ 及 Y 的线性无关向量 $\varepsilon_1, \varepsilon_2, \cdots, \varepsilon_n$, 使得 $Tx = \sum\limits_{i=1}^{n} f_i(x)\varepsilon_i, \forall x \in X$.

2. 设算子 $T \in K(X)$, 则对于任一 $\mathbf{K}$ 上的多项式 $P(t) = \sum\limits_{i=1}^{n} a_i t^i$, 有

$$P(T) = \sum_{i=1}^{n} a_i T^i \in K(X).$$

3. 设 $T \in B(X)$ 有有界逆算子, 证明:

(i) $T^{-1} \in K(X) \Leftrightarrow \dim X < \infty$;

(ii) $I \in K(X) \Rightarrow S := \{x \in X | \|x\| = 1\} \subset X$ 列紧.

4. 设 $T \in B(X, Y)$, 证明:

(i) $T \in K(X, Y) \Rightarrow T(\overline{B}(0, 1)) \subset Y$ 列紧;

(ii) $T \in K(X, Y) \Rightarrow T(X)$ 可分.

5. 设 $x_n, x \in X (n = 1, 2, \cdots)$ 且 $x_n \xrightarrow{w} x\ (n \to \infty)$, 证明:

(i) 若 $T \in B(X, Y)$, 则 $Tx_n \xrightarrow{w} Tx\ (n \to \infty)$;

(ii) 若 $T \in K(X, Y)$, 则 $Tx_n \xrightarrow{s} Tx\ (n \to \infty)$.

6. 证明: 例 7.8.3 中的算子 T 是 $C[a, b]$ 上的紧算子.

7. 设 X 是赋范空间, 证明:

$$F(X) = \{T | T \in B(X), \dim T(X) < \infty\}$$

是代数 $B(X)$ 与 $K(X)$ 的双侧理想.

8. 证明推论 7.8.1.

9. 设 X, Y 是赋范空间, $T : X \to Y$ 是线性算子. 证明: T 是紧算子当且仅当 X 中任一有界点列在 T 下的像具有收敛子列.

10. 设 X, Y 是赋范空间, $T : X \to Y$ 是线性算子. 证明: T 是紧算子当且仅当 X 的闭单位球在 T 下的像是列紧集.

11. 设 X, Y 是巴拿赫空间, $T : X \to Y$ 是线性算子. 如果

$$x_n \xrightarrow{w} x\ (n \to \infty) \Rightarrow Tx_n \xrightarrow{s} Tx\ (n \to \infty),$$

则称 T 是全连续的. 证明:

(1) 若 T 是全连续的, 则它是有界的;

(2) 若 T 是紧算子, 则它必是全连续的;

(3) 若 X 是自反的且 T 是全连续的, 则 T 必是紧算子.

12. 设 X, Y 是巴拿赫空间, $T : X \to Y$ 是紧算子, 证明: $T(X)$ 是闭集当且仅当 $\dim T(X) < +\infty$.

13. 设 $\{f_1, f_2, \cdots, f_n, g_1, g_2, \cdots, g_n\} \subset C[a, b]$, 定义

$$k(x, y) = \sum_{i=1}^{n} f_i(x) g_i(y), \quad (Kf)(x) = \int_a^b k(x, y) f(y) \mathrm{d}y.$$

证明: K 是 $C[a, b]$ 上的有限秩算子.

14. 定义

$$T(c_1, c_2, \cdots, c_n, \cdots) = \left(c_1, \frac{1}{2}c_2, \cdots, \frac{1}{n}c_n, \cdots\right),$$

证明: T 是 $l^2(\mathbf{K})$ 上的紧算子且其值域不是闭的.

15. 设 $\{\alpha_n\}$ 是数域 $\mathbf{K}$ 中的数列, 定义

$$T(c_1, c_2, \cdots, c_n, \cdots) = (\alpha_1 c_1, \alpha_2 c_2, \cdots, \alpha_n c_n, \cdots),$$

给出映射 T 成为 $l^2(\mathbf{K})$ 上的有界线性算子的条件及 T 成为 $l^2(\mathbf{K})$ 上的紧算子的条件.

16. 设 X, Y 是赋范空间, $T: X \to Y$ 是紧算子, X_0 是 X 的线性子空间, 证明: T 在 X_0 上的限制 $T: X_0 \to Y$ 也是紧算子.

总练习题 7

1. 设 X 是数域 $\mathbf{K}$ 上的巴拿赫空间, X 中的序列 $\{x_n\}_{n=1}^{\infty}$ 为 X 的一个绍德尔基, 即 X 中的任一向量 x 都可唯一地表示为

$$x = \sum_{n=1}^{\infty} c_n x_n = \lim_{n\to\infty} \sum_{k=1}^{n} c_k x_k.$$

定义 $x_n^*: X \to \mathbf{K}$ 如下:

$$x_n^* \left(\sum_{k=1}^{\infty} c_k x_k \right) = c_n,$$

证明: 每个 x_n^* 是 X 上的连续线性泛函.

2. 设 $M_n(\mathbf{K})$ 为数域 $\mathbf{K}$ 上所有 n 阶矩阵之集构成的巴拿赫空间 (参见总练习题 6 第 7 题), 对任一 $A = [a_{ij}] \in M_n(\mathbf{K})$, 定义

$$\operatorname{tr}(A) = \sum_{i=1}^{n} a_{ii},$$

称为矩阵 A 的迹 (Trace), 证明:

(1) tr 为 $\left(M_n(\mathbf{K}), \|\cdot\|_1\right)$ 是上的有界线性泛函且 $\|\operatorname{tr}\| = 1$;

(2) 公式 $\langle A, B\rangle_{HS} = \operatorname{tr}(AB^*)$ 定义了线性空间 $M_n(\mathbf{K})$ 上的一个内积, 其中 A^* 表示矩阵 A 的共轭转置, 即

$$A^* = [\overline{a_{ij}}]^{\mathrm{T}} = [\overline{a_{ji}}];$$

(3) 矩阵

$$E_0 = \frac{1}{\sqrt{2}} \begin{bmatrix} 1 & 0 \\ 0 & 1 \end{bmatrix}, \ E_1 = \frac{1}{\sqrt{2}} \begin{bmatrix} 0 & 1 \\ 1 & 0 \end{bmatrix}, \ E_2 = \frac{1}{\sqrt{2}} \begin{bmatrix} 0 & \mathrm{i} \\ -\mathrm{i} & 0 \end{bmatrix}, \ E_3 = \frac{1}{\sqrt{2}} \begin{bmatrix} 1 & 0 \\ 0 & -1 \end{bmatrix}$$

构成希尔伯特空间 $\left(M_2(\mathbf{C}), \langle\cdot,\cdot\rangle_{HS}\right)$ 的一个正规正交基.

3. 设 H 与 K 为希尔伯特空间, $A \in B(H, K)$, 证明:

(1) A 是下有界的 $\Leftrightarrow$ A 是左可逆的 $\Leftrightarrow$ A^*A 可逆 $\Leftrightarrow$ A 是具有闭值域的单射;

(2) A 是左可逆的 $\Leftrightarrow$ A^* 是右可逆的;

(3) A 是满射 $\Leftrightarrow$ A 是右可逆的 $\Leftrightarrow$ AA^* 可逆.

4. 设 B_H 表示希尔伯特空间 H 中的所有贝塞尔列之集 (总练习题 6 第 6 题). 对任一 $f = \{f_n\}_{n=1}^{\infty} \in B_H$, 定义

$$T_f x = \{\langle x, f_n\rangle\}_{n=1}^{\infty} \ (\forall x \in H).$$

证明:

(1) $T_f \in B(H, l^2(\mathbf{K}))$ 且 $\|T_f\| = \|f\|$;

(2) 定义 $\alpha(f) = T_f$, 则得到一个等距线性映射 $\alpha : B_H \to B(H, l^2(\mathbf{K}))$;

(3) 算子 T_f 的共轭算子为

$$T_f^*\{c_n\}_{n=1}^{\infty} = \sum_{n=1}^{\infty} c_n f_n, \quad \forall \{c_n\}_{n=1}^{\infty} \in l^2(\mathbf{K});$$

(4) $T_f^* T_f x = \sum\limits_{n=1}^{\infty} \langle x, f_n \rangle f_n$, $\forall x \in H$.

5. 设 $f = \{f_n\}_{n=1}^{\infty}$ 是数域 $\mathbf{K}$ 上的希尔伯特空间 H 中的序列, 若存在正常数 A, B 使得

$$A\|x\|^2 \leqslant \sum_{n=1}^{\infty} |\langle x, f_n \rangle|^2 \leqslant B\|x\|^2, \quad \forall x \in H,$$

则称 f 为 H 中的一个框架 (Frame), 并记为 $f \in F_H$. 设 $f = \{f_n\}_{n=1}^{\infty} \in B_H$, 证明: $f \in F_H \Leftrightarrow T_f$ 下有界 $\Leftrightarrow T_f^*$ 是满射 $\Leftrightarrow T_f^* T_f$ 可逆 $\Leftrightarrow T_f$ 具有闭值域且是单射.

6. 设 $f = \{f_n\}_{n=1}^{\infty}$ 是数域 $\mathbf{K}$ 上的可分无限维希尔伯特空间 H 中的序列, 证明: $f = \{f_n\}_{n=1}^{\infty} \in F_H$ 当且仅当存在 H 的正规正交基 $e = \{e_n\}_{n=1}^{\infty}$ 及满射算子 $A \in B(H)$ 使得 $Ae_n = f_n (n = 1, 2, \cdots)$.

7. 设 X 为希尔伯特空间, 定义 $\pi_X : X \to X^*$ 为 $(\pi_X h)(x) = \langle x, h \rangle$ $(\forall h, x \in X)$, 证明: π_X 是一个共轭线性等距同构. 进而证明 X 为自反空间, 即 $J_X(X) = X^{**}$.

8. 设 H, K 为希尔伯特空间, 算子 $A \in B(H, K)$ 的共轭算子记为 A^*, 即 $A^* \in B(K, H)$ 是由对偶关系

$$\langle Ax, y \rangle = \langle x, A^* y \rangle \ (\forall x \in H, y \in K)$$

确定的唯一算子. 用 $A^{\#}$ 表示将 H, K 看作巴拿赫空间时, 算子 $A \in B(H, K)$ 的共轭算子, 即 $A^{\#} \in B(K^*, H^*)$ 是由对偶关系

$$\langle Ax, y^* \rangle = \left\langle x, A^{\#} y^* \right\rangle \ (\forall x \in H, y^* \in K^*)$$

确定的唯一算子. 证明: 同一算子 $A \in B(H, K)$ 的这两种共轭算子之间有以下关系

$$\pi_H A^* = A^{\#} \pi_K.$$

9. 设 X, Y 为巴拿赫空间, $A^* \in B(Y^*, X^*)$ 为算子 $A \in B(X, Y)$ 的共轭算子, 即

$$\langle Ax, y^* \rangle = \langle x, A^* y^* \rangle \ (\forall x \in X, y^* \in Y^*),$$

证明: A 与 A^{**} 之间有以下关系

$$A^{**} J_X = J_Y A.$$

第 8 章 非线性算子

在第 7 章中, 我们研究了赋范线性空间之间的线性算子的有界性、连续性、可逆性与紧性等重要性质. 由于讨论的算子都是线性的, 这就大大地影响了相应理论的实用价值, 因为实际问题 (如微分方程等) 中遇到的算子大都是非线性的. 因此, 有必要研究一下非线性算子的基本性质, 从而使得我们的理论能更广泛地应用到实际问题的讨论之中.

本章将在前几章的基础上, 介绍非线性泛函分析的一些基本概念与方法, 包括非线性算子的连续性、有界性、紧性等基本性质及导数、积分、微分等内容. 研究非线性算子的一个基本方法是利用导算子的概念将非线性问题化为线性问题来处理. 通过本章的学习, 大家会看到数学分析中的许多概念 (如积分、导数、中值定理、泰勒公式等) 如何推广到一般算子上来. 同时, 也将看到这些重要的推广对于研究非线性问题的作用.

如果说线性泛函分析是 "直线与平面" 理论的推广, 那么非线性泛函分析则是 "曲线与曲面" 理论的延伸. 研究曲面的方法之一是考虑其切平面, 而处理非线性算子的方法则是考虑其导算子. 正像曲面比平面复杂得多一样, 非线性泛函分析比线性泛函分析的内容更多、更复杂但更有用. 因此, 本章只能介绍一些基本概念与方法. 有兴趣的读者, 可参考有关的专门书籍 (例如, [11]) 作进一步的学习与研究.

8.1 连续性与有界性

8.1.1 定义与例子

设 E_1 与 E_2 是两个巴拿赫空间, $D \subset E_1, A : D \to E_2$ 是一算子 (不要求 A 是线性的, 也不要求 D 是 E_1 的线性子空间), 则称 A 为**非线性算子** (Nonlinear operator).

定义 8.1.1 若 $x_0 \in D$ 且 $\forall \varepsilon > 0, \exists \delta > 0$ 使得当 $x \in D$ 且 $\|x - x_0\| < \delta$ 时, 有

$$\|Ax - Ax_0\| < \varepsilon,$$

则称 A 在 x_0 **连续** (Continuous). 如果 A 在 D 中的每一点都连续, 那么称 A 在 D 上连续.

若 $\forall\varepsilon>0, \exists\delta>0$ 使得当 $x', x''\in D$ 且 $\|x'-x''\|<\delta$ 时, 恒有

$$\|Ax'-Ax''\|<\varepsilon,$$

则称 A 在 D 上**一致连续** (Uniformly continuous).

若 A 将 D 中的任一有界集映成 E_2 中的有界集, 则称 A 在 D 上**有界** (Bounded). 否则, 称 A **无界** (Unbounded).

注 8.1.1 如果将算子 A 看作是从距离空间 D 到距离空间 E_2 的映射, 那么这里定义的连续性与第 6 章中的概念一致. 因此, 定理 6.1.5 也成立.

注 8.1.2 当 $D\subset E_1$ 是有界集时, 算子 $A: D\to E_2$ 有界当且仅当其值域 $A(D)$ 是 E_2 中的有界集.

注 8.1.3 对于线性算子来说, 连续性与有界性是等价的, 但对非线性算子来说, 却没有这种等价关系, 请看下面的两个例子.

例 8.1.1(连续但无界的非线性泛函) 设

$$D=\left\{(x,y)\in\mathbf{R}^2|(x,y)\neq(0,0)\right\},$$

定义 $f: D\to\mathbf{R}$ 如下:

$$f(x,y)=\frac{1}{x^2+y^2},\quad \forall(x,y)\in D.$$

显然, f 在 D 上连续, 但 f 将 D 中的有界集

$$S=\left\{(x,y)\in\mathbf{R}^2|0<x^2+y^2\leqslant 1\right\}$$

映成了 $\mathbf{R}$ 中的无界集

$$f(S)=\left\{\frac{1}{x^2+y^2}|0<x^2+y^2\leqslant 1\right\}.$$

因此, f 是连续的无界非线性泛函.

例 8.1.2(有界但不连续的非线性泛函) 定义

$$f:\mathbf{R}^2\to\mathbf{R},\quad f(x,y)=\begin{cases}1, & (x,y)\in\mathbf{Q}^2,\\ 0, & (x,y)\notin\mathbf{Q}^2,\end{cases}$$

则 f 是有界泛函, 但不连续.

8.1.2 连续算子的性质

下面的定理说明: 在一定条件下, 连续性可以保证有界性.

定理 8.1.1 设 $A: D\to E_2$ 连续, $D\subset E_1$, 则

(i) $\forall S \subset D$, $A\left(\bar{S} \bigcap D\right) \subset \overline{A(S)}$;

(ii) 若 S 为 D 的紧子集, 则 $A(S)$ 是 E_2 中的紧子集;

(iii) 若 D 是 E_1 的紧子集, 则 A 有界; 特别, $A(D)$ 是有界集;

(iv) 若 $\dim E_1 < \infty$ 且 D 是闭集, 则 A 有界.

证明 (i) 设 $S \subset D$. 如果 $Ax_0 \in A\left(\overline{S} \bigcap D\right)$, 其中 $x_0 \in \overline{S} \cap D$, 那么存在

$$x_n \in S(n = 1, 2, \cdots)$$

使得

$$\|x - x_0\| \to 0(n \to \infty).$$

由于 A 连续, 从而

$$Ax_n \to Ax_0(n \to \infty).$$

由于 $Ax_n \in A(S)(n = 1, 2, \cdots)$, 所以 $Ax_0 \in \overline{A(S)}$. (i) 得证.

(ii) 设 $\{Ax_n\}$ 为 $A(S)$ 中的任一无穷点列, 其中 $\{x_n\}$ 为 S 中的无穷点列. 由于 S 是紧集, 因此 $\{x_n\}$ 有收敛子列, 设 $x_{n_k} \to x_0(k \to \infty)$. 因为 S 是闭集, 所以 $x_0 \in S$. 由 A 连续知

$$Ax_{n_k} \to Ax_0(k \to \infty).$$

可见, $\{Ax_n\}$ 有子列 $\{Ax_{n_k}\}$ 收敛于 $Ax_0 \in A(S)$. 故 $A(S)$ 是 E_2 的紧子集.

(iii) 设 $S \subset D$ 是有界集, 则由定理 6.1.7 知, $\overline{S}$ 为列紧闭集, 从而为紧集. 由 (ii) 知 $A(\overline{S})$ 是 E_2 中的紧集, 从而有界 (习题 6.1 第 9 题). 由于 $A(S) \subset A(\overline{S})$, 所以 $A(S)$ 也是有界集. 因此, A 有界.

(iv) 设 $S \subset D$ 是有界集, 则 $\overline{S} \subset \overline{D} = D$ 是紧子集 (定理 6.2.3). 由 (ii) 知 $A(\overline{S})$ 是 E_2 中的紧集, 从而是有界集. 因为 $A(S) \subset A(\overline{S})$, 于是 $A(S)$ 为有界集. 故 A 有界. 证毕.

8.1.3 一类复合算子的连续性与有界性

定理 8.1.2 若 f 是 $[a, b] \times (-\infty, \infty)$ 上连续的二元实值函数, 定义

$$(F\varphi)(x) = f(x, \varphi(x)), \quad \forall x \in [a, b], \tag{8.1.1}$$

则 $F : C[a, b] \to C[a, b]$ 连续且有界.

证明 首先证明 F 连续. 由复合函数的连续性知: 当 $\varphi \in C[a, b]$ 时, $F\varphi \in C[a, b]$. 于是, F 是 $C[a, b]$ 到自身的算子. 设

$$\varphi, \varphi_n \in C[a, b](n = 1, 2, \cdots) \text{ 且 } \varphi_n \to \varphi(n \to \infty),$$

则 $\{\varphi_n\}$ 为 $C[a,b]$ 中的有界点列. 于是, 存在 $M>0$ 使得

$$|\varphi_n(x)|\leqslant M,|\varphi(x)|\leqslant M(\forall x\in[a,b],n=1,2,\cdots).$$

由于 f 在 $[a,b]\times[-M,M]$ 上一致连续, 从而在 $[a,b]$ 上, 有

$$f(x,\varphi_n(x))\xrightarrow{u}f(x,\varphi(x))(n\to\infty).$$

因此

$$F\varphi_n\to F\varphi(n\to\infty).$$

故 F 在 $C[a,b]$ 上连续.

下证 F 有界. 设 S 为 $C[a,b]$ 中的有界集, 则存在 $M>0$ 使得

$$|\varphi(x)|\leqslant M,\quad \forall\varphi\in S,\quad \forall x\in[a,b].$$

由于 f 在 $[a,b]\times[-M,M]$ 上连续, 从而有界即存在 $K>0$ 使得

$$|f(x,y)|\leqslant K,\quad \forall x\in[a,b],\quad \forall y\in[-M,M].$$

因此, 对任一 $\varphi\in S$ 有

$$|f(x,\varphi(x))|\leqslant K,\quad \forall x\in[a,b].$$

可见, $\|F\varphi\|\leqslant K(\forall\varphi\in S)$, 从而 $F(S)$ 有界. 这就证明了 F 有界. 证毕.

定理 8.1.3 若 f 是 $[a,b]\times(-\infty,\infty)$ 上连续且有界的实值函数, 定义

$$(F\varphi)(x)=f(x,\varphi(x)),\quad \forall x\in[a,b], \tag{8.1.2}$$

则对于任意的 $p_1,p_2\in(1,\infty)$, 算子 $F:L^{p_1}[a,b]\to L^{p_2}[a,b]$ 连续且有界.

证明 分以下几步完成.

(i) 若 $\varphi\in L^{p_1}[a,b]$, 则 $F\varphi\in L^{p_2}[a,b]$. 事实上, 由于 φ 在 $[a,b]$ 上可测且 a.e. 有限, 因此 $(F\varphi)(x)=f(x,\varphi(x))$ 在 $[a,b]$ 上 a.e. 有定义. 由于 f 连续且有界, 从而只要证明 $F\varphi$ 在 $[a,b]$ 上可测, 便知它属于 $L^{p_2}[a,b]$. 因为 φ 在 $[a,b]$ 上可测, 由鲁金定理知存在闭集 $D_n\subset[a,b]$ 使得 φ 在 D_n 上连续且

$$m[a,b]-mD_n<\frac{1}{n}(n=1,2,\cdots). \tag{8.1.3}$$

令 $D=\bigcup\limits_{n=1}^{\infty}D_n$, 则由式 (8.1.3) 知

$$mD\geqslant mD_n\geqslant m[a,b]-\frac{1}{n}\to m[a,b](n\to\infty).$$

因此, $mD = m[a,b]$, 于是 $m([a,b]\backslash D) = 0$. $\forall a \in \mathbf{R}$, 定义

$$\Delta_n = \{x \in D_n | f(x, \varphi(x)) \geqslant a\} = D_n[F\varphi \geqslant a].$$

则 Δ_n 可测 (因 $g(x) := f(x, \varphi(x))$ 在可测集 D_n 上连续). 因此,

$$\{x \in D | f(x, \varphi(x)) \geqslant a\} = \bigcup_{n=1}^{\infty} \Delta_n$$

可测. 由于 $a \in \mathbf{R}$ 任意, 可知 $F\varphi$ 在 D 上可测, 从而 $F\varphi$ 在

$$[a,b] = D \bigcup ([a,b]\backslash D)$$

上可测.

(ii) $F : L^{p_1}[a,b] \to L^{p_2}[a,b]$ 连续. 否则, 存在 $\varepsilon_0 > 0$ 及

$$\varphi_n, \varphi_0 \in L^{p_1}[a,b] (n = 1, 2, \cdots)$$

使得

$$\|\varphi_n - \varphi_0\|_{p_1} = \left(\int_a^b |\varphi_n(x) - \varphi_0(x)|^{p_1} \mathrm{d}x \right)^{\frac{1}{p_1}} \to 0 (n \to \infty),$$

但是, 对于任意 $n \in \mathbf{N}^+$, 有

$$\|F\varphi_n - F\varphi_0\|_{p_2} = \left(\int_a^b |f(x, \varphi_n(x)) - f(x, \varphi_0(x))|^{p_2} \mathrm{d}x \right)^{\frac{1}{p_2}} \geqslant \varepsilon_0. \tag{8.1.4}$$

由习题 6.2 第 4 题知, 柯西列 $\{\varphi_n(x)\}$ 有子列 $\{\varphi_{n_k}(x)\}$ 使得

$$\lim_{k \to \infty} \varphi_{n_k}(x) = \varphi_0(x) \text{ a.e. 于 } [a,b].$$

定义

$$g_k(x) = |f(x, \varphi_{n_k}(x)) - f(x, \varphi_0(x))|^{p_2}.$$

由 f 连续可知

$$g_k(x) \to 0 \text{ a.e. 于 } [a,b] (k \to \infty). \tag{8.1.5}$$

易见 g_k 在 $[a,b]$ 上可测且

$$|g_k(x)| \leqslant (2M)^{p_2}, \quad \forall x \in [a,b], k = 1, 2, \cdots, \tag{8.1.6}$$

其中

$$M = \sup\{|f(x,y)| : x \in [a,b], y \in (-\infty, \infty)\} < \infty.$$

根据式 (8.1.5) 及 (8.1.6) 并应用勒贝格控制收敛定理知

$$\int_a^b g_k(x)\mathrm{d}x \to 0(k \to \infty),$$

即

$$\|F\varphi_{n_k} - F\varphi_0\|_{p_2} \to 0(k \to \infty).$$

这与式 (8.1.4) 矛盾. 故 F 连续.

(iii) F 有界. 这是显然的, 因为

$$\forall \varphi \in L^{p_1}[a,b], \quad \|F\varphi\|_{p_2} \leqslant (b-a)^{\frac{1}{p_2}} M.$$

证毕.

习 题 8.1

1. 定义 $A: C[a,b] \to C[a,b]$ 如下:

$$(Af)(x) = 1 + f(x) + (f(x))^2, \quad \forall x \in [a,b],$$

证明: A 是连续的有界非线性算子.

2. 定义 $l^2(\mathbf{R})$ 到 $l^2(\mathbf{R})$ 的算子 A 如下:

$$A(x_1, x_2, \cdots) = (x_1 \sin x_1, x_2 \sin x_2, \cdots),$$

证明: A 是连续有界非线性算子且 $\forall x \in l^2(\mathbf{R})$, 有

$$\|Ax\| \leqslant \|x\|.$$

3. 定义 $f: l^2(\mathbf{R}) \to \mathbf{R}$ 如下:

$$f(x) = \sum_{k=1}^{\infty} k r_k, \quad \forall x = (x_1, x_2, \cdots) \in l^2(\mathbf{R}),$$

其中

$$r_k = \max\{0, |x_k| - 1\} = \begin{cases} 0, & |x_k| < 1, \\ |x_k| - 1, & |x_k| \geqslant 1, \end{cases}$$

证明: f 是连续的无界非线性泛函.

4. 设 E 为完备赋范线性空间, 定义 $A: E \to E$ 为

$$Ax = \|x\| x, \quad \forall x \in E,$$

则 A 是连续的有界非线性算子.

5. 设 X 是巴拿赫空间且

$$D = \{T \in B(X) : \|T\| < 1\}.$$

定义

$$AT = (I-T)^{-1} = \sum_{k=0}^{\infty} T^k, \quad \forall T \in D,$$

证明 $A : D \to B(X)$ 是连续的无界非线性算子.

提示: 证明 $\|AT_n - AT_0\| = \|(AT_n)(T_0 - T_n)(AT_0)\|$.

6. 设算子 $A_n : D \to E_2 (n = 1, 2, \cdots)$ 连续且 $A : D \to E_2$ 满足

$$\lim_{n\to\infty} \sup_{x\in D} \|A_n x - Ax\| = 0.$$

证明: A 连续.

7. 设算子 $A : D \to E_2$ 连续且 D 是 E_1 的紧子集, 则 A 必一致连续.

8. 设算子 $A : D \to E_2$ 在 $x_0 \in D$ 处连续, 则存在 $M > 0$ 及 $\delta > 0$ 使得当 $x \in D$ 且 $\|x - x_0\| < \delta$ 时, 有 $\|Ax\| \leqslant M$.

9. 设算子 $A, B : D \to E_2$ 都在 $x_0 \in D$ 处连续, 则

$$A + B, \alpha A : D \to E_2$$

都在 x_0 处连续, 其中

$$(A + B)x = Ax + Bx, (\alpha A)x = \alpha Ax (\forall x \in D, \forall \alpha \in \mathbf{K})$$

10. 设 E_2 是巴拿赫代数 (定义 7.1.3), $A, B : D \to E_2$ 在 $x_0 \in D$ 处连续, 则

$$A \times B : D \to E_2$$

在 x_0 处连续, 其中 $(A \times B)x = (Ax)(Bx) (\forall x \in D)$.

8.2 紧性与全连续性

8.2.1 定义与基本性质

设 E_1 与 E_2 是两个巴拿赫空间, $D \subset E_1$, $A : D \to E_2$ 是任一算子.

定义 8.2.1 若 A 将 D 中的任一有界集 S 映成 E_2 中的列紧集 $A(S)$, 则称 A 是**紧算子** (Compact operator). 若 A 是连续的紧算子, 则称 A 是**完全连续算子** (Totally continuous operator).

显然, 紧算子必有界; A 是紧算子当且仅当 D 中任何有界点列 $\{x_n\}$ 的像 $\{Ax_n\}$ 有收敛子列.

非线性紧算子与线性紧算子有类似的性质.

定理 8.2.1　设 E_1, E_2, E_3 为巴拿赫空间, $D \subset E_1$, $A : D \to E_2$, 且 $B : E_2 \to E_3$, 则

(i) 当 A 为紧算子且 B 连续时, BA 是紧算子.

(ii) 当 A 有界且 B 是紧算子时, BA 是紧算子.

(iii) 当 $A, C : D \to E_2$ 都是紧算子时, $\alpha A + \beta C$ 是紧算子, 其中 $\alpha, \beta \in \mathbf{K}$.

证明　(i) 设 S 为 D 中的有界集, 则 $A(S)$ 为 E_2 中的列紧集. 于是 $\overline{A(S)}$ 是列紧闭集, 从而为紧集. 因为 B 连续, 从而由定理 8.1.1 知 $B\left(\overline{A(S)}\right)$ 是 E_3 中的紧集. 因为 $(BA)(S) = B(A(S)) \subset B(\overline{A(S)})$, 所以由定理 6.1.7 知 $(BA)(S)$ 是列紧集. 因此, BA 是紧算子.

(ii) 设 $S \subset D$ 是有界集, 则 $A(S)$ 是 E_2 中的有界集. 由于 B 是紧算子, 从而 $(BA)(S) = B(A(S))$ 是 E_3 中的列紧集. 故 BA 是紧算子.

(iii) 设 $\{x_n\}$ 为 D 中的有界点列, 因为 A 为紧算子, 从而 $\{Ax_n\}$ 有收敛子列 $\{Ax_{n_k}\}$. 设 $Ax_{n_k} \to y_0 (k \to \infty)$. 因为 $\{x_{n_k}\}$ 也是 D 中的有界点列且 C 是紧算子, 从而存在子列 $\left\{x_{n_{k_i}}\right\}$ 及点 $z_0 \in E_2$, 使得

$$Cx_{n_{k_i}} \to z_0 (i \to \infty).$$

于是

$$(\alpha A + \beta C)x_{n_{k_i}} = \alpha Ax_{n_{k_i}} + \beta Cx_{n_{k_i}} \to y_0 + z_0 (i \to \infty).$$

因此, $\{(\alpha A + \beta C)x_n\}$ 有收敛子列. 故 $\alpha A + \beta C$ 是紧算子. 证毕.

关于完全连续算子列的极限运算有以下结果.

定理 8.2.2　设 E_1 与 E_2 是巴拿赫空间, $D \subset E_1, A_n : D \to E_2$ 是完全连续算子列 $(n = 1, 2, \cdots)$ 且 $A : D \to E_2$ 是一算子. 如果对任何有界集 $S \subset D$, 在 S 上有

$$\|A_n x - Ax\| \xrightarrow{u} 0 \quad (n \to \infty), \tag{8.2.1}$$

即 $\forall \varepsilon \in 0, \exists N$, 当 $n > N$ 时, 对一切 $x \in S$ 有

$$\|A_n x - Ax\| < \varepsilon,$$

则 $A : D \to E_2$ 完全连续.

证明　先证明 A 是连续算子. 设 $x_n \in D (n = 0, 1, 2, \cdots)$ 且 $x_n \to x_0 \in D$, 则 $S = \{x_0, x_1, x_2, \cdots\}$ 是 D 中的有界集. 于是, 由条件 (8.2.1) 知对任意 $\varepsilon > 0, \exists N$ 使得

$$\|A_N x_k - Ax_k\| < \frac{\varepsilon}{3} (k = 0, 1, 2, \cdots). \tag{8.2.2}$$

由于 A_N 连续, 于是存在 K_0 使得当 $k > K_0$ 时, 有

$$\|A_N x_k - A_N x_0\| < \frac{\varepsilon}{3}. \tag{8.2.3}$$

从而当 $k > K_0$ 时, 由式 (8.2.2) 及 (8.2.3) 得

$$\begin{aligned}\|Ax_k - Ax_0\| &\leqslant \|Ax_k - A_N x_k\| + \|A_N x_k - A_N x_0\| \\ &\quad + \|A_N x_0 - Ax_0\| \\ &< \frac{\varepsilon}{3} + \frac{\varepsilon}{3} + \frac{\varepsilon}{3} = \varepsilon.\end{aligned}$$

因此, A 连续.

再证 A 是紧算子. 设 S 为 D 中的任一有界集. $\forall \varepsilon > 0$, 由条件 (8.2.1) 知存在某个 n 使得

$$||A_n x - Ax|| < \varepsilon, \quad \forall x \in S.$$

故 $Ax \in B(A_n x, \varepsilon)(\forall x \in S)$. 因为 A_n 是紧算子, 所以, $A_n(S)$ 是 $A(S)$ 的列紧 ε-网. 由推论 6.1.1 知: $A(S)$ 列紧. 因此, A 是紧算子. 证毕.

8.2.2 完全连续算子的结构

定理 8.2.3 设 E_1 及 E_2 是巴拿赫空间, $A : D \to E_2$ 的定义域 D 有界, 则以下叙述等价:

(i) $A : D \to E_2$ 完全连续;

(ii) $\forall \varepsilon > 0$, 存在连续有界算子 $A_\varepsilon : D \to E_\varepsilon$ 使得

$$\|Ax - A_\varepsilon x\| < \varepsilon, \quad \forall x \in D, \tag{8.2.4}$$

其中 E_ε 是 E_2 的某个有限维子空间;

(iii) 存在连续且有界算子 $A_n : D \to E_n^{(0)}$ 使得

$$Ax = \sum_{n=0}^{\infty} A_n x \tag{8.2.5}$$

在 D 上一致地成立, 且

$$\|A_n x\| \leqslant \frac{1}{2^n} (\forall x \in D, n = 1, 2, \cdots), \tag{8.2.6}$$

其中 $E_n^{(0)}$ 是 E_2 的有限维子空间.

证明 (i)$\Longrightarrow$(ii): 设 (i) 成立. 由于 D 有界且 A 完全连续, 从而 $A(D)$ 是 E_2 中的列紧集. 故由定理 6.1.8 知: $\forall \varepsilon > 0$, $\exists y_1, y_2, \cdots, y_n \in E_2$ 使得

$$A(D) \subset \bigcup_{i=1}^{n} B(y_i, \varepsilon). \tag{8.2.7}$$

用 E_ε 表示由 $y_1, y_2, \cdots, y_n$ 生成的 E_2 的子空间, 则 $\dim E_\varepsilon \leqslant n < \infty$. $\forall y \in E_2$, 令

$$d_i(y) = \max\{\varepsilon - ||y - y_i||, 0\}, \quad (i = 1, 2, \cdots, n).$$

显然, $d_i: E_2 \to \mathbf{R}$ 连续、非负且在开球 $B(y_i, \varepsilon)$ 内为正. 令

$$d(y) = \sum_{k=1}^{n} d_k(y)(y \in E_2).$$

由式 (8.2.7) 知当 $x \in D$ 时, 必有某个 y_i 使得 $\|Ax - y_i\| < \varepsilon$, 从而 $d_i(Ax) > 0$. 因此

$$d(Ax) > 0(x \in D).$$

令

$$A_\varepsilon x = \frac{1}{d(Ax)} \sum_{i=1}^{n} d_i(Ax) y_i, \quad \forall x \in D. \tag{8.2.8}$$

则 $A_\varepsilon: D \to E_\varepsilon$ 连续. 由于当 $\|Ax - y_i\| \geqslant \varepsilon$ 时, $d_i(Ax) = 0$, 因此, 当 $x \in D$ 有

$$\begin{aligned}
\|Ax - A_\varepsilon x\| &= \left\| \frac{1}{d(Ax)} \sum_{i=1}^{n} d_i(Ax)(Ax - y_i) \right\| \\
&\leqslant \frac{1}{d(Ax)} \sum_{i=1}^{n} d_i(Ax) \|Ax - y_i\| \\
&< \varepsilon.
\end{aligned}$$

由于 $A(D)$ 列紧, 从而有界. 于是, 存在 $M > 0$ 使得 $\|Ax\| \leqslant M(\forall x \in D)$. 由以上不等式可知

$$\|A_\varepsilon x\| \leqslant \|A_\varepsilon x - Ax\| + \|Ax\| < \varepsilon + M, \quad \forall x \in D.$$

因此, $A_\varepsilon(D)$ 是有界集, 故 A_ε 是有界算子.

(ii)$\Longrightarrow$(iii): 设 (ii) 成立, 则存在连续且有界算子 $B_n: D \to H_n$ 使得

$$\|Ax - B_n x\| < \frac{1}{2^{n+2}}, \quad \forall x \in D, \quad n = 0, 1, 2, \cdots, \tag{8.2.9}$$

其中, $H_n (n = 0, 1, 2, \cdots)$ 是 E_2 的有限维子空间. 令

$$\begin{aligned}
&A_0 = B_0, \quad E_0^{(0)} = H_0, \\
&A_n = B_n - B_{n-1} (n = 1, 2, \cdots), \\
&E_n^{(0)} = \{x - y | x \in H_n, y \in H_{n-1}\} (n = 1, 2, \cdots).
\end{aligned}$$

显然, $\dim E_n^{(0)} < \infty$, $A_n: D \to E_n^{(0)} (n = 0, 1, 2, \cdots)$ 连续且有界. 由于

$$B_n x = \sum_{i=0}^{n} A_i x (\forall x \in D),$$

从而对于任意 $x\in D$, 由式 (8.2.9) 知

$$\left\|Ax-\sum_{i=0}^{n}A_ix\right\|=\|Ax-B_nx\|<\frac{1}{2^{n+2}}(n=0,1,2,\cdots). \tag{8.2.10}$$

因此, 级数 $\sum_{n=0}^{\infty}A_nx$ 在 D 上一致收敛于 Ax, 即 $Ax=\sum_{n=0}^{\infty}A_nx$ 在 D 上一致成立. 最后, $\forall x\in D$, 应用式 (8.2.9) 得

$$\begin{aligned}\|A_nx\|&=\|B_nx-B_{n-1}x\|\\&\leqslant\|B_nx-Ax\|+\|Ax-B_{n-1}x\|\\&<\frac{1}{2^{n+2}}+\frac{1}{2^{n+1}}\\&<2^{-n}(n=1,2,\cdots).\end{aligned}$$

可见, 式 (8.2.6) 成立.

(iii)$\Longrightarrow$(i): 设 (iii) 满足. 对任意的 $\varepsilon>0$, 取自然数 n_0 使得 $2^{-n_0}<\varepsilon$. 令

$$B_{n_0}=\sum_{i=0}^{n_0}A_i,$$

则 $B_{n_0}:D\to G_{n_0}$, 其中

$$G_{n_0}=\left\{\sum_{i=0}^{n_0}y_i|y_i\in E_i^{(0)}(0\leqslant i\leqslant n_0)\right\}$$

是 E_2 的有限维子空间. 当 $x\in D$ 时, 根据式 (8.2.6) 知

$$\|Ax-B_{n_0}x\|=\left\|\sum_{i=n_0+1}^{\infty}A_ix\right\|\leqslant\sum_{i=n_0+1}^{\infty}\frac{1}{2^i}=\frac{1}{2^{n_0}}<\varepsilon.$$

故 $B_{n_0}(D)$ 是 $A(D)$ 的 ε-网. 又因为 $B_{n_0}(D)$ 是有限维空间 G_{n_0} 中的有界集, 从而是列紧集 (定理 6.2.3). 再由推论 6.1.1 知 $A(D)$ 是列紧集. 设 S 为 D 的任一有界子集, 则 $A(S)$ 是列紧集 $A(D)$ 的子集, 从而列紧, 因此 A 是紧算子. 由于 A_n 连续且 $\sum_{n=0}^{\infty}A_nx$ 在 D 上一致收敛于 Ax, 则用类似于数学分析中的方法可证 A 也连续. 故 A 是完全连续的. 证毕.

如果算子 $A:D\to E_2$ 的值域 $A(D)$ 能包含在 E_2 的某个有限子空间之中, 则称 A 是**有限秩算子** (Finite rank operator). 显然, 连续且有界的有限秩算子必是完全连续的. 定理 8.2.3 告诉我们: 完全连续算子可用连续、有界的有限秩算子列一致逼近.

最后, 我们介绍一个重要的例子.

例 8.2.1　设函数 $f:[a,b]\times(-\infty,\infty)\to(-\infty,\infty)$ 连续且有连续的偏导数, 令

$$D=\{\varphi\in C^1[a,b]:\ ||\varphi'||_\infty\leqslant 1\}\subset C[a,b]$$

定义

$$(F\varphi)(x)=f(x,\varphi(x)),\quad \forall\varphi\in D,$$

则 $F:D\to C[a,b]$ 完全连续.

证明　由定理 8.1.2 知 $F:C[a,b]\to C[a,b]$ 连续且有界, 从而限制 D 上, F 也是连续且有界的. 设 $S\subset D$ 是有界集, 则 $F(S)$ 是 $C[a,b]$ 中的有界集. 下面证明 $F(S)$ 等度连续 (推论 6.1.3). $\forall\varphi\in S$ 及 $x_1,x_2\in[a,b]$, 应用微分中值定理可知

$$|(F\varphi)(x_2)-(F\varphi)(x_1)|=(F\varphi)'(\xi)|\cdot|x_2-x_1|. \tag{8.2.11}$$

其中 ξ 位于 x_1 与 x_2 之间. 由于 S 有界, 从而存在 $M>0$ 使得

$$\forall\varphi\in S,\quad |\varphi(x)|\leqslant M(x\in[a,b]).$$

又因为 f 在 $[a,b]\times[-M,M]$ 上偏导数连续, 于是存在 $K>0$ 使得 $\forall\varphi\in S$, 有

$$|f_x(x,\varphi(x))|\leqslant K,\quad |f_y(x,\varphi(x))|\leqslant K,\quad \forall x\in[a,b],$$

从而 $\forall\varphi\in S$, 有

$$|(F\varphi)'(\xi)|=|f_x(\xi,\varphi(\xi))+f_y(\xi,\varphi(\xi))\varphi'(\xi)|\leqslant 2K,$$

因此, $\forall\varphi\in S$ 及 $\forall x_1,x_2\in[a,b]$, 由式 (8.2.11) 得

$$|(F\varphi)(x_2)-(F\varphi)(x_1)|\leqslant 2K\cdot|x_2-x_1|.$$

由此可知 $F(S)$ 等度连续. 因此 $F(S)$ 是 $C[a,b]$ 中的列紧集, 从而 F 是紧算子. 故 F 是完全连续的. 证毕.

习　题　8.2

1. 设 $A:D\to E_2$ 是有限秩算子, 证明:

(1) A 是紧算子 $\Leftrightarrow A$ 有界;

(2) A 完全连续 $\Leftrightarrow A$ 连续且有界.

2. 设 $A:D\to E_2$, $B:E_2\to E_3$ 是两个算子, 证明: 若 A 完全连续且 B 连续, 则 $BA:D\to E_3$ 完全连续. 若 A 连续且有界, 而 B 完全连续, 则 BA 完全连续.

3. 若 $A, B: D \to E_2$ 完全连续, 则 $\forall \alpha, \beta \in \mathbf{K}, \alpha A + \beta B$ 也是完全连续的.

4. 若 $A_n: D \to E_2$ 是紧算子 $(n = 1, 2, \cdots)$, $A: D \to E_2$ 满足:

$$\lim_{n \to \infty} \sup_{x \in D} ||A_n x - Ax|| = 0,$$

证明: A 是紧算子.

5. 设 $K(x, y, u): [a, b] \times [a, b] \times (-\infty, \infty) \to \mathbf{R}$ 连续, 定义

$$(T\varphi)(x) = \int_a^b K(x, y, \varphi(y))\mathrm{d}y, \quad \forall \varphi \in C[a, b].$$

证明: T 是 $C[a, b]$ 到自身的完全连续算子.

8.3 抽象函数的导数

设 E 是巴拿赫空间, $D \subset \mathbf{K} = \mathbf{C}$ 或 $\mathbf{R}$, 称算子 $A: D \to E$ 为**抽象函数** (Abstract function). 若 $D \subset \mathbf{R}$, 则称 A 是**实变抽象函数** (Real variable abstract function); 若 $D \subset \mathbf{C}$, 则称 A 是**复变抽象函数** (Complex variable abstract function). 本节将实变、复变函数的导数概念推广到一般抽象函数.

8.3.1 实变抽象函数的导数

本节恒设 E 是实的巴拿赫空间, $[a, b]$ 是 $\mathbf{R}$ 中的闭区间.

定义 8.3.1 设 $x: [a, b] \to E$, $t_0 \in [a, b]$. 如果 $\exists y_0 \in E$ 使得

$$\lim_{\Delta t \to 0} \left\| \frac{x(t_0 + \Delta t) - x(t_0)}{\Delta t} - y_0 \right\| = 0, \tag{8.3.1}$$

则称抽象函数 x 在 t_0 点**可微或可导** (Differentiable), 且称 y_0 是 x 在 t_0 处的**导数** (Derivative), 记为 $x'(t_0)$, 即

$$x'(t_0) = \lim_{\Delta t \to 0} \frac{x(t_0 + \Delta t) - x(t_0)}{\Delta t}. \tag{8.3.2}$$

若 x 在 $[a, b]$ 的每个点可微 (在 a 点右可微, b 点左可微), 则称 x 在 $[a, b]$ 上**可微**, 此时, 称函数 $t \mapsto x'(t): [a, b] \to E$ 是 x 的**导函数** (Derivative function), 它是一个新的抽象函数. 因此, 还可定义 x 的二阶导数 $x''(t) = (x'(t))'$. 一般地, x 在 t_0 处的 n 阶导数定义为

$$x^{(n)}(t_0) = [x^{(n-1)}(t)]'_{t=t_0}. \tag{8.3.3}$$

定理 8.3.1 设 $x, y: [a, b] \to E$ 是实变抽象函数.

(i) 若 x 在 $t_0 \in [a, b]$ 可微, 则 x 在 t_0 连续;

(ii) 若 x,y 在 $t_0\in[a,b]$ 可微, 定义

$$(x+y)(t)=x(t)+y(t),\forall t\in[a,b],$$

则 $x+y$ 在 t_0 可微且 $(x+y)'(t_0)=x'(t_0)+y'(t_0)$.

(iii) 若 E 是实巴拿赫代数, 且 x,y 在 $t_0\in[a,b]$ 处可微, 定义

$$(xy)(t)=x(t)y(t),\quad \forall t\in[a,b],$$

则 xy 在 t_0 处可微且

$$(xy)'(t_0)=x'(t_0)y(t_0)+x(t_0)y'(t_0).$$

(iv) 若 x 在 $[a,b]$ 上连续、在 (a,b) 内可微, 则存在 $\xi\in(a,b)$ 使得

$$\|x(b)-x(a)\|\leqslant\|x'(\xi)\|(b-a). \tag{8.3.4}$$

(v) 若 x 在 $t_0\in[a,b]$ 可微, 则 $\forall f\in E^*$, 有 $f\circ x:[a,b]\to\mathbf{R}$ 在 t_0 处可微且

$$(f\circ x)'(t_0)=f(x'(t_0)).$$

证明 (i) 设 $t_n\in[a,b]|\{t_0\}(n=1,2,\cdots)$, $\lim\limits_{n\to\infty}t_n=t_0$, 则

$$\begin{aligned}||x(t_n)-x(t_0)||=&\left\|\frac{x(t_n)-x(t_0)}{t_n-t_0}\right\|\cdot|t_n-t_0|\\ \to&||x'(t_0)||\cdot 0=0(n\to\infty).\end{aligned}$$

因此, $\lim\limits_{n\to\infty}x(t_n)=x(t_0)$, 故 x 在 t_0 处连续.

(ii) 因为当 $\Delta t\to 0$ 有

$$\begin{aligned}&\left\|\frac{(x+y)(t_0+\Delta t)-(x+y)(t_0)}{\Delta t}-(x'(t_0)+y'(t_0))\right\|\\ \leqslant&\left\|\frac{x(t_0+\Delta t)-x(t_0)}{\Delta t}-x'(t_0)\right\|+\left\|\frac{y(t_0+\Delta t)-y(t_0)}{\Delta t}-y'(t_0)\right\|\\ \to&0,\end{aligned}$$

从而 $x+y$ 在 t_0 可微且 $(x+y)'(t_0)=x'(t_0)+y'(t_0)$.

(iii) 记

$$\alpha=\frac{x(t_0+\Delta t)-x(t_0)}{\Delta t}-x'(t_0),\quad \beta=\frac{y(t_0+\Delta t)-y(t_0)}{\Delta t}-y'(t_0),$$

则当 $\Delta t\to 0$ 时, 有 $\alpha\to 0,\beta\to 0$ 且 $y(t_0+\Delta t)\to y(t_0)$ (由 (i)), 从而

$$\left\|\frac{(xy)(t_0+\Delta t)-(xy)(t_0)}{\Delta t}-x'(t_0)y(t_0)-x(t_0)y'(t_0)\right\|$$

$$\leqslant \|\alpha y(t_0+\Delta t)+x(t_0)\beta\|+\|x'(t_0)[y(t_0+\Delta t)-y(t_0)]\|$$
$$\leqslant \|\alpha\|\cdot\|y(t_0+\Delta t)\|+\|\beta\|\cdot\|x(t_0)\|+\|x'(t_0)\|\cdot\|y(t_0+\Delta t)-y(t_0)\|$$
$$\to 0(\Delta t\to 0).$$

故 xy 在 t_0 处可微, 且

$$(xy)'(t_0)=x'(t_0)y(t_0)+x(t_0)y'(t_0).$$

(iv) 由哈恩–巴拿赫定理知: 存在 $f\in E^*$ 使 $||f||=1$ 且

$$f(x(b)-x(a))=\|x(b)-(a)\|,$$

令 $g(t)=f(x(t))$, 则 g 在 $[a,b]$ 上连续且在 (a,b) 内可微. 由数学分析中的中值定理知: 存在 $\xi\in(a,b)$, 使得

$$g(b)-g(a)=g'(\xi)\cdot(b-a).$$

易见 $g'(\xi)=f(x'(\xi))$, 从而

$$\begin{aligned}||x(b)-x(a)||&=g(b)-g(a)\\&=f(x'(\xi))(b-a)\\&\leqslant||x'(\xi)||\cdot(b-a).\end{aligned}$$

(v) 当 $\Delta t\neq 0$ 且 $t_0+\Delta t\in[a,b]$ 时, 由 $f\in X^*$ 的线性及连续性知:

$$\begin{aligned}&\frac{f(x(t_0+\Delta t))-f(x(t_0))}{\Delta t}-f(x'(t_0))\\=&f\left(\frac{x(t_0+\Delta t)-x(t_0)}{\Delta t}-x'(t_0)\right)\\\to&f(0)=0(\Delta t\to 0).\end{aligned}$$

从而 $f\circ x$ 在 t_0 处可微且

$$(f\circ x)'(t_0)=f(x'(t_0)).$$

证毕.

定理 8.3.2 设 $h_1,h_2:[a,b]\to\mathbf{R}$, $x(t)=(h_1(t),h_2(t))$, 则 $x:[a,b]\to\mathbf{R}^2$ 在 $t_0\in[a,b]$ 可微, 当且仅当 h_1 与 h_2 在 t_0 可微; 此时, $x'(t_0)=(h_1'(t_0),h_2'(t_0))$.

证明 必要性. 设 x 在 t_0 可微, 且 $x'(t_0)=(A,B)$, 则由定理 8.3.1 (v) 知: $\forall f=(\alpha,\beta)\in(\mathbf{R^2})^*$, $f\circ x$ 在 t_0 可微且

$$(f\circ x)'(t_0)=f(x'(t_0))=\alpha A+\beta B.$$

特别, 取 $f=(1,0)$ 知 $h_1(t)=f(x(t))$ 在 t_0 可微且 $h'(t_0)=A$. 再取 $f=(0,1)$ 得 $h_2(t)$ 在 t_0 处可微且 $h_2'(t_0)=B$.

充分性. 设 h_1 及 h_2 在 t_0 处可微, 则当 $\Delta t\to 0$ 时, 有

$$\begin{aligned}&\frac{x(t_0+\Delta t)-x(t_0)}{\Delta t}\\ =&\left(\frac{h_1(t_0+\Delta t)-h_1(t_0)}{\Delta t},\frac{h_2(t_0+\Delta t)-h_2(t_0)}{\Delta t}\right)\\ \to&(h_1'(t_0),h_2'(t_0)).\end{aligned}$$

故 x 在 t_0 处可微且 $x'(t_0)=(h_1'(t_0),h_2'(t_0))$. 证毕.

例 8.3.1　设 $x(t)=(t^2,\sin t)$, 则由定理 8.3.2 知 x 在 $[a,b]$ 上可微且

$$x'(t)=(2t,\cos t)(a\leqslant t\leqslant b).$$

设 $y(t)=(|t|,t^3)$, 则 y 在 $t_0=0$ 处不可微.

8.3.2　复变抽象函数的导数

设 G 是复平面 $\mathbf{C}$ 上的非空开集, E 是复巴拿赫空间, $x:G\to E$ 是复变抽象函数.

定义 8.3.2　设 $\lambda_0\in G$. 如果存在 $y_0\in E$ 使得

$$\lim_{\Delta\lambda\to 0}\left\|\frac{x(\lambda_0+\Delta\lambda)-x(\lambda_0)}{\Delta\lambda}-y_0\right\|=0, \tag{8.3.5}$$

则称 x 在 λ_0 处可微且称 y_0 为 x 在 λ_0 处的**导数**, 记为 $x'(\lambda_0)$, 即

$$x'(\lambda_0)=\lim_{\Delta\lambda\to 0}\frac{x(\lambda_0+\Delta\lambda)-x(\lambda_0)}{\Delta\lambda}. \tag{8.3.6}$$

如果 x 在 G 内每一点都可微, 则称 x 在 G 内**解析** (Analytic).

显然, 复变抽象函数也具有类似于定理 8.3.1 中的性质, 但性质 (iv) 不再有, 因复变函数中没有中值定理. 特别地, 若 $x:G\to E$ 解析, 则 $\forall f\in E^*$,

$$f\circ x:G\to\mathbf{C}$$

是通常的解析函数, 且 $(f\circ x)'(\lambda)=f(x'(\lambda))$, $\forall\lambda\in G$. 由此可证, 抽象解析函数具有通常解析函数的许多性质. 下面的刘维尔 (Liouville) 定理就是一例.

定理 8.3.3(刘维尔定理)　若 $x:\mathbf{C}\to E$ 解析且 $x(\mathbf{C})$ 有界, 则 x 必为常值函数, 即存在 $y_0\in E$, 使得 $x(\lambda)=y_0(\lambda\in\mathbf{C})$.

证明　任取 $f\in E^*$, 则 $f\circ x:\mathbf{C}\to\mathbf{C}$ 解析, 从而是一个整函数且有界. 由复变函数论中的相应定理知: 存在复常数 λ_0 使得

$$(f\circ x)(\lambda)=f(x(\lambda))\equiv\lambda_0,\quad\forall\lambda\in\mathbf{C}.$$

从而

$$f(x(\lambda)-x(0))\equiv 0,\quad \forall\lambda\in\mathbf{C},\quad \forall f\in E^*.$$

由定理 7.2.5 知 $x(\lambda)-x(0)\equiv 0$, 即 $x(\lambda)\equiv x(0)$, $\forall\lambda\in\mathbf{C}$. 证毕.

应用以上的刘维尔定理, 可以证明算子谱论中的一个重要定理, 即

定理 8.3.4 设 X 是复巴拿赫空间且 $X\neq\{0\}$, $T\in B(X)$, 则

(i) $\rho(T)=\{\lambda\in\mathbf{C}|(\lambda I-T)^{-1}$ 存在且有界$\}$是 $\mathbf{C}$ 中的开集;

(ii) $\phi:\lambda\mapsto R_\lambda=(\lambda I-T)^{-1}$ 是 $\rho(T)$ 到 $B(X)$ 中的抽象解析函数, 且

$$\phi'(\lambda)=\frac{\mathrm{d}R_\lambda}{\mathrm{d}\lambda}=-(R_\lambda)^2,\quad \forall\lambda\in\rho(T);\tag{8.3.7}$$

(iii) $\sigma(T):=\rho(T)^c=\mathbf{C}\backslash\rho(T)$ 非空.

证明 (i) 设 $\lambda_0\in\rho(T)$, 则算子 $S_0=\lambda_0I-T$ 有有界逆算子 R_{λ_0}. 由推论 7.5.1 可知: 当 $S\in B(X)$ 且

$$||S-S_0||<||S_0^{-1}||^{-1}=||R_{\lambda_0}||^{-1}$$

时, S 有有界逆算子. 由于当 $|\lambda-\lambda_0|<||S_0^{-1}||^{-1}$ 时,

$$||(\lambda I-T)-S_0||=|\lambda-\lambda_0|<||S_0^{-1}||^{-1}.$$

因此, $\lambda I-T$ 有有界逆算子, 从而 $\lambda\in\rho(T)$. 可见, λ_0 为 $\rho(T)$ 的内点. 故 $\rho(T)$ 是开集.

(ii) 设 $\lambda_0\in\rho(T)$, $S_0=\lambda_0I-T$, 则由 (i) 的证明与推论 7.5.1 可知: 当 $|\lambda-\lambda_0|<||S_0^{-1}||^{-1}$ 时, $\lambda I-T$ 有有界逆算子且

$$\begin{aligned}R_\lambda=&(\lambda I-T)^{-1}\\=&[I+(\lambda-\lambda_0)(\lambda_0I-T)^{-1}]^{-1}(\lambda_0I-T)^{-1}\\=&[I+(\lambda-\lambda_0)R_{\lambda_0}]^{-1}R_{\lambda_0}\\=&\sum_{n=0}^{\infty}(-1)^n(\lambda-\lambda_0)^nR_{\lambda_0}^{n+1}.\end{aligned}$$

于是, 当 $0<|\lambda-\lambda_0|<||S_0^{-1}||^{-1}=||R_{\lambda_0}||^{-1}$ 时, 有

$$\begin{aligned}\left\|\frac{R_\lambda-R_{\lambda_0}}{\lambda-\lambda_0}+R_{\lambda_0}^2\right\|\leqslant&\sum_{n=2}^{\infty}|\lambda-\lambda_0|^{n-1}||R_{\lambda_0}||^{n+1}\\=&\frac{|\lambda-\lambda_0|\cdot||R_{\lambda_0}||^3}{1-|\lambda-\lambda_0|||R_{\lambda_0}||},\end{aligned}$$

因此

$$\lim_{\lambda\to\lambda_0}\left\|\frac{R_\lambda-R_{\lambda_0}}{\lambda-\lambda_0}-(-R_{\lambda_0}^2)\right\|=0.$$

故 $\phi(\lambda)=R_\lambda$ 在 λ_0 处可微且 $\phi'(\lambda_0)=-R_{\lambda_0}^2$. 这就证明了 φ 在 $\rho(T)$ 内解析且式 (8.3.7) 成立.

(iii) 假设 $\sigma(T)=\varnothing$, 则 $\rho(T)=\mathbf{C}$. 由 (ii) 知 $\phi(\lambda)=R_\lambda$ 在整个复平面上解析. 下证 $\phi(\mathbf{C})$ 有界. 当 $|\lambda|>||T||+1$ 时, 有 $\left\|\frac{1}{\lambda}T\right\|<1$. 所以, 由定理 7.5.2 知

$$||\phi(\lambda)||=||\lambda^{-1}(I-\lambda^{-1}T)^{-1}||<\frac{1}{|\lambda|-||T||}<1. \tag{8.3.8}$$

又因为 $\phi:D=\{\lambda\in\mathbf{C}:|\lambda|\leqslant||T||+1\}\to B(X)$ 连续, 且 D 是 $\mathbf{C}$ 中的紧子集, 所以, 由定理 8.1.1 知 $\phi(D)$ 有界, 从而存在 $M>0$ 使得当 $|\lambda|\leqslant\|T\|+1$ 时, 有

$$||\phi(\lambda)||\leqslant M.$$

故 $\forall\lambda\in\mathbf{C}$, $||\phi(\lambda)||\leqslant 1+M$. 由刘维尔定理 (定理 8.3.3) 知: 存在 $A\in B(X)$ 使得 $\forall\lambda\in\mathbf{C}$, 有 $\phi(\lambda)\equiv A$. 由上面的估计 (8.3.8) 可知

$$\lim_{|\lambda|\to\infty}||\phi(\lambda)||=0.$$

因此, $A=0$, 即 $(\lambda I-T)^{-1}=0(\forall\lambda\in\mathbf{C})$. 从而

$$I=(\lambda I-T)^{-1}(\lambda I-T)=0.$$

所以 $\forall x\in X$, $x=Ix=0x=0$, 这与 $X\neq\{0\}$ 矛盾, 故 $\sigma(T)\neq\varnothing$. 证毕.

定理 8.3.4 中给出的复数集

$$\rho(T)=\{\lambda\in\mathbf{C}|(\lambda I-T)^{-1}\text{ 存在且有界}\}$$

与

$$\sigma(T)=\mathbf{C}\backslash\rho(T)=\{\lambda\in\mathbf{C}|\lambda I-T\text{ 无有界逆算子}\}$$

分别称为算子 $T\in B(X)$ 的**预解集** (Resolvent set) 与**谱** (Spectrum). 由定理推论 7.5.2 知: 当 $|\lambda|>||T||$ 时, $\lambda\in\rho(T)$, 从而 $\sigma(T)$ 是有界闭集. 因此 $\sigma(T)$ 是复平面 $\mathbf{C}$ 的非空紧子集 ($X\neq\{0\}$), 而 $\rho(T)$ 是无界开集.

习　题　8.3

1. 设 $x:[a,b]\to E$ 在 t_0 处可微, 则 $\forall T\in B(E,F)$, $T\circ x:[a,b]\to F$ 也在 t_0 可微且

$$(T\circ x)'(t_0)=Tx'(t_0).$$

2. 设 $x:[a,b]\to E$ 有连续的 $n+1$ 阶导数, 则 $\forall t,t_0\in(a,b)$ 存在 $\xi\in(a,b)$ 使得

$$\left\|x(t)-\sum_{k=0}^{n}\frac{1}{k!}x^{(k)}(t_0)(t-t_0)^k\right\|\leqslant\frac{1}{(n+1)!}||x^{n+1}(\xi)||\cdot|t-t_0|^{n+1}.$$

3. 设 $x(t)=(t,t^2,t^3)(a\leqslant t\leqslant b)$, 证明: $x:[a,b]\to\mathbf{R}^3$ 处处可微且

$$x'(t)=(1,2t,3t^2),\quad \forall t\in[a,b].$$

4. 设 $G\subset\mathbf{C}$ 是非空开集,

$$x(\lambda)=(h_1(\lambda),h_2(\lambda),\cdots,h_n(\lambda))$$

其中 $\lambda\in G$, $h_i(1\leqslant i\leqslant n)$ 是 G 上定义的复值函数. 证明: 若 $h_1,h_2,\cdots,h_n$ 都在 $\lambda_0\in G$ 处可微, 则 $x:G\to\mathbf{C}^n$ 在 λ_0 处可微且

$$x'(\lambda_0)=(A_1,A_2,\cdots,A_n),$$

其中 $A_i=h_i'(A_0)(i=1,2,\cdots,n)$.

8.4 抽象函数的积分

8.4.1 定义与例子

本节设 E 是 $\mathbf{K}$ 上的巴拿赫空间, 且 $\forall\alpha\in\mathbf{K},\forall x\in E$, 规定 $x\alpha=\alpha x$.

定义 8.4.1 设 $x:[a,b]\to E$ 是实变抽象函数, 对 $[a,b]$ 的任一分划 $T=\{t_0,t_1,\cdots,t_n\}$, 其中

$$a=t_0<t_1<\cdots<t_{i-1}<t_i<\cdots<t_n=b,$$

记

$$\Delta t_i=t_i-t_{i-1}(i=1,2,\cdots,n),\quad \|T\|=\max_{1\leqslant i\leqslant n}\Delta t_i.\tag{8.4.1}$$

任取 $\xi_i\in[t_{i-1},t_i]$, 作和

$$\sigma=\sum_{i=1}^{n}x(\xi_i)\Delta t_i,\tag{8.4.2}$$

称其为 x 在 $[a,b]$ 上关于分划 T 的一个**积分和** (Integral sum).

若存在 $I\in E$ 使得 $\forall\varepsilon>0$, $\exists\delta>0$, 当 $[a,b]$ 的分划 T 满足 $||T||<\delta$ 时, x 在 $[a,b]$ 上关于 T 的任一积分和 σ 都满足 $||I-\sigma||<\varepsilon$, 则称 x 在 $[a,b]$ 上**可积** (Integrable), 且称 I 为 x 在 $[a,b]$ 上的**积分** (Integral), 记为

$$I=\int_a^b x(t)\mathrm{d}t.\tag{8.4.3}$$

否则, 称 x 在 $[a,b]$ 上不可积.

由定义可知, 对任一固定向量 $e\in E$, 以下结论成立:

(1) 常值函数 $x(t)\equiv e$ 在 $[a,b]$ 上可积, 且

$$\int_a^b x(t)\mathrm{d}t=\int_a^b e\mathrm{d}t=(b-a)e.$$

(2) 当 $f:[a,b]\to\mathbf{R}$ 是 Riemann 可积函数时, 抽象函数 $x(t)=f(t)e$ 在 $[a,b]$ 上可积, 且

$$\int_a^b x(t)\mathrm{d}t=\int_a^b f(t)e\mathrm{d}t=\left(\int_a^b f(t)\mathrm{d}t\right)e.$$

(3) 当 $e\neq 0$ 时, 抽象狄利克雷函数

$$D_e(t)=\begin{cases} e, & t\in[0,1]\cap\mathbf{Q},\\ 0, & t\in[0,1]\cap\mathbf{Q}^c\end{cases}$$

在 $[0,1]$ 上不可积.

(4) $\displaystyle\int_a^b t^2e\mathrm{d}t=\frac{1}{3}(b^3-a^3)e.$

由定义还可以知道: 当 x 在 $[a,b]$ 上可积且积分为 I 时, $\forall\varepsilon>0$, 存在 $[a,b]$ 的分划 T 使得 x 在 $[a,b]$ 上关于 T 的任一积分和 σ 都满足 $\|\sigma-I\|<\varepsilon$.

8.4.2 可积条件

由于抽象函数 x 的函数值 $x(t)$ 是巴拿赫空间 E 中的向量, 函数值之间没有大、小关系, 故不能像数学分析中那样, 用大和、小和的方法讨论抽象函数的可积性. 下面的定理是判别可积性的一个较好方法, 它类似于极限理论中的柯西准则.

定理 8.4.1 抽象函数 $x:[a,b]\to E$ 可积当且仅当 $\forall\varepsilon>0$, $\exists\delta>0$ 使得对 $[a,b]$ 任意两个分划 T_1 与 T_2, 当 $\|T_1\|<\delta$ 且 $\|T_2\|<\delta$ 时, x 关于 T_1 与 T_2 的任意积分和 σ_1 与 σ_2 都满足 $\|\sigma_1-\sigma_2\|<\varepsilon$.

证明 必要性. 设 x 在 $[a,b]$ 上可积, 且 $I=\displaystyle\int_a^b x(t)\mathrm{d}t$, 则对于任意的 $\varepsilon>0$, $\exists\delta>0$ 使得对 $[a,b]$ 的任一分划 T, 只要 $\|T\|<\delta$, 就有 $\|\sigma-I\|<\dfrac{\varepsilon}{2}$, 其中 σ 是 x 关于 T 的任一积分和. 于是, 当 $\|T_1\|<\delta$, $\|T_2\|<\delta$ 时, x 关于 T_1 与 T_2 的任意积分和 σ_1 与 σ_2 满足

$$\begin{aligned}\|\sigma_1-\sigma_2\|&\leqslant\|\sigma_1-I\|+\|I-\sigma_2\|\\&<\frac{\varepsilon}{2}+\frac{\varepsilon}{2}\\&=\varepsilon.\end{aligned}$$

充分性. 设 $\forall\varepsilon>0$, 都有满足要求的 δ. 用 $T^{(n)}$ 表示区间 $[a,b]$ 的 n 等分分划, 取介点为右端点并作积分和 $\sigma^{(n)}(n=1,2,\cdots)$. 显然,

$$\left\|T^{(n)}\right\|=\frac{b-a}{n}\to 0(n\to\infty).$$

从而由假定知: $\forall \varepsilon > 0, \exists N$ 使得当 $m, n > N$ 时, 有

$$\left\| \sigma^{(m)} - \sigma^{(n)} \right\| < \varepsilon.$$

由此可见, 积分和列 $\{\sigma^{(n)}\}$ 是巴拿赫空间 E 中的柯西列. 于是存在 $I \in E$ 使得 $\lim\limits_{n\to\infty} \|\sigma^{(n)} - I\| = 0$. 下证 x 在 $[a,b]$ 上可积且其积分为 I.

再由假定知: $\forall \varepsilon > 0, \exists \delta > 0$ 使得对 $[a,b]$ 的任意两个分划 T_1 与 T_2, 当 $\|T_1\| < \delta$ 且 $\|T_2\| < \delta$ 时, x 关于 T_1 与 T_2 的任意积分和 σ_1 与 σ_2 都满足

$$\|\sigma_1 - \sigma_2\| < \varepsilon/2.$$

当 $[a,b]$ 的分划 T 满足 $\|T\| < \delta$ 时, 取自然数 n 使得 $\left\|T^{(n)}\right\| < \delta$. 于是, 对 x 关于 T 的任一积分和 σ, 都有

$$\left\| \sigma - \sigma^{(n)} \right\| < \varepsilon/2,$$

因此

$$\|\sigma - I\| \leqslant \left\| \sigma - \sigma^{(n)} \right\| + \left\| \sigma^{(n)} - I \right\| < \varepsilon.$$

这就证明了 x 在 $[a,b]$ 上可积且 $\displaystyle\int_a^b x(t)\mathrm{d}t = I$. 证毕.

定理 8.4.2 若 x 在 $[a,b]$ 上可积, 则 x 在 $[a,b]$ 上有界.

证明 设 $\displaystyle\int_a^b x(t)\mathrm{d}t = I$, 则由定义可知: 对 $\varepsilon = 1$, 存在 $[a,b]$ 的分划 (如 n 等分分划)

$$T = \{t_0, t_1, \cdots, t_n\}$$

使得 x 关于 T 的任一积分和 σ 满足 $\|\sigma - I\| < 1$, 从而

$$\|\sigma\| \leqslant 1 + \|I\|. \tag{8.4.4}$$

另一方面, 若 x 在 $[a,b]$ 上无界, 则 x 在某个子区间 $[t_{k-1}, t_k]$ 上无界. 任取

$$\xi_i \in [t_{i-1}, t_i] (i \neq k),$$

记

$$G = \left\| \sum_{i \neq k} x(\xi_i) \Delta t_i \right\|.$$

由于 x 在 $[t_{k-1}, t_k]$ 上无界, 所以, 存在 $\xi_k \in [t_{k-1}, t_k]$ 使得

$$\|x(\xi_k)\| > \frac{2 + ||I|| + G}{\Delta t_k}.$$

于是, 积分和 $\sigma=\sum_{i=1}^{n}x(\xi_i)\Delta t_i$ 满足

$$\|\sigma\|\geqslant\|x(\xi_k)\Delta t_k\|-\left\|\sum_{i\neq k}x(\xi_i)\Delta t_i\right\|>2+\|I\|.$$

这与式 (8.4.4) 矛盾. 证毕.

注 8.4.1 定理 8.4.2 的逆不成立. 例如, 狄利克雷函数 $\chi_Q:[a,b]\to\mathbf{R}$ 有界但不可积.

下面的定理给出了可积的一个充分条件.

定理 8.4.3 若 $x:[a,b]\to E$ 连续, 则 x 在 $[a,b]$ 上可积.

证明 由于 x 在 $[a,b]$ 上连续, 所以一致连续 (习题 8.1 第 7 题). 因此, $\forall\varepsilon>0$, $\exists\delta>0$, 当 $t',t''\in[a,b]$ 且满足 $|t'-t''|<\delta$ 时, 有

$$\|x(t')-x(t'')\|<\frac{\varepsilon}{2(b-a)}.\tag{8.4.5}$$

设 T_1,T_2 是 $[a,b]$ 的两个分划, 且 $\|T_1\|<\delta$, $\|T_2\|<\delta$. 对 x 关于 T_1 与 T_2 的任一积分和 σ_1 与 σ_2, 记 $\sigma_1=\sum_{i=1}^{n}x(\xi_i)\Delta t_i$. 设 T_3 是 T_1 与 T_2 的合并, 视 T_3 是在 T_1 的基础上, 再将 $[t_{i-1},t_i]$ 划分为

$$t_{i-1}=t_{i,0}<t_{i,1}<\cdots<t_{i,k}=t_i(i=1,2,\cdots,n).$$

令

$$\sigma_3=\sum_{i=1}^{n}\sum_{j=1}^{k}x(t_{i,j})(t_{i,j}-t_{i,j-1}),$$

则 σ_3 是 x 关于 T_3 的一个积分和, 且由式 (8.4.5) 知

$$\begin{aligned}\|\sigma_1-\sigma_3\|&=\left\|\sum_{i=1}^{n}\sum_{j=1}^{k}[x(\xi_i)-x(t_{i,j})](t_{i,j}-t_{i,j-1})\right\|\\&\leqslant\sum_{i=1}^{n}\sum_{j=1}^{k}\|x(\xi_i)-x(t_{i,j})\|(t_{i,j}-t_{i,j-1})\\&<\frac{\varepsilon}{2(b-a)}\sum_{i=1}^{n}\sum_{j=1}^{k}(t_{i,j}-t_{i,j-1})\\&=\frac{\varepsilon}{2}.\end{aligned}$$

同理可得, $\|\sigma_2-\sigma_3\|<\dfrac{\varepsilon}{2}$. 故

$$\|\sigma_1-\sigma_2\|\leqslant\|\sigma_1-\sigma_3\|+\|\sigma_3-\sigma_2\|<\varepsilon.$$

因此, 由定理 8.4.1 可知: x 在 $[a,b]$ 上可积. 证毕.

8.4.3 运算性质

定理 8.4.4 设 $x, x_1, x_2 : [a,b] \to E$ 连续, $\alpha, \beta \in \mathbf{K}$, 则

(i) $\alpha x_1 + \beta x_2$ 在 $[a,b]$ 可积, 且

$$\int_a^b (\alpha x_1 + \beta x_2)(t)\mathrm{d}t = \alpha \int_a^b x_1(t)\mathrm{d}t + \beta \int_a^b x_2(t)\mathrm{d}t;$$

(ii) $\|x(\cdot)\|$ 在 $[a,b]$ 上可积, 且 $\left\|\int_a^b x(t)\mathrm{d}t\right\| \leqslant \int_a^b \|x(t)\|\,\mathrm{d}t$;

(iii) $\forall f \in E^*, f \circ x$ 在 $[a,b]$ 上可积, 且

$$\int_a^b f(x(t))\mathrm{d}t = f\left(\int_a^b x(t)\mathrm{d}t\right);$$

(iv) $\forall c \in (a,b)$, x 在 $[a,c]$ 及 $[c,b]$ 上都可积, 且

$$\int_a^b x(t)\mathrm{d}t = \int_a^c x(t)\mathrm{d}t + \int_c^b x(t)\mathrm{d}t.$$

证明 (i)—(iii) 显然. 只证 (iv). 用类似于数学分析中相应定理的证明方法可以证明 x 在 $[a,c]$ 及 $[c,b]$ 上都可积. 下证等式成立. 任取 $f \in E^*$, 由 (iii) 及定积分的相应性质知

$$\begin{aligned}
f\left(\int_a^b x(t)\mathrm{d}t\right) &= \int_a^b f(x(t))\mathrm{d}t \\
&= \int_a^c f(x(t))\mathrm{d}t + \int_c^b f(x(t))\mathrm{d}t \\
&= f\left(\int_a^c x(t)\mathrm{d}t\right) + f\left(\int_c^b x(t)\mathrm{d}t\right) \\
&= f\left(\int_a^c x(t)\mathrm{d}t + \int_c^b x(t)\mathrm{d}t\right).
\end{aligned}$$

所以, 由定理 7.2.5 可知

$$\int_a^b x(t)\mathrm{d}t = \int_a^c x(t)\mathrm{d}t + \int_c^b x(t)\mathrm{d}t.$$

证毕.

定理 8.4.5　(i) 若 $t \mapsto x'(t) : [a,b] \to E$ 连续, 则

$$\int_a^b x'(t)\mathrm{d}t = x(b) - x(a); \tag{8.4.6}$$

(ii) 若 $x : [a,b] \to E$ 连续, 则

$$y(t) = \int_a^t x(\tau)\mathrm{d}\tau (a \leqslant t \leqslant b)$$

在 $[a,b]$ 上可微, 且

$$y'(t) = x(t)(a \leqslant t \leqslant b).$$

证明　(i) $\forall f \in E^*$, 由定理 8.3.1(v) 知 $(f \circ x)'(t) : [a,b] \to \mathbf{K}$ 连续. 由结论 (iii) 及牛顿–莱布尼茨公式可知

$$\begin{aligned} f\left(\int_a^b x'(t)\mathrm{d}t\right) &= \int_a^b f(x'(t))\mathrm{d}t \\ &= \int_a^b (f \circ x)'(t)\mathrm{d}t \\ &= f(x(b)) - f(x(a)) \\ &= f(x(b) - x(a)). \end{aligned}$$

从而, 由定理 7.2.5 知式 (8.4.6) 成立.

(ii) 由于 x 在 $[a,b]$ 上连续, 从而 $\forall t_0 \in [a,b)$ 及 $\forall \varepsilon > 0$, $\exists \delta > 0$ 使得 $\delta < b - t_0$ 且当 $t \in [a,b]$ 且 $|t - t_0| < \delta$ 时, 有

$$||x(t) - x(t_0)|| < \varepsilon.$$

于是, 当 $0 < |\Delta t| < \delta$ 且 $t_0 + \Delta t \in [a,b]$ 时, 由定理 8.4.4(ii) 知

$$\begin{aligned} \left\|\frac{y(t_0 + \Delta t) - y(t_0)}{\Delta t} - x(t_0)\right\| &= \left\|\frac{1}{\Delta t}\int_{t_0}^{t_0+\Delta t} [x(\tau) - x(t_0)]\mathrm{d}\tau\right\| \\ &\leqslant \frac{1}{|\Delta t|}\int_{t_0}^{t_0+|\Delta t|} ||x(\tau) - x(t_0)||\mathrm{d}\tau \\ &\leqslant \frac{1}{|\Delta t|}\int_{t_0}^{t_0+|\Delta t|} \varepsilon \mathrm{d}\tau \\ &= \varepsilon. \end{aligned}$$

这说明

$$\lim_{\Delta t \to 0}\left\|\frac{y(t_0 - \Delta t) - y(t_0)}{\Delta t} - x(t_0)\right\| = 0.$$

因此, y 在 t_0 可微且 $y'(t_0)=x(t_0)$. 同理可证, 当 $t_0=b$ 时, 结论亦真. 证毕.

习 题 8.4

1. 设 $h_1,h_2:[a,b]\to\mathbf{R}$ 连续, $x(t)=(h_1(t),h_2(t))$, 证明: x 在 $[a,b]$ 可积, 且

$$\int_a^b x(t)\mathrm{d}t=\left(\int_a^b h_1(t)\mathrm{d}t,\int_a^b h_2(t)\mathrm{d}t\right).$$

2. 设 $0\leqslant t\leqslant 1$, $x(t)=(t,t^2,t^3,\cdots,t^n)$. 证明：函数 $x:[0,1]\to\mathbf{R}^n$ 可积并求其积分.

3. 设 $x:[a,b]\to E$ 可积, 定义

$$y(t)=\int_a^t x(\tau)\mathrm{d}\tau(a\leqslant t\leqslant b).$$

证明: $y:[a,b]\to E$ 连续 (其中 $y(a)=0$).

(注. 要证 y 在 $[a,b]$ 上有定义即 x 在 $[a,t]$ 上可积).

4. 设 $x:[a,b]\to E$ 连续, 证明：存在 $\xi\in[a,b]$ 使得

$$\left\|\int_a^b x(t)\mathrm{d}t\right\|\leqslant\|x(\xi)\|\,(b-a).$$

5. 设 $x_n:[a,b]\to E$ 连续 $(n=1,2,\cdots)$, 且 $\sum\limits_{n=1}^{\infty}x_n(t)$ 依 E 中的范数在 $[a,b]$ 上一致收敛于 $x(t)$, 即

$$\lim_{n\to\infty}\sup_{t\in[a,b]}\left\|\sum_{k=1}^{n}x_k(t)-x(t)\right\|=0.$$

证明 $x:[a,b]\to E$ 连续, 且 $\int_a^b x(t)\mathrm{d}t=\sum\limits_{n=1}^{\infty}\int_a^b x_n(t)\mathrm{d}t$.

8.5 费雷歇导算子

8.5.1 定义与性质

在 8.3 节中, 我们将普通导数的概念推广到了实变 (或复变) 抽象函数的情况. 为了进一步将导数的概念推广到一般算子上来, 我们先回顾一下数学分析中全微分的概念.

设 f 是区域 $D\subset\mathbf{R}^2$ 上的二元实值函数, (x_0,y_0) 为 D 的内点. 如果存在仅与点 $X_0=(x_0,y_0)$ 有关的常数 α, β 使得

$$f(x_0+h,y_0+k)-f(x_0,y_0)=\alpha h+\beta k+\mathrm{o}\left(\sqrt{h^2+k^2}\right),\tag{8.5.1}$$

则称 f 在 X_0 处可微, 并称 $\alpha h+\beta k$ 为 f 在 X_0 处关于 (h,k) 的全微分.

如果将 f 看作点 $X=(x,y)$ 的函数, 记 $B=(\alpha,\beta)$ 并将 B 看作由 $\mathbf{R}^2$ 到 $\mathbf{R}$ 的有界线性泛函, 再记 $\Delta X=(h,k)$, 则式 (8.5.1) 可改写为

$$f(X_0+\Delta X)-f(X_0)=B\Delta X+\mathrm{o}(\|\Delta X\|) \tag{8.5.2}$$

即

$$\lim_{\Delta X\to 0}\frac{\|f(X_0+\Delta X)-f(X_0)-B\Delta X\|}{\|\Delta X\|}=0 \tag{8.5.3}$$

其中分子上的范数是 $\mathbf{R}$ 中的范数, 即绝对值, 而分母上的范数是 $\mathbf{R}^2$ 中的范数 $\|\cdot\|_2$. 由于 $\mathbf{R}^2$ 到 $\mathbf{R}$ 的任一有界线性泛函都有形式 $B=(\alpha,\beta)$, 从而, f 在 X_0 处可微等价于: 存在从 $\mathbf{R}^2$ 到 $\mathbf{R}$ 的有界线性泛函 B 使得式 (8.5.2) 成立. 这时, f 在 X_0 处关于 ΔX 的全微分为

$$\mathrm{d}(f,X_0,\Delta X)=B\Delta X,$$

其中, 算子 B 可表示为

$$B=(f_x(X_0),f_y(X_0))=\mathbf{grad}f(X_0)\ (\text{梯度}).$$

由此很容易将全微分的概念推广到一般算子上来. 本节中巴拿赫空间 E_1,E_2,E_3 等的数域均为实数域.

定义 8.5.1 设 E_1,E_2 是巴拿赫空间, D 是 E_1 中的非空开集, $x_0\in D$, 对于算子 $A:D\to E_2$, 若存在 $B\in B(E_1,E_2)$, 使得当 $\|h\|$ 充分小时,

$$A(x_0+h)-A(x_0)=Bh+\omega(x_0,h), \tag{8.5.4}$$

其中

$$\lim_{\|h\|\to 0}\frac{\omega(x_0,h)}{\|h\|}=0, \tag{8.5.5}$$

则称算子 A 在 x_0 处**费雷歇** (Fréchet) **可微** (Fréchet differentiable), 简称**F-可微**, Bh 叫做 A 在 x_0 处关于 h 的**费雷歇微分** (Fréchet differential), 记为 $\mathrm{d}(A,x_0,h)$; 算子 B 称为算子 A 在 x_0 处的**费雷歇导算子** (Fréchet derivation), 简称为**F-导算子**, 记为 $A'(x_0)$.

注 8.5.1 当算子 A 在 x_0 处费雷歇可微时, 式 (8.5.4) 变为

$$A(x_0+h)-A(x_0)=A'(x_0)h+\omega(x_0,h). \tag{8.5.6}$$

其中 $\omega(x_0,h)$ 满足式 (8.5.5), 且还有 $\mathrm{d}(A,x_0,h)=A'(x_0)h$.

其次, 条件 (8.5.5) 可表示为

$$\omega(x_0,h)=o(\|h\|)(h\to 0). \tag{8.5.7}$$

显然, 当 E_1 是数域 $\mathbf{R}$ 时, 算子 A 就是抽象函数 x, 而式 (8.5.7) 变为

$$\lim_{\Delta t\to 0}\left\|\frac{x\left(t_0+\Delta t\right)-x\left(t_0\right)}{\Delta t}-x'\left(t_0\right)\right\|=0.$$

因此, 现在的 F-导算子与 8.3 节中定义的抽象函数的导数是一致的.

费雷歇导算子有类似于导数的许多性质.

定理 8.5.1 (i) 若 $A:D\to E_2$ 在 $x_0\in D$ 处 F-可微, 则 A 在 x_0 处的 F-导算子是唯一的;

(ii) 若算子 $A_1,A_2:D\to E_2$ 都在 $x_0\in D$ 处 F-可微, 则 $\forall\alpha,\beta\in\mathbf{R}$, 算子 $\alpha A_1+\beta A_2:D\to E_2$ 也在 x_0 处 F-可微且有

$$\left(\alpha A_1+\beta A_2\right)'\left(x_0\right)=\alpha A_1'\left(x_0\right)+\beta A_2'\left(x_0\right);$$

(iii) 若算子 $A\in B(E_1,E_2)$, 则 A 在 E_1 中任一点处 F-可微且

$$A'\left(x_0\right)=A,\quad \forall x_0\in E_1;$$

(iv) 若 $A\left(x\right)\equiv y_0\left(x\in E_1\right)$, 则算子 A 在 E_1 中任一点处 F-可微且

$$A_1'\left(x_0\right)=0,\quad \forall x_0\in E_1;$$

(v) 若算子 $A:D\to E_2$ 在点 x_0 处 F-可微, 则 $\forall f\in E_2^*$, 泛函 $f\circ A:D\to\mathbf{R}$ 也在点 x_0 处 F-可微且

$$\left(f\circ A\right)'\left(x_0\right)=f\circ A'\left(x_0\right).$$

证明 只证 (i) 与 (v), 其余留作练习. 为证 (i), 设 $B_1,B_2\in B(E_1,E_2)$ 都是 A 在 x_0 处的 F-导算子, 则当 $\|h\|$ 很小时,

$$A\left(x_0+h\right)-A\left(x_0\right)=B_ih+\omega_i\left(x_0,h\right)\left(i=1,2\right),$$

其中

$$\lim_{\|h\|\to 0}\frac{\omega_i\left(x_0,h\right)}{\|h\|}=0\left(i=1,2\right).$$

因此, 当 $\|h\|$ 很小时, 有

$$\left(B_1-B_2\right)h=\omega_2\left(x_0,h\right)-\omega_1\left(x_0,h\right).$$

从而

$$\lim_{\|h\|\to 0}\frac{\|(B_1-B_2)\,h\|}{\|h\|}=0.$$

于是 $\forall\varepsilon>0, \exists\delta>0$ 使得当 $\|h\|<\delta$ 时, 有

$$\|(B_1-B_2)\,h\|\leqslant\varepsilon\,\|h\|\,.$$

$\forall x\in E_1\backslash\{0\}$, 令 $h=\dfrac{\delta}{2\,\|x\|}x$, 则 $\|h\|<\delta$, 从而

$$\left\|(B_1-B_2)\left(\frac{\delta}{2\|x\|}x\right)\right\|\leqslant\varepsilon\left\|\frac{\delta}{2\|x\|}x\right\|.$$

因此

$$\|(B_1-B_2)\,x\|\leqslant\varepsilon\,\|x\|\,,\quad\forall x\in E_1.$$

故 $\|B_1-B_2\|\leqslant\varepsilon$. 由于 $\varepsilon>0$ 可任意小, 于是 $B_1-B_2=0$, 即 $B_1=B_2$. 因此, (i) 得证. 下面证 (v). 由于 A 在 x_0 处 F-可微, 从而

$$A\,(x_0+h)-A\,(x_0)=A'\,(x_0)+\omega\,(x_0,h)$$

对 $\|h\|$ 充分小的 $h\in E_1$ 成立, 其中

$$\lim_{\|h\|\to 0}\frac{\|\omega\,(x_0,h)\|}{\|h\|}=0.$$

因此, 对任意 $f\in E_2^*$ 有当 $\|h\|$ 充分小时, 有

$$(f\circ A)\,(x_0+h)-(f\circ A)\,x_0=(f\circ A'\,(x_0))\,h+\omega_1\,(x_0,h)\,,$$

其中 $\omega_1\,(x_0,h)=f\,(\omega\,(x_0,h))$ 满足

$$\lim_{\|h\|\to 0}\frac{\|\omega_1\,(x_0,h)\|}{\|h\|}=0.$$

由于 $f\circ A'(x_0)\in B(E_1,\mathbf{R})=E_1^*$, 从而 $f\circ A:D\to\mathbf{R}$ 在 x_0 处的 F-可微, 且

$$(f\circ A)'\,(x_0)=f\circ A'\,(x_0)\,.$$

证毕.

下面的定理指出了 F-可微与普通可微的联系.

定理 8.5.2　设 $f_1,f_2,f_3:\mathbf{R}^2\to\mathbf{R}$ 是三个二元实值函数, 定义

$$Ax=(f_1(x),f_2(x),f_3(x))\,,\quad\forall x\in\mathbf{R}^2,$$

则 $A:\mathbf{R}^2\to\mathbf{R}^3$ 在 x_0 处 F-可微当且仅当函数 f_1,f_2,f_3 都在 x_0 处可微; 此时, $\forall\,(h_1,h_2)\in\mathbf{R}^2$, 有

$$A'(x_0)(h_1,h_2)=\left(\begin{bmatrix}\alpha_{11}&\alpha_{12}\\\alpha_{21}&\alpha_{22}\\\alpha_{31}&\alpha_{32}\end{bmatrix}\begin{bmatrix}h_1\\h_2\end{bmatrix}\right)^{\mathrm{T}},\ \text{其中}\alpha_{ij}=\left.\frac{\partial f_i}{\partial x_j}\right|_{x=x_0}.$$

证明 必要性. 设 A 在 x_0 处 F-可微, 记

$$f=(1,0,0)\in\left(\mathbf{R}^3\right)^*=\mathbf{R}^3,$$

则由定理 8.5.1(v) 知: $f\circ A=f_1$ 在 x_0 处可微 (这时, F-可微与通常可微一致). 同理, f_2,f_3 也在 x_0 处可微.

充分性. 设 f_1,f_2,f_3 都在 x_0 处可微, 则

$$f_i(x_0+h)-f_i(x_0)=\left.\frac{\partial f_i}{\partial x_1}\right|_{x_0}h_1+\left.\frac{\partial f_i}{\partial x_2}\right|_{x_0}h_2+\omega_i(x_0,h),$$

其中

$$\frac{|\omega_i(x_0,h)|}{\|h\|}\to 0(\|h\|\to 0)(i=1,2,3).$$

于是

$$A(x_0+h)-Ax_0=\left(\begin{bmatrix}\alpha_{11}&\alpha_{12}\\\alpha_{21}&\alpha_{22}\\\alpha_{31}&\alpha l_{32}\end{bmatrix}\begin{bmatrix}h_1\\h_2\end{bmatrix}\right)^{\mathrm{T}}+\omega(x_0,h),$$

这里

$$\alpha_{ij}=\left.\frac{\partial f_i}{\partial x_j}\right|_{x_0},\quad \omega(x_0,h)=(\omega_1(x_0,h),\omega_2(x_0,h),\omega_3(x_0,h)).$$

记 $\omega_i=\omega_i(x_0,h)$, 则

$$\|\omega(x_0,h)\|=\sqrt{\omega_1^2+\omega_2^2+\omega_3^2}\leqslant\sum_{i=1}^{3}|\omega_i(x_0,h)|.$$

由于

$$\lim_{||h||\to 0}\frac{\omega_i(x_0,h)}{\|h\|}=0(i=1,2,3),$$

从而

$$\lim_{||h||\to 0}\frac{\|\omega(x_0,h)\|}{\|h\|}=0.$$

定义

$$Bx=\left(\begin{bmatrix}\alpha_{11}&\alpha_{12}\\\alpha_{21}&\alpha_{22}\\\alpha_{31}&\alpha_{32}\end{bmatrix}\begin{bmatrix}x_1\\x_2\end{bmatrix}\right)^{\mathrm{T}},\quad \forall x\in(x_1,x_2)\in\mathbf{R^2},$$

则 $B\in B\left(\mathbf{R}^2,\mathbf{R}^3\right)$ 且满足

$$A\left(x_0+h\right)-A\left(x_0\right)=Bh+\omega\left(x_0,h\right).$$

故 A 在 x_0 处是 F-可微的, 且 $A'\left(x_0\right)=B$, 即

$$A'(x_0)h=\left(\begin{bmatrix}\alpha_{11}&\alpha_{12}\\\alpha_{21}&\alpha_{22}\\\alpha_{31}&\alpha_{32}\end{bmatrix}\begin{bmatrix}h_1\\h_2\end{bmatrix}\right)^{\mathrm{T}},\quad \forall h=(h_1,h_2)\in\mathbf{R^2}.$$

证毕.

以上的算子 A 的 F-导算子由 f_1,f_2,f_3 的**雅可比** (Jacobi) 矩阵定义. 由讨论过程可知: 将 f_i 及 A 的定义域改为 $\mathbf{R}^2$ 中的开集 D 且 $x_0\in D$ 时, 结论亦真.

例 8.5.1　定义 $A:\mathbf{R}^3\to\mathbf{R}^2$ 如下:

$$Ax=(x_1x_2,x_1x_2x_3),\quad \forall x=(x_1,x_2,x_3)\in\mathbf{R^3}.$$

类似于定理 8.5.2 的方法, 可证: A 在任一点 $x_0=\left(x_1^0,x_2^0,x_3^0\right)$ 处 F-可微且

$$A'(x_0)h=\left(\begin{bmatrix}\alpha_{11}&\alpha_{12}&\alpha_{13}\\\alpha_{21}&\alpha_{22}&\alpha_{23}\end{bmatrix}\begin{bmatrix}h_1\\h_2\\h_3\end{bmatrix}\right)^{\mathrm{T}},\quad \forall h=(h_1,h_2,h_3)\in\mathbf{R}^3,$$

其中

$$\alpha_{ij}=\left.\frac{\partial f_i}{\partial x_j}\right|_{x_0},$$

$$f_1\left(x_1,x_2,x_3\right)=x_1x_2,$$

$$f_2\left(x_1,x_2,x_3\right)=x_1x_2x_3.$$

于是

$$\alpha_{11}=x_2^0,\quad \alpha_{12}=x_1^0,\quad \alpha_{13}=0,\quad \alpha_{21}=x_2^0x_3^0,\quad \alpha_{22}=x_1^0x_3^0,\quad \alpha_{23}=x_1^0x_2^0.$$

若取 $x_0=(1,1,1)$, 则 A 在 x_0 处 F-可微且满足: $\forall h=(h_1,h_2,h_3)\in\mathbf{R}^3$, 有

$$A'(x_0)h=\left(\begin{bmatrix}1&1&0\\1&1&1\end{bmatrix}\begin{bmatrix}h_1\\h_2\\h_3\end{bmatrix}\right)^{\mathrm{T}}=(h_1,h_2,h_3)\begin{bmatrix}1&1\\1&1\\0&1\end{bmatrix}=(h_1+h_2,h_1+h_2+h_3).$$

例 8.5.2 设 $K(x,y,u)$ 与 $\dfrac{\partial}{\partial u}K(x,y,u)=K_u(x,y,u)$ 都在区域

$$[a,b]\times[a,b]\times(-\infty,\infty)$$

上连续, 定义

$$(A\varphi)(x)=\int_a^b K(x,y,\varphi(y))\mathrm{d}y,\quad \forall\varphi\in C[a,b],$$

则 A 是 $C[a,b]$ 到 $C[a,b]$ 中的算子. $\forall\varphi_0\in C[a,b]$, 定义

$$(Bh)(x)=\int_a^b K_u(x,y,\varphi_0(y))h(y)\mathrm{d}y,\quad \forall h\in C[a,b],\forall x\in[a,b].$$

易证 $B\in B(C[a,b])$. 下证 A 在 φ_0 处 F-可微且 $A'(\varphi_0)=B$.

对任意 $h\in C[a,b]$, 令

$$\alpha(x,y)=K(x,y,\varphi_0(y)+h(y))-K(x,y,\varphi_0(y)),$$

则 $\forall x\in[a,b]$, 有

$$\begin{aligned}&|A(\varphi_0+h)(x)-(A\varphi_0)(x)-(Bh)(x)|\\=&\left|\int_a^b[\alpha(x,y)-K_u(x,y,\varphi_0(y))h(y)]\,\mathrm{d}y\right|\\=&\left|\int_a^b[K_u(x,y,\varphi_0(y)+\theta h(y))-K_u(x,y,\varphi_0(y))]\,h(y)\mathrm{d}y\right|\\\leqslant&\|h\|\cdot\int_a^b|K_u(x,y,\varphi_0(y)+\theta h(y))-K_u(x,y,\varphi_0(y))|\mathrm{d}y,\end{aligned}$$

其中 $0<\theta<1$. 记 $M=\|\varphi_0(y)\|+1$. 由于 $K_u(x,y,u)$ 在有界闭集

$$[a,b]\times[a,b]\times[-M,M]$$

上一致连续, 从而知 $\forall\varepsilon>0$, $\exists 0<\delta<1$ 使得当 $u_1,u_2\in[-M,M]$ 且 $|u_1-u_2|<\delta$ 时, 有

$$|K_u(x,y,u_1)-K_u(x,y,u_2)|<\frac{\varepsilon}{b-a},$$

对一切 $x,y\in[a,b]$ 成立. 从而, 当 $h\in C[a,b]$ 且 $0<\|h\|<\delta$ 时, 有

$$|K_u(x,y,\varphi_0(y)+\theta h(y))-K_u(x,y,\varphi_0(y))|<\frac{\varepsilon}{b-a},$$

对于一切 $x,y\in[a,b]$ 成立. 故当 $0<\|h\|<\delta$ 时, 有

$$\|A(\varphi_0+h)-A\varphi_0-Bh\|\leqslant\|h\|\int_a^b\frac{\varepsilon}{b-a}\mathrm{d}y=\|h\|\,\varepsilon.$$

因此

$$\lim_{\|h\|\to 0}\frac{\|A(\varphi_0+h)-A\varphi_0-Bh\|}{\|h\|}=0.$$

故 A 在 φ_0 处 F-可微且 $A'(\varphi_0)=B$. 证毕.

定理 8.5.3 设 E_1,E_2,E_3 都是巴拿赫空间, D 是 E_1 中的开集, H 是 E_2 中的一个开集, $A:D\to E_2$, $B:H\to E_3$, $A(D)\subset H$. 若 A 在 $x_0\in D$ 处 F-可微, B 在 $y_0=Ax_0$ 处 F-可微, 则复合算子 $BA:D\to E_3$ 在 x_0 处 F-可微且

$$(BA)'(x_0)=B'(y_0)A'(x_0).$$

证明 由假设可知: $\exists\delta_1,\delta_2>0$ 使得

$$A(x_0+h)-Ax_0=A'(x_0)h+\omega(x_0,h)(0<\|h\|<\delta_1),$$

$$B(y_0+k)-By_0=B'(y_0)k+\omega(y_0,k)(0<\|k\|<\delta_2),$$

其中

$$\omega(x_0,h)=\mathrm{o}(\|h\|)(h\to 0),\quad \omega(y_0,k)=\mathrm{o}(\|k\|)(k\to 0).$$

因此, 当 $\|h\|\to 0$ 时, 有 $A(x_0+h)-Ax_0\to 0$. 记

$$k=A(x_0+h)-Ax_0=A'(x_0)h+\omega(x_0,h),$$

则存在 $0<\delta<\delta_1$, 使得当 $0<\|h\|<\delta$ 时, 有 $\|k\|<\delta_2$. 规定 $\omega(y_0,0)=0$, 则当 $0<\|h\|<\delta$ 时, 有

$$\begin{aligned}(BA)(x_0+h)-(BA)(x_0)&=B(y_0+k)-By_0\\&=B'(y_0)k+\omega(y_0,k)\\&=B'(y_0)A'(x_0)h+\bar{\omega}(x_0,h),\end{aligned}$$

其中

$$\bar{\omega}(x_0,h)=B'(y_0)\omega(x_0,h)+\omega(y_0,k).$$

对于任意的 $\varepsilon>0$, 取 $0<r<\delta$ 使得当 $0<\|h\|<r$ 时, 相应的 k 满足 $\|\omega(y_0,k)\|\leqslant\varepsilon\|k\|$. 从而, 当 $0<\|h\|<r$ 时, 有

$$\|\omega(y_0,k)\|\leqslant\varepsilon\left(\|A'(x_0)h\|+\|\omega(x_0,h)\|\right)\leqslant\varepsilon\left(\|A'(x_0)\|\,\|h\|+\|\omega(x_0,h)\|\right).$$

因此

$$\overline{\lim_{\|h\|\to 0}}\frac{\|\omega(y_0,k)\|}{\|h\|}\leqslant\varepsilon\,\|A'(x_0)\|.$$

由 ε 的任意性知

$$\omega(y_0,k)=\mathrm{o}(||h||)(h\to 0)$$

又因为 $\omega(x_0,h)=\mathrm{o}(||h||)(h\to 0)$ 且

$$\|B'(y_0)\omega(x_0,h)\|\leqslant\|B'(y_0)\|\cdot\|\omega(x_0,h)\|,$$

所以 $B'(y_0)\omega(x_0,h)=\mathrm{o}(||h||)(h\to 0)$. 因此, $\bar{\omega}(x_0,h)=\mathrm{o}(||h||)(h\to 0)$. 这就证明了 BA 在 x_0 处 F-可微且 $(BA)'(x_0)=B'(y_0)A'(x_0)$. 证毕.

推论 8.5.1 若算子 $A:D\to E_2$ 在 x_0 处 F-可微, 则对任一 $B\in B(E_2,E_3)$, 算子 $BA:D\to E_3$ 在 x_0 处 F-可微且有

$$(BA)'(x_0)=BA'(x_0).$$

8.5.2 中值定理与导算子的完全连续性

定理 8.5.4 设 $x_0,h\in E_1$, $l=\{x_0+th|0\leqslant t\leqslant 1\}$ 是 E_1 中以 x_0 与 x_0+h 为端点的线段.

(i) 若泛函 $f:D\to\mathbf{R}(D\supset l)$ 在 l 的每一点 F-可微, 则存在 $\theta\in(0,1)$ 使中值公式成立:

$$f(x_0+h)-f(x_0)=f'(x_0+\theta h)h;$$

(ii) 若算子 $A:D\to E_2(D\supset l)$ 在 l 的每一点 F-可微, 则存在 $\theta\in(0,1)$ 使得

$$\|A(x_0+h)-Ax_0\|\leqslant\|A'(x_0+\theta h)h\|;$$

(iii) 若算子 $A:D\to E_2(D\supset l)$ 在线段 l 的每一点 F-可微, 而且满足 $A':l\to B(E_1,E_2)$ 连续, 则

$$\int_0^1 A'(x_0+th)h\mathrm{d}t=A(x_0+h)-A(x_0).$$

证明 (i) 令 $\varphi(t)=f(x_0+th)$, $0\leqslant t\leqslant 1$. 由于

$$t\mapsto x_0+th:[0,1]\to E_1$$

可微 (抽象函数). 从而由定理 8.5.3 知 $\varphi:[0,1]\to\mathbf{R}$ 可微且

$$\varphi'(t)=f'(x_0+th)h.$$

由微分中值公式知, $\exists\theta\in(0,1)$ 使得 $\varphi(1)-\varphi(0)=\varphi'(\theta)$, 即

$$f(x_0+h)-f(x_0)=f'(x_0+\theta h)h.$$

(ii) 由定理 7.2.4 知, $\exists f \in (E_2)^*$, 使得 $\|f\|=1$ 且

$$\|A(x_0+h)-Ax_0\| = f(A(x_0+h)-Ax_0) = (f\circ A)(x_0+h)-(f\circ A)x_0.$$

令 $\varphi(t)=f(A(x_0+th))$, $0\leqslant t\leqslant 1$. 由推论 8.5.1 知, $\varphi:[0,1]\to \mathbf{R}$ 可微且

$$\varphi'(t)=f[A'(x_0+th)h],\quad 0\leqslant t\leqslant 1.$$

由微分中值定理知, $\exists\theta\in(0,1)$ 使得 $\varphi(1)-\varphi(0)=\varphi'(\theta)$, 即

$$f[A(x_0+h)-Ax_0]=\varphi(1)-\varphi(0)\ =f[A'(x_0+\theta h)h].$$

因此

$$\|A(x_0+h)-Ax_0\|\leqslant\|f\|\cdot\|A'(x_0+\theta h)h\|=\|A'(x_0+\theta h)h\|.$$

(iii) 令

$$\varphi(t)=A(x_0+th),\quad 0\leqslant t\leqslant 1,$$

则由定理 8.5.3 知, φ 在 $[0,1]$ 上可微且

$$\varphi'(t)=A'(x_0+th)h,\quad 0\leqslant t\leqslant 1.$$

从而 $\varphi':[a,b]\to E_2$ 连续. 所以, 由定理 8.4.5 知

$$\int_0^1\varphi'(t)\mathrm{d}t=\varphi(1)-\varphi(0),$$

故

$$\int_0^1 A'(x_0+th)h\mathrm{d}t=A(x_0+h)-Ax_0.$$

证毕.

定理 8.5.5 若 $A:D\to E$ 是紧算子且在 x_0 处 F-可微, 则算子 $A'(x_0):E_1\to E_2$ 完全连续, 其中 $D\subset E_1$ 是开集.

证明 由于 $A'(x_0)$ 是有界线性算子, 从而连续, 故只需证 $A'(x_0)$ 是紧算子即可. 只要证明: $A'(x_0)$ 将 E_1 中的闭单位球 $S=\{x\in E_1|\|x\|\leqslant 1\}$ 映成 E_2 中的列紧集 $A'(x_0)(S)$ 即可. 若 $A'(x_0)(S)$ 不是列紧集, 则存在 $\varepsilon_0>0$ 使得 $A'(x_0)(S)$ 没有有限的 ε_0- 网. 由定理 6.1.8 的必要性的证明可知: 存在 $h_i\in S(i=1,2,\cdots)$ 使得

$$\|A'(x_0)h_i-A'(x_0)h_j\|\geqslant\varepsilon_0(i\neq j).$$

由于 D 是开集, 则 $\exists\tau>0$ 使得当 $\|h\|\leqslant\tau$ 时, $x_0+h\in D$ 且

$$\|A(x_0+h)-Ax_0-A'(x_0)h\|\leqslant\frac{\varepsilon_0}{3}\|h\|.$$

于是, 当 $i \neq j$ 时, 有 $\|\tau h_i\| \leqslant \tau$ 且 $\|\tau h_j\| \leqslant \tau$, 从而

$$\begin{aligned}
&\|A(x_0+\tau h_i)-A(x_0+\tau h_j)\|\\
=&\|[A(x_0+\tau h_i)-Ax_0-A'(x_0)(\tau h_i)]\\
&-[A(x_0+\tau h_j)-Ax_0-A'(x_0)(\tau h_j)]+\tau[A'(x_0)h_i-A'(x_0)h_j]\|\\
\geqslant&\tau\|A'(x_0)h_i-A'(x_0)h_j\|-\|A(x_0+\tau h_i)-Ax_0-A'(x_0)(\tau h_i)\|\\
&-\|A(x_0+\tau h_j)-Ax_0-A'(x_0)(\tau h_j)\|\\
\geqslant&\tau\varepsilon_0-\frac{1}{3}\varepsilon_0\|\tau h_i\|-\frac{1}{3}\varepsilon_0\|\tau h_j\|\\
\geqslant&\frac{\tau\varepsilon_0}{3}.
\end{aligned}$$

可见, 点列 $\{A(x_0+\tau h_i)\}$ 无收敛子列, 这与 A 是紧算子矛盾. 故 $A'(x_0)$ 是完全连续的. 证毕.

8.5.3 高阶导算子与泰勒公式

定义 8.5.2 设 $A: D \to E_2$ 在开集 $D \subset E_1$ 内每一点 F-可微, 则映射 $A': x \mapsto A'(x)$ 是 D 到 $B(E_1, E_2)$ 中的算子. 如果 A' 在 $x_0 \in D$ 处 F-可微, 则称 A' 在 x_0 处的 F-导算子 $(A')'(x_0)$ 为 A 在 x_0 处的**二阶 F-导算子**, 记为 $A''(x_0)$ 或 $A^{(2)}(x_0)$; 显然, $A^{(2)}(x_0) \in B(E_1, B(E_1, E_2))$. 如果 A' 在 D 内每一点 F-可微, 则得到算子

$$A'' \equiv A^{(2)}: D \to B(E_1, B(E_1, E_2)).$$

如果 $A^{(2)}$ 在 $x_0 \in D$ 处 F-可微, 则称 $(A^{(2)})'(x_0)$ 为 A 在 x_0 处的**三阶 F-导算子**, 记为 $A'''(x_0)$ 或 $A^{(3)}(x_0)$. 一般地, 可定义 A 在 x_0 处的 **n 阶 F-导算子** (如果 $A', A^{(2)}, \cdots, A^{(n-1)}$ 都存在) 为

$$A^{(n)}(x_0) = \left(A^{(n-1)}\right)'(x_0). \tag{8.5.8}$$

以下记 $A' = A^{(1)}$, $A = A^{(0)}$.

由此可得以下算子:

$$\begin{aligned}
&A^{(1)}(x_0): E_1 \to E_2,\\
&A^{(2)}(x_0): E_1 \to B(E_1, E_2),\\
&A^{(3)}(x_0): E_1 \to B(E_1, B(E_1, E_2)),\\
&\qquad\qquad\cdots\\
&A^{(n)}(x_0): E_1 \to B(E_1, F_{n-1}),
\end{aligned}$$

它们的值域空间为: $F_1 = E_2$, $F_{i+1} = B(E_1, F_i)(1 \leqslant i \leqslant n-1)$, 且

$$A^{(i)}(x_0) \in B(E_1, F_i)(1 \leqslant i \leqslant n). \tag{8.5.9}$$

为了方便, $\forall h \in E_1$, 记

$$\begin{aligned}
&(A^{(1)}(x_0))h = A^{(1)}(x_0)h,\\
&((A^{(2)}(x_0))h)h = A^{(2)}(x_0)h^2,\\
&(((A^{(3)}(x_0))h)h)h = A^{(3)}(x_0)h^3,\\
&\qquad\qquad\cdots\\
&(\cdots((A^{(n)}(x_0))h)\cdots)h = A^{(n)}(x_0)h^n.
\end{aligned}$$

定理 8.5.6　设 $x_0, h \in E_1$, 记 $l = \{x_0 + th | 0 \leqslant t \leqslant 1\}$, D 是 E_1 中的开集且 $l \subset D$. 如果泛函 $F: D \to \mathbf{R}$ 在 l 上每一点 x 处, $n+1$ 阶 F-导算子 $F^{(n+1)}(x)$ 存在, 那么存在 $\theta \in (0,1)$ 使得以下的泰勒公式成立

$$F(x_0+h) = \sum_{k=0}^{n} \frac{1}{k!} F^{(k)}(x_0)h^k + \frac{1}{(n+1)!} F^{(n+1)}(x_0+\theta h)h^{n+1}. \tag{8.5.10}$$

证明　考察函数 $\varphi(t) = F(x_0 + th) \quad (0 \leqslant t \leqslant 1)$. 易知, 函数 $\varphi: [0,1] \to \mathbf{R}$ 有 $n+1$ 阶导数, 且

$$\varphi'(t) = F^{(1)}(x_0+th)h, \quad \varphi''(t) = F^{(2)}(x_0+th)h^2, \cdots,$$

$$\varphi^{(n+1)}(t) = F^{(n+1)}(x_0+th)h^{n+1}.$$

由数学分析中的泰勒公式得知: 存在 $\theta \in (0,1)$ 使得

$$\varphi(1) = \sum_{k=0}^{n} \frac{1}{k!}\varphi^{(k)}(0) + \frac{1}{(n+1)!}\varphi^{(n+1)}(\theta).$$

从而

$$F(x_0+h) = \sum_{k=0}^{n} \frac{1}{k!} F^{(k)}(x_0)h^k + \frac{1}{(n+1)!} F^{(n+1)}(x_0+\theta h)h^{n+1}.$$

证毕.

定理 8.5.7　设 $x_0, h \in E_1$, $l = \{x_0 + th | 0 \leqslant t \leqslant 1\}$, $D \supset l$ 是 E_1 中的开集. 如果算子 $A: D \to E_2$ 在 l 的每一点 x 处, $n+1$ 阶 F-导算子 $A^{(n+1)}(x)$ 存在, 那么 $\exists 0 < \theta < 1$ 使得下列不等式成立:

$$\left\| A(x_0+h) - \sum_{k=0}^{n} \frac{A^{(k)}(x_0)h^k}{k!} \right\| \leqslant \frac{1}{(n+1)!} \left\| A^{(n+1)}(x_0+\theta h)h^{n+1} \right\|. \tag{8.5.11}$$

证明 令

$$z_0 = A(x_0+h) - \sum_{k=0}^{n} \frac{1}{k!} A^{(k)}(x_0) h^k,$$

则由定理 7.2.4 知: 存在 $f \in (E_2)^*$, 使得 $||f|| = 1$ 且 $f(z_0) = ||z_0||$. 设

$$\varphi(t) = f(A(x_0+th))(0 \leqslant t \leqslant 1),$$

则函数 $\varphi : [0,1] \to \mathbf{R}$ 有 $n+1$ 阶导数, 且

$$\varphi'(t) = f(A'(x_0+th)h), \varphi''(t) = f(A''(x_0+th)h^2), \cdots,$$

$$\varphi^{(n+1)}(t) = f(A^{(n+1)}(x_0+th)h^{n+1}).$$

由泰勒公式知, $\exists \theta \in (0,1)$ 使得

$$\varphi(1) = \sum_{k=0}^{n} \frac{1}{k!} \varphi^{(k)}(0) + \frac{1}{(n+1)!} \varphi^{(n+1)}(\theta),$$

即

$$f(z_0) = \frac{1}{(n+1)!} f(A^{(n+1)}(x_0+\theta h)h^{n+1}).$$

从而

$$\begin{aligned} ||z_0|| = f(z_0) \leqslant & \frac{1}{(n+1)!} ||f|| \cdot ||A^{(n+1)}(x_0+\theta h)h^{n+1}|| \\ = & \frac{1}{(n+1)!} ||A^{(n+1)}(x_0+\theta h)h^{n+1}||. \end{aligned}$$

由此可知不等式 (8.5.4) 成立. 证毕.

上面定理中的不等式一般不能改为等式. 但是, 当考虑积分余项时, 有下面的泰勒公式成立.

定理 8.5.8 设 $x_0, h \in E_1$, $l = \{x_0+th | 0 \leqslant t \leqslant 1\}$ 且 $D \supset l$ 是 E_1 中的开集. 如果算子 $A : D \to E_2$ 在 l 上存在连续的 n 阶 F-导算子 $A^{(n)}$, 那么以下带积分余项的泰勒公式成立:

$$A(x_0+h) = \sum_{k=0}^{n-1} \frac{1}{k!} A^{(k)}(x_0) h^k + \frac{1}{(n-1)!} \int_0^1 (1-t)^{n-1} A^{(n)}(x_0+th) h^n \mathrm{d}t. \quad (8.5.12)$$

证明 任取 $f \in (E_2)^*$, 令

$$\varphi(t) = f(A(x_0+th))(0 \leqslant t \leqslant 1),$$

则

$$\varphi^{(k)}(t)=f(A^{(k)}(x_0+th)h^k)(k=1,2,\cdots,n),$$

且 $\varphi^{(n)}(t)$ 在 $[0,1]$ 上连续. 由函数带积分余项的泰勒公式得

$$\varphi(1)=\sum_{k=0}^{n-1}\frac{1}{k!}\varphi^{(k)}(0)+\frac{1}{(n-1)!}\int_0^1(1-t)^{n-1}\varphi^{(n)}(t)\mathrm{d}t,$$

即

$$f(A(x_0+h))=f\left[\sum_{k=0}^{n-1}\frac{1}{k!}A^{(k)}(x_0)h^k\right]+f\left[\frac{1}{(n-1)!}\int_0^1(1-t)^{n-1}A^{(n)}(x_0+th)h^n\mathrm{d}t\right].$$

由 $f\in(E_2)^*$ 的任意性知式 (8.5.12) 成立. 证毕.

在定理 8.5.8 的条件下, 有

$$\begin{aligned}&\left\|A(x_0+h)-Ax_0-A'(x_0)h-\frac{A''(x_0)h^2}{2!}-\cdots-\frac{A^{(n-1)}(x_0)h^{n-1}}{(n-1)!}-\frac{A^{(n)}(x_0)h^n}{n!}\right\|\\=&\left\|\frac{1}{(n-1)!}\int_0^1(1-t)^{n-1}[A^{(n)}(x_0+th)-A^{(n)}(x_0)]h^n\mathrm{d}t\right\|\\\leqslant&\frac{1}{(n-1)!}\int_0^1(1-t)^{n-1}\|[A^{(n)}(x_0+th)-A^{(n)}(x_0)]h^n\|\mathrm{d}t\\\leqslant&\frac{1}{n!}\max_{0\leqslant t\leqslant 1}\left\|A^{(n)}(x_0+th)-A^{(n)}(x_0)\right\|\,\|h\|^n.\end{aligned}$$

特别地, 当 $n=1$ 时, 有公式:

$$\|A(x_0+h)-Ax_0-A'(x_0)h\|\leqslant\int_0^1\|[A'(x_0+th)-A'(x_0)]h\|\,\mathrm{d}t.$$

习 题 8.5

1. 证明定理 8.5.1 的 (ii)—(iv).

2. 将极坐标变换

$$\begin{cases}x=r\cos\theta,\\y=r\sin\theta\end{cases}$$

视为从 $D=\{(r,\theta)\,|0<r<\infty,\,0<\theta<2\pi\}$ 到 $\mathbf{R}^2$ 的算子

$$T:(r,\theta)\mapsto(r\cos\theta,r\sin\theta).$$

证明: T 在 D 的每一点 (r_0,θ_0) 处 F-可微, 且 $\forall h=(h_1,h_2)\in\mathbf{R}^2$ 有

$$[T'(r_0,\theta_0)]h=\left(\begin{bmatrix}\cos\theta_0&-r_0\sin\theta_0\\\sin\theta_0&r_0\cos\theta_0\end{bmatrix}\begin{bmatrix}h_1\\h_2\end{bmatrix}\right)^{\mathrm{T}},$$

并证明 $\|T'(r_0,\theta_0)\| = r_0$.

3. 设算子 $A: D \to E_2$ 在 D 内存在连续的 n 阶 F-导算子 $A^{(n)}$, 且存在 $x_0 \in D$ 使得

$$A'(x_0) = A''(x_0) = \cdots = A^{(n)}(x_0) = 0.$$

证明: 若 D 是凸集, 即

$$x_1, x_2 \in D \Rightarrow (1-t)x_1 + tx_2 \in D(0 \leqslant t \leqslant 1),$$

则 $\forall h \in D$, 有

$$\|A(x_0+h) - Ax_0\| \leqslant \frac{\|h\|^n}{n!} \max_{0 \leqslant t \leqslant 1} \left\| A^{(n)}(x_0+th) \right\|.$$

4. 在定理 8.5.6 的条件下, 令

$$\varphi(t) = F(x_0+th)(0 \leqslant t \leqslant 1).$$

证明: $\varphi(t)$ 在 $[0,1]$ 上有 $n+1$ 阶导数且

$$\varphi^{(k)}(t) = F^{(k)}(x_0+th)h^k(1 \leqslant k \leqslant n+1).$$

5. 设 D 为 $\mathbf{R}^n$ 中的非空开集, $f_i: D \to \mathbf{R}(1 \leqslant i \leqslant m)$ 是 m 个 n 元函数. 定义算子 $A: D \to \mathbf{R}^n$ 如下:

$$Ax = (f_1(x_1,x_2,\cdots,x_n), f_2(x_1,x_2,\cdots,x_n), \cdots, f_m(x_1,x_2,\cdots,x_n)),$$

$$\forall x = (x_1,x_2,\cdots,x_n) \in D,$$

则

(i) 算子 A 在 $x_0 \in D$ 处 F-可微当且仅当 n 元函数 $f_1,\cdots,f_m$ 均在 x_0 处可微, 并且在此条件下

$$\left(A'(x_0)h\right)^{\mathrm{T}} = \begin{bmatrix} \alpha_{11\mathrm{T}} & \alpha_{12} & \cdots & \alpha_{1n} \\ \alpha_{21} & \alpha_{22} & \cdots & \alpha_{2n} \\ \vdots & \vdots & & \vdots \\ \alpha_{m1} & \alpha_{m2} & \cdots & \alpha_{mn} \end{bmatrix} \cdot \begin{bmatrix} h_1 \\ h_2 \\ \vdots \\ h_n \end{bmatrix}, \quad \forall h = (h_1,h_2,\cdots,h_n) \in \mathbf{R^n};$$

(ii) 算子 A 在 D 上有连续 F-导算子

$$A': D \to B(\mathbf{R}^n, \mathbf{R}^m)$$

当且仅当 n 元函数 $f_1, f_2, \cdots, f_m$ 都在 D 上有连续偏导数, 其中

$$\alpha_{ij} = \left.\frac{\partial f_i}{\partial x_j}\right|_{x=x_0}.$$

8.6　加特导算子

在上一节中, 我们讨论了费雷歇微分与导算子, 它们是研究非线性算子的重要工具. 由于费雷歇微分

$$\mathrm{d}(A, x_0, h) = A'(x_0)h$$

定义为改变量 $A(x_0+h)-Ax_0$ 的线性主部, 因而在讨论非线性算子 A 的某些问题时, 可转化为研究线性有界算子 $A'(x_0)$ 的相应问题, 这就是非线性泛函分析中的线性化方法. 然而, 费雷歇微分概念对算子的要求较强, 在讨论算子 (特别是泛函) 的某些问题时, 条件可以减弱, 用所谓的加特 (Gâteaux) 微分与加特导算子代替费雷歇微分与费雷歇导算子. 这种微分概念是数学分析中方向导数概念的自然推广, 而 F-微分则是全微分概念的推广. 本节, 用 E_1, E_2, E_3 表示实的巴拿赫空间.

8.6.1　定义与性质

定义 8.6.1　设 $A: D \to E_2$, $D \subset E_1$ 为开集, $x_0 \in D$. 若对任何 $h \in E_1$, 极限

$$\lim_{t\to 0}\frac{A(x_0+th)-Ax_0}{t}$$

都存在 (依 E_2 中的范数), 则称算子 A 在 x_0 处加特 (Gâteaux)**可微**, 简称**G-可微**, 此极限 (E_2 中的元素) 叫做算子 A 在 x_0 处沿方向 h 的**加特微分**, 简称**G-微分**, 记为 $\mathrm{D}(A, x_0, h)$, 即

$$\mathrm{D}(A, x_0, h) = \lim_{t\to 0}\frac{A(x_0+th)-Ax_0}{t}. \tag{8.6.1}$$

如果存在算子 $B \in B(E_1, E_2)$ 使得

$$\mathrm{D}(A, x_0, h) = Bh(\forall h \in E_1), \tag{8.6.2}$$

那么称算子 A 在 x_0 处具有有界线性的加特微分, 且称有界线性算子 B 为 A 在 x_0 处的**加特导算子**, 简称**G-导算子**, 记为 $A'_g(x_0)$, 即

$$\mathrm{D}(A, x_0, h) = A'_g(x_0)h, \quad \forall h \in E_1. \tag{8.6.3}$$

定理 8.6.1　(i) 若算子 $A: D \to E_2$ 在 $x_0 \in D$ 处 G-可微, 则对任意 $B \in B(E_2, E_3)$, 算子 $BA: D \to E_3$ 在 x_0 处 G-可微且有

$$\mathrm{D}(BA, x_0, h) = B\mathrm{D}(A, x_0, h), \forall h \in E_1;$$

(ii) 若算子 A 在 x_0 处有有界线性的 G-微分, 则 $\forall B \in B(E_2, E_3)$, $BA: D \to E_3$ 也在 x_0 处有有界线性的 G-微分, 并且

$$(BA)'_g(x_0) = BA'_g(x_0);$$

(iii) 若算子 $A, B: D \to E_2$ 在 x_0 处 G-可微, 则 $\forall \alpha, \beta \in \mathbf{R}$, 算子 $\alpha A + \beta B: D \to E_2$ 在 x_0 处 G-可微且 $\forall h \in E_1$, 有

$$\mathrm{D}(\alpha A + \beta B, x_0, h) = \alpha \mathrm{D}(A, x_0, h) + \beta \mathrm{D}(B, x_0, h);$$

(iv) 若算子 $A, B: D \to E_2$ 在 $x_0 \in D$ 处的 G-导算子存在, 则 $\forall \alpha, \beta \in \mathbf{R}$, 算子 $\alpha A + \beta B: D \to E_2$ 在 x_0 处的 G-导算子也存在且有

$$(\alpha A + \beta B)'_g(x_0) = \alpha A'_g(x_0) + \beta B'_g(x_0).$$

证明 留作练习.

8.6.2 两种微分之间的关系

定理 8.6.2 设 $A: D \to E_2$, $D \subset E_1$ 为开集且 $x_0 \in D$.

(i) 若 A 在 x_0 处 F-可微, 则 A 在 x_0 处有有界线性的 G-微分且 $\forall h \in E_1$ 有

$$\mathrm{D}(A, x_0, h) = \mathrm{d}(A, x_0, h), \quad A'_g(x_0) = A'(x_0);$$

(ii) 若 A 在 x_0 的邻域 $B(x_0, r) \subset D$ 内的每一点具有有界线性的 G-微分, 且由 A 的 G-导算子诱导的算子

$$A'_g: B(x_0, r) \to B(E_1, E_2)$$

在 x_0 处连续, 则 A 在 x_0 处 F-可微且 $\forall h \in E_1$, 有

$$\mathrm{d}(A, x_0, h) = \mathrm{D}(A, x_0, h), \quad A'(x_0) = A'_g(x_0).$$

证明 (i) 由假定有: 当 $\|h\|$ 充分小时, 有

$$A(x_0 + h) - Ax_0 = A'(x_0)h + \omega(x_0, h),$$

其中

$$\omega(x_0, h) = o(\|h\|)(h \to 0).$$

于是, 对固定的 $h \in E_1 \backslash \{0\}$, 当 $t \in \mathbf{R}$ 且 $|t|$ 充分小时, 有

$$A(x_0 + th) - Ax_0 - A'(x_0)(th) = \omega(x_0, th)$$

成立. 因此

$$\left\| \frac{A(x_0 + th) - Ax_0}{t} - A'(x_0)h \right\| = \left\| \frac{\omega(x_0, th)}{t} \right\|$$

$$= \frac{||\omega(x_0, th)||}{||th||} \cdot ||h|| \to 0 \cdot ||h|| = 0(t \to 0).$$

故

$$\lim_{t \to 0} \frac{A(x_0 + th) - A(x_0)}{t} = A'(x_0)h(\forall h \in E_1).$$

由定义知 A 在 x_0 处 G-微分, 同时也有 $A'_g(x_0) = A'(x_0)$ 且

$$\mathrm{D}[A, x_0, h] = A'(x_0)h = \mathrm{d}[A, x_0, h], \quad \forall h \in E_1.$$

(ii) 因 A'_g 在 x_0 处连续, 所以 $\forall \varepsilon > 0$, 存在 $0 < \delta < r$ 使得当 $h \in E_1$ 且 $\|h\| < \delta$ 时, 有

$$||A'_g(x_0 + h) - A'_g(x_0)|| < \varepsilon. \tag{8.6.4}$$

下证: 当 $0 < ||h|| < \delta$ 时, 恒有

$$||A(x_0 + h) - Ax_0 - A'_g(x_0)h|| \leqslant \varepsilon \cdot ||h||.$$

取定 $h \in E_1$ 使得 $0 < ||h|| < \delta$. 由定理 7.2.4 知: $\exists f \in (E_2)^*$ 使得 $||f|| = 1$ 且

$$||A(x_0 + h) - Ax_0 - A'_g(x_0)h|| = f(A(x_0 + h) - Ax_0 - A'_g(x_0)h). \tag{8.6.5}$$

令

$$\varphi(t) = f(A(x_0 + th)), \quad 0 \leqslant t \leqslant 1.$$

易知

$$\varphi'(t) = f(A'_g(x_0 + th)h).$$

由微分中值定理知: $\exists \theta \in (0, 1)$, 使得 $\varphi(1) - \varphi(0) = \varphi'(\theta)$, 即

$$f(A(x_0 + h) - Ax_0) = f(A'_g(x_0 + \theta h)h).$$

从而由式 (8.6.5) 及 (8.6.4) 知

$$\begin{aligned} &||A(x_0 + h) - Ax_0 - A'_g(x_0)h|| \\ =&f([A'_g(x_0 + \theta h) - A'_g(x_0)]h) \\ \leqslant&||f|| \cdot ||A'_g(x_0 + \theta h) - A'_g(x_0)|| \cdot ||h|| \\ \leqslant&\varepsilon||h||. \end{aligned}$$

故

$$\lim_{||h|| \to 0} \frac{||A(x_0 + h) - Ax_0 - A'_g(x_0)h||}{||h||} = 0.$$

由定义可知: A 在 x_0 处 F-可微, 且 $\forall h \in E_1$ 有

$$\mathrm{d}(A, x_0, h) = A'_g(x_0)h = \mathrm{D}(A, x_0, h), \quad A'(x_0) = A'_g(x_0).$$

证毕.

注意到, 当 A 仅在一点 x_0 处具有有界线性的 G-微分时, 一般不能保证 A 在 x_0 处 F-可微, 请看下面的例子.

例 8.6.1 定义泛函 $f : \mathbf{R^2} \to \mathbf{R}$ 如下:

$$f(x) = \begin{cases} x_1 + x_2 + \dfrac{x_1^3 x_2}{x_1^4 + x_2^2}, & x = (x_1, x_2) \neq (0,0), \\ 0, & x = (0,0). \end{cases}$$

由于

$$|f(x)| \leqslant |x_1| + |x_2| + \frac{1}{2}|x_1| \to 0 = f(\theta)(x \to \theta),$$

从而 f 在 $\theta = (0,0)$ 处连续. 又 $\forall h = (h_1, h_2) \in \mathbf{R^2} \backslash \{\theta\}$, 有

$$\lim_{t \to 0} \frac{f(\theta + th) - f(\theta)}{t} = \lim_{t \to 0} \left(h_1 + h_2 + \frac{t^3 h_1^3 h_2}{t^4 h_1^4 + t^2 h_2^2} \right) = h_1 + h_2.$$

从而 $\forall h = (h_1, h_2) \in \mathbf{R^2}$, 有

$$\lim_{t \to 0} \frac{f(\theta + th) - f(\theta)}{t} = h_1 + h_2 = \bar{g}(h).$$

其中 $\bar{g} = (1,1) \in B(\mathbf{R^2}, \mathbf{R}) = (\mathbf{R^2})^* = \mathbf{R^2}$. 因此, f 在 θ 处具有有界线性的 G-微分, 且 $f'_g(\theta) = (1,1)$.

假若 f 在 θ 处 F-可微, 则由定理 8.6.2(i) 知

$$\mathrm{d}(f, \theta, h) = \mathrm{D}(f, \theta, h) = f'_g(\theta)h = h_1 + h_2,$$

且

$$f'(\theta) = f'_g(\theta),$$

于是, 当 $h = (h_1, h_2) \neq 0$ 时, 有

$$f'(\theta)h = f'_g(\theta) = h_1 + h_2,$$

$$\omega(\theta, h) = f(\theta + h) - f(\theta) - f'(\theta)h = \frac{h_1^3 h_2}{h_1^4 + h_2^2}$$

应当满足

$$\lim_{||h|| \to 0} \frac{|\omega(\theta, h)|}{||h||} = \lim_{(h_1, h_2) \to (0,0)} \frac{h_1^3 h_2}{(h_1^4 + h_2^2)\sqrt{h_1^2 + h_2^2}} = 0,$$

但当 $h_2 = h_1^2$ 且 $h_1 \to 0^+$, 有

$$\frac{|\omega(\theta,h)|}{||h||} = \frac{1}{2}\frac{1}{\sqrt{1+h_1^2}} \to \frac{1}{2},$$

矛盾.

由上可知: f 在 θ 处有有界线性的 G-微分, 但 f 在 θ 处不是 F-可微的.

例 8.6.2 设 $f(x,u)$ 是 $[a,b]\times(-\infty,\infty)$ 上的连续实函数且偏导数 $f_u(x,u)$ 也连续, 定义 $A: C[a,b]\to C[a,b]$ 如下

$$(A\phi)(x) = f(x,\phi(x)), \quad \forall \phi\in C[a,b], x\in[a,b], \tag{8.6.6}$$

则 A 在 $C[a,b]$ 的每一点 G-可微且 G-导算子

$$A_g' : C[a,b]\to B(C[a,b])$$

连续且满足

$$(A_g'\phi)h(x) = f_u(x,\phi(x))\cdot h(x), \quad \forall \phi, h\in C[a,b], x\in[a,b]. \tag{8.6.7}$$

从而由定理 8.6.2(ii) 知: A 在 $C[a,b]$ 的每一点有连续的 F-导算子 $A' = A_g'$.

其实, 任取 $\phi_0\in C[a,b]$, 则 $\forall h\in C[a,b]$, 当 $t\in \mathbf{R}\setminus\{0\}$ 时, 对任意的 $x\in[a,b]$, 有

$$\begin{aligned}
&\left|\frac{[A(\phi_0+th)](x)-(A\phi_0)(x)}{t} - f_u(x,\phi_0(x))\cdot h(x)\right| \\
=&\left|\frac{1}{t}\left[f(x,\phi_0(x)+th(x)) - f(x,\phi_0(x))\right] - f_u(x,\phi_0(x))\cdot h(x)\right| \\
=&|f_u(x,\phi_0(x)+\theta th(x))\cdot h(x) - f_u(x,\phi_0(x))\cdot h(x)|,
\end{aligned}$$

其中 $0<\theta<1$. 记

$$M = \max_{a\leqslant x\leqslant b}|\phi_0(x)|+1 = ||\phi_0||+1.$$

由于 $f_u(x,u)$ 在 $[a,b]\times[-M,M]$ 上一致连续, 从而 $\forall\varepsilon>0, \exists\delta\in(0,1)$, 使得 $|u'-u''|<\delta$ 时, 对一切 $x\in[a,b]$, 有

$$|f_u(x,u') - f_u(x,u'')|<\varepsilon.$$

于是, 当 $0<|t|<\dfrac{1}{||h||+1}\delta$ 时, 对一切 $x\in[a,b]$, 有

$$|f_u(x,\phi_0(x)+\theta th(x)) - f_u(x,\phi_0(x))|<\varepsilon.$$

因此, 当 $0<|t|<\frac{1}{||h||+1}\delta$ 时, 有

$$\left|\left|\frac{A(\phi_0+th)-A\phi_0}{t}-Bh\right|\right|\leqslant\varepsilon\cdot||h||,$$

其中 $(Bh)(x)=f_u(x,\phi_0(x))\cdot h(x)$. 故 A 在 ϕ_0 处 G-可微且具有有界线性的 G-微分 (因 $B\in B(C[a,b])$), 以及 $\forall x\in[a,b]$, 有

$$(A'_g\phi_0)h(x)=(Bh)(x)=f_u(x,\phi_0(x))\cdot h(x),\forall h\in C[a,b].$$

可见式 (8.6.7) 成立.

下证 $A'_g:C[a,b]\to B(C[a,b])$ 连续. 为此, 任取 $\phi_0\in C[a,b]$, 则 $\forall\phi\in C[a,b]$, 有

$$\begin{aligned}||A'_g\phi-A'_g\phi_0||&=\sup_{||h||=1}||(A'_g\phi)h-(A'_g\phi_0)h||\\&=\sup_{||h||=1}\max_{0\leqslant x\leqslant 1}|f_u(x,\phi(x))-f_u(x,\phi_0(x))|\cdot|h(x)|\\&\leqslant\max_{0\leqslant x\leqslant 1}|f_u(x,\phi(x))-f_u(x,\phi_0(x))|.\end{aligned}$$

根据 $f_u(x,u)$ 在 $[a,b]\times[-M,M]$ 上一致连续可知: $\forall\varepsilon>0,\exists\delta>0$, 使得当 $||\phi-\phi_0||<\delta$ 时, 由以上不等式知

$$||A'_g(\varphi)-A'_g(\varphi_0)||<\varepsilon.$$

故 A'_g 在 ϕ_0 处连续, 这就证明了前面的论断.

仔细考察一下定理 8.5.4 的证明可知: 三个结论都是由辅助函数 $\phi:[0,1]\to\mathbf{R}$ 的可微性推出, 从而不难看出 ϕ 的可微性可由相应泛函或算子在线段 l 上的 G-可微性推出. 因此, 将那里的 "F-可微" 改为 "G-可微" 结论也成立, 即有以下结论.

定理 8.6.3 设 $x_0,h\in E_1$, 用 l 表示线段

$$l=\{x_0+th|0\leqslant t\leqslant 1\}.$$

(i) 若泛函 $f:D\to\mathbf{R}(D\supset l)$ 在 l 上的每一点处都 G-可微, 则存在 $\theta\in(0,1)$ 使得中值公式成立:

$$f(x_0+h)-f(x_0)=\mathrm{D}(f,x_0+\theta h,h);$$

(ii) 若算子 $A:D\to E_2(D\supset l)$ 在 l 上每一点处都 G-可微, 则存在 $\theta\in(0,1)$ 使得

$$||A(x_0+h)-Ax_0||\leqslant||\mathrm{D}(A,x_0+\theta h,h)||;$$

(iii) 若算子 $A: D \to E_2 (D \supset l)$ 在 l 每点 G-可微且 $\mathrm{D}(A, x_0 + th, h)$ 关于 $t \in [0, 1]$ 连续, 则

$$\int_0^1 \mathrm{D}(A, x_0 + th, h)\mathrm{d}t = A(x_0 + h) - A(x_0).$$

习　题　8.6

1. 设 $f, g, h: \mathbf{R^2} \to \mathbf{R}$ 为三个二元函数, 定义

$$Ax = (f(x_1, x_2), g(x_1, x_2), h(x_1, x_2)), \quad \forall x = (x_1, x_2) \in \mathbf{R^2}.$$

证明: 算子 $A: \mathbf{R^2} \to \mathbf{R^3}$ 在 $a = (a_1, a_2)$ 处 G-可微当且仅当二元函数 f, g, h 在 a 处沿任一方向 l 的方向导数都存在; 此时

$$\mathrm{D}(A, a, l) = \left(\frac{\partial f}{\partial l}, \frac{\partial g}{\partial l}, \frac{\partial h}{\partial l}\right)\bigg|_{x=a}.$$

2. 设实值函数 $K(x, y, u)$ 及其偏导数 $K_u(x, y, u)$ 都在

$$[a, b] \times [a, b] \times (-\infty, \infty)$$

上连续, 定义

$$(A\varphi)(x) = \int_a^b K(x, y, \varphi(y))\mathrm{d}y, \quad \forall \varphi \in C[a, b].$$

证明: $A: C[a, b] \to C[a, b]$ 在 $C[a, b]$ 的每一点有有界线性的 G-微分且 A 在 $\varphi_0 \in C[a, b]$ 处的 G-导算子满足

$$\left(A'_g(\varphi_0)h\right)(x) = \int_a^b K_u(x, y, \varphi_0(y)) \cdot h(y)\mathrm{d}y, \quad \forall h \in C[a, b].$$

3. 证明第 2 题中的算子 A 的 G-导算子

$$A'_g: C[a, b] \to B(C[a, b])$$

在 $C[a, b]$ 的每一点 φ_0 处连续, A 在 $C[a, b]$ 的每一点 φ_0 处 F-可微且

$$A'(\varphi_0) = A'_g(\varphi_0).$$

4. 证明定理 8.6.1.

8.7　偏导算子与隐算子定理

本节将给出数学分析中的隐函数存在定理对算子方程的推广, 建立隐算子存在定理. 为此, 先介绍偏导算子及有关性质, 作为隐算子存在定理的应用, 给出反算子存在定理. 以下恒用 E_1, E_2, E_3 表示实巴拿赫空间.

8.7.1 偏导算子

设 G 为乘积空间 $E_1 \times E_2$ 中的非空开集, F 是 G 到 E_3 的算子, 对任一 $(x_0, y_0) \in G$, 必有 x_0 与 y_0 的邻域 $U(x_0) \subset E_1$ 与 $V(y_0) \subset E_2$, 使得

$$U(x_0) \times V(y_0) \subset G.$$

这样, 由 $F: G \to E_3$ 可得以下两个算子:

$$F_1: U(x_0) \to E_3, F_1(x) = F(x, y_0), \forall x \in U(x_0);$$

$$F_2: V(y_0) \to E_3, F_2(y) = F(x_0, y), \forall y \in V(y_0).$$

定义 8.7.1 如果 $F_1: U(x_0) \to E_3$ 在 x_0 处的 F-导算子 $F_1'(x_0)$ 存在, 那么称 $F_1'(x_0) \in B(E_1, E_3)$ 为 F 在 (x_0, y_0) 处关于 x 的**偏导算子**(Partial derivation), 记为 $F_x'(x_0, y_0)$. 类似地, 称 $F_2: V(y_0) \to E_3$ 在 y_0 处的 F-导算子 $F_2'(y_0) \in B(E_2, E_3)$(如果存在) 为 F 在 (x_0, y_0) 处关于 y 的**偏导算子**, 记为 $F_y'(x_0, y_0)$.

由定义可知: $F_x'(x_0, y_0)$ 与 $F_y'(x_0, y_0)$ 满足

$$\lim_{||h|| \to 0} \frac{||F(x_0 + h, y_0) - F(x_0, y_0) - F_x'(x_0, y_0)h||}{||h||} = 0 \tag{8.7.1}$$

与

$$\lim_{||k|| \to 0} \frac{||F(x_0, y_0 + k) - F(x_0, y_0) - F_y'(x_0, y_0)k||}{||k||} = 0. \tag{8.7.2}$$

关于导算子 F' 与偏导算子 F_x', F_y' 的关系有以下结论.

定理 8.7.1 设 $F: G \to E_3 (G \subset E_1 \times E_2$ 为开集), 则

(i) 当 F 在 $(x_0, y_0) \in G$ 处 F-可微时, 偏导算子 $F_x'(x_0, y_0)$ 与 $F_y'(x_0, y_0)$ 都存在, 且

$$\begin{cases} F_x'(x_0, y_0)h = F'(x_0, y_0)(h, 0), \forall h \in E_1, \\ F_y'(x_0, y_0)k = F'(x_0, y_0)(0, k), \forall k \in E_2; \end{cases} \tag{8.7.3}$$

(ii) 当偏导算子 F_x' 与 F_y' 在 $(x_0, y_0) \in G$ 的某个邻域内存在 (即有定义) 且连续时, F 必在 (x_0, y_0) 处 F-可微且 F-微分为

$$\mathrm{d}(F, (x_0, y_0), (h, k)) = F'(x_0, y_0)(h, k) = F_x'(x_0, y_0)h + F_y'(x_0, y_0)k. \tag{8.7.4}$$

证明 (i) 此时,

$$||F(x_0 + h, y_0 + k) - F(x_0, y_0) - F'(x_0, y_0)(h, k)|| = o(\|(h, k)\|).$$

取 $k = 0$ 得

$$||F(x_0 + h, y_0) - F(x_0, y_0) - B_1 h|| = o(||h||),$$

其中 $B_1h = F'(x_0, y_0)(h, 0)$. 因此 $B_1 \in B(E_1, E_3)$. 从而, 算子 $F_1 = F(\cdot, y_0)$ 在 x_0 处 F-可微且 $F'_x(x_0, y_0) = F'_1(x_0) = B_1$, 同理可证 $F'_y(x_0, y_0)$ 也存在且

$$F'_y(x_0, y_0)k = F'(x_0, y_0)(0, k).$$

因此, $F'_x(x_0, y_0)$ 与 $F'_y(x_0, y_0)$ 都存在且满足式 (8.7.3).

(ii) 由假定知: $\forall \varepsilon > 0$, 存在 $\delta > 0$, 使得当 $0 < ||(h, k)|| < \delta$ 时, 有

$$||F'_x(x_0 + h, y_0 + k) - F'_x(x_0, y_0)|| < \frac{\varepsilon}{3}, \tag{8.7.5}$$

且

$$||F(x_0, y_0 + k) - F(x_0, y_0) - F'_y(x_0, y_0)k|| \leqslant \frac{\varepsilon}{3}||k||. \tag{8.7.6}$$

特别地, 当 $0 < ||(h, k)|| < \delta$ 时, $\forall t \in [0, 1]$, 由式 (8.7.5) 得

$$||F'_x(x_0 + th, y_0 + k) - F'_x(x_0, y_0)|| < \frac{\varepsilon}{3}.$$

因此, 由定理 8.5.8 ($n = 1$) 及式 (8.7.5) 与 (8.7.6) 得

$$\begin{aligned}
&||F(x_0 + h, y_0 + k) - F(x_0, y_0) - F'_x(x_0, y_0)h - F'_y(x_0, y_0)k||\\
\leqslant&||F(x_0 + h, y_0 + k) - F(x_0, y_0 + k) - F'_x(x_0, y_0)h||\\
&+ ||F(x_0, y_0 + k) - F(x_0, y_0) - F'_y(x_0, y_0)k||\\
\leqslant&\int_0^1 ||\,[(F'_x(x_0 + th, y_0 + k) - F'_x(x_0, y_0 + k)]h||\mathrm{d}t + \frac{\varepsilon}{3}||(h)||\\
\leqslant&\frac{\varepsilon}{3}||(h, k)|| + \frac{\varepsilon}{3}||h||\\
\leqslant&\varepsilon||(h, k)||.
\end{aligned}$$

若定义

$$B(x, y) = F'_x(x_0, y_0)x + F'_y(x_0, y_0)y,$$

则 $B \in B(E_1 \times E_2, E_3)$ 且满足:

$$||F(x_0 + h, y_0 + k) - F(x_0, y_0) - B(h, k)|| = o(||h, k)||,$$

故 F 在 (x_0, y_0) 处 F-可微且式 (8.7.4) 成立. 证毕.

由定理 8.5.3 知: 若算子 $F : G \to E_3$ 在 (x_0, y_0) 处的偏导算子 $F'_x(x_0, y_0)$ 存在, E_4 为实巴拿赫空间, 则 $\forall B \in B(E_3, E_4)$, $B \circ F : G \to E_4$ 在 (x_0, y_0) 处偏导数也存在且

$$(B \circ F)'_x(x_0, y_0) = B \circ F'_x(x_0, y_0). \tag{8.7.7}$$

8.7.2 隐算子存在定理

设 Ω 为 $E_1 \times E_2$ 中的非空开集, $F: \Omega \to E_3$, 考察算子方程

$$F(x,y)=0. \tag{8.7.8}$$

如果 $(x_0,y_0) \in \Omega$ 且存在 x_0 与 y_0 的邻域 $U(x_0) \subset E_1$ 与 $V(y_0) \subset E_2$, 使得 $U(x_0) \times V(y_0) \subset \Omega$, 并存在算子

$$f: U(x_0) \to V(y_0)$$

满足

$$F(x,f(x)) \equiv 0\,(\forall x \in U(x_0)) \tag{8.7.9}$$

且

$$y_0 = f(x_0), \tag{8.7.10}$$

则称 $f: U(x_0) \to V(y_0)$ 是方程 (8.7.8) 在 (x_0,y_0) 附近确定的一个**隐算子** (Implicit operator).

与隐函数的情况类似, 以下研究方程 (8.7.8) 何时在 (x_0,y_0) 附近确定唯一的隐算子. 这个问题显然等价于: 何时存在 x_0 的邻域 $B(x_0,r)$ 及 y_0 的邻域 $y \in B(y_0,\tau)$, 使得每一个 $x \in B(x_0,r)$ 有且只有一个 $y \in B(y_0,\tau)$ 与 x 一起满足方程 $F(x,y)=0$. 同时, 还要讨论隐算子的连续性与可微性等.

定理 8.7.2 设 $F: \Omega \to E_3, (x_0,y_0) \in \Omega$, 如果

(1) F 在 (x_0,y_0) 的某邻域内连续且 F_y' 存在;

(2) $F(x_0,y_0)=0, F_y'$ 在 (x_0,y_0) 处连续;

(3) $\left[F_y'(x_0,y_0)\right]^{-1} \in B(E_3,E_2)$,

则存在 $r>0, \tau>0$ 及唯一的算子

$$f: B(x_0,r) \to B(y_0,\tau) \subset E_2$$

满足:

(i) $\forall x \in B(x_0,r), F(x,f(x))=0$;

(ii) $y_0 = f(x_0)$;

(iii) f 在 $B(x_0,r)$ 上连续.

证明 设 $M = \left\|[F_y'(x_0,y_0)]^{-1}\right\|$, 由假设 (1) 及 (2) 知: $\exists \delta>0, 1>\tau>0$, 使得

$$F: D = \overline{B}(x_0,\delta) \times \overline{B}(y_0,\tau) \to E_3 \tag{8.7.11}$$

连续, 且当 $x \in \overline{B}(x_0,\delta), y \in \overline{B}(y_0,\tau)$ 时, 有

$$||F_y'(x,y) - F_y'(x_0,y_0)|| < \frac{\tau}{2M}. \tag{8.7.12}$$

又因为 $F(\cdot, y_0): \overline{B}(x_0, \delta) \to E_3$ 连续, 从而 $\exists 0 < r \leqslant \delta$, 使得当 $x \in B(x_0, r)$ 时, 有

$$||F(x, y_0)|| = ||F(x, y_0) - F(x_0, y_0)|| < \frac{\tau}{2M}. \tag{8.7.13}$$

现设 $x \in B(x_0, r)$ 固定, 令

$$\varPhi(y) = y - [F'_y(x_0, y_0)]^{-1} F(x, y), \quad \forall y \in \overline{B}(y_0, \tau).$$

显然, 存在唯一的 $y \in B(y_0, \tau)$ 使得 $F(x, y) = 0$ 当且仅当 $\varPhi$ 在 $B(y_0, \tau)$ 有唯一的不动点 y(即 $\varPhi(y) = y$).

下面应用压缩映射原理. 为此, 先证

$$\varPhi(\overline{B}(y_0, \tau)) \subset B(y_0, \tau).$$

由式 (8.7.12) 知, 当 $y \in \overline{B}(y_0, \tau)$, 即 $||y - y_0|| \leqslant \tau$ 时, 有

$$\begin{aligned} ||\varPhi'(y)|| &= ||I - (F'_y(x_0, y_0))^{-1} F'_y(x, y)|| \\ &= ||(F'_y(x_0, y_0))^{-1} \cdot (F'_y(x_0, y_0) - F'_y(x, y))|| \\ &< \frac{\tau}{2}. \end{aligned}$$

由于函数 $F(x, \cdot)$ 在 $B(y_0, \tau)$ 内每一点 F-可微, 从而由定理 8.5.4(ii) 可知: 当 $y_1, y_2 \in B(y_0, \tau)$ 时, 存在 $0 < \theta < 1$ 使得

$$\begin{aligned} ||\varPhi(y_2) - \varPhi(y_1)|| &\leqslant ||\varPhi'(y_1 + \theta(y_2 - y_1)) \cdot (y_2 - y_1)|| \\ &\leqslant ||\varPhi'(y_1 + \theta(y_2 - y_1))|| \cdot ||(y_2 - y_1)|| \\ &\leqslant \frac{\tau}{2} ||y_2 - y_1||. \end{aligned}$$

因为 $\varPhi: \overline{B}(y_0, \tau) \to E_2$ 连续, 从而当 $y_1, y_2 \in \overline{B}(y_0, \tau)$ 时也有

$$||\varPhi(y_2) - \varPhi(y_1)|| \leqslant \frac{\tau}{2} ||y_2 - y_1|| \leqslant \frac{1}{2} ||y_2 - y_1||. \tag{8.7.14}$$

当 $y \in \overline{B}(y_0, \tau)$ 时, 由上式得

$$\begin{aligned} ||\varPhi(y) - y_0|| &\leqslant ||\varPhi(y) - \varPhi(y_0)|| + ||\varPhi(y_0) - y_0|| \\ &\leqslant \frac{\tau}{2} ||y - y_0|| + ||[F'_y(x_0, y_0)]^{-1} F(x, y_0)|| \\ &< \tau. \end{aligned}$$

可见, $\varPhi(y) \in B(y_0, \tau)$. 因此, $\varPhi: \overline{B}(y_0, \tau) \to \overline{B}(y_0, \tau)$ 是压缩映射且

$$\varPhi(y) \in B(y_0, \tau), \quad \forall y \in \overline{B}(y_0, \tau).$$

因为 $\overline{B}(y_0, \tau)$ 是巴拿赫空间 E_2 中的闭集, 从而本身也是完备的距离空间. 所以, 由压缩映射原理 (定理 6.1.9) 知: 存在唯一的 $y \in \overline{B}(y_0, \tau)$ 使得 $\Phi(y) = y$. 因为 Φ 的值域含在开球 $B(y_0, \tau)$ 之中, 从而 $y \in B(y_0, \tau)$. 这就证明了: 对每个固定 $x \in B(x_0, r)$, 有且仅有一个 $y \in B(y_0, \tau)$ 使得 $\Phi(y) = y$ 即 $F(x, y) = 0$. 记 $f(x) = y$, 则得到唯一的一个算子 $f : B(x_0, r) \to B(y_0, \tau)$ 满足要求 (i). 又因为 $\Phi(y_0) = y_0$, 从而 $y_0 = f(x_0)$. 可见, (ii) 也满足. 下证 f 连续. 设

$$x_1, x_2 \in B(x_0, r), \quad y_i = f(x_i)(i = 1, 2),$$
$$h(x, y) = y - [F_y'(x_0, y_0)]^{-1} F(x, y),$$

则由 f 的定义知: $h(x_2, y_2) = y_2, h(x_1, y_1) = y_1$, 且由式 (8.7.14) 知

$$||h(x_2, y_2) - h(x_2, y_1)|| \leqslant \frac{1}{2}||y_2 - y_1||.$$

因此

$$\begin{aligned}
&||f(x_2) - f(x_1)|| \\
=&||y_2 - y_1|| \\
=&||h(x_2, y_2) - h(x_1, y_1)|| \\
\leqslant&||h(x_2, y_2) - h(x_2, y_1)|| + ||h(x_2, y_1) - h(x_1, y_1)|| \\
\leqslant&\frac{1}{2}||y_2 - y_1|| + \left\|\left(F_y'(x_0, y_0)\right)^{-1} \cdot (F(x_2, y_1) - F(x_1, y_1))\right\| \\
\leqslant&\frac{1}{2}||f(x_2) - f(x_1)|| + M||F(x_2, y_1) - F(x_1, y_1)||.
\end{aligned}$$

从而

$$||f(x_2) - f(x_1)|| \leqslant 2M||F(x_2, y_1) - F(x_1, y_1)||.$$

根据算子 F 在 (x_1, y_1) 处的连续性可知: $\forall \varepsilon > 0, \exists \eta > 0$, 当 $||x_2 - x_1|| < \eta$ 且 $x_1, x_2 \in B(x_0, r)$ 时, $||f(x_2) - f(x_1)|| < \varepsilon$. 故 f 在 x_1 处连续, 由 $x_1 \in B(x_0, r)$ 的任意性可知 f 在 $B(x_0, r)$ 内每一点连续. 证毕.

称定理 8.7.2 结论中唯一的算子 $f : B(x_0, r) \to B(y_0, \tau)$ 是方程 (8.7.8) 在 (x_0, y_0) 处所确定的隐算子. 因而, 这个定理被称为隐算子存在定理.

定理 8.7.3 在定理 8.7.2 的条件下, 再设 F_x', F_y' 在 (x_0, y_0) 的某邻域中存在且连续, 则可取定理 8.7.2 中的 $r > 0, \tau > 0$ 使得结论中的隐算子

$$f : B(x_0, r) \to B(y_0, \tau)$$

在 $B(x_0, r)$ 内每一点 F-可微, 且有连续的 F-导算子 f':

$$f'(x) = -(F_y'(x, f(x)))^{-1} F_x'(x, f(x)), \quad \forall x \in B(x_0, r). \tag{8.7.15}$$

证明　设

$$G(x,y)=(F'_y(x_0,y_0))^{-1}F(x,y),$$

则在 (x_0,y_0) 的某邻域中, 有

$$G'_y(x,y)=(F'_y(x_0,y_0))^{-1}F'_y(x,y)$$

存在且连续. 由于 $G'_y(x_0,y_0)=I$(恒等算子) 在 $B(E_2)$ 中有有界逆算子, 且 G'_y 在 (x_0,y_0) 处连续, 从而根据推论 7.5.1 知: 对 (x_0,y_0) 的某邻域中的一切 (x,y), 算子 $G'_y(x,y)$ 也有有界逆算子, 从而 $F'_y(x,y)=F'_y(x_0,y_0)G'_y(x,y)$ 也有有界逆算子且

$$(F'_y(x,y))^{-1}=(G'_y(x,y))^{-1}(F'_y(x_0,y_0))^{-1}.$$

由习题 7.5 第 6 题知: 映射 $T\mapsto T^{-1}$ 连续. 因为映射 $(x,y)\mapsto F'_y(x,y)$ 在 (x_0,y_0) 的某邻域内连续, 所以复合映射 $(x,y)\mapsto(F'_y(x,y))^{-1}$ 在 (x_0,y_0) 的某邻域内连续, 从而也有界 (因为, 连续性 $\Rightarrow$ 局部有界性). 因此, 可以认为定理 8.7.2 的证明中所选取的 $r>0$ 与 $\tau>0$ 充分地小使得当 $x\in B(x_0,r),y\in B(y_0,\tau)$ 时, 有

$$||F'_x(x,y)||\leqslant M_1,||(F'_y(x,y))^{-1}||\leqslant M, \tag{8.7.16}$$

其中 M_1 为常数, 且 $F'_x,F'_y,(F'_y(\cdot,\cdot))^{-1}$, 即

$$(x,y)\mapsto F'_x(x,y),(x,y)\mapsto F'_y(x,y),(x,y)\mapsto(F'_y(x,y))^{-1}$$

都在 $B(x_0,r)\times B(y_0,\tau)$ 上连续.

设 $x_1,x_2\in B(x_0,r)$, $y_i=f(x_i)(i=1,2)$, 则由式 (8.7.16) 知

$$\begin{aligned}&||f(x_2)-f(x_1)+(F'_y(x_1,y_1))^{-1}F'_x(x_1,y_1)(x_2-x_1)||\\ \leqslant&||(F'_y(x_1,y_1))^{-1}||\cdot||F'_y(x_1,y_1)(y_2-y_1)+F'_x(x_1,y_1)(x_2-x_1)||\\ \leqslant&M\cdot||F'_x(x_1,y_1)(x_2-x_1)+F'_y(x_1,y_1)(y_2-y_1)||.\end{aligned}\tag{8.7.17}$$

由定理 7.2.4 知: 存在 $\psi\in E_3^*,||\psi||=1$ 使得

$$\begin{aligned}&||F'_x(x_1,y_1)(x_2-x_1)+F'_y(x_1,y_1)(y_2-y_1)||\\ =&\psi(F'_x(x_1,y_1)(x_2-x_1)+F'_y(x_1,y_1)(y_2-y_1)).\end{aligned}$$

令

$$\varphi(t)=\psi(F(x_1+t(x_2-x_1),y_1+t(y_2-y_1))),\quad\forall 0\leqslant t\leqslant 1,$$

则当 $0\leqslant t\leqslant 1$ 时, 有

$$\varphi'(t)=\psi(F'_x(x_1+t(x_2-x_1),y_1+t(y_2-y_1))(x_2-x_1)$$

$$+F_y'(x_1+t(x_2-x_1),y_1+t(y_2-y_1))(y_2-y_1)).$$

由中值定理知: 存在 $0<\theta<1$ 使 $\varphi(1)-\varphi(0)=\varphi'(\theta)$. 因为

$$F(x_1,y_1)=F(x_2,y_2)=0,$$

从而 $\varphi(0)=\varphi(1)=0$. 令

$$x_\theta=x_1+\theta(x_2-x_1), y_\theta=y_1+\theta(y_2-y_1),$$

则

$$\psi(F_x'(x_\theta,y_\theta)(x_2-x_1)+F_y'(x_\theta,y_\theta)(y_2-y_1))=0.$$

从而

$$\begin{aligned}&||F_x'(x_1,y_1)(x_2-x_1)+F_y'(x_1,y_1)(y_2-y_1)||\\ =&\psi[F_x'(x_1,y_1)-F_x'(x_\theta,y_\theta)](x_2-x_1)\\ &+\psi[F_y'(x_1,y_1)-F_y'(x_\theta,y_\theta)](y_2-y_1))\\ \leqslant&||F_x'(x_1,y_1)-F_x'(x_\theta,y_\theta)||\cdot||x_2-x_1||\\ &+||F_y'(x_1,y_1)-F_y'(x_\theta,y_\theta)||\cdot||y_2-y_1||.\end{aligned}\tag{8.7.18}$$

另一方面, 由定理 8.7.2 的证明知

$$\begin{aligned}||y_2-y_1||=&||f(x_2)-f(x_1)||\\ \leqslant&2M||F(x_2,y_1)-F(x_1,y_1)||\\ \leqslant&2M||F_x'(x_1+\theta_1(x_2-x_1),y_1)\cdot(x_2-x_1)||\\ \leqslant&2M\cdot M_1\cdot||x_2-x_1||.\end{aligned}$$

所以, 由式 (8.7.18) 知

$$\begin{aligned}&||F_x'(x_1,y_1)(x_2-x_1)+F_y'(x_1,y_1)(y_2-y_1)||\\ \leqslant&\|F_x'(x_\theta,y_\theta)-F_x'(x_1,y_1)\|\cdot\|x_2-x_1\|\\ &+2MM_1\left\|F_y'(x_\theta,y_\theta)-F_y'(x_1,y_1)\right\|\cdot\|x_2-x_1\|.\end{aligned}$$

再由 F_x', F_y' 的连续性及式 (8.7.17) 知

$$\lim_{||x_2-x_1||\to 0}\frac{\left\|f(x_2)-f(x_1)+(F_y'(x_1,y_1))^{-1}F_x'(x_1,y_1)(x_2-x_1)\right\|}{\|x_2-x_1\|}=0.$$

故 f 在 x_1 处 F-可微且

$$f'(x_1) = -(F'_y(x_1,y_1))^{-1}F'_x(x_1,y_1) = -(F'_y(x_1,f(x_1)))^{-1}F'_x(x_1,f(x_1)).$$

由 $x_1 \in B(x_0,r)$ 的任意性可知, f 在 $B(x_0,r)$ 内每一点 F-可微且公式 (8.7.15) 成立. 再由 $\left[F'_y(\cdot,\cdot)\right]^{-1}$, F'_x 及 f 的连续性知 $f' : B(x_0,r) \to B(y_0,\tau)$ 连续. 证毕.

8.7.3　反算子存在定理

设 D 为 E_1 中的开集, $A : D \to E_2$, $x_0 \in D$, $y_0 = Ax_0$, 以下讨论是否存在 x_0 与 y_0 的邻域 $U(x_0)$ 与 $V(y_0)$ 使得 $A : U(x_0) \to V(y_0)$ 存在逆映射 A^{-1}, 即对每个 $y \in V(y_0)$ 存在唯一的 $x \in U(x_0)$ 使的 $Ax = y$.

为此, 考察算子方程

$$F(x,y) := Ax - y = 0.$$

显然, 当 $A'(x)$ 在 x_0 的某邻域内存在且有有界逆算子时, 算子

$$F'_x(x,y) = A'(x)$$

在 (x_0,y_0) 的某个邻域内存在且 $F'_x(x_0,y_0) = A'(x_0)$ 有有界逆算子. 显然

$$F(x_0,y_0) = Ax_0 - y_0 = 0,$$

且此时 F 还在 (x_0,y_0) 的某邻域连续. 这样, 由隐算子存在定理知: 存在 $\tau > 0, r > 0$, 及唯一的连续算子

$$f : B(y_0,r) \to B(x_0,\tau)$$

使得 $F(f(y),y) = 0$ 即

$$y = Af(y), \forall y \in B(y_0,r).$$

记 $U(x_0) = f(B(y_0,r))$, 则

$$U(x_0) = A^{-1}(V(y_0))\bigcap B(x_0,\tau),$$

其中 $V(y_0) = B(y_0,r)$, 从而 $U(x_0)$ 是含 x_0 的一个开集 (因 A 连续), 且

$$A(U(x_0)) = V(y_0),$$

因此

$$f \circ A = I_{E_1} : U(x_0) \xrightarrow{A} V(y_0) \xrightarrow{f} U(x_0)$$

$$A \circ f = I_{E_2} : V(y_0) \xrightarrow{f} U(x_0) \xrightarrow{A} V(y_0).$$

可见, 算子 $A: U(x_0) \to V(y_0)$ 有唯一连续的逆算子 $f: V(y_0) \to U(x_0)$.

总结上述讨论, 得到以下定理.

定理 8.7.4 设算子 $A: D \to E_2$ 在 x_0 的某邻域内存在 F-导算子 $A'(x)$ 且 A' 在 x_0 处连续, 如果 $A'(x_0)$ 有有界逆算子, 那么存在含 x_0 与 $y_0 = Ax_0$ 的开集 $U(x_0)$ 与 $V(y_0)$ 使得算子 $A: U(x_0) \to V(y_0)$ 为一一对应, 且 A 与其逆算子

$$A^{-1}: V(y_0) \to U(x_0)$$

都连续.

由定理 8.7.3 及以上定理知: 当 A 在 D 内有连续的 F-导算子 A' 且 $A'(x_0)$ 有有界逆算子时, 存在开集 $U(x_0), V(y_0)$ 满足 $x_0 \in U(x_0), y_0 \in V(y_0)$ 使得

(i) $A: U(x_0) \to V(y_0)$ 为连续的一一对应;

(ii) $A: U(x_0) \to E_2$ 有连续的 F-导算子;

(iii) $A^{-1}: V(y_0) \to E_1$ 有连续的 F-导算子.

习 题 8.7

1. 设

$$F_i: \mathbf{R}^n \times \mathbf{R}^m \to \mathbf{R}(i = 1, 2, \cdots, m)$$

是 m 个 $m+n$ 元函数, 定义 $F: \mathbf{R}^n \times \mathbf{R}^m \to \mathbf{R}^m$ 如下:

$$F(x, y) = (F_1(x, y), F_2(x, y), \cdots, F_m(x, y)),$$

其中 $x = (x_1, x_2, \cdots, x_n) \in \mathbf{R}^n, y = (y_1, y_2, \cdots, y_m) \in \mathbf{R}^m$. 记

$$x_0 = (x_1^{(0)}, x_2^{(0)}, \cdots, x_n^{(0)}), \quad y_0 = (y_1^{(0)}, y_2^{(0)}, \cdots, y_m^{(0)}),$$

用隐算子定理证明: 如果 $F_i (1 \leqslant i \leqslant m)$ 在 (x_0, y_0) 的某邻域内有连续的偏导数

$$\frac{\partial F_i}{\partial y_i}(1 \leqslant i \leqslant n, 1 \leqslant j \leqslant m),$$

且

$$F_i(x_1^{(0)}, \cdots, x_n^{(0)}, y_1^{(0)}, \cdots, y_m^{(0)}) = 0(i = 1, 2, \cdots, m)$$

及在 (x_0, y_0) 处有

$$J = \begin{vmatrix} \dfrac{\partial F_1}{\partial y_1} & \dfrac{\partial F_1}{\partial y_2} & \cdots & \dfrac{\partial F_1}{y_m} \\ \dfrac{\partial F_2}{\partial y_1} & \dfrac{\partial F_2}{\partial y_2} & \cdots & \dfrac{\partial F_2}{\partial y_m} \\ \vdots & \vdots & & \vdots \\ \dfrac{\partial F_m}{\partial y_1} & \dfrac{\partial F_m}{\partial y_2} & \cdots & \dfrac{\partial F_m}{\partial y_m} \end{vmatrix} \neq 0,$$

则存在 x_0 的某邻域 $U(x_0)$ 内定义的 m 个连续可微 (即偏导数连续) 的 n 元函数

$$y_i = f_i(x_1, x_2, \cdots, x_n)(1 \leqslant i \leqslant m),$$

使得 $y_i^{(0)} = f_i(x_1^{(0)}, x_2^{(0)}, \cdots, x_n^{(0)})(i = 1, 2, \cdots, m)$ 且

$$F(x, f_1(x), \cdots, f_m(x)) = 0, \quad \forall x = (x_1, x_2, \cdots, x_n) \in U(x_0).$$

总练习题 8

1. 设 $M_n(\mathbf{K})$ 为数域 $\mathbf{K}$ 上所有 n 阶矩阵之集构成的巴拿赫空间 (参见总练习题 6 第 7 题), $f_{ij}: (a, b) \to \mathbf{K}(i, j = 1, 2, \cdots, n)$, 定义抽象函数 $F: (a, b) \to M_n(\mathbf{K})$ 为

$$F(t) = [f_{ij}(t)](\forall t \in (a, b)),$$

证明:

(1) F 在 $t_0 \in (a, b)$ 连续当且仅当 $f_{ij}(i, j = 1, 2, \cdots, n)$ 都在 t_0 连续;

(2) F 在 $t_0 \in (a, b)$ 可导当且仅当 $f_{ij}(i, j = 1, 2, \cdots, n)$ 都在 t_0 可导; 此时

$$F'(t_0) = [f'_{ij}(t_0)];$$

(3) 当 $F(t) = [f_{ij}(t)]$ 与 $G(t) = [g_{ij}(t)]$ 都在 t_0 可导时, $(FG)(t) := F(t)G(t)$ 也在 t_0 可导, 且

$$(FG)'(t_0) = F'(t_0)G(t_0) + F(t_0)G'(t_0);$$

(4) 当 $F(t) = [f_{ij}(t)]$ 在 t_0 可导时, 函数 $f(t) := \mathrm{tr}(F(t))$ 也在 t_0 可导, 且

$$f'(t_0) = \mathrm{tr}(F'(t_0)).$$

2. 对函数 $f_{ij}: [a, b] \to \mathbf{K}(i, j = 1, 2, \cdots, n)$, 定义抽象函数 $F: [a, b] \to M_n(\mathbf{K})$ 为

$$F(t) = [f_{ij}(t)](\forall t \in [a, b]),$$

证明:

(1) F 在 $[a, b]$ 上连续当且仅当 $f_{ij}(i, j = 1, 2, \cdots, n)$ 都在 $[a, b]$ 上连续;

(2) F 在 $[a, b]$ 上有界当且仅当 $f_{ij}(i, j = 1, 2, \cdots, n)$ 都在 $[a, b]$ 上有界;

(3) F 在 $[a, b]$ 上可积当且仅当 $f_{ij}(i, j = 1, 2, \cdots, n)$ 都在 $[a, b]$ 上可积; 此时

$$\int_a^b F(t)\mathrm{d}t = \left[\int_a^b f_{ij}(t)\mathrm{d}t\right].$$

3. 设 A 是有单位元 e 的巴拿赫代数, $a \in A$, 定义算子

$$L_a x = ax, \quad R_a x = xa(\forall x \in A).$$

证明:

(1) $L_a, R_a \in B(A)$, 且 $\|L_a\| = \|R_a\| = 1$;

(2) $L_a R_b = R_b L_a (\forall a, b \in A)$;

(3) $(L_a)^n = L_{a^n}, (R_b)^n = R_{b^n} (\forall a, b \in A, n = 1, 2, \cdots)$.

4. 设 A 是数域 $\mathbf{K}$ 上的巴拿赫代数, D 为 A 中的开集, $S, T: D \to A$ 在 $x_0 \in D$ 处 F-可微, 定义 $S \cdot T: D \to A$ 为 $(S \cdot T)(x) = S(x)T(x)(\forall x \in D)$, 证明: $S \cdot T$ 在 $x_0 \in D$ 处 F-可微, 且

$$(S \cdot T)'(x_0) = R_{T(x_0)} S'(x_0) + L_{S(x_0)} T'(x_0).$$

5. 设 A 是数域 $\mathbf{K}$ 上有单位元 e 的巴拿赫代数, $c_0, c_1, \cdots, c_n \in \mathbf{K}$, 定义多项式算子如下:

$$P_n(x) = \sum_{k=0}^{n} c_k x^k (\forall x \in A).$$

证明:

(1) $P_n: A \to A$ 是连续且有界的非线性算子;

(2) 若算子 $\Pi_n: A \to A$ 定义为 $\Pi_n(x) = x^n (n = 1, 2, \cdots)$, 则 Π_n 在 A 的任一点 a 处 F- 可微且

$$\Pi_n'(a) = \sum_{k=0}^{n-1} L_{a^{n-k-1}} R_{a^k};$$

特别, $\Pi_n'(x)e = nx^{n-1}$, $\Pi_n'(x)x = nx^n$. 将这一事实简记为

$$(x^n)'e = nx^{n-1}, \ (x^n)'x = nx^n (\forall x \in A, \ n = 1, 2, \cdots);$$

提示: 对 n 应用归纳法及习题 4, 并注意 $\Pi_{n+1} = \Pi_n \cdot \Pi_1$.

(3) 算子 $P_n: A \to A$ 在 A 的任一点 a 处 F- 可微, 且

$$P_n'(a) = \sum_{k=1}^{n} c_k \sum_{i=0}^{k-1} L_{a^{k-i-1}} R_{a^i}.$$

特别, $P_n'(a)e = \sum\limits_{k=1}^{n} k c_k a^{k-1}$, $P_n'(a)a = \sum\limits_{k=1}^{n} k c_k a^k$. 将这一事实简记为

$$\left(\sum_{k=0}^{n} c_k x^k \right)' e = \sum_{k=1}^{n} k c_k x^{k-1}, \ \left(\sum_{k=0}^{n} c_k x^k \right)' x = \sum_{k=1}^{n} k c_k x^k (\forall x \in A).$$

6. 设 E_1, E_2, E_3 为数域 $\mathbf{K}$ 上的巴拿赫空间, D 为 E_1 中的开集, G 为 E_2 中的开集, 且 $A_1(D) \subset G$, $A_1: D \to E_2, A_2: G \to E_3$ 分别在 $x_0 \in D$ 及 $y_0 = A_1(x_0)$ 处 F- 可微, 证明: 复合算子 $A_2 A_1: D \to E_3$ 也在 x_0 处的 F- 可微, 且有

$$(A_2 A_1)'(x_0) = A_2'(x_0) A_1'(x_0).$$

参 考 文 献

[1] 张锦文. 公理集合论导引. 北京: 科学出版社, 1999.

[2] 江泽坚, 吴智全. 实变函数论. 北京: 人民出版社, 1979.

[3] 程其襄, 张奠宙, 魏国强, 等. 实变函数论与泛函分析基础. 2 版. 北京: 高等教育出版社, 2003.

[4] 邓东皋, 常心怡. 实变函数简明教程. 北京: 高等教育出版社, 2005.

[5] 李元中, 常心怡, 等. 实变函数论. 西安: 陕西师范大学出版社, 1989.

[6] 曹怀信. Riemann 积分与 Lebesgue 积分的关系. 陕西师范大学继续教育学报, 2005, 22(3): 100-105.

[7] 曹怀信. 关于 Lebesgue 可测性的映射不变性. 陕西师范大学学报, 1996, 24(4): 1-5.

[8] 蹇人宜. 应用数学中的泛函分析. 北京: 科学出版社, 2013.

[9] 夏道行, 吴卓人, 严绍宗, 等. 实变函数论与泛函分析 (下). 2 版. 北京: 高等教育出版社. 2010.

[10] 郑维行, 王声望, 等. 实变函数论与泛函分析概要. 4 版. 北京: 高等教育出版社. 2010.

[11] 郭大钧. 非线性泛函分析. 2 版. 济南: 山东科学技术出版社, 2004.

[12] 关肇直, 张恭庆, 冯德兴. 线性泛函分析入门. 上海: 上海科学技术出版社, 1979.

[13] Conway J B. A Course in Functional Analysis. New York: Springer-Verlag. 1985.

[14] Natanson I P. Theory of Functions of a Real Variable. New York: Frederick Ungar Publishing Co., 1961.

附　录

1. 偏序集与佐恩引理

顺序是数学中常用的概念与方法之一, 以下介绍偏序集的有关知识与反映偏序集中极大元存在性的佐恩引理. 最后, 应用佐恩引理给出泛函延拓定理 (定理 7.2.1) 的严格证明.

1.1　概念与例子

定义 1.1　设 S 是一非空集, 如果在 S 中规定了部分元素之间的关系 "$\prec$", 满足:

(1) 反身性: $\forall a \in S, a \prec a$;

(2) 反对称性: $\forall a, b \in S, a \prec b$ 且 $b \prec a \Rightarrow a = b$;

(3) 传递性: $\forall a, b, c \in S, a \prec b$ 且 $b \prec c \Rightarrow a \prec c$,

则称关系 "$\prec$" 是 S 中的一个**偏序** (Partial ordering); 此时, 称 $(S, \prec)$ 为一个**偏序集** (Partially ordered set), 简称 S 为偏序集.

例 1.1　设 $S \subset \mathbf{R}$ 非空, 在 S 中规定:

$$x \prec y \Leftrightarrow x - y \leqslant 0.$$

显然, S 成为一个偏序集, 称这种偏序为实数之间的自然序.

例 1.2　设 A 是非空集, $S = \{E | E \subset A\}$(即 A 是一切子集之集). 在 S 中规定:

$$E \prec F \Leftrightarrow E \subset F.$$

易见, 这是 S 中的一个偏序, 从而 S 成为一个偏序集. 这种偏序称为集合之间的自然序.

例 1.3　设 A 是全体实数列之集, 在 A 中规定:

$$\{x_n\} \prec \{y_n\} \Leftrightarrow \forall n \in \mathbf{N}^+, x_n \leqslant y_n,$$

则它定义了 A 中的一个偏序, 称之为实数列之间的自然序.

例 1.4　设 X 是非空集, S 是一些实值函数 $f : X \to \mathbf{R}$ 之集, 在 S 中规定:

$$f \prec g \Leftrightarrow \forall x \in X, f(x) \leqslant g(x),$$

则它是 S 中的一个偏序, 称为函数间的自然序.

例 1.5 在复数域 $\mathbf{C}$ 中规定:

$$a+b\mathrm{i} \prec c+d\mathrm{i} \Leftrightarrow a<c \text{ 或 } a=c \text{ 且 } b \leqslant d,$$

则 $\mathbf{C}$ 成为一个偏序集, 称这种偏序为字典序 (因它与汉语字典的拼音排列法类似). 例如, $2+3\mathrm{i} \prec 3+2\mathrm{i}$, $2+3\mathrm{i} \prec 2+5\mathrm{i}$.

在一个偏序集 A 中, 如果元素 a 与 b 满足 $a \prec b$ 或 $b \prec a$ 之一, 则称 a 与 b 是可以比较的; 当 $a \prec b$ 时, 称 a 先于 b 或称 a 在 b 前, b 在 a 后. 例如, 例 1.1 与例 1.5 的偏序集中任意两个元素都可以比较, 但例 1.2、例 1.3、例 1.4 则不然, 除非例 1.2 中的 A 与例 1.4 中的 X 是单点集. 由此引入以下定义.

定义 1.2 若偏序集 S 中的任意两个元素都可以比较, 则称 S 是一个**全序集** (Totally ordered set). 如果 B 是偏序集 S 的非空子集且以 S 中的偏序成为一个全序集, 则称 B 是 S 的一个**全序子集** (Totally ordered subset).

例如, 例 1.1 与例 1.5 中的偏序集为全序集, 例 1.3 中的 A 不是全序集, 但它有全序子集:

$$B=\left\{\alpha_i | \alpha_i=(i, i+1, i+2, \cdots)(i \in \mathbf{N}^{+})\right\},$$

在 B 中 $\alpha_1 \prec \alpha_2 \prec \alpha_3 \prec \cdots$.

定义 1.3 设 S 为一偏序集, B 为 S 的一个子集. 若存在 $a \in S$ 使得 $\forall b \in B$ 都有 $b \prec a$, 则称 B 有上界, 且称 a 为 B 在 S 中的一个**上界** (Upper bound). 若存在 $b \in B$ 使得

$$x \in B, b \prec x \Rightarrow x=b,$$

则称 b 是 B 的一个**极大元** (Maximal element). 类似定义下界与**极小元** (Minimal element).

显然, 若 a 是 B 在 S 中的一个上界且 $a \in B$, 则 a 是 B 的极大元; 若 B 是 S 的一个全序子集, 且 b 是 B 的极大元, 则 b 也是 B 的一个上界,

例如, 例 1.2 中的 A 既是 S 的上界又是 S 的极大元. 又如, 在

$$S=\{x | 0<x<1, x \in \mathbf{R}\}$$

中定义

$$B=\left\{\frac{1}{n+1}: n=1,2, \cdots\right\} \bigcup\left\{1-\frac{1}{n+1}: n=1,2, \cdots\right\},$$

则依实数间的自然序, B 在 S 中既无上界又无下界, 因而 B 没有极大元与极小元.

1.2 佐恩引理

一个偏序集何时必有极大元呢? 显然, 如果偏序集 S 有极大元 a, 则 a 是 S 的任一含有 a 的全序子集 B 的上界. 反之, 如果偏序集 S 的任一全序集都有上界, 那么 S 是否必有极大元呢? 以用 $x<y$ 表示 $x\prec y$ 且 $x\neq y$.

如果以上问题回答是否定的, 那么对任一 $a_1\in S$, 由于 a_1 不是 S 的极大元, 从而存在 $a_2\in S, a_2\neq a_1$ 使 $a_1\prec a_2$ 即 $a_1<a_2$. 又 a_2 不是 S 的极大元, 则存在 $a_3\in S$, 使 $a_3\neq a_2$, 且 $a_2\prec a_3$ 即 $a_2<a_3$. 如此继续, 可得 S 的一个全序子集

$$B_0=\{a_1,a_2,\cdots,a_n,\cdots\}$$

满足:

$$a_1<a_2<a_3<\cdots<a_n<\cdots. \tag{1}$$

依假设, 它有上界 $a_\omega\in S$, 但 a_ω 也不是 S 的极大元, 于是存在 $a_{\omega+1}\in S$ 使

$$a_{\omega+1}\neq a_\omega \text{ 且 } a_\omega\prec a_{\omega+1}, \text{ 即 } a_\omega<a_{\omega+1}.$$

类似于上边的推导, 可得 S 的一个全序子集:

$$B_1=\{a_\omega,a_{\omega+1},a_{\omega+2},\cdots,a_{\omega+n},\cdots\}$$

满足:

$$a_\omega<a_{\omega+1}<a_{\omega+2}<\cdots<a_{\omega+n}<\cdots \tag{2}$$

它又有上界 $a_{2w}\in S$. 类似可得 S 的全序子集

$$B_2=\{a_{2\omega},a_{2\omega+1},a_{2\omega+2},\cdots,a_{2\omega+n},\cdots\}$$

满足:

$$a_{2\omega}<a_{2\omega+1}<a_{2\omega+3}<\cdots<a_{2\omega+n}<\cdots. \tag{3}$$

如此继续, 可得到 S 的 “没完没了” 的无穷全序子集 $B=\bigcup\limits_{k=0}^{\infty}B_k$, 其元素满足:

$$\begin{aligned}&a_1<a_2<\cdots<a_\omega<a_{\omega+1}<\cdots<a_{2\omega}\\&<a_{2\omega+1}<\cdots<a_{3\omega}<a_{3\omega+1}<\cdots.\end{aligned}$$

这个全序子集必无上界, 这与假设是不相容的. 由此可见, 此时 S 必有极大元. 于是, 我们得到以下结果.

定理 1.1(佐恩 (Zorn) 引理) 设偏序集 S 的任一全序子集都有上界, 则 S 必有极大元.

佐恩引理肯定了极大元的存在性, 是研究 "无限过程" 的一个重要工具, 在泛函分析、抽象代数与偏序集理论中常常用到, 但上面的分析只能帮助读者对这一引理的认识与理解, 决非逻辑上的严格论证. 由于它反映的事实如此简单直观, 因而在数学上将它作为一个公理来接受.

佐恩引理有许多等价形式. 例如, 它等价于以下的选择公理.

定理 1.2(选择公理)　设 S 是一族两两互不相交的非空集, 那么存在一个集 A 满足:

(i) $A \subset \bigcup\limits_{M \in S} M$;

(ii) $\forall M \in S, A \bigcap M$ 是单点集.

选择公理保证了我们可在 S 中的每个集 M 中任意选取一个元素, 构成一个新的集合 A.

应用佐恩引理, 可以给出泛函延拓定理 (定理 7.2.1) 的严格证明.

2. 泛函延拓定理的证明

定理 2.1(泛函延拓定理)　设 X 是实的线性空间, f 是定义在 X 的子空间 Z 上的实线性泛函, 如果存在 X 上的次线性泛函 p 使得 $p(x) \geqslant f(x)(\forall x \in Z)$, 则存在 X 上的实线性泛函 $\tilde{f}$ 满足:

(i) 当 $x \in Z$ 时, $\tilde{f}(x) = f(x)$, 即 $\tilde{f}$ 是 f 的延拓;

(ii) 当 $x \in X$ 时, $\tilde{f}(x) \leqslant p(x)$, 即 $\tilde{f}$ 仍被 p 控制.

证明　设 S 是所有满足以下条件下的实线性泛函 $F : D(F) \to \mathbf{R}$ 之集 ($D(F)$ 是 X 的子空间):

$$\forall x \in D(F), F(x) \leqslant p(x) \text{ 且 } \forall x \in Z, F(x) = f(x).$$

对任意的 $F_1, F_2 \in S$, 定义

$$F_1 \prec F_2 \Leftrightarrow D(F_1) \subset D(F_2).$$

由于 $f \in S$, 从而 $S \neq \varnothing$. 易见, 集合 S 关于这个定义构成一个偏序集.

设 B 是 S 的任一全序子集, 定义

$$D(g) = \bigcup_{F \in B} D(F).$$

$\forall x \in D(g), y \in D(g)$, 设 $x \in D(F_1), y \in D(F_2)$(其中 $F_1, F_2 \in B$). 由于 B 是全序的, 从而

$$D(F_1) \subset D(F_2) \text{ 与 } D(F_1) \supset D(F_2)$$

之一成立, 设 $D(F_1) \subset D(F_2)$, 于是 $x, y \in D(F_2)$. 由于 $D(F_2)$ 是 X 的子空间, 所以, $\forall \alpha, \beta \in \mathbf{R}$ 有

$$\alpha x + \beta y \in D(F_2) \subset D(g).$$

故 $D(g)$ 是 X 的子空间. $\forall x \in D(g)$, 定义

$$g(x) = F_1(x), \quad \forall x \in D(F_1).$$

由于 B 是全序的, 从而当 $x \in D(F_1) \bigcap D(F_2)$ 时, 有

$$D(F_1) \supset D(F_2) \text{ 或 } D(F_1) \subset D(F_2),$$

且 $F_1(x) = F_2(x)$. 可见, $g(x)$ 由 x 唯一确定. 这说明以上对 g 的定义是合理的. 于是, 得到泛函 $g : D(g) \to \mathbf{R}$. 易见, $g \in S$ 且 $\forall F \in B$ 有 $F \prec g$, 因而 B 有上界. 由佐恩引理知 S 必有极大元 M. 若 $D(M) \neq X$, 则任取 $x_0 \in X \backslash D(M)$. 由定理 7.2.1 之证的前半部分知: 存在实线性空间

$$V = \operatorname{span}\left(\{x_0\} \bigcup D(M)\right)$$

上的实线性泛函 F, 使得

$$\forall x \in D(M), F(x) = M(x); \forall x \in V, F(x) \leqslant p(x).$$

从而, 当 $x \in Z$ 时, $F(x) = f(x)$; 当 $x \in V$ 时, $F(x) \leqslant p(x)$, 可见 $F \in S$. 但 $F \neq M$ 且 $M \prec F$, 这与 M 是 S 的极大元矛盾. 因此, 必有 $D(M) = X$. 记 $\tilde{f} = M$, 则 $\tilde{f}$ 定义在 X 上且是实线性泛函, 满足 (i) 与 (ii). 证毕.

3. 算子谱论简介

在数学物理、微分方程与积分方程等问题的研究中, 常常用到形如

$$(\lambda I - T)x = 0$$

的齐次方程与形如

$$(\lambda I - T)x = y$$

的非齐次方程, 其中 T 为某个空间上的算子, y 是已知向量, x 是未知向量, λ 是实数或复数, I 是相应空间上的恒等算子.

为了研究这种方程解的存在性、唯一性与稳定性, 我们引入算子 T 的正则点与谱点. 关于这方面的研究, 形成了泛函分析的一个重要分支——算子谱理论. 由于篇幅所限, 以下仅介绍一些基本概念与主要结论, 有关定理的证明略去.

3.1 正则点与谱点

设 X 是一个复赋范空间, $B(X)$ 是 X 上全体有界线性算子构成的赋范代数.

定义 3.1 设 $T \in B(X), \lambda \in \mathbf{C}$. 若 $\lambda I - T$ 有有界的逆算子, 则称复数 λ 是算子 T 的**正则点** (Regular point); 否则 (即 $\lambda I - T$ 无有界逆算子), 称 λ 为 T 的**谱点** (Spectral point). 记 $\rho(T)$ 是 T 的全体正则点之集, $\sigma(T) = \mathbf{C} \backslash \rho(T)$, 称为 T 的谱, 当 $\lambda \in \rho(T)$ 时, 称算子

$$R_\lambda(T) = (\lambda I - T)^{-1}$$

为 T 的**预解算子** (或预解式).

由定理 8.3.4 知: 当 X 完备时, 正则集 $\rho(T)$ 是复平面 $\mathbf{C}$ 上的开集, 而谱 $\sigma(T)$ 是 $\mathbf{C}$ 的紧子集; 且当 X 非零时, $\sigma(T) \neq \varnothing$.

定义 3.2 设 $T \in B(X), \lambda \in \sigma(T)$.

(i) 若 $\lambda I - T$ 不是单射 (即 $(\lambda I - T)x = 0$ 有非零解), 则称 λ 是 T 的**特征值** (Eigenvalue); 此时, 称 $(\lambda I - T)x = 0$ 的非零解 x 为 T 相应于特征值 λ 的**特征向量** (Eigenvector);

(ii) 若 $\lambda I - T$ 是单射 (即 $(\lambda I - T)x = 0$ 只有零解), 则称 λ 为 T **连续谱** (Continuous spectrum).

算子 T 的所有特征值之集记为 $\sigma_p(T)$, 所有连续谱之集记为 $\sigma_c(T)$. 于是

$$\sigma(T) = \sigma_p(T) \bigcup \sigma_c(T).$$

显然, λ 是 T 的连续谱, 又可分两种情况:

(a) $\lambda I - T$ 是单射但不是满射, 即 $(\lambda I - T)x = 0$ 只有零解, 但对某些 $y \in X, (\lambda I - T)x = y$ 无解.

(b) $\lambda I - T$ 既单且满 (即为一一对应), 但 $(\lambda I - T)^{-1}$ 无界. 这时, 对每个 $y \in X$, 方程 $(\lambda I - T)x = y$ 都有唯一解, 但解不稳定, 即 y 变化很小不能保证解 x 也变化很小.

由巴拿赫逆算子定理可知, 当 X 完备时, 情况 (b) 不会出现.

例 3.1 设 $T \in B(\mathbf{C}^n)$, 则 $\sigma(T) = \sigma_p(T)$.

由于 $\mathbf{C}^n$ 是有限维的, 从而 $\lambda I - T$ 的单射 $\Leftrightarrow$ 它是满射, 于是定义 3.2 中的 (ii) 不会出现, 从而 T 只有点谱, 无连续谱.

例 3.2 设 $X = l^2(\mathbf{C})$, 定义: $T : X \to X$ 如下:

$$T(\xi_1, \xi_2, \cdots, \xi_n, \cdots) = (0, \xi_1, \xi_2, \cdots, \xi_n, \cdots)$$

显然 $T \in B(X)$ 且 $||T|| = 1$, 称 T 为 $l^2(\mathbf{C})$ 上的**单侧移位算子** (Unilateral shift).

当 $\lambda=0$ 时, $(\lambda I-T)x=-Tx=0\Leftrightarrow x=0$. 因而, 0 不是 T 的特征值.

当 $\lambda\neq 0$ 时, $(\lambda I-T)(\xi_1,\xi_2,\cdots,\xi_n,\cdots)=0$ 当且仅当

$$\lambda\xi_1=\lambda\xi_2-\xi_1=\lambda\xi_3-\xi_2=\cdots=\lambda\xi_{n+1}-\xi_n=\cdots=0$$

即 $\xi_n=0(n=1,2,\cdots)$, 因而 $\lambda\notin\sigma_p(T)$, 故 $\sigma_p(T)=\varnothing$, 即 T 无特征值, 因此 $\sigma(T)=\sigma_c(T)$. 由于当 $\lambda=0$ 时, 有

$$(\lambda I-T)X\neq X,$$

从而 $0\in\sigma_c(T)$.

例 3.3 设 $l^0(\mathbf{C})$ 是 $l^1(\mathbf{C})$ 中除了有限项之外, 其余项都为 0 的全体复数列之集, 定义算子 $T:l^0(\mathbf{C})\to l^0(\mathbf{C})$ 如下

$$T(\xi_1,\xi_2,\cdots,\xi_n,\cdots)=\left(\frac{\xi_1}{1},\frac{\xi_2}{2},\frac{\xi_3}{3},\cdots,\frac{\xi_n}{n},\cdots\right),$$

则关于 $l^1(\mathbf{C})$ 中的范数, T 是有界线性算子且 $\|T\|\leqslant 1$, 显然 T^{-1} 存在且

$$T^{-1}x=(\xi_1,2\xi_2,\cdots,n\xi_n,\cdots),\quad \forall x=(\xi_1,\xi_2,\cdots,\xi_n,\cdots)\in l^0(\mathbf{C})$$

取 $e_n=\left(\overbrace{0,0,\cdots,0}^{n-1},1,0,\cdots\right)$, 则 $e_n\in l^0(\mathbf{C}),\|e_n\|=1$ 且

$$\|T^{-1}e_n\|=\|(\overbrace{0,0,\cdots,0}^{n-1},n,0,\cdots)\|=n(n=1,2,\cdots).$$

可见, T^{-1} 无界, 因此 $0\in\sigma_c(T)$.

3.2 谱半径

设 $T\in B(X)$, 称

$$r(T)=\sup\{|\lambda|:\lambda\in\sigma(T)\}$$

为 T 的**谱半径** (Spectral radius). 由推论 7.5.2 知: $r(T)\leqslant\|T\|$.

例如, $r(0)=0,r(I)=1$.

定理 3.1 设 X 为复巴拿赫空间, 则

(i) $\forall T\in B(X),r(T)=\lim\limits_{n\to\infty}\sqrt[n]{\|T^n\|}=\inf\limits_n\sqrt[n]{\|T^n\|}$;

(ii) $\forall A,B\in B(X)$ 且 $AB=BA$ 有

$$r(AB)\leqslant r(A)\cdot r(B),\quad r(A+B)\leqslant r(A)+r(B).$$

3.3 紧算子的谱理论

关于紧算子的谱理论有比较深刻的结果, 这就是所谓 (里斯–绍德尔)(Riesz-Schauder) 理论, 其主要结果如下.

定理 3.2 设 T 为复巴拿赫空间 X 上的有界线性算子, 如果 T 是紧算子, 那么

(i) 当 $\dim X = \infty$ 时, 0 是 T 的谱点;

(ii) T 的非零谱点必是特征值;

(iii) 当 $\lambda \neq 0$ 是 T 的特征值时, T 的相应于 λ 的全体特征向量生成一个有限维线性空间;

(iv) T 的不同特征值的特征向量线性无关;

(v) $\sigma(T)$ 要么是有限集, 要么是以 0 为聚点的可数集;

(vi) $\sigma(T^*) = \{\overline{\lambda} : \lambda \in \sigma(T)\}$;

(vii) 当 $\lambda \neq \mu$ 时, T 相应于特征值 λ 的特征向量 x 与 T^* 相应于特征值 μ 的特征向量 $f \in X^*$ 正交, 即 $f(x) = 0$;

(viii) 当 λ 为 T 的非零特征值时, 方程

$$(\lambda I - T)x = y$$

有解 $\Leftrightarrow y$ 与 T^* 的相应于 $\overline{\lambda}$ 的特征向量 f 正交, 即 $f(y) = 0$.

4. 希尔伯特空间上的有界线性算子简介

4.1 希尔伯特空间上算子的共轭算子

定理 4.1 设 H 和 K 是两个希尔伯特空间, $A \in B(H, K)$, 则存在唯一的算子 $A^* \in B(K, H)$ 使得对任意的 $x \in H, y \in K$, 有

$$\langle Ax, y \rangle = \langle x, A^*y \rangle$$

且 $\|A\| = \|A^*\|$.

定义 4.1 称 A^* 为算子 A 的**共轭算子** (Conjugate operator).

关于共轭算子有下列基本性质:

(i) $(A + B)^* = A^* + B^*$;

(ii) $(\alpha A)^* = \overline{\alpha} A^*$;

(iii) $(A^*)^* = A$;

(iv) $\|A^*A\| = \|AA^*\| = \|A\|^2$;

(v) $(AB)^* = B^*A^*$.

4.2 自伴算子、投影算子、正规算子与酉算子

定义 4.2 设 H 是希尔伯特空间, $A \in B(H)$, 若 $A = A^*$, 则称 A 为**自伴算子** (Self-adjoint operator); 若 $A = A^* = A^2$, 则称 A 为**投影算子** (Projection); 若 $A^*A = AA^*$, 则称 A 为**正规算子** (Normal operator); 若 $A^*A = AA^* = I$, 则称 A 为**酉算子** (Unitary operator).

定理 4.2 设 H 是复的希尔伯特空间, $A \in B(H)$, 则

(1) A 为自伴算子当且仅当 $\langle Ax, y\rangle = \langle x, Ay\rangle\ (\forall x, y \in H)$ 当且仅当

$$\langle Ax, x\rangle \in \mathbf{R}(\forall x \in H);$$

(2) A 为投影算子当且仅当存在 H 的闭线性子空间 M, 使得

$$x - Ax \in M^{\perp}(\forall x \in H);$$

(3) A 为正规算子当且仅当 $\|Ax\| = \|A^*x\|\ (\forall x \in H)$;

(4) A 为酉算子当且仅当 $A^* = A^{-1}$ 当且仅当 A 为满等距算子;

(5) $A = 0$ 当且仅当 $\langle Ax, x\rangle = 0(\forall x \in H)$.

定理 4.3 设 H 与 K 是希尔伯特空间, $A \in B(H, K)$, 记

$$\operatorname{ran}(A) = \{Ax : x \in H\}\ (\text{称为 } A \text{ 的}\textbf{值域}\ (\text{Range})),$$

$$\ker(A) = \{x \in H : Ax = 0\}\ (\text{称为 } A \text{ 的}\textbf{核}\ (\text{Kernal}) \text{ 或零空间}),$$

则

(1) $\ker(A) = \operatorname{ran}(A^*)^{\perp},\ \ker(A^*) = \operatorname{ran}(A)^{\perp}$;

(2) $\ker(A)^{\perp} = \overline{\operatorname{ran}(A^*)},\ \ker(A^*)^{\perp} = \overline{\operatorname{ran}(A)}$.

5. 中外文人名对照表

中文名	外文名	中文名	外文名
巴拿赫	Banach	莱维	Levi
贝塞尔	Bessel	勒贝格	Lebesgue
伯恩斯坦	Bernstein	莱布尼茨	Leibniz
博雷尔	Borel	刘维尔	Liouville
卡尔泰奥多里	Caratheodory	鲁金	Lusin
康托尔	Cantor	利普希茨	Lipschitz
柯恩	Cohen	林德勒夫	Lindelöf
切比雪夫	Chebyshev	闵可夫斯基	Minkwoski
柯西	Cauchy	牛顿	Newton
狄利克雷	Dirichlet	帕塞瓦尔	Parseval
费雷歇	Fréchet	黎曼	Riemann
富比尼	Fubini	里斯	Riesz
傅里叶	Fourier	罗素	Russell
哥德尔	Godel	施密特	Schmidt
哈恩	Hahn	绍德尔	Schauder
希尔伯特	Hilbert	施瓦茨	Schwarz
赫尔德	Hölder	斯坦豪斯	Steinhaus
豪斯多夫	Hausdorff	斯蒂杰斯	Stieljes
雅可比	Jacobi	泰勒	Taylor
加特	Câteaux	托内利	Tonelli
格拉姆	Gram	魏尔斯特拉斯	Weierstrass